碳基复合材料的制备
及其在能源存储中的应用

曾晓苑　著

北　京
冶　金　工　业　出　版　社
2021

内 容 提 要

本书围绕新型碳基材料的制备和改性进行详细阐述,重点针对碳基复合材料在锂-二氧化碳电池、锂-空气电池、钠离子电池、燃料电池等领域的应用进行了介绍,并结合能源存储领域的新发展进行论述。

本书可供从事能源化学、电催化、新能源材料与器件等领域的科技人员参考。

图书在版编目(CIP)数据

碳基复合材料的制备及其在能源存储中的应用/曾晓苑著 . —北京:冶金工业出版社,2021.3
ISBN 978-7-5024-8799-7

Ⅰ.①碳… Ⅱ.①曾… Ⅲ.①碳—复合材料—研究
Ⅳ.①TB33

中国版本图书馆 CIP 数据核字(2021)第 067068 号

出 版 人 苏长永
地　　址 北京市东城区嵩祝院北巷 39 号　邮编　100009　电话　(010)64027926
网　　址 www.cnmip.com.cn　电子信箱　yjcbs@cnmip.com.cn
责任编辑 李培禄 美术编辑 彭子赫 版式设计 禹 蕊
责任校对 郑 娟 责任印制 李玉山
ISBN 978-7-5024-8799-7
冶金工业出版社出版发行;各地新华书店经销;三河市双峰印刷装订有限公司印刷
2021 年 3 月第 1 版,2021 年 3 月第 1 次印刷
787mm×1092mm　1/16;21.75 印张;525 千字;338 页
113. 00 元
冶金工业出版社　投稿电话　(010)64027932　投稿信箱　tougao@cnmip.com.cn
冶金工业出版社营销中心　电话　(010)64044283　传真　(010)64027893
冶金工业出版社天猫旗舰店　yjgycbs.tmall.com
(本书如有印装质量问题,本社营销中心负责退换)

前　　言

碳材料由于具有低成本、来源丰富、高比表面积、多孔结构、高导电性等特点，在能源存储领域具有良好的应用前景，可作为电极材料、催化剂载体等，是目前研究关注的重点。如何设计具有独特形貌结构和性能的碳基复合材料，使其成功应用在多种新型电池体系，是当前研究的重点和难点所在。

从国内外发展趋势看，研究开发具有低成本、低污染、高比表面积、高催化活性的碳基复合材料是目前能源存储领域的主要发展方向之一。本书主要围绕新型碳基材料如碳纳米管、石墨烯、生物质衍生碳的制备和改性进行详细阐述，重点针对碳基复合材料在锂-二氧化碳电池、锂-空气电池、钠离子电池、燃料电池等领域的应用进行介绍，详细介绍了几种高性能碳基复合材料的制备过程、性能表征及应用结果。本书结合了作者多年来的科研成果和技术实践，并查阅了国内外大量参考文献，结合能源存储领域的新发展撰写了此书。

本书在出版过程中得到了国家自然科学基金青年科学基金项目（51904130）的赞助和支持，在此表示衷心感谢！本书在撰写过程中得到了华南理工大学廖世军教授、王光华博士、海南师范大学游诚航副教授、潍坊科技学院刘芳芳副教授、昆明理工大学张英杰教授、董鹏教授、李雪教授、章艳佳、朱子翼、吴刚、王朕、程宏宇及顾洋等同学的大力支持与帮助，在此表示由衷的谢意！

由于作者水平有限，写作过程中难免有一些疏漏和不当之处，敬请国内外同行批评指正。

作　者

2020 年 12 月于昆明

目　　录

1 碳基复合材料的研究进展

1.1 引言

目前，满足世界上大部分能源需求的主要是化石燃料。随着全球人口增长，煤、石油和天然气在内的化石燃料的消费量急剧增加。全球存量逐年减少，开发成本越来越高。此外，化石燃料燃烧产生的温室气体排放也引发了严重的环境问题。为了应对这一问题，对绿色可再生、高效能源转换方法和新能源储存技术的开发需求越来越大。其中，燃料电池、太阳能电池、超级电容器、锂/钠离子电池和高比能锂金属电池等是目前较有应用前景的选择，而电极材料在这些能源存储设备中起着决定性的作用。因此，综合考虑环境和成本问题，应开发简单、节能、丰富、可再生的高性能材料。

在已开发的材料中，碳材料因其良好的导电性、可调的孔隙率和形貌，以及优异的稳定性而引起了学者们的浓厚兴趣。例如碳纳米管和石墨烯近年来被广泛应用于复合材料和储能器件中，使得与先进碳材料相关的领域都得到繁荣的发展。同时，学者们发现自然界的生物质具有独特的微观结构、富含碳和氮元素，是理想的碳材料前驱体，可衍生为良好的自掺杂碳材料。此外，生物质碳材料的可再生、易加工性、可调孔表面性能和相对低的成本等也备受关注，近些年在新型储能材料中得到了广泛的应用。

因此，开发环境友好、来源广泛、成本低廉、催化活性高的碳基复合材料是推动先进电化学装置发展及商业化的核心和热点所在。

1.2 锂-二氧化碳电池阴极催化剂的研究进展

1.2.1 锂-二氧化碳电池的结构和工作原理

二氧化碳是最主要的温室气体之一，并且因为每年数十亿吨的化石燃料（煤、天然气和石油产品）的消耗使其在大气中的浓度不断增加，这引起了人们对日益严峻的全球气候变暖和能源短缺等问题的关注。金属-二氧化碳电池通过捕获、转化二氧化碳为储能物质，既可以减少二氧化碳排放量又可以降低化石燃料的使用量，在当前环境保护和新能源开发的大背景下具有重要的意义。在众多的金属-二氧化碳电池中锂-二氧化碳电池由于其较高的放电电位和理论能量密度而被认为是最佳的选择[1,2]。锂-二氧化碳电池主要由金属锂阳极、隔膜、电解液和空气阴极组成（如图 1.1 所示）。可充电的锂-二氧化碳电池由于锂和二氧化碳之间的可逆反应：$4Li + 3CO_2 \rightarrow 2Li_2CO_3 + C$，可以减少化石燃料消耗，减轻"温室效应"。

Archer 课题组[1]通过理论计算与实验验证最先提出了目前最受人们认可的锂-二氧化碳电池的化学反应方程式：$4Li + 3CO_2 \rightarrow 2Li_2CO_3 + C$。在放电过程中金属 Li 阳极失去电子形成 Li^+，在电势差的驱动力下，Li^+ 通过电解质向阴极移动。随后，在阴极/电解质界

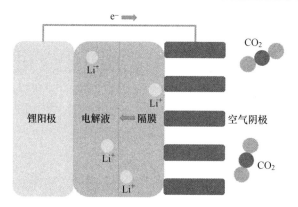

图 1.1   锂-二氧化碳电池结构示意图

面上，溶解的 CO_2 分子从阴极捕获电子，与 Li^+ 结合产生 Li_2CO_3 和 C。但是，由于 Li_2CO_3 是一种绝缘物质，具有较高的热力学稳定性和较慢的分解动力学。这意味着 Li_2CO_3 的电化学分解需要更高的电位，这可能会导致电解质的分解以及许多副反应的发生，最终导致电池死亡。所以最初研究的锂-二氧化碳电池仅仅是在高温下运行的一次电池，直到 2014 年，李泓教授课题组[2]发现 Li_2CO_3 可以在碳基阴极材料的充电过程中分解而真正实现锂-二氧化碳电池在室温下的循环运行。锂和二氧化碳之间的可逆反应使其可能成为在其他行星上进行科学探索和未来移民的潜在能源，如金星和火星，那里 95% 以上的大气层是二氧化碳。

相对于其他类型的锂离子电池，$Li\text{-}CO_2$ 电池的发展历史较短，但在过去几年中，研究者们对其化学和电化学过程的理解取得了一些重大的进步。这对 $Li\text{-}CO_2$ 的发展起到了极大的推动作用。

2013 年，Archer 团队首次在高温条件下研制出了大容量的 $Li\text{-}CO_2$ 原电池[1]，但电池的放电容量和电位均随环境温度升高而升高。这主要是因为，随着环境温度的升高，电解液中放电产物（Li_2CO_3）的溶解度增加，从而限制了放电产物在电极上的沉积厚度。其次，温度升高也使阴极和电解液界面处的传输势垒减小。经热力学计算和差分电化学质谱（DEMS）的测试，首次推测出反应式（1.1）为最有可能的放电路径：

$$4Li + 3CO_2 \longrightarrow 2Li_2CO_3 + C \tag{1.1}$$

随后，这一假设的放电机理得到了 Li 课题组的验证[2]。他们采用科琴黑（KB）和四甘醇二甲醚（TEGDME）为阴极材料和电解质，构建了一个 $Li\text{-}CO_2$ 电池。该 $Li\text{-}CO_2$ 电池在室温下表现出了 $1032mA \cdot h/g$ 的高放电容量，从而揭示了 $Li\text{-}CO_2$ 电池的可实现性。除了证明 Li_2CO_3 存在以外，他们采用以多孔金为阴极的电池为对比实验，通过 SERS 和电子能量损失谱（EELS）证明了无定形碳的存在。但以多孔金和科琴黑为阴极的 $Li\text{-}CO_2$ 电池的反应机理是否相同尚不清楚，需要进一步研究。后来，Li_2CO_3 和碳的形成得到了许多研究小组的肯定，并通过一系列先进技术进行了表征。例如 EELS、Raman 光谱、X 射线光电子能谱（XPS）、DEMS 等。人们也普遍认为，$Li\text{-}CO_2$ 电池的放电过程遵循式（1.1）。

随着研究的深入，Nemeth 等人提出，溶解的 CO_2 分子可以捕获阴极中的电子，并通过单电子还原将其进一步还原为 $C_2O_4^{2-}$ 离子（式（1.2））[3]。通过类似于 LiO_2 在 $Li\text{-}O_2$

电化学中的歧化反应，Chen 的研究小组推测[4]：Li-CO$_2$ 电池在 CO$_2$ 还原过程中也会经历类似的歧化反应。第一步与式（1-2）一致，随后不稳定的 C$_2$O$_4^{2-}$ 经历两步歧化反应形成 CO$_3^{2-}$ 和 C，如反应式（1.3）和式（1.4）所示。最后，根据反应式（1.5），形成的 CO$_3^{2-}$ 与 Li$^+$ 结合生成结晶的 Li$_2$CO$_3$。因此，可以使用反应式（1.6）来描述非质子电解质的 Li-CO$_2$ 电化学的电化学还原机理：

$$2CO_2 + 2e^- \longrightarrow C_2O_4^{2-} \tag{1.2}$$

$$C_2O_4^{2-} \longrightarrow CO_2^{2-} + CO_2 \tag{1.3}$$

$$C_2O_4^{2-} + CO_2^{2-} \longrightarrow 2CO_3^{2-} + C \tag{1.4}$$

$$2Li^+ + CO_3^{2-} \longrightarrow Li_2CO_3 \tag{1.5}$$

$$4Li^+ + 4e^- + 3CO_2 \longrightarrow 2Li_2CO_3 + C \tag{1.6}$$

由于正极催化剂具有电催化选择性，因此，正极催化剂在改变电化学反应过程和确定 CO$_2$ 的最终还原产物等方面起着关键性的作用。例如，Wang 小组发现，除了形成 Li$_2$CO$_3$ 外，在三维多孔（不规则孔）Zn 阴极上还产生了 CO 气体，而不是无定形碳，相应电化学还原机理可以用反应式（1.7）描述[5]：

$$2Li^+ + 2CO_2 + 2e^- \Longleftrightarrow Li_2CO_3 + CO \tag{1.7}$$

无论电化学环境和影响因素如何改变，Li$_2$CO$_3$ 都是 Li-CO$_2$ 电池电化学反应中的最终放电产物。目前，关于 Li-CO$_2$ 电池的放电机理仍然存在着很大的争议，还需要研究者们付出更多的汗水去揭示其内在的反应。

在 Li-CO$_2$ 电池的放电过程中，Li$_2$CO$_3$ 和碳在阴极表面形成。因此在 Li-CO$_2$ 充电过程中，也很可能是 Li$_2$CO$_3$ 的自分解或者 Li$_2$CO$_3$ 和碳之间的可逆反应过程。过去几年，人们一直在努力研究 Li$_2$CO$_3$ 的电化学分解机理。根据目前的研究结果，Li$_2$CO$_3$ 的电化学分解过程可分为三个可能的方式。

第一条反应路径可以理解为 Li$_2$CO$_3$ 的自分解，如反应式（1.8）所示。在此过程中，在此过程中会释放出 CO$_2$ 和 O$_2$。然而，将预填 Li$_2$CO$_3$ 的 Li-CO$_2$ 电池进行充电时（电流密度为 120mA/g（活性炭）），在其醚基电解质中并未发现 O$_2$ 的产生。此外，在对以锰基有机骨架为正极材料的 Li-CO$_2$ 电池放电后再充电过程研究中发现，进行充电时（电流密度为 200mA/g），在其醚基电解质中并未检测到 O$_2$[6]。

$$2Li_2CO_3 \longrightarrow 2CO_2 + O_2 + 4Li^+ + 4e^- \tag{1.8}$$

第二条反应路径被定义为"以 O$_2^{\bullet-}$ 为中间产物"过程。Li$_2$CO$_3$ 分解产生超氧自由基离子（O$_2^{\bullet-}$）（反应式（1.9））。O$_2^{\bullet-}$ 将进一步被氧化生成 O$_2$（反应式（1.10））。或者是直接腐蚀电解质溶剂，尤其是高供体性溶剂，形成一系列不确定的寄生产物[7]。

$$2Li_2CO_3 \longrightarrow 2CO_2 + O_2^{\bullet-} + 4Li^+ + 3e^- \tag{1.9}$$

$$O_2^{\bullet-} - e^- \longrightarrow O_2 \tag{1.10}$$

通过使用差分电化学质谱法（DEMS）进行定量分析，乔等人阐明了这个过程[8]。他们认为，Li$_2$CO$_3$ 自分解过程中产生的是 O$_2^{\bullet-}$ 还是 O$_2$，在很大程度上取决于充电电流速率。根据对逸出气体的成分和 CO$_2$ 荷质比的检测，可以得出结论：在低充电电流密度下（例如电流密度 500mAg），Li$_2$CO$_3$ 的分解符合反应式（1.9）。当在相对较高的电流速率（例如 2A/g），Li$_2$CO$_3$ 的分解在初始阶段遵循反应式（1.8），随后的充电过程遵循反应式

（1.9）。作者总结，动力学因素在大程度上决定了 Li_2CO_3 的分解途径。

Freunberger 及其同事应用选择性化学探针和在线质谱法来证实非水电解质中的 Li_2CO_3 通过反应式（1.11）进行电化学氧化，产生高反应性单线态氧（$^1O_2$），这将进一步降解电池组件：

$$2Li_2CO_3 \longrightarrow 2CO_2 + {}^1O_2 + 4Li^+ + 4e^- \tag{1.11}$$

第三个反应途径是涉及 Li_2CO_3 和碳之间的可逆反应（如反应式（1.12））。根据吉布斯自由能进行的热力学计算表明，该反应具有较低的可逆电势（为 2.8V）。因此，该路径对于设计它对设计真正可逆的 Li-CO$_2$ 电池至关重要。一些研究人员也已经证实，在特殊催化剂（例如金属钌和锰基有机骨架）的辅助下，相应的 Li-CO$_2$ 电池已经成功地形成反应式（1.12）的可逆反应[9]。

$$2Li_2CO_3 + C \longrightarrow 3CO_2 + 4Li^+ + 4e^- \tag{1.12}$$

1.2.2 锂-二氧化碳电池空气阴极催化剂的研究进展

由上述的机理分析可知，锂-二氧化碳电池的主要放电产物为 Li_2CO_3[10~14]。众所周知，Li_2CO_3 是一种电导率低的绝缘体[15~18]。即使电压超过 4.0V，使 Li_2CO_3 完全分解也很困难。因此，随着锂-二氧化碳电池循环时间的增加，不完全分解的 Li_2CO_3 容易产生积聚，将反应位点覆盖，并阻止反应气体的扩散，最终导致电池死亡。锂-二氧化碳电池实现实际应用的关键，主要取决于高效、低成本的阴极催化剂的发展，使绝缘的 Li_2CO_3 在阴极区高效的可逆形成和分解。针对 Li_2CO_3 的生成和分解问题，我们对锂-二氧化碳电池阴极催化剂的设计总结出几条基本准则，阴极材料需具有：（1）良好的导电性和电化学稳定性；（2）优异的结构[19]，例如，合适的孔隙度、大的孔隙率、大的表面积等；（3）对 Li_2CO_3 高效的催化活性；（4）价格低廉。良好的导电性和化学稳定性可以保证电子的快速运输，并且在电池运行过程中不会被腐蚀和分解。结构的优异性可为放电产物的沉积提供足够的空间[16]，也便于锂离子和反应气体等的传输。对 Li_2CO_3 的高效催化活性可以促进放电产物的生成与分解，有效地提高电池的性能（例如，提高放电容量、倍率性能、循环寿命和降低过电位等）。价格低廉的阴极材料是锂-二氧化碳电池走向实际应用的关键所在。

1.2.2.1 碳基催化剂

碳材料具有高的电导率，大的比表面积[10,17]，可控的孔结构以及由缺陷工程和杂原子掺杂引起的可调整的表面电子态等特点。因此，碳材料已经被广泛应用于各种电化学储能装置中。

在锂-二氧化碳电池发展的初期，最先引入了商业活性炭直接作为阴极催化剂包括 XC-72 炭黑、Super P 和科琴黑等[20,21]。但由于商用活性炭的催化活性差，结构体系有限，因此商用活性炭并不是理想的催化材料。除上述商用活性炭材料外，一些功能碳纳米材料（碳纳米管、石墨烯等），由于其独特的量子尺寸效应和表面化学状态，使其具有优异的物理和电化学性能[22]。因此，被认为是用于 CO_2 还原和析出反应的理想电催化材料，也是目前锂-二氧化碳电池领域应用广泛的一类碳材料。

石墨烯是由碳原子以 sp2 杂化连接的单原子层构成的一种新型碳纳米材料，具有优异的光学、电学和力学特性，在材料学、能源、生物医学和药物传递等方面具有重要的应用前景，被认为是一种未来革命性的材料。在新型高比能量电池领域，石墨烯因其优异的电子导电性、大的比表面积和高的电化学稳定性而被广泛应用。其中，在锂-二氧化碳电池中二维结构的石墨烯为反应气体和放电产物提供了高效的扩散通道和充足的存储空间，并为电化学反应提供了活性位点[10]。碳纳米管与石墨烯类似，同样具有高电导率和的大比表面积。与之不同的是，堆叠的碳纳米管所形成的三维多孔结构，使得催化阴极材料具有更丰富的孔道和大的孔隙率，使得放电产物可以在整个碳纳米管阴极网络中沉积，可为放电产物的沉积提供更充足的空间，有效改善了电解液和 CO_2 等物质的传质过程[11]。如图 1.2（a），这种结构为放电产物的沉积提供了足够的空间，也可有效改善电解液和 CO_2 等物质的传质过程。2013 年，周震教授课题组首次将碳纳米管作为锂-二氧化碳电池的空气阴极[11]，显著提高了电池的性能，特别是在初始放电容量和循环稳定性方面。与碳纳米管类似，石墨烯还具有大的比表面积和高的电化学稳定性。在锂-氧气电池领域，以石墨烯作为锂-氧气电池的空气阴极，电池性能得到了显著的提高。受此启发，2015 年，周震教授课题组又将石墨烯作为锂-二氧化碳电池的阴极催化剂[10]，交联的石墨烯纳米片之间形成了具有多孔、褶皱结构的石墨烯纳米薄片，如图 1.2（b）所示。这种独特的结构提高了孔隙率、促进电解质润湿和 CO_2 的扩散。石墨烯本身也具有较高的催化活性。在上述两个优势的共同作用下，有效提高了锂-二氧化碳电池的性能。

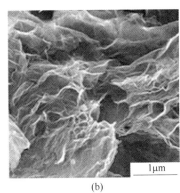
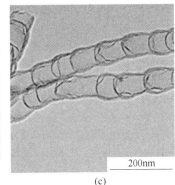

(a)　　　　　　　　　　　　(b)　　　　　　　　　　　　(c)

图 1.2　碳纳米管阴极的 SEM 图[11]（a）；石墨烯阴极的 SEM 图[10]（b）；
B-NCNTs 阴极的 SEM 图[15]（c）

尽管碳纳米管和石墨烯等功能碳纳米材料提高了锂-二氧化碳电池的性能。但是，由于纯碳材料的催化活性有限，这些电池仍表现出库仑效率低、倍率性能和循环稳定性差等缺点。为提高碳材料的催化性能，研究者们提出了用杂原子修饰碳阴极催化剂来提高催化性能的方法。杂原子掺杂可调节碳纳米材料的电子结构并改变碳纳米材料的费米能级位置，对气体分子的吸附方式和吸附能有很大影响。因此，杂原子掺杂可以显著改善气体还原动力，同时提高催化阴极表面上的放电产物的分解动力。具有代表性地，氮的电负性（3.04）高于碳的电负性（2.55），可以诱导碳材料中电子的不均匀分布，从而提供更多具有强电子亲和力的自由电子。此外，掺杂氮原子的碳材料所形成的吡咯氮（N-5）还可以有效地吸附 Li^+，吡啶氮（N-6）和石墨氮（NQ）有利于气体分子的吸附和提高导电性[23]。

以石墨烯掺杂杂原子为例，掺杂后的石墨烯催化剂活性的提高归因于掺杂剂对石墨烯电子结构的修饰。具体地说，sp2 碳的电中性被掺杂原子打破，从而激活了碳的 π 电子。此外，掺杂原子与石墨烯晶格的结合在催化剂表面形成了贫电子或富电子的位置诱导了大量的缺陷边。这些活性位点最终影响放电中间产物或放电产物的吸附/解吸。即使是较低的掺杂水平也可以大大提高催化活性中心的密度，从而实现较低的催化剂负载量。

王斌教授团队，采用浮动催化剂化学气相沉积法（FCCVD）制备了竹节状氮掺杂碳纳米管纤维阴极（B-NCNTs）[15]。在碳纳米管原位生长过程中，大量的 N 整合在其中，形成了吡咯氮（N-5）和吡啶氮（N-6）。五边形的吡咯氮和六边形的吡啶氮的形成，导致纳米管易于闭合，并将典型的直柱状碳纳米管转变为具有显著周期性节点的竹节状形态，如图 1.2（c）所示。B-NCNTs 竹状结构不仅具有大的比表面积，而且结构稳定，可以耐受充电过程中超氧自由基离子等引起的结构破坏，进一步增强能量的储存和循环的稳定性。通过拉曼光谱法得到证实，除了形态发生变化外，在 B-NCNTs 表面上也产生了足够的缺陷和活性位点，其中吡咯氮可以提供高的电导率，吡啶氮和竹节上的缺陷促进二氧化碳还原（CO_2RR）和二氧化碳释放（CO_2ER）过程，即有利于催化 CO_2 还原和 Li_2CO_3 分解。

Dai 课题组设计了两种具有充足缺陷结构的双功能石墨烯材料，即有孔石墨烯（hG）和硼氮共掺杂的有孔石墨烯（BG-hG）[24]。在 Li-CO_2 电池中进一步评估了所获得的 BG-hG 的催化活性，与使用 hG 为空气阴极的电池相比，BG-Hg 阴极的电池显示出更高的可逆容量，并可以观察到放电/充电位极化明显降低。碳酸锂晶体的放电产物在 50～200nm 的尺寸分布内显示出细颗粒形态。由于缩短了从绝缘放电产物的阴极表面到外表面的电子转移路径，因此可以完全除去这些小颗粒。因此，具有 BG-hG 阴极的锂-二氧化碳电池表现出良好的可逆性。Li-CO_2 电池充电前后放电产物形态也是影响电化学性能的主要因素。因此，通过同时引入内在缺陷（多孔结构）和外在缺陷（杂原子掺杂）的策略可以显著提高碳纳米材料对 Li-CO_2 电化学的催化能力。

综上所述，在功能碳纳米材料良好的导电性，结构可调等一系列优点的支持下，电池的性能得到了有效的提高。但碳纳米材料对促进 Li_2CO_3 分解的能力有限，导致电池的充电过电位较高，循环性能不出色。这就促使研究者们探寻其他类型的优异的催化剂来提高电池的整体性能。

生物质作为一种资源和区域独立的物质，具有重要的应用价值。近三十年来，通过成熟的加工技术，生物质被广泛应用于废水处理、重金属回收利用、土壤生物修复等领域[25~27]。近些年，生物质衍生碳材料因其优良的多孔结构、简单的合成步骤、无限的生物质原料和可持续性，在新型锂电池领域引起了广泛的研究。生物质衍生碳合适的孔结构和丰富的通道特性，不仅可以为锂-二氧化碳电池中电解液和放电产物提供空间，还可以为反应气体和锂离子等提供快速的传输通道。除此之外，与纯碳材料相比，生物质衍生碳通常富含均匀分布的杂原子，如 N、P、K、S 等，这种均匀自掺杂杂原子碳材料的催化性能更加优异。

Xu 等[28]设计出了一种基于柔性木质阴极结构的高容量、高循环寿命的锂-二氧化碳电池。此木质阴极独特的通道结构将二氧化碳和电解质的传输分离成特定的通道，从而促进物质的传输。由于在微通道中的碳纳米管上负载了 Ru 纳米催化剂，质量传输的改善与更快的动力学相结合,大大提高了电化学性能。此锂-二氧化碳电池实现 200 了多个周期的稳定循环,并且具有低过电位和 $11mA \cdot h/cm^2$ 的超高放电容量。

虽然生物质衍生碳材料已经在锂-空气电池和锂-二氧化碳电池领域取得了一些进展,但是仍然存在一些挑战:首先,生物质衍生碳材料的结构需要合理调控。例如,尺寸过小的微孔不利于电解质离子的传输与扩散,导致电池性能下降;比表面积过大时,生物质衍生碳中的多孔结构会造成坍塌,使离子和电子传输的困难。其次,杂原子的掺杂可以改变碳材料的表面性质,但是含氧和硫的官能团等会降低碳材料的电导率。

1.2.2.2 过渡金属催化剂

A 过渡金属及其氧化物基催化剂

虽然贵金属催化剂极大地提高了锂-二氧化碳电池的整体性能,但是因为价格昂贵、储量较少等因素限制了其进一步的应用。相比于贵金属催化剂,过渡金属催化剂更更加便宜,而且也具有较高的催化活性。周震教授课题组通过设计合成了铜/石墨烯复合材料(Cu-NG)[29]、镍/石墨烯复合材料(Ni-NG)[30] 和氧化镍/碳纳米管复合材料(NiO-CNT)[31] 等过渡金属催化剂/阴极复合材料,并进一步应用在锂-二氧化碳电池中,使得电池性能得到了提升。相比于贵金属,过渡金属的催化活性可能有所差距,但在电池反应中过渡金属往往不仅有提高催化活性的作用,还具有提高电池稳定性等其他作用。例如,过渡金属 Cu 在电池运行中会产生 CuO 薄膜覆盖在电极表面,保护电极,提高电池的循环稳定性[32]。此外,胡良兵教授课题组首次将 3D 打印技术与热冲击合成技术相结合,设计并成功制造出一种由 Ni/r-GO 骨架构成的超厚(0.4mm)锂-二氧化碳电池阴极(如图1.3(a)所示),为高性能电极的设计提供了一种有效、便捷的思路[33]。王要兵课题组[5] 通过氧化还原结合电沉积法制备了一种具有良好选择催化活性的三维多孔分形锌材料(如图 1.3(b)所示),他们提出锂-二氧化碳电池新的化学反应机理:$2Li^+ + 2CO_2 + 2e^- \rightarrow CO + Li_2CO_3$。这为锂-二氧化碳电池甚至金属-二氧化碳电池的深入研究提供了一条新的途径。王博教授课题组通过热解含有 Mn(Ⅱ)活性位点的氧化石墨烯复合材料,合成了将超细 MnO 纳米粒子分散在石墨烯交联 N 掺杂三维碳骨架的复合材料(MnO@NC-G),并作为锂-二氧化碳电池的阴极材料[34]。电池在电流密度为 50mA/g,截止容量为 $1000mA \cdot h/g$ 的情况下可以保持 0.88V 的过电位稳定循环超过 200 次。即使在 1A/g 的电流密度,截止容量为 $1000mA \cdot h/g$ 的条件下,电池也能循环 200 次,当电池换用新的锂阳极和电解质时,电池还能继续循环 176 次。这同时也表明,有效的阳极保护可以进一步延长电池的循环寿命。此研究结果对开发高性能锂-二氧化碳电池指出了新的发展方向。

此外,对于过渡金属及其氧化物催化剂人们还做了大量研究。例如:Manthiram 等[35] 报道了一种由锐钛矿型二氧化钛纳米颗粒(TiO_2-NPs)、碳纳米管(CNT)和碳纳米纤维(CNF)组成的纳米复合材料(TiO_2-NP@CNT/CNF)(如图 1.3(c)所示)。其中 TiO_2-NPs 具有活性位点可以捕捉和活化二氧化碳,CNT/CNF 基体作为柔性、导电和高比表面积的阴极基体。这使得该电池相比传统的 CNT/CNF 锂-二氧化碳电池在容量、循环性能和库仑效率等方面都有了很大的提高。这种复合阴极的设计为实现室温、无贵金属催化剂、自支撑和柔性锂-二氧化碳电池提供了途径。刘喜正等采用溶胶-凝胶法制备了多孔结构的

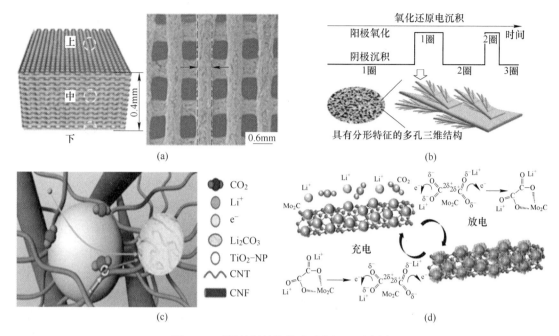

图 1.3　不同材料的结构或反应机理示意图

（a）Ni/r-GO 框架示意图；（b）三维 PF-Zn 阴极的氧化还原耦合电沉积材料制备示意图；

（c）TiO$_2$-NP@CNT/CNF 纳米复合催化剂机理示意图；（d）Mo$_2$C/CNT 阴极放电和充电过程的反应示意图

Mn$_2$O$_3$，并将其负载到 KB 上（P-Mn$_2$O$_3$/KB）作为锂-二氧化碳电池的空气阴极[36]。利用 SEM、XRD、XPS、FTIR、拉曼光谱等测试手段对电池循环过程中 Li$_2$CO$_3$/C 的可逆生成和分解过程进行了表征。进一步丰富了锂-二氧化碳电池可逆反应的知识，为锂-二氧化碳电池低成本、高效阴极催化剂的设计提供了有益的指导。

B　过渡金属及其碳化物基催化剂

对于过渡金属催化剂，陈军院士课题组[4]设计了一种通过碳热还原法制备 Mo$_2$C/CNT 复合材料，并将其作为锂-二氧化碳电池的阴极催化剂。使得该体系具有高的能量效率（77%），并可以稳定循环 40 次。提出了放电过程中形成非晶态放电中间产物 Li$_2$C$_2$O$_4$-Mo$_2$C（如图 1.3（d）所示）在充电过程中更容易分解，可以将充电电位降到 3.5V 以下，极大地降低了过电位，这为后续研究工作提供了可行的思路。该课题组[37]同时还将 Mo$_2$C/CNT 复合材料应用到 O$_2$ 和 CO$_2$ 混合气体系中，也表现出了优异的性能。而陆俊课题组将 Mo$_2$C 催化剂成功应用到锂-二氧化碳柔性电池中，同样表现出了相似的优异性能[38]。

除了过渡金属碳化物基催化剂的研究，Panagiotis 等创新性地设计了过渡金属包覆碳材料的复合阴极[39]。通过在柚子皮（PP）表面沉积普鲁士蓝类似物（含 Ni、Fe 的金属有机复合物），然后在高温下煅烧，制备了一种新型三维独立的空气阴极（NiFe@NC/PPC）。SEM 测试结果证实该阴极继承了生物质衍生碳材料的三维多孔结构，并得益于 NiFe@NC/PPC 复合材料优异的催化活性，该锂-二氧化碳电池具有高的放电容量（6.8mA·h/cm^2），良好的循环稳定性（在电流密度为 0.05mA/cm^2，截止容量为 0.25mA·h/cm^2 时，可循环 109 次）。此研究为制造环保、廉价的阴极催化剂提供了一条有前景的途径。

C　金属-有机框架催化剂

在过渡金属的研究过程中，人们发现了对于催化剂和阴极独特空间结构的设计有利于提高电池的整体性能。金属有机骨架（MOF）是一种具有周期性网络结构的晶体多孔有机-无机杂化材料，由无机金属中心（通常是金属离子或金属团簇）和桥联有机配体自组装而成。无机材料的刚性和有机材料的柔性结合使 MOF 家族在现代材料研究领域有着巨大的发展前景。由于具有高孔隙率、低密度、大比表面积、孔道规则、孔径可调等一系列优点[40]。

王博教授课题组，首次将 MOFs 应用在锂-二氧化碳电池系统中。通过研究了 8 种多孔 MOFs（Mn_2（dobdc）、Co_2（dobdc）、Ni_2（dobdc）、Mn（bdc）、Fe（bdc）、Cu（bdc）、Mn（$C_2H_2N_3$）、Mn（HCOO）$_2$）以及两种非多孔材料（$MnCO_3$ 和 MnO）[41]。采用 X 射线衍射、扫描电镜、电化学阻抗谱、拉曼光谱和原位差示电化学质谱等表征技术，研究了 MOF 电极上的电化学反应。结果表明：（1）选择二价锰（Mn（Ⅱ））为中心金属是降低充电过电位的必要条件；（2）随着 MOF 孔隙率和 CO_2 吸收量的增加，放电容量的上限呈上升趋势；（3）MOF 吸附 CO_2 的等排热对电荷的极化产生影响；（4）放电时，MOF 对 Li_2CO_3 的沉积影响很大，MOF 使 Li_2CO_3 在整个电极中形成均匀分散的纳米结构。最后一个是 MOF 减缓了电极电荷转移电阻的增长，并保证了 Li_2CO_3 在充电过程中容易而完全地转化为 CO_2。MOFs 在 CO_2 吸附富集、Li_2CO_3 沉积分解等方面的独特优势，证明了其作为高性能锂电池多功能催化剂的巨大潜力。

1.2.2.3　贵金属催化剂

众所周知，贵金属及其复合物由于独特的电子构型和良好的催化性能常被选为催化剂来提高电池的性能。周豪慎教授课题组[9]首先在锂-二氧化碳电池中采用溶剂热法在 Super P 碳材料上沉积了 Ru 纳米粒子，并以 Ru@ Super P 复合材料作为锂-二氧化碳电池的阴极催化剂。得益于 Ru@ Super P 优异的催化活性，在电池运行过程中，充电电位可以控制在 4.4V 以下。锂-二氧化碳电池的首圈放电容量为 8229mA·h/g，库仑效率为 86.2%。并且可以在电流密度为 100mA/g，截止容量为 1000mA·h/g 的情况下，稳定循环超过 70 次（如图 1.4（a）所示），这表明 Ru@ Super P 阴极具有良好的循环稳定性。

对于贵金属 Ru 的催化活性，胡良兵教授课题组也做了大量的研究[42]。其首次报道了利用瞬态原位热冲击法将 Ru 纳米粒子均匀负载到三维交联碳纳米纤维（ACNFs）上，并将其作为空气阴极。在电流密度为 100mA/g，截止容量为 1000mA·h/g 的情况下，经过 50 次循环（如图 1.4（b）所示），电池仍保持 1.43V 的低过电位。这表明纳米碳纤维上的 Ru 纳米粒子对 Li 和 CO_2 的反应具有良好的催化性能。

郭自洋教授课题组通过原位置换反应在三维泡沫镍的一侧直接生长了 Ru 纳米片，形成了 Ru/Ni 电极[43]。在电流密度为 200mA/g，截止容量为 1000mA·h/g 的情况下可以保持充电电位小于 4.1V 稳定循环 100 圈（如图 1.4（c）所示）。这些良好的电化学性能可归因于 Ru/Ni 电池的典型结构和组成，Ru 纳米片对锂-二氧化碳电池的化学反应具有良好的催化活性，从而明显降低了电池的过电位，泡沫镍的多孔通道有效地促进了二氧化碳的吸收和离子/电子的转移。此外，Ru/Ni 电极的无黏结剂的自支撑结构在充放电过程避免

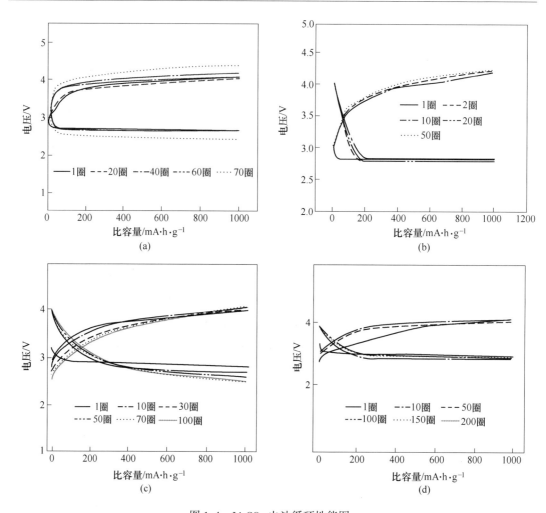

图 1.4　Li-CO$_2$ 电池循环性能图

(a) 电流密度为 100mA/g，Ru@ Super P 电池的循环性能；(b) 电流密度为 100mA/g 时，Ru/ACNF 电池的循环性能；
(c) 电流密度为 200mA/g，Ru/N$_1$ 电池的循环性能；(d) 电流密度为 200mA/g，RuP$_2$-NPCF 电池的循环性能

了黏结剂的分解等副反应，使电池更加稳定。该课题组[44]还以植酸（PA）交联氯化钌水合物（RuCl$_3$ · xH$_2$O）和三聚氰胺作为前驱体，设计了 RuP$_2$ 纳米粒子高度分散在 N、P 双掺杂的碳膜上的高性能阴极材料（RuP$_2$-NPCFs）。均匀沉积在 NPCF 表面的 RuP$_2$ 纳米粒子可以使 Li$_2$CO$_3$ 在低的充电电位下分解，在电流密度为 200mA/g，截止容量为 1000mA · h/g 的情况下可以低过电位（< 1.3V）稳定循环 200 圈（如图 1.4 (d) 所示）。此外，通过非原位扫描电镜（SEM）、红外光谱（FTIR）、X 射线光电子能谱仪（XPS）、拉曼光谱、和原位微分电化学质谱（DEMS）等一系列测试确定了 RuP$_2$-NPCF 为空气电极的锂-二氧化碳电池的主要可逆反应是 $4Li+3CO_2 \rightarrow 2Li_2CO_3+C$。根据以往的报道，不难发现贵金属 Ru 在锂-二氧化碳电池中的催化机理更倾向于促进 CO$_2$ 的还原和 Li$_2$CO$_3$ 与 C 的可逆反应，这也正是含有贵金属 Ru 催化剂的电池过电位比较低的原因[24]。

　　除了贵金属 Ru 及其复合物催化剂的应用，同样具有较优秀氧析出催化活性的贵金属 Ir 也进行了其促进二氧化碳析出催化活性的研究。郭少军教授课题组成功将超薄褶皱 Ir

纳米片负载到 N 掺杂碳纳米纤维（Ir NSs-CNFs）上，并将其作为锂-二氧化碳电池的空气阴极[45]。Ir NSs-CNFs 阴极结构稳定，催化活性高，可提高锂-二氧化碳电池的循环性能，并可以有效降低充电过电位。在电流密度为 500mA/g，截止容量为 1000mA·h/g 的情况下可以稳定循环 400 次以上而不会发生容量衰减。在电流密度为 100mA/g 时，可以使充电点位低于 3.8V。通过原位 SEM、X 射线衍射（XRD）、XPS、FTIR 和拉曼光谱测试结果分析表明，Ir NSs-CNFs 在放电过程中可以极大地稳定非晶态中间产物（可能是 $Li_2C_2O_4$），并延迟其进一步转换为片状的 Li_2CO_3，这可以使放电产物在更小的充电电压下分解，而在充电过程中，它可以促进 Li_2CO_3 的分解，大大提高电池的循环性能。这一催化剂结构的设计为 Ir 基催化剂的发展提供了一个新的思路。

总体而言，贵金属 Ru、Ir 等催化剂在锂-二氧化碳电池体系中已经多次被报导，并使锂-二氧化碳电池的整体性能得到了提高。相比 Ru、Ir 等催化剂在锂-二氧化碳电池体系展现出的巨大应用潜力，其他的贵金属催化剂（Pt、Pd 等）报道较少，也期待它们在这个体系中有良好的应用。

1.2.2.4 可溶性催化剂

为了促进放电产物的分解，研究者们已经对具有 CO_2ER 催化活性的固体催化剂进行了深入的研究。然而，固体催化剂与固态放电产物接触并不紧密。在充电过程中，催化阴极表面的放电产物会快速分解，而催化阴极对未在电极表面区域的放电产物的催化活性降低，随着循环周期的增加，放电产物积累，过电位逐渐增大。更重要的是，这些固态催化剂一旦被反应产物覆盖，其有效性就会降低。因此，固体催化剂并不是去除锂-二氧化碳电池中 Li_2CO_3 最理想的方法。近年来，可溶性氧化还原介质（RMs）作为电子空穴转移剂被广泛应用于改善锂电池的性能。与固-固反应产生的较大过电位相比，固液界面反应更容易发生。作为移动电荷载体，RMs 能氧化不溶性放电产物，促进放电产物在液固界面上分解，可有效降低过电位。目前，通过设计可溶性催化剂来提升锂-二氧化碳电池性能也成为人们研究的热点之一。

在充电过程中，当充电电压达 RM 分子的氧化电位时，RM 将电子转移到阴极并且电化学氧化到所需的氧化状态（反应式（1.13））。随后，RM^{n+} 将绝缘的 Li_2CO_3 化学氧化为 Li^+ 和 CO_2。同时，RM^{n+} 还原为初始状态（反应式（1.14））。因此，充电过程中显示的电压并不是使 Li_2CO_3 分解的电压，而是使 RM 发生氧化的电压（RM 的氧化电压低于 Li_2CO_3 分解电压）。最终结果表明，Li-CO$_2$ 电池的充电电压显著降低：

$$RM \longrightarrow RM^{n+} + ne^- \tag{1.13}$$

$$RM^{n+} + mLi_2CO_3 \longrightarrow RM + pLi^+ + qCO_2 \tag{1.14}$$

周震教授课题组首次将 LiBr 作为可溶性催化剂引入锂-二氧化碳电池中[46]。在放电过程中有利于放电产物形成易于分解的形态，未加 LiBr 所形成的块状放电产物，加入 LiBr 所形成的松球状放电产物，此松球状形态有利于放电产物的分解，对于提高电池的循环性能和倍率性能有很大帮助。在充电过程中，电化学反应产生的 Br_2 可以化学氧化 Li_2CO_3 和 C。在首圈循环测试中，与没有添加 LiBr 的电池相比，添加 LiBr 的电池在电流密度为 100mA/g 条件下，充电电压约降低 0.3V。在循环测试中，在截止容量为

500mA·h/g、电流密度分别为100mA/g条件下，电池稳定循环38圈。而不含LiBr的电池在电流密度为100mA/g条件下仅能循环4圈。此项研究为氧化还原介质能有效改善锂-二氧化碳电池的电化学性能提供了新的视角。

李彦光课题组通过一种简便的微波加热法合成出了共轭酞菁钴（CoPPc）聚合物[47]。与钴酞菁单体相比（CoPc），CoPPc具有优异的化学、物理和力学稳定性。最重要的是共轭酞菁钴对Li_2CO_3的可逆形成和分解表现出更高的催化活性。将其组装在柔性锂-二氧化碳电池中，表现出极小的充放电极性和出色的循环稳定性。此外，这种聚合物催化剂的弹性和可再加工性使柔性电池的制备成为可能。

RM虽是一个很具发展潜力的催化剂。但以RM为催化剂的$Li-CO_2$电池也存在发展障碍，氧化还原介质在扩散的RM^{n+}和Li阳极之间的穿梭，导致RM降解和Li阳极的持续恶化。这不可避免地会导致$Li-CO_2$能效降低和循环稳定性差。

1.2.3　锂-二氧化碳电池中存在的问题和挑战

尽管锂-二氧化碳电池存在理论能量密度高和环境友好等诸多优势，但是也同样面临着类似的严峻挑战[48]：

（1）电池高过电位和循环稳定性差：与传统的锂离子电池的摇椅效应不同，锂-二氧化碳电池其放电过程为来自阳极的锂离子与通过阴极扩散到三相反应界面进行的气体（CO_2）反应，形成的放电产物会沉积在多孔阴极表面，而随后的放电过程中产物再分解释放出气体（CO_2）。然而，锂-二氧化碳电池的主要放电产物（Li_2CO_3）是绝缘体，溶解性较差，并且具有低的电子传导性和惰性电化学活性，它们会在多孔阴极上累积，覆盖有效的活性位，从而导致电池失活。这些都会导致产物分解的动力学过程缓慢，需要在更高的电压才能完成产物的分解。而高的过电位，特别是高于4.0V以上的充电电压Li_2CO_3会分解产生超氧自由基，这种氧化性超强的离子会腐蚀多孔阴极，也会破坏有机电解质，从而带来电池极化、循环稳定性差等问题。因此需要开发高催化活性的阴极材料。

（2）电解液挥发：由于$Li-CO_2$电池的阴极活性物质实际氧气和二氧化碳，因此必须运行在开放环境中，这就会涉及电解液的挥发问题。特别是醚类有机电解液的电池易于挥发，这对电池的性能和安全性有着巨大的影响。

（3）金属锂腐蚀的问题：开放系统带来的另外一个问题就是实际空气中的水和氧气以及二氧化碳等物质会有部分穿过隔膜和电解质到达金属锂阳极，这些物质可能会对金属锂有一定的腐蚀作用。

（4）倍率性能差：锂-二氧化碳电池的放电电压、放电容量及循环性能在大电流的条件下进行放电时不稳定，目前仅在较小的质量电流密度（例如50mA/g）等条件下进行比容量和循环的测试，而基于质量电流密度的电池往往使用较少的催化剂的来实现高性能，很少基于较大质量和较大的面积电流密度下进行测试。主要原因是锂-二氧化碳电池的反应动力学较慢，同时气体和离子扩散也较为缓慢。

1.3　锂-空气电池阴极催化剂的研究进展

金属-空气电池通过金属与空气中的氧气之间发生氧化还原反应来产生电能。由于其阴极的活性物质来自周围的空气，不需要存储在电池里面，所以金属-空气电池的理论比能量密度都非常的高，通常在 1000W·h/kg 以上。由于锂是最轻的金属，按锂电极计算其理论放电比容量高达 3860mA·h/g，比传统的锂离子电池的理论比容量高出一个数量级。而采用非水电解质体系的锂-空气电池的能量密度约为 11420W·h/kg，几乎等同于汽油的能量密度，这使得锂-空气电池成为最有前景应用在电动汽车上的技术，具有极大的应用潜力。毫无疑问，锂-空气电池是潜在的下一代储能装置，将带来电池体系的新变革。

第一个真正的金属空气电池是在 1879 年由梅奇（Maiche）采用镀铂碳作为电极制得[49]。1932 年，海斯等研制出碱性锌空气电池，这种电池的能量密度较高，但输出功率较低，一般应用于航标灯电源以及铁路上的信号灯电源。50 年代末期，燃料电池迅速发展起来，同时也带动了金属空气电池的探索和发展。在 1975 年前后，金属空气电池发展迅速，尤其是在加拿大 Aluminum power 等公司倡导下，锌空气电池已经开展应用。到了 1995 年，以色列 ElectficFuel 公司首次在电动车上应用锌空气电池，使得金属空气电池进入实用化阶段。近年来，金属空气电池在多项关键技术方面发展迅猛，其中的锌空气电池、镁空气电池、铝空气电池等都已经在各个领域有了应用产品。锂-空气电池虽然还没有实现应用，但其超高比能量密度吸引了很多研究者对之进行大量研究工作，其发展势头非常迅猛，而金属空气电池前期的各项研究技术也为锂-空气电池的发展提供了很多有利的基础资料。

目前，石油占世界一次能源总来源的 34%。它的使用排放大量二氧化碳，占了总的二氧化碳排放量的 40%，而石油开采也是地缘政治不稳定的重要原因。由于大多数的石油被用于汽车和轻型卡车的应用，所以设计一种电气化道路交通系统已经成为全社会共同的目标。混合动力电动汽车已经出现，而人们最终的目标是纯电动汽车的大规模应用。目前道路交通系统完全电气化的主要技术障碍是电池的容量有限，这也严重限制了电动汽车的实际应用。锂-空气电池的概念就是在这种背景下，为了解决电动汽车应用的关键障碍而提出来的，锂-空气电池的概念最早是 Littauer 等人在 1976 年提出[50]，早期的金属空气电池采用的是水系电解液，金属锂在水溶液电解质体系中的腐蚀问题非常严重，使得电池的自放电率高，库仑效率低，安全性也存在很大的问题。因此，早期针对锂-空气电池的研究都是在降低金属锂的腐蚀问题上，如通过添加抑制剂来抑制锂金属的氧化反应，或是采用水活性较低的饱和氯化锂溶液作为电解液来抑制锂金属的腐蚀[51,52]。这些研究工作都没有彻底的解决锂金属的安全问题，当电池出现意外撞击或位置颠倒等情况下，水和锂金属会发生剧烈的反应，导致极大的安全隐患。由于金属锂过于活泼，易与水发生剧烈反应的性质，导致当时锂-空气电池受到较少关注。

1996 年，美国 K. M. Abraham 教授课题组首次报道了一种新型的锂-空气电池[53]，他们采用聚丙烯腈作为基底的聚合物电解质来制备锂-空气电池，电池的开路电压可达 3.05V，放电平台在 2.5V 左右，在 0.1mA/cm² 的电流密度下，放电容量可高达 1410mA·h/g，远高于已知锂离子电池体系的理论容量。但随后的十年里，锂-空气电池的研究并没有引起人们的关注，这方面的报道也非常少见，直到 2006 年，英国圣安德鲁斯大学 P. G. Bruce 教授课题组证明了锂-空气电池的可逆性，他们采用 XRD 分析发现了过氧化锂的存在，同时其制备的采用碳酸酯基电解液的锂-空气电池能够进行 50 次充放电循环，且容量仍能保持 600mA·h/g（碳），这就证明了锂-空气电池是二次电池[54]。并且相对于其他的电池体系，锂-空气电池理论上具有最高的比能量密度（见表 1.1），将其应用在电动汽车上，理论上其一次充电行驶的里程就能够达到 800km，可以与汽油相媲美。锂-空气电池在电动汽车储能方面的良好应用前景导致其近几年来引起了人们的密切关注。

表 1-1　各种类型的可充电电池相比于汽油的近似能量密度[55]

类型	理论能量密度/W·h·kg^{-1}	实际容量密度/W·h·kg^{-1}
铅酸电池	小于 2000	40
镍镉电池	小于 2000	40
镍氢电池	小于 2000	50
锂离子电池	小于 2000	160
锌空气电池	小于 2000	350
锂硫电池	小于 2000	370
锂-空气电池	约 11680	1700
石油	大于 12000	1700

近几年来，锂-空气电池的研究受到了各国政府、学术界和工业领域的重视，已经获得了日本政府 NEDO，Rising 项目（300 亿日元），美国政府 DOE，EIH 项目（1.2 亿美元），中国政府 973 项目（1500 万人民币）的国家重点研究项目的资助。而国际上诸多大型企业也对二次锂-空气电池表现出极大的兴趣。丰田汽车公司是最早一批开展锂-空气电池研发的公司，该公司于 2013 年宣布与宝马汽车公司一起共同进行锂-空气电池的研发。而 IBM 公司早在 2012 年就与日本 Asahi Kasei 和 Central Glass 公司共同合作设立了"Battery 500 Project"项目，该项目的目标是开发一款能够推动电动汽车单次充电运行 500 英里（804.7km）的锂-空气电池，希望能在 2030 年前将其投入市场。因此，锂-空气电池研究开启了继二次锂离子电池之后的"后锂离子二次电池充电技术"的新时代。国外开展锂-空气电池研究领域较早的课题组有：英国圣安德鲁斯大学的 Peter G. Bruce 教授课题组、美国阿贡国家实验室的 Larry A. Curtiss 教授课题组和 Khalil Amine 教授课题组、美国麻省理工学院 Yang Shao-Horn 教授课题组、加拿大西安大略大学 Xueliang Sun 教授课题组、加拿大滑铁卢大学 Linda F. Nazar 课题组、韩国汉阳大学的 Yang-Kook Sun 教授课题组等。国内也有较多课题组开展了关于锂-空气电池的研究，主要有中科院长春应用化学研究所的张新波教授课题组、中科院上海硅酸盐研究所的温兆银教授课题组、哈尔滨工业大学孙克宁教授课题组、南京大学现代工程与应用科学学院的周豪慎教授课题组、南开大学陈军院士课题组和周震教授课题组、复旦大学余爱水教授课题组、华南理工大学廖世军教授课题组等。

1.3.1　锂-空气电池的分类和工作原理

锂-空气电池主要由金属锂负极、电解质以及负载催化剂的空气阴极构成。目前，锂-空气电池的体系结构主要可以分为四大类，根据其电解质的不同加以区分。如图 1.5 所示，锂-空气电池可分为以下四类：

（1）有机电解液体系锂-空气电池；

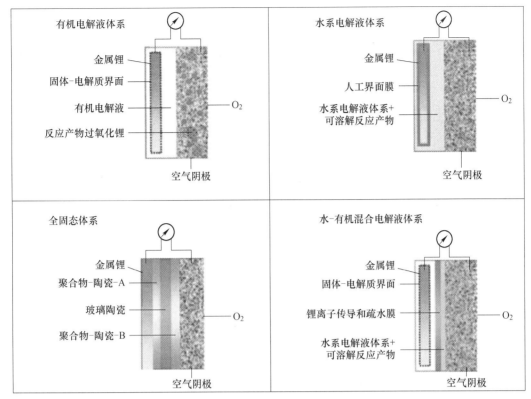

图 1.5 不同类型锂-空气电池的结构示意图[56]

（2）水系电解液体系锂-空气电池；

（3）全固态锂-空气电池；

（4）水-有机混合电解液体系锂-空气电池。

1.3.1.1 有机电解液体系锂-空气电池

在有机电解液体系锂-空气电池中，通常采用多孔碳作为正极，既有利于气体的传输又有利于放电后产物的存储，负极采用金属锂。其放电机理可以理解为氧气进入到电池中，在空气电极表面得到电子还原为 O_2^-，再与电解液中的锂离子结合，生成难溶的过氧化锂或者可能是氧化锂，这些放电产物会堆积在空气电极上，逐渐的堵塞空气电极的孔道，覆盖活性位点，导致整个电池性能的衰减。

目前，得到大多数研究者认可的有机电解液体系锂-空气电池的电极反应机理为[53,57]：

正极反应： $O_2 + 2e^- + 2Li^+ \longrightarrow Li_2O_2$ (1.15)

负极反应： $Li^+ + e^- \longrightarrow Li$ (1.16)

电池反应： $2Li + O_2 \longrightarrow Li_2O_2$ (1.17)

其中，放电产物是以如下路径生成的：

$$O_2 + e^- \longrightarrow O_2^-$$ (1.18)

$$O_2^- + Li^+ \longrightarrow LiO_2$$ (1.19)

$$2LiO_2 \longrightarrow Li_2O_2 + O_2 \tag{1.20}$$

当放电达到一定深度时，放电产物中也会出现 Li_2O，反应的途径如下：

$$LiO_2 + Li^+ + e^- \longrightarrow Li_2O_2 \tag{1.21}$$

$$Li_2O_2 + 2Li^+ + e^- \longrightarrow 2Li_2O \tag{1.22}$$

Li_2O 在充电过程中的可逆性较差，会导致电池循环恶化，所以 Li_2O_2 才是保证电池可逆性的放电产物，其充电过程发生的反应为：

$$Li_2O_2 \longrightarrow O_2 + 2e^- + 2Li^+ \tag{1.23}$$

有机电解液体系锂-空气电池中发生的总反应可归纳为：

$$2Li + O_2 \Longleftrightarrow Li_2O_2 \qquad E^\ominus = 2.96V \tag{1.24}$$

$$4Li + O_2 \Longleftrightarrow 2Li_2O \qquad E^\ominus = 2.91V \tag{1.25}$$

根据如上锂-空气电池的反应历程可知空气电极材料并不作为活性物质参与电化学反应，而仅作为过氧化锂的生成和分解反应的催化场所，这一点与氢氧燃料电池正极表面的氧气还原生成水的过程类似。然而，锂-空气电池与传统氢氧燃料电池不同之处在于燃料电池放电生成的水可及时的排出体系之外，使得燃料电池可以连续工作，而锂-空气电池反应发生在"多孔电极材料/电解液/催化剂"三相界面处，随着放电反应地持续进行，生成的不溶性放电产物过氧化锂逐渐覆盖并填充满整个多孔阴极材料的孔道，减小催化剂与氧气及电解液的接触面积，降低电极的电子电导率并堵塞氧气和锂离子的输运通道，最终导致放电反应终止。此外，由于受诸多物理、化学因素的影响，催化电极上实际进行的电化学反应过程要复杂得多，并未完全按照期望的可逆反应进行。

针对锂-空气电池氧还原过程的研究中，英国 P. G. Bruce 教授课题组通过循环伏安法及采用原位表面增强拉曼光谱技术检测 Au 电极与电解液界面中物质变化，发现在非水电解液体系中溶解的氧分子首先吸附在催化剂材料表面得电子还原成超氧自由基 O_2^-（反应式（1.6）），生成的超氧自由基迅速与扩散到电极表面的 Li^+ 发生化合反应生成超氧化锂（反应式（1.7）），实验和量子化学计算结果表明生成的 LiO_2 极不稳定，只能以中间过渡态存在[58,59]。因此，中间过渡态 LiO_2 可能经过化学歧化反应或电化学反应途径形成稳定的 Li_2O_2 还原反应产物。同时，Bruce 课题组实验还发现通过歧化反应生成的 Li_2O_2（反应式（1.8））属于一级反应，反应速率常数为 $k = 2.9 \times 10^{-3} \ s^{-1}$，然而电化学反应在低电压下（$<1.8V \ vs. \ Li/Li^+$），$LiO_2$ 直接电化学还原为 Li_2O_2（反应式（1.9））。美国 IBM Almaden 研究中心的 Luntz 等人利用电化学微分质谱（DEMS）发现在充放电电压低于 4.0V 时，参与电化学反应电子数与电池充放电过程消耗或产生氧气的摩尔量之比接近 2，而反应（1-9）中计算得到为 1，否认在电化学反应过程中 LiO_2 物质存在[60]。美国阿贡国家实验室的 KhalilAmine 教授课题组以活性炭为空气阴极在低温条件（$T = 100 \ K$）下对放电过程进行 Raman 测试检测到 LiO_2 的存在[61]，最近 KhalilAmine 教授课题组还采用高能 X 射线衍射、原位 DEMS 及 Raman 表征技术对负载 Ir 纳米颗粒的还原石墨烯材料进行分析，发现放电产物主要为 LiO_2，DEMS 结果表明电化学反应电子数与氧气摩尔量之比为 1，证实锂-空气电池放电过程中存在反应式（1-9），即放电过程中存在 LiO_2 物质[62]。意大利 BrunoScrosati 教授课题组采用 PCGA（恒电流电位循环加速测试）研究了 PEO 基固体电解质氧还原反应机理[63]，与 P. G. Bruce 结果不同之处在于电化学还原反应生成的 Li_2O_2 能

进一步发生还原反应生成 Li_2O (反应式 (1.10))。二者所得出的机理不同之处在于所采用的电解质不同，P. G. Bruce 采用乙腈作为电解液溶剂，而 Scrosati 采用固态 PEO 作为电解质减少了液体溶剂在氧还原过程中所带来的影响干扰。美国 K. M. Abraham 教授课题组[64]已经发现溶剂种类会影响到 LiO_2 的还原反应速率，从而推测出在不同电解液溶剂体系中 LiO_2 以何种方式转化形成 Li_2O_2。由此可见，不同电解液溶剂体系，氧还原发生途径不同，其还原反应机理还有待进一步研究。值得考虑的是，Scrosati 推测得到形成 Li_2O 的反应机理却一直未得到实验产物的证明。K. M. Abraham 教授还发现在四乙二醇二甲醚 (TEGDME) 电解液溶剂进行放电，采用 XRD 测试放电产物发现，当放电截止电压高于 2.0V 时电极表面未出现 Li_2O，当继续放电至 1.0V 时，在 $2\theta = 33°$ 附近出现了 Li_2O 特征衍射峰[65]，这是已知唯一直接检测到放电产物中存在 Li_2O 的文献。

针对锂-空气电池氧析出过程的研究中，氧析出反应主要研究氧还原产物 Li_2O_2 的分解反应，P. G. Bruce 课题组认为 Li_2O_2 的分解反应为 Li_2O_2 直接得到 $2e^-$ 一步电化学氧化分解为 Li^+ 和 O_2 (反应式 (1-11))，反应过程中未出现中间过渡态 LiO_2，P. G. Bruce 采用商业 Li_2O_2 制备电极在 $LiPF_6/PC$ 电解液中进行充电反应，检测其分解产物发现为 PC 溶剂的分解产物，说明氧析出反应并未按照氧还原反应可逆进行，可能存在某种氧析出途径。在 Li_2O_2 电极进行循环伏安测试发现氧化过程中出现了多个氧化峰，说明其氧化过程并非为基元反应，氧析出反应可能涉及多个反应步骤。Gerbrand Ceder 教授采用密度泛函理论计算得出 Li_2O_2 首先失去 Li^+ 变成 LiO_2 (快速步骤反应式 (1.26))，LiO_2 继续氧化释放出 O_2 (慢步骤反应式 (1.27))，推测出 Li_2O_2 的氧化分解步骤如下[66]：

$$Li_2O_2 \longrightarrow LiO_2 + Li^+ + e^- \tag{1.26}$$

$$LiO_2 \longrightarrow O_2 + Li^+ + e^- \tag{1.27}$$

这一推测明显与 P. G. Bruce 提出的机理矛盾，按照 P. G. Bruce 的实验检测结果并未出现 LiO_2 中间过渡态产物，因此，此机理还有待验证。氧还原产物 Li_2O_2 为电子绝缘体，若按照如上 OER 反应机理，Li_2O_2 如何传导电子将是影响氧析出反应发生的一个重要因素。美国麻省理工 Yang Shao-Horn 教授课题组对氧还原产物 Li_2O_2 进行 X 射线吸收边带结构分析 (XANES)，分析发现生成的 Li_2O_2 存在锂空位等结构缺陷[67]。最近，量子化学理论计算 Li_2O_2 结构表明，氧还原反应生成的 Li_2O_2 颗粒具有高稳定性的非计量化学表面结构，这些非计量化学结构呈现出了表面锂空位或缺陷造成的表面富氧状态，其具有半导体特性可以传导电子。总之，氧还原反应及氧析出反应涉及复杂的反应途径，其机理尚未完全弄清，氧还原形成的 Li_2O_2 颗粒表面存在缺陷可增加其导电性，有必要进行深入研究探讨其表面缺陷的形成原因。

有效降低充电过程能量损失一直以来都是锂-空气电池研究的重要目标。迄今为止，对于锂-空气电池充电氧析出过程存在两个不同的观点分歧，一部分人认为锂-空气电池充电过程中表现出非常低的充电过电势，充电反应过程不需要催化剂的加入来改善催化动力学反应。例如，Luntz 教授课题组研究报道 Vulcan Carbon (VC) 碳材料基锂-空气电池充电电压范围在 3.0~4.0V，当加入催化剂后并没有提高电池的氧析出反应动力学[68]。然而，大量的研究报道发现，碳基材料表面氧析出反应通常表现出较高的充电过电势 (>1000mV)，若加入部分催化剂能明显降低充电过电势。研究者们将不同类型催化剂与商业过氧化锂粉末进行混合制备氧气电极，考察了不同催化剂对过氧化锂的氧化分解作用并进行了系统研究。该实验设计排除了因不同放电产物结构及副产物对锂-空气电池充电过电势的干扰影响。美国麻省理工学院 Yang Shao-Horn 教授课题组研究发现 Pt 和 Ru 能明显提高商业过氧化锂的电化学氧化反应动力学，VC 和 Au/C 仅当充电电压高于 4.0V 时表现出相同的过氧化锂催化活性，相比而言，Pt/VC 和 Ru/VC 能明显降低过氧化锂催化分解电压（<3.5V Li），其催化活性约为 VC 和 Au/VC 碳材料的 100 倍[69]。Ganapathy 等人采用原位 X 射线衍射技术对两种不同类型过氧化锂电极（氧还原反应生成过氧化锂电极和商业过氧化锂制备的电极）充电分解反应机理进行了研究。研究结果显示，氧化原反应生成过氧化锂电极充电过程经历了两步氧化分解过程，即在低电压平台（2.8～3.4V）存在表面无定性或少量晶型过氧化锂的氧化分解反应：$Li_2O_2 \rightarrow Li_{2-x}O_2 + xLi^+ + xe^-$ 和在高电压平台区（3.4～3.9V）间发生缺陷态 $Li_{2-x}O_2$ 的氧化分解反应：$Li_{2-x}O_2 \rightarrow O_2 + (2-x)Li^+ + (2-x)e^-$。然而，在商业过氧化锂制备电极充电过程中仅发生高电压平台缺陷态 $Li_{2-x}O_2$ 的催化分解反应。

总的来说，有机电解液体系的锂-空气电池制备过程相对简单，目前大多数研究都是针对有机电解液体系。使用有机电解液能够解决金属锂片的腐蚀问题，金属锂与有机电解液接触并在电极的表面形成一层固体电解质界面膜（SEI），可以保护锂金属进一步与电解质发生反应。有机电解液体系的锂-空气电池的工作电压也较高，能够达到 2.4～2.9V之间。但其也面临着很多的问题，由于电池充放电过程中，空气电极会发生氧还原反应，生成的放电产物过氧化锂和氧化锂均不溶于有机电解液。这些放电产物会堆积在空气电极上，逐渐的堵塞空气电极的孔道，覆盖活性位点，导致整个电池放电终止。除此之外，过氧化锂还具有强氧化性，很多小分子溶剂易被氧化，导致放电产物被不断的消耗，电池容量出现衰减。而在没有催化剂存在的情况下，电池的极化现象非常严重，导致电池充放电效率低。有机电解液也有易挥发、有毒、不耐高温等缺点。但有机电解液体系锂-空气电池仍然是最有发展前景的电池体系，近几年来，研究人员已经做了很多工作来提高电解液稳定性，降低电池充放电过程极化，提高电池性能。

1.3.1.2 水系电解液体系锂-空气电池

水系电解液体系锂-空气电池是最早提出的锂-空气电池体系，在 1976 年由 Littauer 等人提出[50]，该电池采用水溶液电解液体系作为电解液，负极为金属锂，正极活性物质为空气中的氧气。在水性电解液锂-空中，电池的反应机理为：

$$2Li + (1/2)O_2 + 2H^+ \longrightarrow 2Li^+ + H_2O \quad (酸性溶液) \qquad (1.28)$$
$$2Li + (1/2)O_2 + H_2O \longrightarrow 2LiOH \quad (碱性溶液) \qquad (1.29)$$

水系电解液锂-空气电池放电时，氧气通过空气电极的孔道传输，在空气电极表面发生氧化还原反应，得到电子还原成 OH^-，再与电解液中的 Li^+ 发生反应，生成能够在水系电解液中溶解的 LiOH。

水系电解液体系锂-空气电池具有很多优点，首先，采用水系电解液成本较低，且安全系数高，能够在开放体系下运行；其次，电池的开路电压也较高，充放电效率高，电极极化较低；而与有机电解液体系锂-空气电池相比，水系电解液体系锂-空气电池生成的放电产物为能溶于水系电解液的氢氧化锂，解决了放电产物堆积导致空气电极堵塞而引起电池放电终止的问题。

但水系电解液体系锂-空气电池也面临着很多的问题，由于金属锂极易与水溶液发生反应，其在水系电解液体系中的腐蚀问题非常严重，使得电池的自放电率高，库仑效率低，安全性也存在很大的问题。水系电解液体系锂-空气电池常用的固体电解质陶瓷隔膜在室温下的导电率也较低，且在强酸强碱环境下并不稳定，而电池的开路电压虽然高，但实际的工作电压不到2V。这些问题都限制了水系电解液体系锂-空气电池的发展，因此，大部分研究者关注的都是有机电解液体系锂-空气电池。

1.3.1.3 全固态锂-空气电池

全固态锂-空气电池在 2010 年由美国戴顿大学研究院的 BinodKumar 教授课题组首次提出[70]，该电池正极采用的是碳与玻璃纤维粉末的复合物，金属锂作为负极，电解质采用的是两种聚合物和玻璃纤维膜构成的类三明治结构的固体电解质。

采用固体电解质代替有机电解液具有很多的优点，首先固体电解质的使用能够降低电池的可燃风险，提高电池的安全保障；其次，固体电解质的电化学窗口较宽，使得电池的工作稳定范围增宽；固体电解质也有利于得到稳定的电池反应固-液-气三相界面，且能够更好的保护金属锂负极，避免金属锂的腐蚀问题。但全固态锂-空气电池本身也具有一定的局限性，一方面，固体电解质与金属锂的接触比不上液体电解液，其导锂离子能力较差，界面阻抗过高导致电池的内阻较大；另一方面，全固态锂-空气电池的导电性和电池性能受温度较大，较高温度时电池的倍率性能和过电压都有所改善，但与此同时，副反应的发生也会增多。

1.3.1.4 水-有机混合电解液体系锂-空气电池

跟水系电解液体系锂-空气电池相比，有机电解液体系锂-空气电池有效的解决了金属锂负极的腐蚀问题，但同时也面临着更多严峻的挑战。一方面放电产物过氧化锂或氧化锂的堆积导致气体扩散通道堵塞，发生氧还原的活性界面减少，电池放电终止；另一方面，氧还原过程中产生的中间产物超氧自由基离子非常的活泼，有机电解液在其作用下容易发生分解，进一步造成了电池性能的急速恶化。寻找能够在过氧化锂和超氧自由基存在的环境下保持稳定的电解液体系，是锂-空气电池的一大挑战。为了从根本上解决这两大问题，周豪慎教授课题组报道了一种新型的锂-空气电池设计——水-有机混合电解液体系锂-空气电池[71,72]。

2007 年，PolyPlus Battery Company 申请的了水-有机混合电解液体系中锂电极的防护专利，这为水-有机混合电解液体系锂-空气电池的发展奠定了基础[73]。2009 年，日本能源技术研究所的周豪慎教授课题组提出了水-有机混合电解液体系锂-空气电池的构造，空气电极一侧采用水系电解液替代有机电解液，而金属锂负极一侧仍然采用有机电解液，两种电解液之间通过固态传导锂离子电解质隔开，既不会对锂金属负极发生腐蚀作用，也成功的解决了空气电极放电产物堆积的难题。其基本反应原理与水系电解液体系锂-空气电池类似，生成的放电产物为可溶的氢氧化锂，其电池发生的反应如式（1.28）、式（1.29）所示。

该体系既有有机电解液体系的优点，又有水系电解液体系的优点，其放电产物为能够直接溶解在水系电解液中的氢氧化锂，避免了有机电解液体系由于放电产物难溶导致空气电极堵塞的缺点。其在负极采用有机电解液，很好的解决了金属锂负极的腐蚀问题。但该体系也存在一些问题，固体陶瓷电解质在碱性或酸性电解液中的稳定性较差，且其离子电导率需要进一步提高，而固体陶瓷电解质与金属锂反应会逐步腐蚀陶瓷片，有引起电池短路的危险。因此，水系-有机混合电解质体系锂-空气的重点和难题就是要寻找一种能够有效将水系电解液和有机电解液隔开，阻挡水和氧气通过，室温下也有较高的锂离子传导能力，以及较好的稳定性和一定机械强度的超级锂离子传导固体电解质隔膜。

1.3.2　锂-空气电池空气阴极催化剂的研究进展

锂-空气电池采用的空气电极在结构上与其他金属空气电池中的空气电极类似，主要也是由集流体、气体扩散层、催化层组成。在多孔空气电极一侧，氧气会在气-液-固三相界面发生还原反应，生成 O_2^-，再与电解液中的 Li^+ 反应，生成难溶的过氧化锂或氧化锂，放电产物堆积在空气电极上，堵塞电极孔道，阻断氧气传输，导致了放电的终止。而锂-空气电池阴极的反应传输了电池大部分的能量，也几乎承担了整个电池的电压降。基于对锂-空气电池作用机理的分析可知，空气电极是影响电池性能的关键因素。空气电极所采用的材料一般要具有良好的导电性和氧还原催化活性，而适当的孔径以及大的比表面也是必要的。总的来说，一个好的空气电极应该要具备如下几条：（1）高比表面，适当的孔径；（2）高离子传导率，高电导率；（3）充足的氧气扩散通道，稳定的电极组成。

相关研究成果表明，空气电极表面的孔径与电池容量关联密切。由锂-空气电池充放电反应机理可知，电极放电后生成了难溶的放电产物堵塞了电极表面的孔隙，碳多孔材料的比表面对电池的容量影响不大，但碳材料的平均孔径和孔容与电池容量密切相关[74~79]。瑞典乌普萨拉大学 Younesi 等人研究发现[80]，当黏结剂的量过多时，空气电极表面的孔隙会被黏结剂堵塞，导致电池容量下降。

总的来说，空气电极的材料既要保证氧气以及锂离子的传输通道，又要保证有足够的孔径来容纳更多的放电产物。介孔和大孔的碳材料就能满足这些要求，目前，锂-空气电池的电极材料可以分为碳材料和非碳材料两类，碳材料因为其自身性质，已经成为目前应用最广的空气电极材料，非碳材料主要有金属氧化物和贵金属等。此外，在空气电极材料中加入少量催化剂，有助于降低充放电过程的过电压，提高能量转换效率。

1.3.2.1　碳基催化剂

碳材料由于其种类丰富、价格低廉、电导率高、电化学稳定性好等优点，已经被广泛应用于锂-空气电池空气电极。碳材料的孔径、比表面积、表面基团与缺陷、微观形貌以及电导率等因素都会影响其性能，而其来源和制备方法的不同，也会构成多种物理结构。物理结构的差异也会导致电化学性能的巨大差别。锂-空气电池中常用的碳材料主要可以分为三大类：（1）活性炭材料，如 XC-72R、Super P、Ketjin black 等；（2）石墨烯、碳纳米管、碳纳米纤维、多孔碳球等结构特殊的碳材料；（3）有机聚合物热解碳、树脂碳、生物质衍生碳等。

原始的碳材料通常在水溶液电解液中的氧还原/氧析出催化活性较低，与此相反，碳材料可以为非水电解液体系中的氧反应提供足够的催化活性。在这种情况下，碳材料不仅作为催化剂的载体，其本身也具有一定的氧还原催化活性，可以作为良好的氧还原催化剂应用在有机电解液体系的锂-空气电池中。

在有机电解液体系锂-空气电池中，由于放电产物过氧化锂的不溶于有机溶液，容易堆积在空气电极的活性位点处，堵塞孔道，增加孔道传输气体的阻力，所以孔的结构以及空气电极的构造是电池性能的关键。因此，对于优化空气电极的微结构，人们做了很多的努力，早期的研究集中在对碳材料的比表面积、孔容以及孔径分布对锂-空气电池性能的影响上。Hall 和 Mirzaeian 发现[75]，电池的性能取决于碳材料的形貌，并且孔容、孔径以及比表面积的综合效应影响了电池的容量。作者发现，当锂-空气电池采用大比表面和大孔径的碳材料时，显示出较大的比容量。夏永姚教授课题组[81]研究表明，大的孔容以及大的介孔结构（孔径在 2~50nm）对电池的性能至关重要。马萨诸塞大学 Deyang Qu 教授课题组[76]等发现，碳材料催化剂的平均粒径与锂-空气电池的容量几乎成线性关系。小孔，像孔径小于 2nm 的微孔，对锂-空气电池的容量影响较小。通过对碳材料表面进行疏水改性处理，来防止放电期间过氧化锂沉积在催化剂的表面，这种方法也可以提升电池的性能[82]。

石墨烯，作为一种新型的单原子层二维碳材料，由于其本身具有优良的导电性、优异的机械柔韧性、显著的热传导性以及高比表面积，已经引起了人们的广泛关注。英国曼彻斯特大学物理学家康斯坦丁·诺沃肖洛夫和安德烈·盖姆于 2004 年成功从石墨中剥离出石墨烯，从此证实石墨烯确实可以单独存在，他们也因为这一重要发现共同获得 2010 年诺贝尔物理学奖。石墨烯通常由化学方法制备，这种方法易于大规模生产由石墨剥落的石墨烯片，这样制备的石墨烯有许多边缘位点和缺陷位点位于表面上，并且可以充当催化剂来促进某些化学转化过程[83]。为了研究石墨烯的氧还原反应催化活性，加拿大西安大略大学孙学良教授课题组[84]首先在非水锂-空气电池空气电极上采用石墨烯纳米片（GNSs）。基于 GNSs 的空气电极的放电容量高达 8700mA·h/g，与之相比，采用 BP-2000 碳粉的空气电极的放电容量只有 1900mA·h/g，而采用 Vulcan XC-72 碳粉的空气电极的放电也仅为 1050mA·h/g。尽管放电产物主要是碳酸锂和少量的过氧化锂，但这个研究结果也表明了具有独特形貌和结构的石墨烯纳米片对锂-空气电池是有利的。与此同时，澳大利亚 Guoxiu Wang 教授课题组同样研究了石墨烯在非水锂-空气电池中的催化性能[85]。与采用 Vulcan XC-72 碳材料的空气电极相比，采用石墨烯纳米片的空气电极显示了更好的循环稳定性和更低的充放电过程过电压，进一步证明了石墨烯纳米片是一种高效的锂-空气电池阴极催化剂。根据之前提到的，多孔结构对非水锂-空气电池性能影响较大，基于这样的认识，美国太平洋西北国家实验室 Jie Xiao 教授等人[86]制备了一种新型空气电极，由分层多孔石墨烯构造的空气电极。包含有晶格缺陷和官能团的石墨烯片是由一种胶体微乳液方法制备以及构造其分层多孔的结构的。由此独特结构的石墨烯片制备的空气电极显示出超高的放电比容量（15000mA·h/g），这要归因于这独特的分层结构有大量的微孔通道，有利于氧气的快速扩散，以及紧密连接高密度的活性位点。DFT 计算表明，石墨烯上具有的官能团和缺陷位点有利于形成孤立的过氧化锂纳米颗粒，有助于防止过氧化锂在空气电池上大量堆积导致放电终止。

研究表明石墨烯的优异性能与其独特的结构有关，微孔结构利于氧的扩散，而交错相连的纳米孔提供了充足的反应活性比表面。此外，理论研究表明石墨烯的氧还原催化活性可能归因于材料表面缺陷度和官能团，氧还原反应发生在这些缺陷位点上形成过氧化锂成核长大为纳米晶粒，这些纳米晶粒既不会堵塞孔道也不会钝化电极，因此表现出较高的放电容量。目前对石墨烯催化剂改性的方法主要有两种：一是通过构建特殊多孔结构来提升石墨烯的比表面积及催化活性；二是通过引入 N、P、S 等元素掺杂到石墨烯的结构中，提高临近的碳原子电荷密度，提升其催化活性。杂元素掺杂和金属及金属氧化物负载是在造孔的基础上对石墨烯基催化剂更进一步的处理，提升了碳材料在催化领域的性能。锂-空气电池的反应原理归结于氧气在催化剂的作用下与金属锂发生的氧还原反应和氧析出反应。杂元素的引入主要通过破坏碳稳定的六元环结构，使石墨烯纳米片表面形成更多的官能团，增加了氧原子附着的缺陷位点，更有利于氧还原催化反应的发生，从而提高锂-空气电池的放电比容量。例如，以氮掺杂石墨烯纳米片作为锂-空气电池阴极催化剂的初始放电比容量比使用石墨烯纳米片高40%[87]；美国洛斯阿拉莫斯国家实验室 Gang Wu 教授课题组以多壁碳纳米管为支撑模板，采用原位生成法合成掺氮石墨烯片，与炭黑和铂碳催化剂对比，掺氮石墨烯片的催化性能有大幅度提高[88]。

相比于掺杂对氧还原催化活性的提升，金属及金属氧化物的负载主要改善了石墨烯的氧还原催化活性，促进锂-空气电池放电产物的分解。例如，澳大利亚 Guoxiu Wang 教授课题组采用软模板合成法制备了分级多孔石墨烯碳材料并负载贵金属 Ru 纳米颗粒复合催化剂，将其应用于锂-空气电池研究中发现，负载 Ru 纳米颗粒的多孔石墨烯基锂-空气电池首次放电比容量高达 17710mA·h/g（碳）（电流密度为 200mA/g）且库仑效率高达 98.9%，充放电过电势仅为 0.355V，表现出极高的可逆充放电性能[89]。

电极结构的设计对于提高能源转换过程也是非常重要的。之前的研究大多集中在碳材料本身具有的孔结构上，而大大的忽略了其在空气电极上的排列对锂-空气电池性能的影响。通常情况下，多孔碳颗粒是通过黏结剂的作用紧密聚集在阴极上的，而这种紧密的聚集不可避免的导致了较低的氧气扩散率以及有限的过氧化锂沉积空间，从而使得多孔碳粒子的利用率低，并进一步导致了锂-空气电池的低容量和低大倍率性能。为了解决这一问题，中国科学院长春应用化学研究所张新波教授课题组提出了一种新的策略来最大限度提高多孔碳的利用率。通过简单有效的溶剂-凝胶方法来生成氧化石墨凝胶并衍生出一个独立无黏结剂的分层多孔碳结构空气电极（FHPC），来保证反应物的传输[90]。当将此材料做成空气电极应用在非水锂-空气电池中时，电池显示了非常高的比容量以及优秀的大倍率性能，在 0.2mA/cm² 的电流密度下，比容量高达 11060mA·h/g，当电流密度加大到 2mA/cm² 时，比容量仍有 2020mA·h/g。而作为对比的以商业 KB 碳材料为空气电极的电池比容量仅有分层多孔碳结构空气电极比容量的一半，这可以说明电池的高性能应该归功于无黏结剂的碳材料的宽松结构，这种结构给过氧化锂的沉积提供了足够的容纳空间，增加了碳材料的利用率，同时也利于氧气的传输。

美国 YangShao-Horn 教授的课题组提出了另外一种新型由化学气相沉积 CVD 方法制备的无黏结剂多孔碳空气电极结构[91]。直径 30nm 的中空碳纤维垂直长在多孔陶瓷基底上，作为空气电极应用在有机电解液体系锂-空气电池中。电池在能量密度达到 100W/kg（放电）时展现的质量能量密度高达 2500W·h/kg（放电），比目前最先进水平的嵌锂化合物的质量能量密度高四倍以上（例如 LiCoO₂ 的质量能量密度为 600W·h/kg 电极）。这原位碳纳米纤维电极的良好电化学性能应该归因于碳纤维在电极表面的低团聚和碳材料的高效利用以及足够的孔隙空间留给过氧化锂沉积。这些纳米纤维结构也导致过氧化锂在放电时形成以及在充电时分解的形貌及过程清晰可见，这是理解锂-空气电池低倍率性能和低充放电效率的关键步骤。

韩国 Kisuk Kang 教授课题组[92]精心设计了一款碳纳米纤维分层多孔电极，使得锂-空气电池的倍率性能和循环性能都有很大的提升。该电极是由正交交织的碳纳米纤维构成可控孔结构，没有采用任何黏结剂，整个电极类似于网状的结构，如图 1.6 所示。该电极通过控制孔隙率来控制放电产物过氧化锂的形成，有效的起到防止孔道堵塞的作用，氧气可以自由畅通的进入到空气电极内部。这种独特的结构导致了电池的高循环稳定性以及前所未有的高倍率性能。在限制容量 1000mA·h/g 时仍能稳定运行 60 个循环以上。

周豪慎教授和王勇刚教授[93]还报道了一个非常有趣的研究工作，该电极的设计灵感来自于书写用的铅笔。该电极的通过在陶瓷电解质上用铅笔画图的方式制得。这种 2D 结构的碳纳米片通过铅笔涂画的方式添加到陶瓷电解质表面，直接作为一个空气电极。在 0.1 A/g 的电流密度下，放电容量可以达到 950mA·h/g，电池充放电循环 15 圈以上未见到显著的衰减。

通过掺杂的方式将碳材料功能化也有利于有机电解液体系的氧还原反应。美国空军研究实验室 Stanley Rodrigues 等人[94]报道了一种高比表面的氮掺杂碳材料应用在固体电解质体系锂-空气电池。进行了氮掺杂的 Ketjenblack-Calgon 活性碳电极展示出的放电容量是未进行掺杂处理的活性炭的两倍，与初始活性炭相比，掺杂氮后的电极也对放电电压平台有所提升。加拿大孙学良教授课题组[52]证明了氮掺杂的碳纳米管的放电比容量是未掺杂碳纳米管的 1.5 倍。这些结果表明掺杂的方法有利于提升锂-空气电池的容量以及氧反应动力学。其后，孙学良教授课题组也报道了氮掺杂和硫掺杂的石墨烯在锂-空气电池中的应用[87,95]。研究发现，当通过氮掺杂石墨烯引入缺陷位点后，放电容量显著的增加了。而硫掺杂石墨烯可以影响放电产物的形貌，因此，其充电性能与原始石墨烯相比有较大的不同。首先，氧气还原成 O_2^-，然后与 Li^+ 结合生成 LiO_2，然后细长的过氧化锂晶体在碳表面形成。不同的放电电流密度下，过氧化锂的形貌也各不相同。

近来，生物质衍生碳材料由于其可再生性、低成本、良好的导电性和稳定性等优异性能而被广泛研究用于储能领域。相比于常见碳材料，生物质衍生碳无需中间加工环节，更为绿色环保、节约成本，是可持续储能材料的良好选择。在自然界中，生物质材料通常在宏观结构中表现出相当广泛的多样性。生物质衍生的碳材料也具有结构上的多样化，例如球形、纤维状、片状、管状、棒状、类石墨烯状等。虽然生物质衍生碳材料的结构具有多样性，但应用于储能领域的生物质衍生碳的结构设计依然面临巨大挑战，因为其孔隙度、比表面积等严重影响着生物质衍生碳材料的性能。通常，研究人员通过控制生物质原材料碳化、活化的温度及氛围来调控其形貌和结构。

部分研究工作是将生物质衍生碳材料作为锂-空气电池阴极催化剂进行研究。哈尔滨工业大学的 Xingbao Zhu 教授课题组[96]通过热解酵母得到富含氮元素的生物质衍生碳，并采用 KOH 为活化剂进行造孔处理，该生物质衍生碳作为锂-空气电池阴极催化剂时，展现出优异的循环稳定性和大倍率性能，在 1360mA·h/g 的截止容量下 500 次以内稳定循环，在 570mA/g 的大电流密度下放电比容量可达 22100mA·h/g。我们在本书中做的一部分研究工作就是采用天然生物质紫菜作为碳源，通过水热碳化和高温热解的方法，制备出

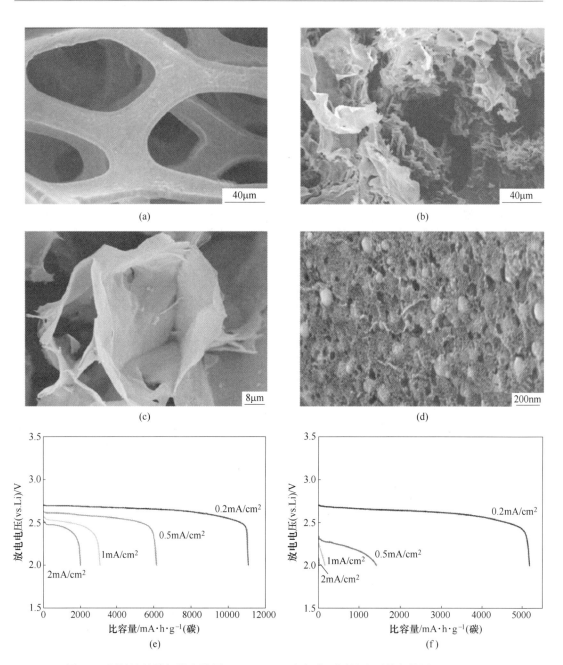

图 1.6 原始泡沫镍扫描电镜图（a）；FHPC 电极在不同尺度下的电镜图（b）~（d）；
不同电流密度下的放电性能图：FHPC 电极（e）；商业 KB 碳电极（f）[47]

类石墨烯状的纳米薄片层碳材料（NORI），NORI 拥有超高的比表面积，含有微量的 N、S 元素，构造出更多的催化活性位点，表现出较强的氧还原和氧析出催化活性，与商业石墨烯（1500mA·h/g）相比，NORI 的充电比容量可以达到 4200mA·h/g。

多孔碳材料多以颗粒形式广泛用于电池中，为了更好地将颗粒保持在一起，通常以聚合物作为黏合剂，这不仅增加了装置的重量和体积，而且还会引起不利的副反应，开发无黏结剂的自支撑的空气阴极是解决这一问题的有效途径。而具有特殊结构的生物质衍生碳材料也是开发自支撑空气阴极的较好前驱体之一。美国波士顿学院的 Dunwei Wang 教授课题组以木头为碳源通过简单的高温热解法（如图 1.7（a）所示）制备出木头衍生自支撑多孔碳材料，通过氮掺杂后碳化木头依然保持固有的分级孔结构，碳壁上存在均匀的孔洞，平均直径为 $2\mu m$（如图 1.7（d）和图 1.7（e）所示），搭建了锂-空气电池中所需的互连通路，进一步改善了碳阴极的催化活性[97]。华南理工大学宋慧宇教授与美国胡良兵教授课题组[56]合作研发了基于木材衍生自支撑空气阴极负载 Ru 纳米颗粒的复合催化阴极，将厚度为 $700\mu m$ 的复合催化阴极用在锂-空气电池上，表现出非常优秀的电池性能，在 $0.1mA/cm$ 的电流密度下放电比容量可达 $8.58mA \cdot h/cm^2$，当复合催化阴极厚度增至 $3.4mm$ 时，放电比容量高达 $56.0mA \cdot h/cm^2$。结果表明，木头衍生碳不止能够作为自支撑集流体，还能够作为理想的金属纳米颗粒载体，有利于氧气的扩散、Ru 纳米颗粒的均匀分布和高效率利用。

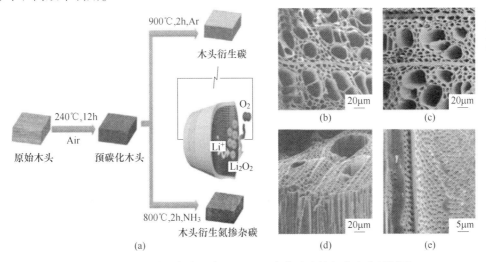

图 1.7 木头碳和掺氮木头碳的制备示意图（a）；木头碳和掺氮木头碳顶视图（b），（c）；
掺氮木头碳的分层孔结构（d）；掺氮木头碳壁上的通道间孔隙[97]（e）

1.3.2.2 过渡金属基催化剂

过渡金属氧化物，包括氧化铁、四氧化三铁、氧化镍、氧化铜、四氧化三钴、铁酸钴等，已经被 Bruce 组引进作为锂-空气电池用的催化剂[98]。其中，氧化铁显示出最高的初始放电容量，四氧化三铁、氧化铜和铁酸钴显示了最佳的容量保持率，同时考虑放电容量和容量保持率两个因素时，则是四氧化三钴的性能最佳[99,100]。然而，这些结果的反应机理仍然不明确，还需要进一步深入的研究。

由 Bruce 等人引进的锰氧化物是研究得最多的锂-空气电池阴极催化剂[101]。他们比较了多种类型的锰氧化物，包括 $\alpha\text{-}MnO_2$ 纳米线、$\beta\text{-}MnO_2$ 纳米线、其他类型的二氧化锰（α，β，λ，γ）、商业 Mn_2O_3 和 Mn_3O_4 等，实验结果表明，$\alpha\text{-}MnO_2$ 纳米线是其中最有效的锂-空气电池阴极催化剂，这要归功于 $\alpha\text{-}MnO_2$ 纳米线独特的晶体结构和高比表面积。

Zhang 等人[102]制备了一种复合电极，通过将 $\alpha\text{-}MnO_2$ 纳米棒与碳纳米管/纳米纤维复合得到。结果表明，采用此复合电极的锂-空气电池的充电容量和循环性能都有较大幅度的提升。Guan 等人报道了一种 α-MnO₂ 纳米花包覆在多壁碳纳米管上，作为锂-空气电池阴极催化剂[103]。这种 α-MnO₂ 纳米花和碳纳米管的复合催化剂显示了较好的电化学性能，充电电压低至 3.8V，显著的提升了电池的能量效率和循环稳定性。还有一些研究工作是针对不同形貌的二氧化锰在锂-空气电池中的应用进行研究的。

由于 MnCo₂O₄-N-rmGO 在水溶液电解液中的优异的氧还原和氧析出性能的启发，Dai 组将此催化剂用在了非水锂-空气电池中[104]。他们发现，MnCo₂O₄-N-rmGO 催化剂在水溶液中的高氧还原活性在非水溶液电解液中同样适用，其在非水溶液锂-空气电池中的放电平台很高，同时，与 Carbon black、N-rmGO、MnCo₂O₄-CB 相比，其对充电过程的电压也有所降低。MnCo₂O₄-N-rmGO 的过电压和充放电性能与铂碳类似，但其循环稳定性远高于铂碳。

Cao 等人[105]报道了一种 α-MnO₂ 纳米棒与石墨烯混合的催化剂，其制备是在石墨烯上原位生成纳米棒形貌的 α-MnO₂，该催化剂在氧还原和氧析出过程都显示出较高的催化活性，在 200mA/g 的电流密度下，其放电比容量达 11520mA·h/g（碳）。而作为对比，未原位生成只是进行简单混合的 α-MnO₂ 和石墨烯制成的电极显示的容量只有 7200mA·h/g（碳），仅为原位合成催化剂的 62.5%。

除此之外，Amine 等报道了一种利用湿式化学法在室温下合成的多孔碳负载纳米结构 α-MnO₂[106]。这种方法的优点是在 MnO₂ 分散在碳表面后，碳的多孔结构和比表面积仍能维持住。当其作为锂-空气电池阴极催化剂时，其显示出良好的电化学性能，在 100mA/g（根据碳加催化剂的总质量算）的电流密度下，容量能达到 1400mA·h/g（碳+催化剂），其充电过程的电压能降低到 3.5~3.7V，而大多数研究中报道的数据显示充电电压一般在 4.0V 以上。

尖晶石二元过渡金属氧化物由于其高电化学活性和电子传导性而被证明是有效的双功能催化剂。对这些氧化物的深入研究显示出其有希望将放电电压增加到理论值的同时降低充电电压，改善电池的可逆性。厦门大学董全峰教授课题组制备了一种高放电比容量的尖晶石二元过渡金属催化剂（高达 12235mA·h/grGO），还原氧化石墨烯负载纳米 CoFe₂O₄，首圈库仑效率高达 96.9%[107]。他们认为催化剂具有如此高容量的一个原因是在高传导性基底还原氧化石墨烯上负载了均匀分散的 CoFe₂O₄ 纳米颗粒，同时，通过避免还原氧化石墨烯与过氧化锂的接触来减少了它们之间的副反应，降低了充放电过程过电势。Sun Bing 等[108]报道了一种 NiCo₂O₄ 纳米棒型催化剂，采用该种催化剂的锂-空气电池首圈放电容量高达 13250mAh/g。他们认为二甲基亚砜基电解液更好的稳定性和离子传导性，以及 NiCo₂O₄ 纳米棒内足够的电解液浸润和氧气扩散空间导致锂-空气电池性能的改善。

由于氧还原和氧析出反应是界面/表面反应，因此催化剂的微观结构与孔隙率也极大地影响着锂-空气电池的倍率性能。苏州大学杨瑞枝教授课题组对不同微观结构，如片状、碗状的 NiCo₂O₄@CFPs（碳纤维纸）催化剂的双功能催化活性进行了对比研究，结果证明了催化剂的微观结构对提高锂-空气电池性能的重要性[109]。碗状的 NiCo₂O₄@CFPs 催化剂表现出更优秀的性能，可归功于其更大的比表面积和更多的介孔结构能够促进氧气和电解液的扩散，为放电物提供更多容纳空间。最近，层状多孔催化剂也引起了很大的兴趣，因为它们中存在的大孔提供了用于容纳固体放电产物的空间，同时，还不会阻碍电解液和氧气通过介孔和微孔进行扩散。

钴基化合物已作为阴极和阳极材料广泛在锂离子中应用，Co_3O_4 也被证明是较有效的氧还原和氧析出双功能催化剂，碳负载四氧化三钴也在锂-空气电池中有所应用。Nazar 的课题组报道了一种在还原石墨烯氧化物上负载纳米晶体四氧化三钴（Co_3O_4/RGO），并将此催化剂作为碳基氧电极薄膜的一部分，结果表明其极大的降低了氧析出过程的过电压（350mV 以上），并提高了电池的循环稳定性能[110]。

四氧化三钴也被用作促进 LiO_2 界面传输的促进剂。当四氧化三钴用在采用无碳无黏结剂的阴极催化剂的锂-空气电池中时，表现出较高的放电比容量和循环稳定性。上海交通大学王开学教授课题组报道了通过电沉积的方法在泡沫镍上直接制备四氧化三钴纳米片阵列作为锂-空气电池无碳无黏结剂的阴极催化剂[111]。这些纳米片阵列即使在完全放电/充电条件下进行 80 次循环后也表现出良好的容量保持能力。这些纳米片阵列暴露出较大的活性比表面积和三维多孔结构有利于促进放电过程中过氧化锂的沉积，同时，电沉积四氧化三钴与泡沫镍之间良好的电接触也是改善电池循环稳定性的重要原因。通过控制电沉积转化工艺中的前驱体溶液水-乙醇比以及化学转化时间，可以在泡沫镍基底上制备出多种形貌的四氧化三钴催化剂，例如纳米片状、纳米针状、纳米花状等等。研究结果表明，与纳米片状及纳米花状四氧化三钴相比，纳米针状四氧化三钴催化剂在锂-空气电池中显示出较优秀的电化学性能，这与其具有较高的比表面积有关。中国科学院上海硅酸盐研究所温兆银教授课题组报道了一种通过电化学方式在泡沫镍上沉积自支撑的四氧化三钴纳米片，四氧化三钴的部分还原会增强其电导率，部分提升其催化活性，通过在氢气/氩气混合气氛中将催化剂从 Co^{3+} 部分还原为 Co^{2+}，电池性能显示出更高的放电容量和更低的充电过程过电势[112]。

氧化钴及其复合材料也被用做锂-空气电池阴极催化剂。在充电过程中，作为过氧化锂氧化中间体的 LiO_2 产生的副反应可能会导致碳材料的分解以及碳酸锂的形成。密度泛函理论计算揭示 LiO_2 对 CoO 的吸附能量范围为 $-2.7 \sim 13.4eV$。LiO_2 在 CoO/Co 表面上的强吸收效应将抑制副反应的产生，从而降低充放电过程过电势并改善锂-空气电池的循环稳定性。中国科学院兰州化学物理研究所阎兴斌教授课题组发现，介孔 CoO 球虽然对初始放电容量的提升没有明显的作用，但能将充电平台电压降至 3.75V，比商业 SP 碳黑的充电平台低 0.5V[113]。当采用截止容量到 $1000mA \cdot h/g$ 的方法进行充放电循环测试时发现，稳定循环 300 圈后，采用介孔 CoO 球的锂-空气电池充电电压仍然低于 3.9V。他们认为 CoO 能抑制碳酸锂副产物的产生，有利于电池进行长循环测试。同时，电化学和结构分析结果表明，在初始放电状态下，过氧化锂更倾向于沉积在 Co/CoO 表面，而不是碳材料上，这也是电池循环性能较优秀的原因之一。

作为一种在水溶液电解液中显示出较优秀氧析出催化活性的催化剂，NiO 也被用于锂-空气电池中作为阴极催化剂进行研究。南京大学何平教授课题组制备了一种具有单晶结构的介孔 NiO 纳米片用在锂-空气电池中，在 $100mA/g$ 电流密度下进行测试时发现，采用介孔 NiO 纳米片的电池充电电压平台为 3.95V，采用截止容量到 $500mA \cdot h/g$ 进行循环时，可维持 40 圈稳定循环[114]。通过 X 射线光电子能谱和气相色谱-质谱数据分析发现，NiO 纳米片对促进过氧化锂和碳酸锂的分解也显示出良好的催化活性。荷兰代尔夫特理工大学 Marnix Wagemaker 教授课题组提出以 NiO 纳米微晶作为电极材料来控制放电产物过氧化锂的大小和形貌。他们通过扫描电镜元素能谱分析证实了 NiO 纳米粒子和活性炭混合电极可以充当过氧化锂生长的晶种。理论技术结果表明，少量的 NiO 纳米颗粒可以作为过氧化锂成核的优先位置，有效降低了初生过氧化锂微晶的平均粒径，促进了结晶过氧化锂的生长。这是由于形成 NiO-Li$_2$O$_2$ 的界面能较低造成的。通过构筑多孔结构也可以进一步优化氧化镍催化剂基锂-空气电池的电化学性能。南开大学陈军院士课题组制备了镍基金属有机骨架材料（metal-organic frameworks，MOFs）作为锂-空气电池阴极催化剂，他们制备的 Ni-MOFs 材料具有三维多孔纳米结构和较高的比表面积（1255m^2/g），有利于保证氧气的快速传输以及电解液和催化活性位点的有效接触。因此，采用该 NiMOFs 催化剂的锂-空气电池在 0.12mA/cm^2 的面电流密度下容量可高达 9000mA·h/g，在截止容量到 600mA·h/g 下进行充放电循环测试时，能量转换效率可达 80%，可稳定循环 170 圈。

铁氧化物由于具有成本低、环境友好、氧还原活性高等优点，也被广泛应用于锂-空气电池中。新加坡南洋理工大学 Qingyu Yan 教授课题组制备了石墨烯负载三氧化二铁纳米簇作为锂-空气电池阴极催化剂，与未负载三氧化二铁纳米簇的石墨烯基锂-空气电池（放电比容量为 5100mA·h/g，能量转换效率为 57.5%）相比，其放电比容量可达 8290mA·h/g，能量转换效率可达 65.9%[115]。电池的性能应归功于三氧化二铁较高的氧还原催化活性。为了进一步提高氧化铁基电极的催化活性，温兆银教授课题组将导电铁金属与氧化铁的复合材料用在锂-空气电池中，以利用该材料更好的导电性。他们合成了铁@氧化铁核壳结构纳米线催化剂，将之用在锂-空气电池中发现，在 100mA/g 电流密度下截止容量到 1000mAh/g 时，充电电压平台降至 3.8V，且可稳定循环 40 圈。他们认为铁@氧化铁核壳结构纳米线催化剂基锂-空气电池具有此性能的原因是由于催化剂较高的比表面积和较优秀的导电性能。

与碳材料相比，二氧化钛在氧自由基的环境下具有较高稳定性。二氧化钛是具有低导电性的半导体材料，但通过在材料中产生氧空位进行修饰，可大大提升二氧化钛的导电性。因此，已有部分工作将二氧化钛作为催化剂载体或者空气阴极材料用于锂-空气电池中。由于产生更多氧还原反应的活性位点，增加氧空位和缺陷可以改善二氧化钛的催化活性。三维纳米结构的二氧化钛具有足够大的比表面积和足够多的多孔通道以供大量过氧化锂沉积，这些特征有利于提升锂-空气电池的容量。中国科学院长春应用化学研究所张新波教授课题组通过在碳布上生长分层二氧化钛纳米线来构筑柔性自支撑二氧化钛空气阴极，即使在弯曲和扭曲的情况下，柔性自支撑二氧化钛空气阴极基锂-空气电池也显示出优秀的电化学性能[116]。与原始二氧化钛基锂-空气电池相比，采用柔性自支撑二氧化钛空气阴极的电池放电电压高 160mV，充电电压低 495mV，可充放电稳定循环 356 圈，放电终止电压保持在 2.5V。他们认为柔性自支撑二氧化钛空气阴极的高力学性能和化学稳定性可归因于独特的二氧化钛纳米线材料。最近，韩国首尔大学 Byungwoo Park 教授课题组报道了通过在氢气和氩气的混合气氛下，将二氧化钛/镍网置于 700℃ 下煅烧 10h，制备了分层有序多孔结构的缺氧二氧化钛催化剂[117]。作为一种无碳无黏结剂的自支撑空气阴极材料，缺氧二氧化钛催化剂在锂-空气电池中表现出优异的性能。在添加了氧化还原介质的共同作用下，采用此催化剂的电池可稳定循环 340 圈，并维持充放电过程过电势在 1V 以内。研究结果表明，在第一次循环放电中形成的保护层存在的情况下，易受氧气影响的钛基材料也可用作锂-空气电池空气阴极。

除了上述这些氧化物外，还有一些氧化物如 Cr_2O_3、CeO_2、Cu_2O 等也被用在了锂-空气电池中。清华大学深圳研究院李宝华教授课题组采用静电纺丝技术结合热解法制备六方密堆积 Cr_2O_3 纳米管[118]。这种介孔 Cr_2O_3 纳米管比表面积可达 $53.4m^2/g$，当作为锂-空气电池阴极催化剂进行测试发现，在 $50mA/g$ 电流密度下，其首圈容量可达 $8279mA \cdot h/g$，在 $100mA/g$ 电流密度下采用截止容量到 $1000mAh/g$ 的方式进行循环测试，可维持 50 个稳定循环，充电电压平台为 $3.78V$。这些结果显示了介孔 Cr_2O_3 纳米管作为空气电极催化剂具有优秀的催化活性，这也是由于其自身的催化活性和三维多孔结构造成的。

日本 Hye Ryung Byon 课题组发现在三维碳纳米管负载 CeO_2 纳米颗粒的电极上有厚度约 60nm 的过氧化锂薄膜生成，他们认为过氧化锂薄膜的生成路径可分为两步：第一步是初始过氧化锂成核过程，基于 CeO_2 纳米颗粒表面氧空位与活性氧之间强结合能作用；第二步与形成 40nm 以上的过氧化锂薄膜有关，通过添加痕量的水增强溶液自由能，过氧化锂薄膜可增长到 60nm 厚[119]。与由 LiO_2 溶胶构成的环形过氧化锂相比，厚的薄膜状过氧化锂有利于促进再充电期间更高的可逆性和快速的表面分解过程。

哈尔滨工业大学孙克宁教授课题组以泡沫铜作为载体，通过电化学方法制备了自支撑立方 Cu_2O 薄膜，并将之作为空气阴极催化剂用在锂-空气电池上[120]。在 $0.5A/g$ 电流密度下截止 $1000mA \cdot h/g$ 进行充放电测试，采用自支撑立方 Cu_2O 薄膜的电池放电平台在 $2.5V$，充电平台在 $3.6V$，显示出比碳材料电极和 Cu_2O 粉末电极更好的氧析出催化活性和稳定性。此外，对自支撑立方 Cu_2O 薄膜阴极在不同充放电状态下进行 XPS 分析，结果表明其循环前后并没有发生变化，导致电池能够稳定循环超过 100 圈。

层状双氢氧化物（LDH）向层状双氧化物（LDO）的拓扑转变为制备具有特定形态、分层多孔结构、高分散性的金属纳米粒子催化剂提供了有效途径。在主结构中存在多个阳离子价态有利于氧还原反应过程，因为其可为氧提供足够的供体-受体化学吸附位点。由强分层取向引起的活性边缘位点的增加和电导率的提升有利于提升层状双氧化物的氧还原和氧析出催化活性。上海交通大学王凯学教授课题组通过电沉积方法直接在泡沫镍上制备花状 CoTi 层状双氢氧化物。在夹层插入双三氟甲烷磺酰胺（TFSI）阴离子并随后进行热处理后，将 TFSI 插层的 CoTi 层状双氧化物（CoTi LDO）复合材料作为锂-空气电池无碳无黏结剂空气阴极。在完全充放电条件下，其显示出较优秀的循环稳定性和较低的充放电过程过电势。他们认为 TFSI 插层的 CoTi 层状双氧化物复合材料具有几点优势，一是二元元素在其主体结构中良好的分散，二是插层 TFSI 阴离子与电解液良好的相容性。层状双氧化物的构筑也为高性能锂-空气电池阴极的设计提供了新思路。

金属氮碳（M-N_x/C）催化剂由 Abraham 课题组首先应用在了锂-空气电池中。在这项研究工作中，通过在聚合物电解质锂-空气电池中采用一种热解生成的酞菁钴/碳催化剂，使得电池的放电电压平台增加了 $0.35V$，充电过电压降低了 $0.3V$。其后，也有相关研究报道了以 CuFePc 配合物作为氧还原催化剂用在锂-空气电池中。与原始碳催化剂相比，采用 CuFePc 配合物作为催化剂的锂-空气电池阴极催化剂具有更高的放电电压以及更好的大倍率性能。

Liu 课题组报道了一种铁-氮-碳复合催化剂（Fe/N/C）作为锂-空气电池阴极催化剂[121]。该催化剂通过高温热分解乙酸铁和邻菲啰啉制得，与高比表面碳负载的金属氧化物相比，该催化剂对充放电过程中的过电压都有所减少，更重要的是，当用该催化剂时，充电过程只检测得到 O_2 的存在，而当采用碳负载的 $\alpha\text{-}MnO_2$ 作为催化剂时，还能检测到 CO_2 的存在。而采用该催化剂的锂-空气电池还显示出优秀的循环稳定性，循环超过 50 圈容量保持率高。Fe/N/C 催化剂活性的提升可能来自于其结构上的优势，高密度的 Fe/N/C 活性位点均匀地分散在碳基底上，也可能产生较高的氧化锂析出界面边界，降低电子和质量传输的障碍，从而减小充电过程中的过电压。

　　另一个较成功的金属氮碳催化剂是 Co-N-MWNTs 催化剂。该催化剂是通过将芳香杂环原子聚合物和聚苯胺在碳纳米管支持的钴的催化作用下制备而成的。与已报到的未添加金属的石墨烯材料相比，添加钴粒子导致四价氮和吡啶氮的含量增高，显著地改善了催化剂的氧还原性能，同时，有利于质量和电子的传输以及活性位点和碳纳米管之间的相互作用，这些都有利于空气阴极的性能。

　　过渡金属氮化物具有类似金属的电导率、良好的催化活性和高化学稳定性，已作为催化剂被用在各种反应中。过渡金属氮化物的电导率和催化活性与其形貌、表面结构密切相关，目前已有报道将具有高电导率和催化活性可调的 TiN、MoN、CoN 用在锂-空气电池中。

　　除了氮化钛以外，氮化钼因其良好的电化学稳定性、高电导率以及与铂相当的电催化活性，也被用在了锂-空气电池领域。通过水热反应和随后的氨退火过程，中国科学院青岛生物能源与过程研究所的崔光磊教授课题组将氮化钼纳米颗粒均匀负载在氮掺杂石墨烯纳米片上，将之作为锂-空气电池阴极催化剂时，电池显示出较高的放电平台电压，容量可达 $1490\text{m} \cdot \text{Ah/g}$[122]。这与氮化钼的催化活性以及氮掺杂石墨烯独特的结构有关。氮化可以提高费米能量下的电子密度，是提升金属氧化物电子传输性能的有效策略。

　　上海交通大学王凯学教授课题组通过将四氧化三钴纳米棒在氨气氛围下 350℃ 进行热处理制备了分层多孔氮化钴纳米棒[123]。这种将四氧化三钴氮化的方法可以提高其费米能量和电子密度，从而提升了氮化钴的电子传输能力。与四氧化三钴纳米棒相比，分层多孔氮化钴纳米棒基锂-空气电池显示出更高的容量，更低的过电势以及更好的循环稳定性。放电后，氮化钴纳米棒阵列上可形成致密堆积的过氧化锂，在充电阶段，过氧化锂在低于4V 的充电电压下就分解了。这是由于氮化钴的高导电性，以及其与过氧化锂纳米颗粒之间的电子迁移特性造成的。这种由氮原子引起的电子结构和电子密度的变化影响放电产物的形态并因此影响电池的电化学性能。

　　迄今为止，过渡金属氮化物在非水体系锂-空气电池中的应用还非常有限，需要进一步深入的研究来设计出非水体系锂-空气电池用的高效电催化剂。

　　在放电产物和阴极催化剂之间的界面处的快速电子传输对于降低锂-空气电池充放电过程过电势和提升其倍率能力具有重要意义。过渡金属碳化物具有高电导率、低成本、无毒、相对低密度和对超氧自由基的良好稳定性等优点，因此，它们可在金属空气电池中用作碳基材料的替代支撑材料。相关研究表明，在水系电解液体系中，过渡金属碳化物表现出比碳材料更好的氧还原催化活性，因此，一些金属碳化物，如碳化钛、碳化钼、碳化铁等，也可作为空气阴极催化剂应用在锂-空气电池中。

　　P. G. Bruce 教授课题组采用 TiC 材料代替传统碳材料用在锂-空气电池中，具有高电导率的 TiC 材料由于其减少了电解液和碳基电极材料的副反应，显示出令人满意的电池性

能和稳定性[124]。与金电极相比，TiC 基锂-空气电池显示出过氧化锂形成和分解更好的可
逆性，在 100 圈循环后，容量保持率高于 98%，其充电平台电压在 100 圈后仍然低于 4V。
其高稳定性可能因为第一次放电后 TiC 表面存在稳定的 TiO₂ 以及一些 TiOC。相比之下，
尽管在 TiN 电极表面也会形成一层稳定的 TiO₂ 层，但 TiN 基锂-空气电池显示出比 TiC 基
锂-空气电池更高的充放电过程过电势，这是由于 TiN 的导电性有限导致的。具有高导电
性的 TiC 与 TiC 表面的钝化富 TiO₂ 层协同作用下，有助于在充放电过程中高度可逆的过
氧化锂的沉积和分解。

具有高理论容量、低电阻率、高稳定性和高电化学活性的 MoO₂ 和 Mo₂C 材料作为锂
离子电池电极材料受到了相当大的关注。由于导电 Mo₂C 纳米颗粒能促进良好分散的过氧
化锂纳米层在其表面形成，因此部分研究工作认为 Mo₂C 纳米颗粒可有效降低锂-空气电
池充放电过程过电势，提升其循环稳定性。韩国汉阳大学的 Yang-Kook Sun 教授课题组报
道了将 Mo₂C 纳米颗粒分散在碳纳米管上作为锂-空气电池阴极催化剂。当在 100mA/g 电
流密度截止容量到 500mA·h/g 下进行测试时，其充电电压低于 3.5V，循环寿命超过 100
圈。此外，该电池还显示出较优秀的倍率性能，甚至在 200mA/g 电流密度截止容量到
1000mA·h/g 下，可稳定循环 50 圈。通过 DFT 计算结果可知，Mo₂C 的高氧析出催化活
性是因为 Mo₂C 纳米颗粒上与碳纳米管一起形成了金属非晶态的类 MoO₃ 层。

上海交通大学王凯学教授课题组通过直接水解和凝胶碳化在泡沫镍上制备碳包覆的
Mo₂C 纳米颗粒和碳纳米管的复合材料（MCN），如图 1.8 所示[125]。当采用这种零维纳
米颗粒、一维碳纳米管和三维多孔碳骨架构成的催化电极制备锂-空气电池时，电池显示
出较稳定的循环性能。在 200mA/g 电流密度下，电池容量可达 10400mA·h/g，充电电压
仅为 4.0V。当截止容量到 1000mA·h/g 进行循环测试，电池可稳定循环 300 圈，且充放
电过程平均过电压仅为 0.9V。电池具有如此优秀的原因有几点：一是粒径可控的 Mo₂C

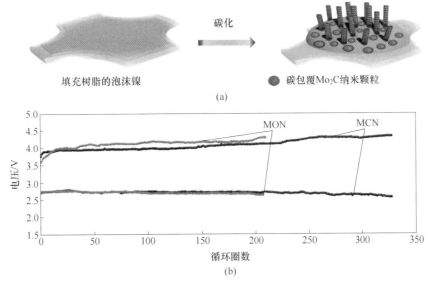

图 1.8　MCN 复合催化剂合成示意图（a）；在 200mA/g 电流密度下
采用不同催化剂进行循环测试时充放电终止电压对比图（b）

纳米颗粒充当高催化活性的氧还原和氧析出催化剂；二是 Mo_2C 纳米颗粒的均匀分布导致放电产物的均匀分布；三是含有碳纳米管的多孔碳骨架为反应提供了充足的空间；四是碳纳米片的包覆抑制了 Mo_2C 纳米颗粒的聚集和脱落，提升了电池的稳定性能，但其活性也稍低于为包覆碳的阴极。

加拿大滑铁卢大学 Linda F. Nazar 教授课题组进一步研究了无碳的 Mo_2C 纳米材料在锂-空气电池中的可逆性能[126]。他们发现在制备的 Mo_2C 表面存在薄的自然氧化层 $MoO_{2+\delta}$，放电后，当过氧化锂与 $MoO_{2+\delta}$ 发生反应后，这层薄的自然氧化层会转变为 Li_xMoO_3。在充电过程中，过氧化锂与 Li_xMoO_3 由于接近的氧化还原电位，被认为是同时被氧化的。在此过程中，通过将 Li_xMoO_3 不断溶解到电解液中，产生更多的活性阴极界面，在较低电位下促进了过氧化锂的分解，导致了在 $100\mu A/cm^2$ 电流密度下电池的充电电压低于 3.5V。然而，这一竞争性氧化过程导致较低的库仑效率和意想不到的副产物。此外，Mo_2C 基锂-空气电池在氩气气氛下进行测试时，其放电容量可忽略不计，但其充电容量较大，显示出发生了副反应。接下来的工作中，应该进行更深一步的研究来阐明 Mo_2C 基锂-空气电池实际可再充电性能。

中南大学张治安教授课题组设计了一种采用金属有机骨架材料（MOFs）作为结构模板的三维多孔氮掺杂石墨烯负载 Fe/Fe_3C 的催化剂[127]。基于此催化剂的锂-空气电池在 $0.1mA/cm^2$ 电流密度下显示出高达 $7150mA \cdot h/g$ 的放电容量，放电平台可达 2.91V，充电平台可达 3.52V。三维多孔氮掺杂石墨烯负载 Fe/Fe_3C 催化剂基锂-空气电池具有如此优越性能的原因有几点；一是 Fe/Fe_3C 颗粒良好的催化活性；二是三维多孔氮掺杂石墨烯有利于提高质量传输和过氧化锂的存储。

已有相关研究工作表明金属硫化物和硒化物在水系电解液体系中具有较高的氧还原和氧析出催化活性，因此，也有部分工作尝试将此类材料应用在锂-空气电池中。复旦大学余爱水教授课题组将三维 MoS_x 纳米片负载在水热还原的石墨烯上（3D MoS_x/HRG），基于此 3D MoS_x/HRG 气凝胶阴极的锂-空气电池在 $0.05mA/cm^2$ 的电流密度下初始放电容量可达 $6678.4mA \cdot h/g$。电池良好的性能可归因于三维 MoS_x 纳米片优秀的催化活性和独特的三维介孔-微孔结构在质量传输中的促进作用。

中国科学院青岛生物能源与过程研究所的崔光磊教授课题组制备了一种二元核壳结构 $CoSe_2/CoO$ 纳米复合材料作为锂-空气电池阴极催化剂[128]。$CoSe_2/CoO$ 基锂-空气电池在完全充放电模式下显示出较强的循环性能，其 30 次循环后还能维持有 50% 的容量保持率，而采用 CoO/Super P 催化剂和 Super P 催化剂的锂-空气电池仅能分别维持 12 次循环和 6 次循环。与碳材料相比（$0.1\sim0.3eV$），这种性能的提升可归功于 LiO_2 在 CoO 表面较强的结合能（基于不同晶格约为：$-13.4\sim-2.7eV$），这可以防止碳酸锂在电极表面形成。此外，与单纯的 CoO 催化剂相比，$CoSe_2$ 的存在影响了 CoO 中 Co 金属位点的电子结构，导致电池具有较好的循环稳定性能。

钙钛矿型复合氧化物催化剂通式为 ABO_3，其中 A 通常为稀土或碱土元素，B 为过渡金属元素。A、B 位置均可被半径相近的其他金属部分取代形成多组分钙钛矿型化合物。离子取代造成 A 位缺陷及 B 位金属离子化合价的变化导致钙钛矿型复合氧化物表现出各种奇妙的催化功能。钙钛矿型复合氧化物催化剂具有较高的电子和离子电导率及催化活性，近年来在锂-空气电池应用方面有大量报道。其主要通过在 A 位或 B 位进行过渡元素原子掺杂或部分取代以提高稳定性及催化活性[129]，其次，制备具有纳米多孔结构钙钛矿型复合氧化物催化剂[130]（如图 1.9 所示）也表现出了优异的催化活性及稳定性。武汉理工大学麦立强教授课题组采用多步微波乳液法合成了具有多级介孔 $La_{0.5}Sr_{0.5}CoO_{2.91}$（LSCO）纳米线并将其应用于锂-空气电池催化阴极，相比 LSCO 纳米颗粒空气阴极电池，表现出了超高的放电比容量 11000mA·h/g，此外，对其具有高氧还原和氧析出催化活性进行机理解释[131]。由于多级介孔 LSCO 纳米线具有较高的孔隙率有利于 Li^+ 和 O_2 的扩散和传输，LSCO 纳米线表面大量的氧缺陷位有利于降低 O_2 吸附能垒，促进了氧还原电化学反应速率。长春应化所的张新波教授课题组采用电纺技术合成了多孔纳米管

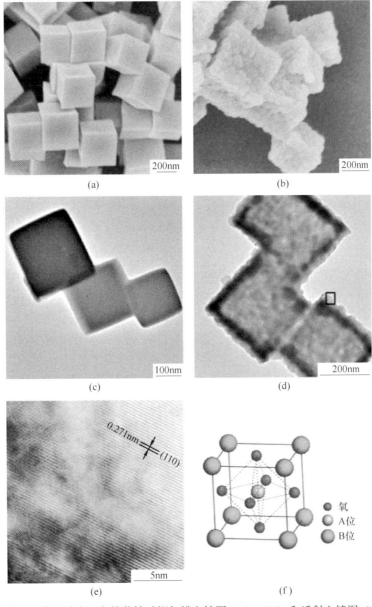

图 1.9　热处理前后纳米立方块状镍酸镧扫描电镜图（a），（b）和透射电镜图（c），（d）；
多孔 $LaNiO_3$ 纳米立方块的高分辨透射电镜图（e）和 ABO_3 钙钛矿型复合氧化物示意图（f）

$La_{0.75}Sr_{0.25}MnO_3$复合氧化物作为锂-空气电池催化剂，该多孔纳米管结构不仅增加了催化剂的活性位点数目，同时也调控了空气阴极的孔道结构利于氧气和锂离子的传输[130]。该催化剂锂-空气电池首次比容量高达$10000mA \cdot h/g$，当限定充放电比容量为$1000mA \cdot h/g$时，电池可稳定循环运行 125 次，几乎是纯商业 Super-P 炭黑电池（43 次）的 3 倍。

钙钛矿型复合氧化物（ABO_3）催化剂中 A 位可选用稀土金属和碱土金属中几乎所有的元素，甚至可用碱金属和其他大的阳离子，B 位则可选择变价过渡金属材料，同时 A、B 位都可以被一种甚至多种金属所取代，以增加催化剂的活性成分。此外，该催化剂与 Pd、Rh、Au 等具有很好的结合能力，适量负载可提高了晶格氧的迁移率。A、B 位部分取代可以有效控制催化剂价态、氧晶格空位及离子晶格空位。在一定条件下钙钛矿型复合氧化物催化剂可与贵金属催化性能相媲美，然而钙钛矿型复合催化剂具有较低的比表面积、孔隙率，较低的热稳定性能，在今后的研究中可通过优化制备合成工艺获得高比表面、高孔隙率催化材料进一步提高其催化性能。

像金属氧化物、氮化物、碳化物等非贵金属氧化物的应用，为构建低成本且高效的锂-空气电池阴极催化剂提供了研究思路。它们表现出对过氧化锂形成和分解过程高效的催化活性。此外，构筑高孔隙率和低质量密度的非贵金属催化电极也是增加催化活性位点密度和提供足够通道促进过氧化锂快速形成和分解的有效方法。这些对制备高稳定性高性能的锂-空气电池具有较大的意义。

1.3.2.3 贵金属基催化剂

贵金属通常被用作为许多化学反应的高效催化剂，其可在反应前驱体与催化剂之间提供适当的吸附强度，加速氧还原反应和氧析出反应的反应动力学。贵金属如 Au、Pd、Pt、Ag、Ru 以及贵金属合金等也被广泛用作锂-空气电池阴极催化剂。可以看出，通过改变催化剂的载体以及构筑多孔结构可以改善贵金属基空气阴极的电池性能和稳定性。贵金属催化剂不仅具有较高的催化活性，一些贵金属及其氧化物还表现出可诱导结晶型过氧化锂或LiO_2生长的特性。这一特性有利于降低电池充放电过程过电压以及增加电池的容量。

提高锂-空气电池充电效率的一个重大突破是美国麻省理工学院 YangShao-Horn 教授课题组报道的贵金属催化剂[131]。他们证明了贵金属金能提升放电过程的氧还原活性，铂能增强充电过程的氧析出活性[67,132,133]。他们进一步证明了铂和金的合金可作为双功能的催化剂，将循环效率提升至 77%，PtAu/C 的放电电压平台比 XC-72 碳粉高，而其充电平均电压仅为 3.6V，比 XC-72 碳粉的充电电压低 900mV。这个发现引起了对贵金属在锂-空气电池中的应用的研究兴趣。他们还研究了在碳基材料上预先加入过氧化锂颗粒，通过添加不同的贵金属催化剂如金、铂或钌等，来研究不同贵金属催化剂对充电过程的影响[69]。应当指出的是，在他们的研究中采用的过氧化锂的形貌和表面化学可能与放电状态下生成的过氧化锂有所不同。他们的研究结果表明，Ru/C 和 Pt/C 电极显示出比 Au/C 电极更高的催化活性。

由于 Pt 和 Pd 对催化过氧化锂分解具有较高催化活性，部分工作将 Pt 和 Pd 作为锂-空气电池中的氧析出催化剂进行研究。通常采用多孔碳材料作为贵金属基催化剂的载体，有利于增强其质量传输过程和提供充足的过氧化锂存储空间。

钯已经凸显为一种特别有效的氧还原催化材料，鉴于此，美国阿贡国家实验室 Jun Lu 教授课题组研究了通过原子层沉积 Pd（结合 Al_2O_3 钝化层）在 Super P 碳基电极上来作为锂-空气电池阴极，考察其对充放电过程电压的影响[134]。他们的结果表明，当单独添加 Al_2O_3 钝化层时，充电以及放电过程的过电压都有所增加，随后加入 Pd 粒子后，充电电压显著降低，从 4V 以上降到 3.25V 左右。采用 Au 为阴极催化剂时，通常是放电过程的过电压降低得比较多，与此不同的是，采用 Pd 为阴极催化剂时，放电电压几乎与原始碳材料的放电电压相等。虽然作者证明了放电后环状过氧化锂晶体的存在，但 Pd 对充电电压的显著减少作用并没有清晰得到阐述，此外，作者声称 Al_2O_3 能够起到抑制电解液分解的作用，但并没有提供能够证明这一点的表征技术。

Tatsumi 等人报道了贵金属钯以及将钯与金属氧化物或金属混合来作为放电过程的氧还原催化剂[135,136]。他们发现，当将二氧化锰加入到催化剂中时，放电电压平台增加到 2.7~2.9V，而充电电压降至 3.6V，并且比能量效率高达 82%。

中国科学院长春应用化学研究所张新波教授课题组报道了一种自支撑的负载 Pd 的多孔空心碳球沉积在碳纸上。基于此自支撑阴极的空气电池显示出优秀的大倍率性能，在 1.5A/g 电流密度下容量可达 5900mA·h/g，其循环稳定性也较突出，在 300mA/g 电流密度截止容量到 1000mA·h/g 下进行测试，可稳定循环 100 圈。他们认为，电池具有如此优秀性能的原因是 Pd 的添加导致了均匀纳米片结构过氧化锂的形成。

Lim 等人研究了 Pt 作为催化剂负载在碳纳米管基空气阴极上[137]。他们制备的碳纳米管负载 Pt 催化剂与纯碳纳米管电极相比，极大的降低了充电电压（500mV 左右），并且显示了优秀的循环稳定性——在限制电池容量 1000mA·h/g 的情况下能稳定进行 120 圈充放电循环，更重要的是，当此阴极催化剂在一个较宽的电化学窗口 2.0~4.7V 时，80 圈充放电循环仍能保持 1500mA·h/g 的容量，有较好的容量保持率。作者还提供了证据证明在早期充放电循环中占主导地位的是过氧化锂的形成和分解反应。

还有部分工作采用无碳电极作为支撑，将贵金属沉积到无碳支撑体上，在避免碳腐蚀副反应发生的同时，也通过贵金属催化剂的高催化活性提升电池的电化学性能。德国莱布尼茨固体材料研究所 Xueyi Lu 等人就这一思路设计了在 MnO_x-GeO_y 纳米薄膜上负载 Pd 纳米颗粒作为锂-空气电池阴极催化剂。在 70mA/g 电流密度下进行测试时发现，电池充电电压低至 3.14V，同时，在 300mA/g 电流密度截止 1000mA·h/g 的容量下，电池循环可延长至 160 圈。哈尔滨工业大学孙克宁教授课题组报道了一种在泡沫 Ti 上开发垂直生长的 TiO_2 纳米管的无碳无黏结剂自支撑阴极来负载 Pt 纳米颗粒。基于此自支撑阴极的锂-空气电池显示出非常优异的大倍率性能，在 1A/g 或 5A/g 大电流密度下的循环圈数都能超过 140 圈。而复旦大学侯秀峰等人的研究工作表明，在四氧化三钴纳米线阵列上加载 Pt 纳米颗粒可以促进形成尖端束状结构纳米线，而不是离散的单个纳米线，同时 Pt 的添加还可以在四氧化三钴纳米线表面诱导产生均匀沉积的蓬松的过氧化锂层[112]。采用此催化剂的空气电池在 100mA/g 电流密度截止到 500mA·h/g 容量下进行测试，可稳定循环超过 50 圈。

日本东北大学 Mingwei Chen 教授课题组采用去合金化工艺将二次纳米孔引入粗化纳米多孔金的韧带中，设计了一种分层连续的纳米多孔金空气阴极[138]。这种分层连续的纳米多孔结构具有高孔隙率、大的可接触比表面、足够的质量传输通道等优点，有利于制备高容量长循环寿命的锂-空气电池。采用该分层连续纳米多孔金阴极的电池在 2.0A/g 电流密度截止容量到 1500mA·h/g 下进行充放电测试，可稳定循环 140 圈，且充电电压保持在 4.0V 以下。他们认为，通过使用分级多孔结构来扩大孔隙率和比表面积可以显著提升锂-空气电池的容量和稳定性，增加阴极材料的利用效率。

如图 1.10 所示，澳大利亚伍伦贡大学窦士学院士课题组制备了多种指数晶面的金纳米颗粒，并研究了不同晶面的纳米金在锂-空气电池中的不同催化活性[139]。立方体金纳米颗粒显示的是晶面 [100]，截角八面体金纳米颗粒与晶面 [100] 和晶面 [101] 相关，二十四面体金纳米颗粒显示的是晶面 [441]。所有的金纳米颗粒在锂-空气电池中都显示出高度可逆性，而且可以明显的降低充电电位。与晶面 [100] 和晶面 [101] 相比，晶面 [441] 的二十四面体金纳米颗粒基锂-空气电池在 100mA/g 电流密度下进行测试时，显示出最低的充放电过程过电势 (0.7~0.8V) 以及最高的放电比容量 (20298mA·h/g)。研究结果揭示了金纳米颗粒的不同晶面与其电化学性能的相关性：高指数晶面比低指数晶面具有更高的催化活性。高指数晶面具有较高的表面能，因为它们具有高密度的台阶原子和扭结原子，可以为空气阴极的催化反应提供高密度的催化活性位点。

采用导电多孔基底与金纳米颗粒相结合，可以有效促进金纳米颗粒的活性位点密度，并为质量传输过程提供充足的传输通道。浙江大学谢健课题组报道了一种三明治结构石墨烯/金纳米颗粒/金纳米片催化剂在锂-空气应用[140]。他们发现薄层过氧化锂在石墨烯和金纳米片之间的金纳米颗粒表面生长，因此，在一定程度上抑制了石墨烯与过氧化锂之间的接触，避免了碳材料和过氧化锂之间副反应的发生，导致电池表现出非常优秀的循环稳定性能 (在 400mA/g 电流密度截止容量到 500mA·h/g 下进行测试)。

张新波教授课题组通过在 NiFM (AuNi/NPNi/NiFM) 上构筑多孔纳米镍与纳米 AuNi 合金制备了一种在锂-空气电池中使用的分层大孔/介孔 AuNi 合金无碳空气阴极[141]。基于此分层大孔/介孔 AuNi 合金阴极的锂-空气电池显示出较好的促进过氧化锂可逆形成和分解的催化能力，因此电池显示出较低过电势，较高的容量和较稳定的循环性能。其在 1.0A/g 电流密度下放电比容量高达 22551mA·h/g，循环寿命长达 286 圈。他们认为分层大孔/介孔 AuNi 合金阴极显示的高比表面积和多孔结构为放电产物过氧化锂的形成和分解提供了充足的空间，也为快速质量传输提供充足通道，这是此电池具有如此高性能的重要原因。

由于 Ru 基催化剂优秀的氧析出催化活性，已有较多的工作针对其在锂-空气电池中的应用进行研究，发现 Ru 基能较有效的降低锂-空气电池充电过程过电压，极大地提升了电池的循环稳定性。韩国汉阳大学 Yang-Kook Sun 教授课题组成功制备了一种 Ru 基催化剂，通过将平均粒径在 2.5nm 以下的金属钌和二氧化钌水合物 ($RuO_2 \cdot 0.64H_2O$) 分别沉积在还原氧化石墨烯 (rGO) 上。在催化氧析出反应上，$RuO_2 \cdot 0.64H_2O$/rGO 表现出比 Ru/rGO 更优秀的氧析出催化活性，在 500mA/g 的高电流密度下，充电电压降至 3.7V，截止容量到 5000mA·h/g 时，可稳定循环 30 圈。日本产业技术综合研究所 Yong Chen 等人报道了一种多壁碳纳米管负载质量分数 47% 二氧化钌的催化剂，对如 LiO_2、O_2^- 等超氧化物具有微弱的表面结合能，这会促进溶解 LiO_2 的形成以产生微米尺寸的过氧化锂。在 200mA/g 的电流密度下，采用此多壁碳纳米管负载二氧化钌催化剂的锂-空气电池放电比容量高达 29900mA·h/g，充放电过程过电势仅为 0.45V，截止容量为 1000mA·h/g 时，电池寿命长达 171 圈[142]。

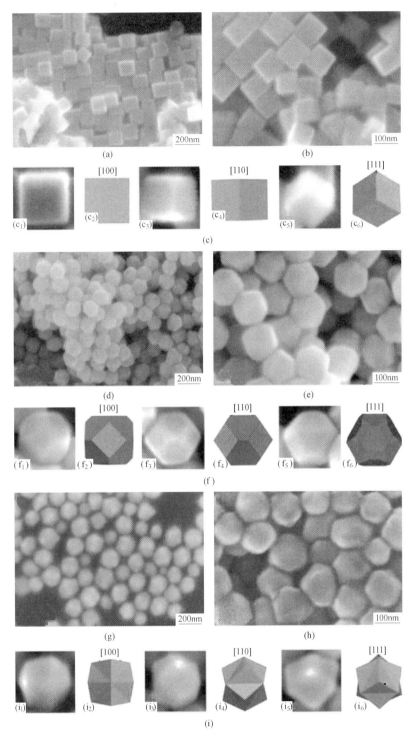

图 1.10 不同金纳米颗粒的场发射扫描电镜图与晶面结构示意图

(a)，(b)：立方体金纳米颗粒；(c)：立方体金纳米颗粒的 [100] 晶面 (c₁)、(c₂)，[101] 晶面 (c₃)、
(c₄) 和 [111] 晶面 (c₅)、(c₆)；(d)，(e)：截角八面体金纳米颗粒；
(f) 截角八面体金纳米颗粒的 [100] 晶面 (f₁, f₂) 和 [101] 晶面 (f₃, f₄) 和 [111] 晶面 (f₅, f₆)；
(g)，(h)：二十四面体金纳米颗粒；(i)：二十四面体金纳米颗粒的 [100] 晶面 (i₁)、(i₂) 和
[101] 晶面 (i₃)、(i₄) 和 [111] 晶面 (i₅)、(i₆)

基于二氧化钌对锂-空气电池充放电反应如此优秀的催化活性，一些研究者采用理论计算的方式来试图阐述其作用机理。香港科技大学 Tianshou Zhao 教授课题组最近研究表明，通过 DFT 计算结果可知，结晶二氧化钌与单层二氧化钌对氧还原反应和氧析出反应的催化活性存在较大差异[143]。单层二氧化钌比金红石型二氧化钌显示出更高的催化活性。这是因为单层二氧化钌和过氧化锂（0001）面之间的类似晶格结构有利于在放电过程中诱导形成具有一定导电性的（0001）面过氧化锂晶体。此外，单层二氧化钌还可以将剩余的过氧化锂吸引到其表面，在充电过程中维持着固-固反应界面。这些结果显示，单层二氧化钌不仅仅是作为促进过氧化锂形成和分解的催化剂，还可以作为结晶过氧化锂的促进剂和过氧化锂的吸收剂。

由于碳材料在高电压下容易氧化，因此有一部分研究工作将金属氧化物作为钌基催化剂的载体来提升电池的循环稳定性能。韩国先进科学技术研究院 Kim 等人设计了两种 RuO_2/Mn_2O_3 复合催化剂，一种是 RuO_2/Mn_2O_3 管中管结构（RM-TIT），一种是 RuO_2/Mn_2O_3 纤维在管中的结构（RM-FIT）。RuO_2/Mn_2O_3 管中管结构的催化剂结合了 RuO_2 和 Mn_2O_3 的催化活性，导致电池充放电到 2000mA·h/g 时过电势低至 1.48V，在 400mA/g 的电流密度截止容量到 1000mA·h/g 下进行测试，可稳定循环 120 圈。美国太平洋西北国家实验室 Wenxiao Pan 教授课题组研究了在四乙二醇二甲醚电解液中添加痕量的水时 Ru/MnO_2 催化剂的性能。为了避免金属锂的腐蚀，他们采用磷酸铁锂作为电池的负极，结果表明，当痕量水存在时，充电过程过电势低至 0.3V，二氧化锰对 LiOH 的形成有促进作用，而 Ru 纳米颗粒对促进 LiOH 分解有较高催化活性。南京大学周豪慎教授课题组还进行了进一步的研究工作，将四乙二醇二甲醚电解液替换为离子液体基电解液，金属锂负极采用锂离子导体 LISICON 来进行保护。基于离子液体电解液的锂-空气电池充放电过程过电势低至 0.4V，电池寿命可达 95 圈（在 500mA/g 的电流密度截止容量到 1000mA·h/g 下）[144]。

采用纳米多孔结构基底来负载 Ru 基催化剂，有利于快速的质量传输过程，进一步增强 Ru 及催化剂的催化效率。加拿大西安大略大学孙学良教授课题组与大连理工大学邱介山教授课题组合作，采用原子层沉积技术制备了一种在 Mn_3O_4 纳米线和碳纳米管编织的多孔自支撑薄膜（Mn_3O_4/CNTs film）基底上沉积二氧化钌纳米颗粒的自支撑复合催化阴极，将之用在锂-空气电池中，显示出非常优秀的电化学性能[145]。Mn_3O_4/CNTs 薄膜作为导电多孔基底，而通过原子层沉积的均匀分布的 RuO_2 纳米颗粒载量仅为质量分数 2.84%，极大地提升了 RuO_2 催化剂的利用效率。基于此 Mn_3O_4/CNTs-RuO_2 多孔自支撑薄膜电极的锂-空气电池显示出非常高的比容量、能量转换效率以及超长循环寿命（可稳定循环 251 圈），同时，在 55℃ 高温下测试锂-空气电池的性能，能量效率高达 83%。他们认为电池具有如此优秀的性能是因为超薄片状放电产物过氧化锂的形成和分解，Mn_3O_4 的主链可以调节 RuO_2 的电子结构来提升其对 LiO_2 中间体的吸附能力，进一步形成纳米片状放电产物。

将分层多孔结构基底引入 Ru 基催化剂中，不仅可以为放电产物的沉积提供大量空间，还可以提供充足的质量传输通道。澳大利亚 Guoxiu Wang 教授等人在泡沫镍上构筑了垂直石墨烯纳米片再负载 Ru 纳米颗粒的催化阴极，采用此催化阴极的锂-空气电池在 200mA/g 电流密度下比容量高达 23864mA·h/g，充电过势仅为 0.45V，在完全充放电情况下循环稳定可达 50 圈。揭示了分层多孔结构的正面影响的同时，进一步肯定了 Ru 基催化剂在锂-空气电池中展现的超高氧析出催化活性。南京大学何平教授课题组采用石墨烯气凝胶负载 Ru 纳米颗粒作为自支撑的锂-空气电池催化阴极。基于此自支撑催化阴极的锂-空气电池在 $0.1mA/cm^2$ 电流密度下，放电比容量可达 $12000mA \cdot h/g$，减少了充电过程过电势（1.25V），提升了电池的循环稳定性能（截止容量到 $500mA \cdot h/g$ 时循环 50 圈）。通过差分电化学质谱法（DEMS）的测试表明，从 3.8V 开始有二氧化碳产生，同时还生成了一些副产物如羧酸锂和碳酸锂等[146]。

也有一些锂-空气电池的研究工作采用金属 Ag 作为催化剂，韩国汉阳大学 Yang-Kook Sun 教授课题组对比了采用 Ag 纳米颗粒或是 Ag 纳米线作为催化剂在锂-空气电池中的性能。结果表明，Ag 纳米线催化剂基锂-空气电池在 50mA/g 电流密度截止 $500mA \cdot h/g$ 容量下进行测试，充电电压低至 3.4V，并能维持如此低过电势超过 50 圈。他们认为，采用不同形貌 Ag 基催化剂在电池性能上的差别主要是由于放电产物过氧化锂生长形态的不同引起的，在 Ag 纳米线上生成的是类玉米棒状的层状过氧化锂，而在 Ag 纳米颗粒上生成的是环形的过氧化锂。美国阿贡国家实验室的 Stefan Vajda 等人通过原子层沉积三氧化二铝来钝化碳材料上的缺陷位点，再精确控制制备碳表面的原子簇的尺寸，如 Ag_3、Ag_9、Ag_{15}。结果表明，Ag 催化剂尺寸的大小可以明显的影响放电产物的形貌，同时，Ag_{15} 基锂-空气电池显示出最高的放电比容量。放电产物过氧化锂不同的形貌与 Ag 纳米簇不同的氧还原催化活性有关，其中 Ag_{15} 比 Ag_3 和 Ag_9 更有利于电子传输过程。这也说明了纳米簇阴极的表面结构对理解锂-空气电池中的放电化学机理起着关键作用[147]。

Ir 基催化剂与 Ru 基一样在水溶液电解液中就显示出较强的氧析出催化活性而被广泛引用来催化氧析出过程，因此，在有机电解液体系的锂-空气电池中，针对 Ir 基催化剂的研究也是关注的重点。最早由中科院上海高等研究院袁婷等人将二氧化铱纳米颗粒引入到锂-空气电池中，他们采用商业 KB 碳通过水热反应来负载二氧化铱纳米颗粒。基于二氧化铱/KB 的锂-空气电池充放电过程过电势仅为 0.97V，同时可以在截止容量 $500mA \cdot h/g$ 时维持 70 个稳定循环。而将二氧化铱和商业 KB 碳简单机械混合的催化剂仅能维持 30 个稳定循环。他们发现放电产物为过氧化锂。中国科学院大连化学物理研究所的张华民教授课题组制备了去氧化分层多孔石墨烯负载 Ir 纳米颗粒作为锂-空气电池阴极催化剂。基于此催化剂的锂-空气电池表现出非常优异的大倍率性能，在 2000mA/g 电流密度截止容量到 $1000mA \cdot h/g$ 的条件下进行测试，可稳定循环 150 圈。他们认为具有高电导率的去氧化分层多孔结构石墨烯提供了充足的电子、氧气和电解液的传输通道，Ir 纳米颗粒为过氧化锂的形成和分解提供了高催化活性表面，去氧化过程也保证了电池的高稳定性。同时也通过放电后产物表征表面放电产物为过氧化锂[148]。

有趣的是，随后由美国阿贡国家实验室 Lu Jun 等[62] 发现采用还原氧化石墨烯负载 Ir 纳米颗粒的催化剂（Ir/rGO）被证明放电产物为非常规的 LiO_2。如图 1.11 所示，在截止容量 $1000mA \cdot h/g$ 下进行测试，生成纳米棒状 LiO_2 的锂-空气电池在最初 39 圈循环中充电电压维持在较低的 3.5V 左右，在充电过程中发现痕量可忽略的二氧化碳和氢气生成，证明了生成 LiO_2 的锂-空气电池的高可逆性。LiO_2 的形成可能是由于 LiO_2 和放电过程中产生的中间产物 Ir_3Li 之间相似的晶格导致的，Ir_3Li 可以诱导结晶 LiO_2 的成核和生长。同时，LiO_2 表面上的溶剂可以进一步抑制结晶相的歧化，从而有助于保证 LiO_2 的稳定性。

针对 Ir 基催化剂生成不同放电产物如过氧化锂或是 LiO$_2$ 的研究指出，通过调节放电产物的生长途径，可以制备出高性能的锂-空气电池。

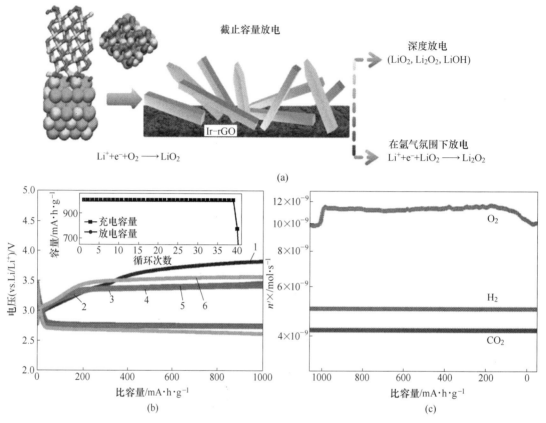

图 1.11　放电产物与 LiO$_2$ 和 LiO$_2$ 之间晶格匹配示意图（a）；Ir/rGO 基锂-空气电池充放电循环曲线图（b），插图为循环次数与充放电容量的关系图；差分电化学质谱法（DEMS）的测试曲线图（c），从首次放电后到充电到 1000mA·h/g[62]

1—1 圈；2—5 圈；3—10 圈；4—20 圈；5—30 圈；6—39 圈

基于碳材料基底的贵金属催化剂是一个理想的研究锂-空气电池基础电化学过程的平台，贵金属催化剂很容易在溶液还原法中制得，嵌入到碳材料基底中。虽然这些材料从实际的角度出发要进行大规模应用的话成本过高，但未来从贵金属或贵金属合金的研究上仍然能得到很大有用的信息。对于贵金属催化剂研究方面，未来研究重点可集中在以下几个方面：（1）进一步降低贵金属的负载量，提高其在载体上的分散性，提升单位贵金属的利用效率；（2）开发具有更高氧还原和氧析出催化性能的新型合金贵金属体系催化剂，向开发高催化活性高稳定性高利用效率方向发展；（3）设计合适的纯贵金属催化剂电极，进一步阐明锂-空气电池中的电化学氧还原和氧析出催化反应作用机理。

1.3.2.4　可溶性催化剂

在向锂-空气电池实际应用迈进时，如何降低充放电过程过电势是锂-空气电池发展的关键问题之一，不仅关系到提升电池充放电效率，而且也影响到如何提升电池的循环稳定性。迄今为止，在降低充放电过程过电势的研究方面，主要采用的还是如上总结的各种类型固态催化剂，将之应用在锂-空气电池中起到降低氧还原反应和氧析出反应过电势的作用。然而，由于放电产物过氧化锂为不溶解不导电的固体产物，当采用固态催化剂时，催化剂与过氧化锂之间的固-固接触界面有限，极大地限制了氧析出反应过程的电子传输，导致氧析出反应催化活性有限，降低了固态催化剂的催化效率。针对这一问题，目前有部分研究工作提出采用可溶解在电解液中的催化剂来解决，也可以称作氧化还原介质（redox mediator）。由于可溶解类催化剂溶解在电解液中，更容易与固体放电产物接触，与过氧化锂和液体电解液间存在更大更动态的氧化攻击接触界面，为固态催化剂与固体放电产物之间固-固接触界面催化效率低的难题提供了适当的解决方案。到目前为止，锂-空气电池研究中已经使用了一系列的可溶解类催化剂，这些催化剂在电池中表现出较高的催化效率，能有效的加速放电过程中固态放电产物过氧化锂的形成（氧还原过程）和充电过程中过氧化锂的分解（氧析出过程），在高效降低充放电过程过电势的同时，也有效降低了反应中高活性超氧自由基的含量，使锂-空气电池的稳定性也大幅度提升。就氧化还原介质在锂-空气电池中的作用来进行分类，通常可以分为两大类，一类是电子空穴转移剂，一类是电催化剂。具有氧化还原活性的氧化还原介质可以向 O_2 提供电子，也从过氧化锂那接受电子，可以充当过氧化锂形成或分解的催化剂。

氧化还原介质的氧还原和氧析出催化活性与它们的物理化学性质密切相关，如中点电位、分子量、极性和在溶液中的浓度等。在这些物理化学性质中，中点电位对氧化还原介质的功能起着主导作用，当氧化还原介质中点电位与 Li_2O_2/O_2（2.96V）之间的差距越小，氧还原反应合氧析出反应过程的过电势就越小。因此，氧化还原介质也可分为氧还原反应氧化还原介质和氧析出反应氧化还原介质。

根据方程式 $O_2+2e^-+2Li^+\rightarrow Li_2O_2$ 可知，过氧化锂形成的平衡电位为 2.96V（vs. Li/Li$^+$），当选用的氧化还原介质的中点电位小于 2.96V 时，氧化还原介质可起到 O_2 还原剂和从阴极到过氧化锂的电子载体的作用，导致氧还原反应顺利进行。此外还有一些氧化还原介质可充当类似高 DN 值溶剂作用的稳定剂，可将过氧化锂的生成途径从固相生长转变为溶液相生长，加速了氧还原反应动力学过程，导致锂-空气电池放电容量的增大和放电电位的升高。英国南安普顿大学的 Owen 教授课题组首次采用了双三氟甲磺酸乙基紫罗碱（EtV^{2+}（OTf$^-$）$_2$）作为氧化还原介质来催化氧还原过程，其中点电位为 2.40V。EtV^{2+} 从阴极接受一个电子形成还原形式的 EtV$^+$，然后 EtV$^+$ 将 O_2 还原为 O_2^-，伴随着电化学反应再生 EtV^{2+} 的过程[149]。同时他们发现 EtV^{2+} 在一定程度上会与超氧自由基发生反应，但通过提升锂离子浓度和降低氧化还原介质浓度的方式可以减轻在超氧自由基攻击下导致的EtV^{2+} 分解反应。Bruce 教授课题组将 2,5-二叔丁基-1,4-苯醌（DBBQ）作为氧化还原介质用在锂-空气电池中，DBBQ 的中点电位为 2.63V，在 0.1mA/cm^2 的电流密度下，添加了DBBQ 的电池放电平台在 2.7V 左右，远高于未添加 DBBQ 的电池，更为明显的是，添加了 DBBQ 的电池的放电比容量比未添加 DBBQ 的电池的放电比容量高 80~100 倍，同时伴随着过氧化锂尺寸的明显增大[150]。研究者认为添加 DBBQ 的电池在溶液中形成了 Li$^+$-DBBQ-O$_2$ 中间体代替了阴极上的 LiO$_2^*$，过氧化锂的生长途径由固相生长变为溶液相生长。溶液相生长机理可以支持过氧化锂沉积为较大的簇状放电产物，抑制固相生长机理里致密的过氧化锂薄膜的生成，这引起了电池放电容量的明显增长。

除了中点电位对氧化还原介质的作用的强烈影响外，氧化还原介质的浓度和分子量对锂-空气电池容量的增加也有所影响。高浓度的氧化还原介质可以尽可能的通过化学途径来起到氧还原的作用，而低分子量的氧化还原介质可以提供快速的扩散动力学，能够达到尽快恢复自身的目的。

当选用的氧化还原介质的中点电位大于 2.96V 时，氧化还原介质可以充当过氧化锂的氧化剂和从过氧化锂到阴极的电子载体，导致过氧化锂的化学分解，极大地降低了充电过程的过电势。更重要的是，充电过程过电势的降低可有效抑制活性超氧自由基和副反应的产生，提升了电池的循环稳定性能。Bruce 教授课题组[151]首次将四硫富瓦烯（TTF）作为促进氧析出过程中过氧化锂分解的氧化还原介质应用在锂-空气电池中，如图 1.12 所示，当在 1mol/L LiClO$_4$/DMSO 电解液中添加 TTF 后，电池的充电电压平台从 3.9V 下降

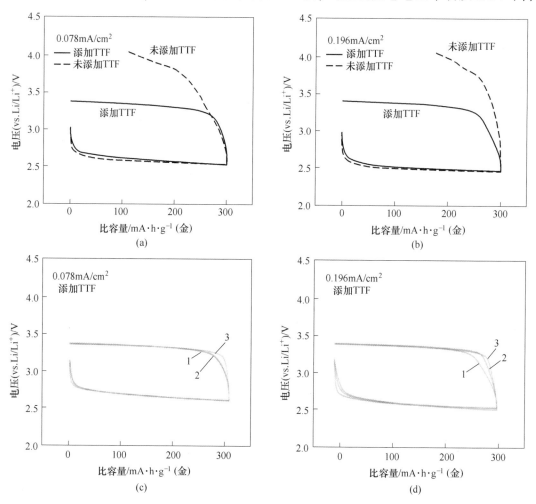

图 1.12　在 1mol/L LiClO$_4$/DMSO 电解液中添加和未添加 10mmol/L TTF 氧化还原介质下采用金电极进行恒电流充放电测试的锂-空气电池首圈充放电曲线：电流密度为 0.078mA/cm^2（a），电流密度为 0.196mA/cm^2（b）；在 1mol/L LiClO$_4$/DMSO 电解液中添加 10mmol/L TTF 氧化还原介质下采用金电极进行循环性能测试的充放电曲线：电流密度为 0.078mA/cm^2（c），电流密度为 0.196mA cm^2（d）[151]

1—1 圈；2—20 圈；3—100 圈

到 3.4V，同时大幅度提升了电池的大倍率性能和循环稳定性。当采用磷酸铁锂作为负极避免 TTF 与金属锂产生副反应后，充电过电势可以维持 100 圈没有任何变化。最近，日本东北大学的 Mingwei Chen 教授课题组采用多孔石墨烯作为阴极，在电解液中添加四硫富瓦烯作为氧化还原介质，制备锂-空气电池进行测试[152]。研究发现多孔石墨烯阴极为电荷转移、氧化还原介质 TTF 的氧化和扩散提供了有效的途径，与未添加 TTF 的电池相比，添加 TTF 后电池的充电过程充电平台下降了 0.66V，当采用截止容量到 2000mA·h/g，电流密度为 2A/g（碳）时进行充放电循环测试，发现在如此大电流密度下，添加了 TTF 的锂-空气电池可稳定循环 100 圈，体现了非常优秀的循环稳定性和大倍率性能。

除了 TTF 外，还有很多促进氧析出反应的氧化还原介质已被应用到锂-空气电池中。德国的 Janek 教授课题组将 2,2,6,6-四甲基-1-哌啶酮（TEMPO）作为促进氧析出反应过程的可溶解类催化剂应用在锂-空气电池中[153]。研究表面，添加 TEMPO 后电池的氧析出过程过电压比未添加 TEMPO 的电池下降了 400mV，同时库仑效率提升了 14%。添加 TEMPO 后还可降低二氧化碳释放的百分比，并在限制容量 500mA·h/g（碳）下电池取得了非常优秀的循环稳定性能。同时，Janek 教授课题组还研究了不同浓度 TEMPO 的添加对电池性能的影响作用。此外，吩噻嗪衍生物也被看做较有潜力的氧化还原介质。氧化还原电位在 3.7V 左右的吩噻嗪作为氧析出过程氧化还原介质被南京大学周豪慎教授课题组引用到锂-空气电池中[154]。吩噻嗪的加入明显将充电过程过电压降低 800mV，电池的循环稳定性能也得到了极大的提升。

除了纯的有机分子外，过渡金属配合物如金属卟啉和金属酞菁[155]也都作为促进氧析出反应的氧化还原介质被用在锂-空气电池的研究中。过渡金属配合物的中点电位可通过调节其核心金属和取代基团来进行调控，有助于更好地降低充电过程过电势。美国耶鲁大学 Taylor 教授课题组证明血红素分子——血液中常见的铁卟啉分子，可以作为可溶性氧化还原催化剂和氧气传输穿梭机用于促进锂-空气电池中氧析出反应的顺利进行[156]。这种铁卟啉配合物不仅能够高效实现绝缘放电产物过氧化锂与电极之间的电荷转移，还能够充当氧气的载体，将活性氧与 Fe^{3+} 中心结合，促进电池氧析出反应过程。同时，他们还发现血红素氧化还原介质的化学变化与电解液存在协同作用，与未添加血红素分子的锂-空气电池相比，添加血红素分子后，电池显示更低的极化和更长的循环使用寿命。大环化合物与多价金属（例如铁卟啉）的配位可能对氧还原和氧析出过程具有双功能催化作用，因为 Fe^+、Fe^{2+} 和 Fe^{3+} 可以在化学品中共存。

不止是有机分子，还有一些无机试剂也可用作氧化还原介质来促进氧析出反应过程，目前研究较多的有 LiI、LiBr 等。韩国首尔大学 Kisuk Kang 教授课题组将 LiI 作为可溶解催化剂引用到锂-空气电池中[157]。采用直立的分层多孔碳纳米管作为空气阴极的锂-空气电池在添加了 LiI 后，在大电流密度 2A/g 下截止容量到 1000mA·h/g 进行充放电测试，氧析出过程电位从 4.3V 下降到 3.3V，实现了 900 圈稳定循环的优异循环稳定性。同时，研究结果表明，添加了 LiI 电池的性能也与空气阴极有很大的关系，空气电极的多孔三维网络结构不仅有利于锂离子和氧气的传输，还为可溶解催化剂提供了快速传输通道，分层多孔碳纳米管电极也比 KB 碳电极具有更优秀的电子传导性能，因此电池氧析出过程过电势更低，电池性能有了极大的提升。之后，有许多研究关注了采用不同阴极材料与添加 LiI 氧化还原介质后的性能研究，例如还原氧化石墨烯、紫菜衍生碳材料、聚酰亚胺涂层的碳材料等。添加 LiI 结合阴极催化剂设计的电池性能都比单纯添加 LiI 的电池性能优越，说明阴极催化剂对采用氧化还原介质的锂-空气电池也有协同促进作用。

由上述工作我们可了解到，不管是中点电位小于 2.96V 时作用于氧还原过程的氧化还原介质，还是中点电位大于 2.96V 时作用于氧析出过程的氧化还原介质，都可以独立地起到促进锂-空气电池放电充电过程的作用。有一部分研究者提出一个研究思路，当在电解液中同时添加氧还原和氧析出的氧化还原介质时，是否可同时加速过氧化锂的形成和分解。Bruce 教授课题组就做了此种尝试，他们之前报道了 DBBQ（2,5-二叔丁基-1,4-苯醌）在锂-空气电池中对放电过程氧还原反应的明显促进作用，现在他们将作用与氧析出过程的 TEMPO（2,2,6,6-四甲基-1-哌啶酮）与 DBBQ 同时添加到电解液中，来促进过氧化锂的形成和分解[158]。当添加两种氧化还原介质后，电池的容量在 $1mA/cm^2$ 电流密度下可达 $2mA·h/cm^2$，充放电过程极化也较低（充电平台 3.6V，放电平台 2.7V），而未添加氧化还原介质的电池仅有 $0.1mA·h/cm^2$ 的容量，充放电过程极化较大（充电平台 4.0V，放电平台 2.5V）。由于过氧化锂在较低充电电压下在溶液中形成和分解，因此碳酸锂副产物和碳材料的腐蚀现象明显的降低了。此外，假设采用气体扩散电极在 $1mA/cm^2$ 电流密度下进行测试，电池容量可达 $40mA·h/cm^2$，相当于能量密度为 $500~600W·h/kg$ 的实际电池。

总的来说，氧化还原介质的引入明显的增加了促进过氧化锂形成和分解的催化位点，有利于促进空气阴极处的反应动力学。但同时也还存在较多的问题，如氧化还原介质在超氧自由基存在的环境下的稳定性、对金属锂负极的腐蚀性等，要实现制备高性能高稳定性锂-空气电池的目标，还需结合先进的阴极催化剂设计，稳定的电解液等影响电池性能的关键因素，才能制备出高性能高稳定性的锂-空气电池。

1.3.2.5　无碳催化剂

碳材料基空气阴极催化剂虽然是目前应用得最为广泛的，但其通常具有较低的氧析出催化活性，导致电池充放电过程中较大的极化。此外，其在循环过程中稳定性也较差也是亟待解决的一大问题。最近，有很多研究工作是围绕着构建无碳空气阴极的锂-空气电池来开展的，虽然这些材料不可避免的比碳密度大，导致质量比容量较低，但他们表现出到目前为止最有前景的稳定性，也许也可能成为真正的可充锂-空气电池阴极最有前景的催化剂。无碳阴极材料的主要难点是选取成本较低、重量较轻，并具有足够的孔隙率容纳过氧化锂沉积的电化学活性材料。

第一个无碳阴极的构造由 Cui 等人提出，在泡沫镍基底上通过 CVD 的方法长出 Co_3O_4 纳米棒[159]。如图 1.13 所示，阴极的电化学分析显示其显著的减少了充电电压，在 $0.1mA/cm^2$ 的电流密度下，大多数充电发生在 3.75V 左右。XRD、FTIR 结果显示，在单次充放电循环中发生的主要化学反应是过氧化锂的形成和分解。

Peng 和 Bruce 等人报道了一种由多孔纳米金构成的无碳阴极。这份报告给出了对无碳电极的有利之处的明确了解，并可以称为是事实上第一个真正意义的可充锂-空气电池体系，因为采用这样的无碳电极构造来规避电解液的分解，对其优异的电化学性能至关重要[58]。

一种氧化铟锡 ITO 负载 Ru 纳米颗粒的无碳电极由周豪慎教授课题组报道这种阴极催

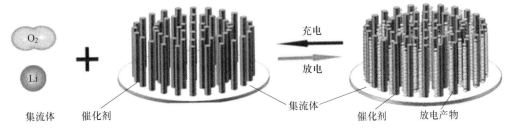

图 1.13 基于无黏结剂催化剂的锂-空气电池充放电循环原理示意图[159]

化剂表现出优异的容量保持率——50 圈充放电循环后，充电仍然低于 4.0V[160]。该研究还证明了 Ru/ITO 阴极的容量保持率与 Super P 电极相比毫不逊色甚至更好。XPS 和 IR 分析也证实了过氧化锂的形成和分解占主导，而少量检测到的 Li_2CO_3 应该是由于电解液不稳定分解造成的，因为电解液是这个体系中唯一的碳源。

为了寻找一个更低成本的阴极材料来替代纳米多孔金 NPG 电极，Thotiyl 等人研究了 TiC 基空气阴极[161]。与 Au 相比，TiC 大大降低了成本且密度没有那么大，但表现出类似的 100 圈充放电循环稳定性。基于 DMSO 基电解液的 TiC 阴极能够提供 350mA·h/g(TiC) 可逆容量，以及证明了其可逆是基于过氧化锂的形成和分解。作者还强调其研究的 TiC 并非是优化过后的形貌，文中并没有吹嘘高比表面积，高孔隙率等，这表明基于 TiC 的空气阴极的性能还有很大的提升空间。

还有一种与无碳电极相关的是无黏结剂的自支撑电极（binder free）。无黏结剂的自支撑电极目前可分为两种：一种是由碳材料如石墨烯、纳米管等等性能较优异的新型碳材料构建的三维多孔自支撑电极，一种是无碳且无黏结剂的基于各种形貌过渡金属氧化物、氮化物等构成的自支撑电极。前者侧重于空气电极结构的构筑，将新型碳材料通过冷冻干燥、软模板构建等方法，设计成三维多孔一体化电极，如碳泡沫、石墨烯海绵、石墨烯纸等。后者在排除了碳材料腐蚀引起副反应的基础上，进一步采用无黏结剂的形式排除黏结剂可能导致的副反应，能进一步排除副反应的干扰细致研究催化剂对锂-空气电池的影响作用机理，也在锂-空气电池领域有不错的表现。

中国科学院大连化学物理研究所的张华民教授课题组报道了一种无碳无黏结剂介孔氧化钴纳米线阵列长在泡沫镍上作为锂-空气电池催化阴极[162]。与碳材料基锂-空气电池相比，无碳阴极基锂-空气电池显示出更优秀的循环稳定性和更低的充放电过程过电势。这种自支撑无碳无黏结剂介孔氧化钴/泡沫镍催化阴极具有较高的比表面积，较大的孔容，以及较高的氧还原和氧析出催化活性，因此基于此催化阴极的电池具有较大的放电比容量和优秀的循环稳定性。

但由于过渡金属氧化物大部分具有较差的电子电导率及较低的氧还原催化活性，使得其作为催化剂材料用于锂-空气电池性能提升空间有限。因此，针对过渡金属构筑无碳自支撑电极的研究有几种方式，一是可采用添加贵金属纳米粒子的方式制备复合无碳自支撑电极，二是除了过渡金属氧化物外，还可以关注过渡金属氮化物、过渡金属硫化物等导电性能较好的三维基体，更好的构筑无碳自支撑电极。后续针对过渡金属基无碳自支撑锂-空气电池阴极的研究可集中在以下几个方面：（1）优化材料合成制备工艺，制备具有高比表面积、高孔隙率一维、多维有序多孔材料；（2）基于金属集流体载体（泡沫镍、不锈钢网等）原位生长过渡金属氧化物基体，通过添加高催化活性及导电性的贵金属纳米颗粒来构建过渡金属氧化物复合无碳自支撑电极；（3）双组分过渡金属氧化物及过渡金属贵金属合金等催化剂的构筑；（4）过渡金属氮化物、过渡金属硫化物等无碳自支撑电极的构筑。

1.3.2.6　催化剂对放电产物形貌的影响

锂-空气电池充放电过程原理已经有所公认，近期有大量的研究工作围绕着深度理解不同条件下锂-空气电池的运行机理。过氧化锂在任何阴极表面的形成和分解都是非常重要的基础反应，它从根本上影响着电池的容量以及循环稳定性能。放电过程中形成的过氧化锂的基本性质已经有许多文献提到，其中最常见的形貌是微米级的球形和环状过氧化锂[61,163,164]。这些形貌在很多不同类型的空气阴极（如纯碳材料[165,166]，碳材料加催化剂[167]，无碳材料[168]等）上都有发现。图1.14（a）显示的就是典型的碳纤维上形成环状形貌的过氧化锂[91]，图1.14（b）显示的是无碳电极上形成的球状过氧化锂[169]。已经发现的结果表明，在低倍率下放电形成的环状过氧化锂通常像由多个环形薄层张开形成的类似甜甜圈的形貌[170]，这种形貌不足为奇，更为不寻常的是图1.14（c）显示的 $NiCo_2O_4$ 空气阴极形成的多孔球形放电产物[171]以及图1.14（d）的 TiC 复合阴极形成的分层的片形放电产物[161]。此外，还有一些其他的报道也发现了类似的这种片层形貌过氧

图1.14　不同阴极体系下形成的不同形貌的过氧化锂的SEM图

（a）碳纳米纤维上环状过氧化锂；（b）泡沫镍上球状过氧化锂；（c）$NiCo_2O_4$ 纳米线上多孔球状过氧化锂；

（d）TiC复合电极上层状过氧化锂

化锂，如基于 $MnCo_2O_4$ 催化剂的空气阴极[172]，Pd/Cu 合金催化剂[173]，二氧化锰纳米线等[174]。这些催化剂对过氧化锂形成形貌的影响以及其对充电过程过氧化锂分解的作用还需要进一步深入的研究。

　　Nazar 等进一步研究了过氧化锂对锂-空气电池运行的影响作用[175]。他们发现，在给定的系统下（LiTFSI/TEGDME 电解质，Super P 碳空气阴极），过氧化锂在阴极表面形成的形貌和结晶度受到放电电流的强烈影响。他们的结果表明，低电流下容易形成环状过氧化锂晶体，而相反，高电流下容易形成类似无定形的薄膜形状过氧化锂。这些结果的重要性在于进一步强调了一个事实——该系统充电过程的差异与放电过程中形成的过氧化锂的不同形貌有关。

　　Hu 等研究了过氧化锂粒径的大小对锂-空气电池充放电行为的影响[176]。他们简单的改变了一下预装在 Super P 碳空气阴极上的过氧化锂颗粒的粒径，当过氧化锂颗粒的粒径从 600nm 降至 160nm 时，平均充电电压从 4.45V 降至 4.05V，而与此同时，电池的容量也显著的增加。催化剂以及施加电流对放电过程形成的过氧化锂的尺寸、形貌和结晶度的影响是一个极其重要的研究课题，因为过氧化锂对锂-空电池的容量以及可逆充放电能力都有着的巨大影响，同时对开发有前景的催化剂有较大的作用。

1.3.3　锂-空气电池中存在的问题和挑战

　　尽管锂-空气电池具有超高的比能量密度被看作最有潜力的动力汽车电源，也因此受到了大量的研究关注。近年来一些针对锂-空气电池的研究也取得了突破性的进展，然而，对于能将其实际投入应用而言，还有很多棘手的问题亟待解决。这些问题也是制约着锂-空气电池产业化道路的关键因素。有一些问题是所有锂电池共同存在的问题，如果能解决这些问题，对锂离子电池同样具有改善作用。

　　影响锂-空气电池性能的关键因素及其所面临的问题如下：

　　（1）极化现象严重：由于在没有加入催化剂的情况下，锂-空气电池放电过程的氧还原反应动力学与充电过程的氧析出反应动力学都较缓慢，导致电化学极化非常高，充放电电压之间的差值在 1.5V 以上，严重影响了电池的性能，导致电池充放电循环的能量效率过低。研究表明高效的氧还原/氧析出双功能催化剂可以降低充放电过程的过电压，改善极化现象，提高电池的能量效率。因此，亟需开发高效的氧还原/氧析出双功能催化剂来改善电池的性能，减少极化现象，降低充放电过程过电压。

　　（2）空气电极的设计：已经有研究工作表明，空气电极的结构、形貌、孔径、比表面等都对锂-空气电池的性能有很大的影响。而由锂-空气电池原理可知，难溶的放电产物过氧化锂在空气电极堆积并堵塞了氧气传输通道以及活性位点，导致放电结束。而放电过程中产生的过氧化锂以及 O_2^- 都易于空气电极反应生成副产物，这就对空气电极的稳定性有一定的要求。因此，空气电极的设计以及空气电极材料的物理性质的优化也是影响锂-空气电池性能的一个关键因素。

　　（3）电解液的稳定性：由于锂-空气电池的极化现象严重，导致在高电压下电解液容易分解，同时，在氧气存在的情况下也会产生极其活泼的 O_2^- 存在，容易与电解液发生反应生成二氧化碳、水、烷基锂等物质，导致电池性能急剧下降。因此，寻找在氧气存在及 O_2^- 存在的情况下稳定的电解液是锂-空气电池的一个关键问题，极大的影响着锂-空气电池的循环稳定性。

（4）催化反应机理尚未明确：锂-空气电池充放电过程涉及氧还原产物的生成与分解，高效氧还原和氧析出（ORR/OER）催化剂能有效降低电池充放电反应过电势。对于电池过电势产生的根本原因、副产物的形成机理、催化反应活性位点的确定、催化反应热力学/动力学作用机制等都有待阐明。

（5）金属锂负极的腐蚀：由于金属锂过于活泼，易与 H_2O、CO_2 等反应发生腐蚀，易生成锂枝晶，容易刺破隔膜导致电池短路，而锂-空气电池如果在空气中运行的话，H_2O、CO_2 很难避免，锂金属负极的稳定性就是一个大问题。而溶解在电解液中的 O_2 与金属锂接触也会发生反应，生成氧化锂或过氧化锂沉积在锂金属的表面，阻碍进一步的电化学反应，降低锂-空气电池性能。

（6）循环稳定性和倍率性能较差：锂-空气电池放电产物过氧化锂难溶于有机溶剂，这些放电产物堆积会堵塞空气电极孔道与活性位点，引起放电终止致使催化剂失效，导致电池的循环性能降低。而电池的氧还原氧析出动力学缓慢，O_2 以及 Li^+ 在电解液中的扩散也较差，导致电池的倍率性能较差。

1.4 钠离子电池材料的研究进展

1.4.1 钠离子电池的发展和工作原理

近年来，随着科学技术的不断发展，研究者们对储能电池系统的研究更为深入和全面，对钠离子电池电极材料的设计也有了全新的认识。与商业化锂离子电池相比，钠离子电池具有以下优势：（1）钠盐的电导率较高，可以选用低浓度的电解质，降低生产成本；（2）地壳中钠资源储量丰富，分布范围广泛，价格低廉，原料成本优于锂离子电池；（3）钠离子电池不存在过放电特性，可以放电至 0V；（4）锂离子与铝离子在低于 0.1V（vs. Li+/Li）时会发生合金反应，而钠离子不会，使得铝箔可以取代铜箔用作负极的集流体，不仅可以降低成本，还能减轻质量。钠离子电池具有钠资源丰富、成本低廉、稳定性能优异、安全性能良好以及无污染等优点，在大型储能系统中具有巨大的发展前景。

钠离子电池工作原理与锂离子电池类似，如图 1.15 所示，都是利用离子在正负极之间嵌脱过程实现充放电，使得钠离子电池在下一代储能电池中脱颖而出。基于锂离子电池技术的成功经验，用于钠离子电池的高性能正负极材料的研究开发已取得了突破性进展。目前，大量研究主要集中在钠离子电池正极材料上，而负极材料的选择更受限制。

合适的负极材料的选择仍然面临一个重大挑战，阻碍了钠离子电池的商业化。石墨是锂离子电池中使用最多的负极材料。然而，由于热力学的原因，传统电解质中的钠储存不是最合适的电解质。但是，使用醚基电解质实现了天然石墨中的可逆性钠储存，并证明了 Na^+ 溶剂共同结合部分赝电容行为。天然石墨提供 150mA·h/g 的可逆容量，并具有出色的循环稳定性，但初始库仑效率差。膨胀石墨也被用作钠离子电池的负极，表现出高的可逆容量，284mA·h/g，电流密度为 20mA/g，循环性能良好。在文献中广泛研究的用于钠离子电池的其他阳极材料包括碳材料，合金，氧化物和有机化合物[177]。在钠离子插入过程中由于体积膨胀显著引起的结构破坏导致合金阳极材料的电接触和容量衰减的损失。氧化物的低钠储存能力和有机化合物的初始库仑效率低可能会限制其在实际钠离子电池中的

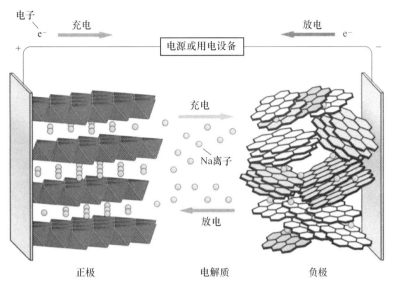

图 1.15 钠离子电池工作机理示意图[177]

工业化应用。因此，具有随机取向石墨层的硬碳是最有希望的选择，由于其具有高可逆容量，低钠存储电压和优异的循环稳定性，所以它是用于钠离子电池的负极材料，硬碳材料中的基本钠储存机制也引起了近来的研究兴趣。

1.4.2 钠离子电池碳基负极材料的研究进展

1.4.2.1 石墨类

A 石墨材料

结构有序的石墨具有良好的导电性，且适合 Li$^+$ 的嵌入和脱出，其来源广泛，价格低廉，是目前锂离子电池体系中最常见的负极材料。通过电化学还原过程，Li$^+$ 嵌入石墨碳层之间的范德华间隙，并形成一阶锂-石墨层间化合物（LiC$_6$）。其可逆容量大于 360mAh/g，接近理论数值 372mAh/g。相比之下，石墨用作钠离子电池负极材料的研究结果并不乐观。早期的第一原理计算表明，与其他碱金属相比，Na 难以形成插层石墨化合物。GE 等较早研究了 Na$^+$ 在石墨中的电化学嵌入机理，采用聚氧化乙烯（PEO）基电解质，避免溶剂在电极材料中的共插入[178]。研究表明 Na$^+$ 的嵌入形成了 NaC$_{64}$ 高阶化合物，电化学还原形成低阶钠-石墨的可能性仍然有待探究。此外，由于石墨碳层间距约为 0.335nm，小于 Na$^+$ 嵌入的最小层间距（0.37nm）等原因，导致作为钠离子电池负极材料的理论容量只有 35mA·h/g。因此，普遍认为石墨不能直接用作钠离子电池负极材料使用。

近年来，研究人员发现通过增大石墨的层间距和选取合适的电解质体系（如醚基电解质）等途径可以提高石墨的储钠能力，提升其电化学性能。Wen 等研究了膨胀石墨（EG）作为优越的钠离子电池碳基负极材料[179]。EG 是通过两步氧化还原过程形成的石墨衍生材料，其保留石墨的长程有序层状结构，通过调控氧化和还原处理可以获得 0.43nm 的层间距离，这些特征为 Na$^+$ 的电化学嵌入提供了有利的条件，如图 1.16 所示。此外，他们还使用原位高分辨率透射电子显微镜（HRTEM）研究 EG 在 Na$^+$ 嵌/脱过程中的微观结构变化。电化学测试表明，EG 在 20mA/g 的电流密度下的可逆容量为 284mA·h/g，即使在 100mA/g 下也达到 184mA·h/g，2000 次循环后保持 73.92% 的可逆容量。在不久的将来，EG 可能是非常有希望应用于钠离子电池工业的碳基负极材料。

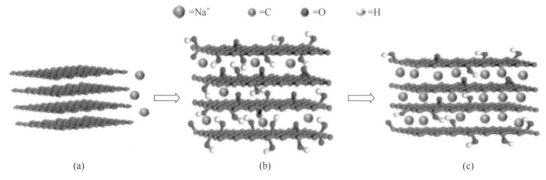

图 1.16　石墨基材料中钠存储的示意图[179]
(a) 石墨；(b) 氧化石墨烯；(c) 膨胀石墨

　　Kim 等选取醚基电解质时，在没有任何改性或处理的情况下，天然石墨颗粒的尺寸约为 100μm，作为负极材料在 0.1A/g 的电流密度下的可逆容量约为 150mA·h/g，并且选取不同种类的电解质溶剂，使得电压可以在 0.6~0.78V (vs. Na^+/Na) 之间变化[180]。同时，天然石墨还表现出优异的循环稳定性（约 2500 次循环）和倍率性能（在 5000mA/g 下约 100mA·h/g 的可逆容量）。解释了天然石墨中的 Na^+ 存储机理，其中溶剂化 Na^+ 的共嵌入与部分赝电容行为结合。证明电解质溶剂种类影响负极材料的倍率能力和氧化还原电位。此外，天然石墨在全电池中的实际可行性通过与 $Na_{1.5}VPO_{4.8}F_{0.7}$ 正电极组合而确定，其可提供约为 120W·h/kg 的能量密度，平均放电电压约为 2.92V，在 250 次循环后保持初始容量的 70%。这一项研究将为石墨作为钠离子电池碳基负极材料的发展起到推动性作用。最近，Hasa 等以层状 $P2-Na_{0.7}CoO_2$ 正极与石墨负极在优化的醚基电解质中进行耦合改性研究，进一步验证了合适的电极/电解质组合有利于钠离子电池在循环性能、库仑效率等方面的提升[181]。

　　B　石墨烯材料

　　石墨烯是由碳原子以 sp^2 杂化连接的单原子层构成的一种新型碳材料，具有较大的比表面积和优异的电子导电性，被认为可在钠离子电池领域中广泛运用。Wang 等以天然石墨为原料，采用改进的 Hummers 方法制备还原氧化石墨烯纳米片 (RGO)[182]。研究表明，RGO 纳米片的厚度大约在 0.8~2.0nm，具有较大的层间距（0.365~0.371nm）和不规则的多孔结构，有利于 Na^+ 的存储和嵌/脱，如图 1.17 所示。电化学性能测试中，RGO 负极材料在 40mA/g 和 200mA/g 电流密度下循环 250 次后的可逆容量分别为 174.3mA·h/g 和 93.3mA·h/g，即使在 40mA/g 下循环 1000 次，可逆容量仍保持在 141mA·h/g。Matsuo 等通过控制氧化石墨烯的热解温度获得了具有不同层间距的碳基负极材料[183]。研究表明热解温度为 300℃ 制备的材料性能最佳，其层间距达到 0.422nm，最大可逆容量达到 252mA·h/g，并显示出相对良好的循环稳定性。但是，其首次循环的库仑效率非常低（约为 50%），主要归因于电解质的分解和 SEI 膜的形成。同时，充电至0V后的X射线衍射分析显示Na⁺插入碳层之间形成了低阶层间化合物，避免了在循环期间钠金属的沉积。此外，他们发现随着热解温度的升高，材料的层间距从0.422nm降低到0.334nm，可逆容量也有所降低，而1000℃下获得的材料层间距可略微增加到0.339nm，可逆容量基本没有提高。层间距的减小归因于碳层含氧官能团的损失，但层间距小于石墨的原因尚未探究清楚，而碳层中碳原子的重新排列可能是导致其在1000℃下层间距再次增加的原因。

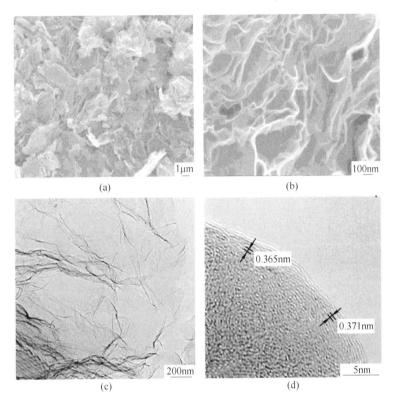

图 1.17 RGO 的 FESEM 和 HRTEM 图
(a) 低倍率 FESEM 图；(b) 高倍率 FESEM 图；
(c) 低倍率 HRTEM 图；(d) 高倍率 HRTEM 图

1.4.2.2 非石墨类

非石墨类碳基负极材料具有较大的层间距和无序的结构，有利于Na⁺的嵌/脱，是目前研究最多的一类钠离子电池碳基负极材料。根据石墨化程度难易和石墨微晶的排列方式的不同，非石墨类碳基负极材料主要分为软碳（石墨化中间相碳微珠、焦炭等）和硬碳（炭黑、树脂碳等）两大类。软碳和硬碳都属于无定形碳，主要是由宽度和厚度较小的类石墨微晶构成，但排布相比石墨更为紊乱，具有碳层间距相对较大的特点。

A 软碳材料

一般而言，在2800℃以上可以石墨化的碳材料称为软碳，其内部的石墨微晶的排布相对有序，且微晶片层的宽度和厚度较大，储钠机理主要表现为碳层边缘、碳层表面以及微晶间隙对 Na$^+$ 的吸附。Alcantara 等将石油残余物 750℃ 热处理后获得的中间碳微珠（MCMB）具有一定的嵌钠性能[184]。随后，他们通过热解间苯二酚和甲醛的混合物制备微球状碳颗粒，表现出高度无序结构和低比表面积，可逆容量达到 285mA · h/g。Wenzel 等以多孔二氧化硅为模板，采用中间相碳沥青制备模板碳负极材料[185]。与市场上销售的多孔碳材料和非多孔石墨作对比，模板碳显示出更为优越的电化学性能。在 C/5 倍率下的可逆容量超过 100mA · h/g，125 次循环后仍然达到 80mA · h/g，即使在 2C 和 5C 下的可逆容量仍然大于 100mA · h/g。Luo 等通过热解 $C_{24}H_8O_6$ 获得软碳负极材料，研究了在不同热解温度下得到的纯软碳的层间距离和其相应的 Na$^+$ 存储性质之间的相关性[186]。实验结果表明，软碳负极材料的乱层微晶会随着热解温度的改变发生膨胀，层间距从约 0.36nm 增加到约 0.42nm，从而提升其电化学性能。900℃ 下热解获得的软碳负极材料在 1000mA/g 的电流密度下表现出 114mA · h/g 的可逆容量，倍率性能和循环性能优异。这项研究为软碳负极材料带来新的发展方向，选择合适的前体并在特定的工艺条件下处理，合成的软碳负极材料将可与硬碳负极材料竞争。

B　硬碳材料

硬碳是指在 2800℃ 以上难以石墨化的碳材料，其内部的石墨微晶排列较软碳更加无序、杂乱，且含有一部分的微纳孔区域，具有较高的储钠容量，被认为是最理想的储钠碳基负极材料。Stevens 等将葡萄糖前体高温热解制备硬碳负极材料，首次证明了 Li$^+$ 和 Na$^+$ 在负极材料中的嵌入机理非常相似，但嵌入电压值不同，且前者的比容量高于后者[187]。硬碳负极材料的可逆容量为 300mA · h/g，接近于 Li$^+$ 嵌入石墨负极材料的容量。此外，他们发现硬碳负极材料中碱金属离子的嵌入发生在石墨微晶的层间位置和表面气孔中，如图 1.18 所示。这项研究有利于更充分地表征碳基负极材料中 Na$^+$ 嵌入能力。Li 等通过高温下热解沥青和酚醛树脂制备无定形碳材料（PPAC），研究了前体中沥青和酚醛树脂的质量比及碳化温度对材料的微观结构和性能的影响[188]。实验结果表明，PPAC 的结构较沥青衍生的碳材料的结构更加无序，得益于酚醛树脂的加入。同时，沥青和酚醛树脂的质量比为 7 : 3、碳化温度为 1400℃ 合成的 PPAC 性能最佳，其初始库仑效率高达 88%，具有 284mA · h/g 的可逆容量，100 次循环后的容量保持率为 94%。当与 O3 型 $Na_{0.9}[Cu_{0.22}Fe_{0.30}Mn_{0.48}]O_2$ 阴极结合时，全电池显示出优异的电化学性能，初始库仑效率达到 80%，能量密度为 195W · h/kg。Cao 等以油菜种子为原料，采用水热和高温热解工艺制备一种由多孔纳米颗粒组成的新型片状硬碳材料（RSS），研究了热解温度对负极材料性能的影响[189]。实验结果表明，随着热解温度的升高，RSS 纳米片的比表面积和孔体积逐渐减小，孔径慢慢变大，当热解温度持续升高，变化呈相反趋势，其中以 700℃ 热解的 RSS 纳米片（RSS-700）性能最好。在 25mA/g 电流密度下的初始可逆容量为 237mA · h/g，100mA/g 下循环 200 次后的可逆容量仍然保持在 143mA · h/g，显示出良好的循环稳定性。优异的性能归因于 RSS-700 纳米片具有较大的层间距离（0.39nm）和含有大量孔隙的片状结构，可以促进 Na$^+$ 的嵌/脱和储存。Liu 等通过碳化玉米棒获得了硬碳负极材料（HCC）[190]。研究表明 HCC 的 Na$^+$ 储存性能良好，在 0.1C 倍率下的可逆容量为 298mA · h/g，1C 倍率下为 230mA · h/g，100 次循环后的容量保持率达到 97%，显示出较高的可逆容量、优异的倍率性能和良好的循环性能。通过采用 O3 型 $Na_{0.9}[Cu_{0.22}Fe_{0.30}Mn_{0.48}]O_2$ 作为阴极和 1300℃ 热解获得的 HCC 作为阳极构建全电池，能量密度高达 207W · h/kg，在

2C 倍率下可逆容量为 220mA·h/g。此外，自然界中还有许多生物质可以衍生制备碳基负极材料，如苹果[191]、树叶[192] 等。

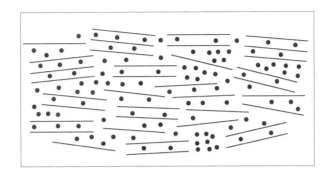

图 1.18 钠/锂填充硬碳的"空中楼阁"模型[187]

近年来，研究工作者发现硬碳材料的纳米化有利于提高其比表面积，增加与电解液的接触，为 Na+ 的储存提供更多的活性位点和缩短离子和电子的传输路径，特别是具有良好的结构稳定性和优越的导电性的碳纳米线、碳纳米管和碳纳米片，能有效改善电化学性能。Cao 等将中空聚苯胺纳米线前体在高温下碳化，制备出中空碳纳米线（HCNWs）[193]。作为钠离子电池的负极，在 1.2V 和 0.01V（vs. Na+/Na）电压下，恒定电流 50mA/g 时，HCNWs 负极材料的首次比容量为 251mA·h/g，400 次循环后的容量保持率达到 82.2%，即使在 500mA/g 电流密度下也可以获得 149mA·h/g 的可逆容量，表现出优异的电化学性能。良好的 Na+ 嵌/脱性质归因于 HCNWs 中较短的扩散路径和石墨结构较大的层间距。Li 等以天然棉为前体，合成硬碳微管负极材料（HCTs），研究了不同碳化温度对 HCTs 结构的影响，并深入探索了 Na+ 的储存机理[194]。实验结果表明，在 1300℃下碳化的 HCTs 呈独特的管状结构，在 0.1C 倍率下的可逆容量达到 315mA·h/g，初始库仑效率高达 83% 且循环性能良好。同时，通过采用 GITT、TEM、XPS 等测试技术的分析，他们发现不同微观结构的储钠机理与电化学性能的对应关系：无序片层结构对 Na+ 的吸附作用对应于充放电曲线 0.12V 以上的高电位斜坡区域，而 Na+ 对纳米孔的填充对应于充放电曲线上接近 0V 的低电位平台区。此外，HCTs 在以 O3 型 $Na_{0.9}[Cu_{0.22}Fe_{0.30}Mn_{0.48}]O_2$ 为正极的全电池中也表现出优异的电化学性能，能量密度高达 207W·h/kg，在 1C 倍率下的可逆容量为 220mA·h/g。LICHT 等[195] 采用太阳能热电化学技术合成 CO_2 衍生的碳纳米管材料（CNTs）。研究表明在 100mA/g 的电流密度下 CNTs 的可逆容量达到 130mA·h/g，600 次循环后的比容量几乎没有衰减，是钠离子电池高性能能量存储的理想负极材料之一。这项研究不仅简化了材料的合成过程，降低了生产成本，而且对 CO_2 的合理利用减少了温室效应的加剧，对工业应用具有重要意义。虽然纳米结构有助于 Na+ 的嵌/脱，但是其嵌/脱机理尚未有统一的认识，还需要进一步深入研究。

　　C　其他非石墨类材料

　　除了上述纯相软碳材料和硬碳材料，Li 等[196] 通过将软碳前体与硬碳前体复合处理，成功抑制了软碳前体在高温碳化过程中的石墨化，从而得到了一种非晶碳材料。实验结果表明，这种非晶碳材料的 Na^+ 储存性能优异，可逆容量为 222mA·h/g，且循环稳定性良好。与 O3 型 $Na_{0.9}[Cu_{0.22}Fe_{0.30}Mn_{0.48}]O_2$ 正极组装，全电池的实际能量密度达到 100W·h/kg。这项研究从抑制软碳石墨化的角度出发，为制备低成本钠离子电池负极材料提供了新的研究思路。Li 等[197]以蔗糖为原料制备软碳涂覆的单分散硬碳球（HCS），研究了碳化温度对 HCS 的微观结构和电化学性能的影响。实验结果表明，软碳涂层将 HCS 的初始库仑效率从 54% 提高到 83%。同时，低电位区的平台容量随着碳化温度的升高而增加，在 1600℃ 下碳化的 HCS 性能优异。在 0.1C 倍率下的可逆容量为 220mA·h/g，循环 100 次后的容量保持率达到 93%，显示出良好的循环性能。当电极以高倍率充电和低倍率放电时，可以实现 270mA·h/g 的可逆容量。此外，与 P2-$Na_{2/3}Ni_{1/3}Mn_2/3O_2$ 正电极结合时，全电池表现出高达 3.5V 的平均工作电压，300mA·h/g 的高可逆容量和 76% 的高初始库仑效率，理论能量密度约为 200Wh/kg，有希望作为实际应用进行推广。Yan 等[198]采用离子热处理技术制备夹层状分层多孔碳/石墨烯复合材料（G@HPC），解决了非石墨类碳基负极材料存在的一些问题。G@HPC 在高初始容量、循环稳定性能和高倍率性能等方面表现出优异的电化学性能。如图 1.19 所示，电流密度为 50mA/g 时的初始容量为 670mA·h/g，在 0.01~1.50V 的电压下仅具有倾斜区域，不同于具有两个区域（倾斜电压区域和接近 0V 的低电位平台）的硬碳负极材料的电压特性。由于 Na^+ 存储的低电势平台（接近 0V）会导致钠金属沉积在负极材料的表面上，从而引发安全问题，G@HPC 可以避免这种情况的发生。在 1A/g 下 1000 次循环的可逆容量达到 400mA·h/g，库仑效率接近 100%。优异的电化学性能归因于 G@HPC 的较大层间距（0.418nm）保证 Na^+ 的嵌/脱，分层多孔结构有利于 Na^+ 的储存，促进 Na^+ 的迁移；引入的石墨烯增加了具有较大比表面积的用于充放电转移反应的活性位点，夹层状结构有利于氧化还原反应的发生，提高负极材料的高倍率能力。Liu 等[199]首次通过电纺丝技术和热处理工艺将石墨烯嵌入多孔碳纳米纤维（G/C）。研究表明紧密黏附在铜箔上的 G/C 纤维膜显示出较大的柔性，并且可直接用作无黏合剂的钠离子电池负极。石墨烯层和多孔碳纳米纤维之间的协同效应可以提供大量 Na^+ 存储活性位点，确保足够的电解质渗透，提供开放的离子扩散通道和定向的电子传递通道，并防止石墨烯的聚集以及长时间循环导致碳纳米纤维的断裂。G/C 在 100mA/g 的电流密度下的可逆容量为 432.3mA·h/g，即使在 10000mA/g 也达到 261.1mA·h/g，1000 次循环后的容量保持率为 91%，表现出优异的可逆容量、倍率性能和循环稳定性。

表 1-2 是典型石墨类和非石墨类碳基负极材料的应用性能对比。可以发现，随着工艺技术的改进和优化，石墨类和非石墨类碳基负极材料的物化性能较天然石墨材料都得到了大幅度提升，与其他储钠负极材料体系并驾齐驱。石墨材料显示了类似于超级电容器的倾斜的充放电曲线，可能对应着 Na^+ 在石墨材料表面的吸附行为；石墨烯材料的充放电曲线表现为倾斜曲线，没有明显的电位平台，说明 Na^+ 在石墨烯材料上的存储也为类似表面的吸附行为；软碳材料的充放电曲线表现为电压斜坡，因而反应电位较高，且首圈不可逆容量较大；硬碳材料显示出不同于其他碳基负极材料的储钠特征的充放电曲线，其充放电曲线主要分为 0.01~0.1V 的低电位平台区和 0.1~1.2V 间的高电位斜坡区两部分。斜坡电位曲线和软碳材料的相类似，而低电位平台又与石墨嵌锂相近，表明硬碳材料的嵌钠过程具有多种反应机理，较其他碳基负极材料复杂。

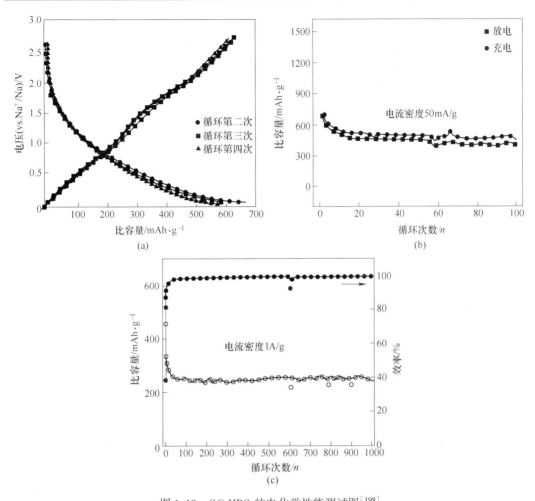

图 1.19　G@HPC 的电化学性能测试图[198]

（a）500mA/g 电流密度下的充/放电曲线；（b）50mA/g 电流密度下的循环性能；

（c）1mA/g 电流密度下的可逆容量

表 1-2　典型石墨类和非石墨类碳基负极材料的应用性能对比

负极材料	碳层间距 /nm	比表面积 /m² · g⁻¹	循环性能	倍率性能	参考 文献
石墨材料	0.43	30.22	100mA/g 下 2000 圈后保持率 73.92%	20mA/g，284mA · h/g	[179]
石墨烯材料	0.365~0.371	330.9	200mA/g 下 250 圈后保持 93.3mA · h/g	200mA/g，91mA · h/g；40mA/g，174.3mA · h/g；1000mA/g，95.6mA · h/g	[182]
软碳材料	0.356	20.2	20mA/g、200mA/g 和 1000mA/g 下分别循环 10 圈、50 圈和 240 圈后保持率都接近 100%	1000mA/g，114mA · h/g	[186]
硬碳材料	0.41	38	30mA/g 下 100 圈后保持 305mA · h/g	150mA/g，275mA · h/g；300mA/g，180mA · h/g	[200]

1.4.2.3　石墨类掺杂碳材料

元素掺杂（主要是 N 和 S）是一种有效提高碳基负极材料电化学性能的方法，研究表明元素的掺杂可以提高负极材料的电子传导率和表面亲水性，有利于电子的传输和界面反应的发生。N 掺杂的碳材料通常采用化学气相沉积、NH_3 中的热退火、N_2 等离子体处理或电弧放电法合成，涉及复杂的实验条件，例如有毒原料、特殊仪器和严格条件。与 N 相比，S 具有较大的尺寸和较小的电负性，掺杂 S 有利于进一步扩大负极材料的层间距离，产生活性位点，提高碳质材料的电化学性能。目前，关于 S 掺杂存在极大困难，高温下热解含 S 前体制备的负极材料，S 含量不高，仅增加钠离子的嵌/脱，不能提供更多额外的法拉第反应来改善钠离子的存储。此外，以含 S 原料制备的碳质材料不稳定，容易从碳基底破裂 S，导致电化学过程演变成类似于 Na-S 电池在循环期间的反应。

SHAO 等[201]采用等离子体处理技术制备出掺氮石墨烯负极材料，表现出比石墨烯更加优异的电化学性能，他们归因于负极材料表面的含 N 官能团。Wang 等[202]以氧化石墨烯和吡咯为原料，在过硫酸铵的催化下聚合得到含聚吡咯官能团的石墨烯片，并与活化剂 KOH 在 N_2 气氛下 800℃热处理 2h 获得了 2D 多孔氮掺杂碳材料（ANPGs），并对其形貌进行表征，如图 1.20 所示。得益于独特的多孔纳米结构和 N 原子掺杂，ANPGs 在 50mA/g 的电流密度下表现出 349.7mA·h/g 的较高可逆容量，260 个周期内的循环稳定性良好，即使在 20A/g 高电流密度下的可逆容量也能达到 50mA·h/g。直到现在，有关 S 掺杂的研究鲜有报道。Wang 等[203]以苯基二硫化物和氧化石墨烯为原料，通过高温热处理制备 S 掺杂的石墨烯片（SG）。研究表明，SG 与纯石墨烯的结构相似，呈起皱和折叠特征的二维片状。SG 负极材料的可逆容量较大，在 50mA/g 电流密度下为 291mA·h/g，而在 2.0mA/g 和 5.0mA/g 下分别达到 127mA·h/g 和 83mA·h/g 的可逆容量，倍率能力优异。结合密度泛函理论计算证明，优越的性能归因于 SG 独特的纳米孔结构。Bhosale 等[204]通过热解共轭多孔聚合物合成了包含 3 种杂原子（S、O 和 N）的碳基负极材料（C-NOS）。研究表明 S 和 N 有助于形成具有钠离子电池所需层间距的石墨烯，而碳化过程从共轭多孔聚合物除去 O 有助于钠离子的嵌/脱。800℃下碳化得到的 C-NOS（C-NOS@800）呈层状结构，层间距离达到 0.42nm，归因于杂原子的存在。但是，层间距随着碳化温度的升高而减小，C-NOS@1200 的层间距降低到 0.37nm，这种变化他们认为可能是由于杂原子的损失所导致。C-NOS@1000 表现出优异的性能，其层间间隔为 0.38nm，在 50mA/g 的电流密度下的可逆容量稳定在 250mA·h/g。

1.4.2.4　非石墨类掺杂碳材料

非石墨类碳基负极材料的元素掺杂改性也取得一系列进展。Ou 等[205]以低成本、无毒性的生物质牛角作为原料，与活化剂 KOH 在 Ar 气氛下 700℃热处理 1h，再以稀 HCl 去除杂质，洗涤真空干燥后得到了氮掺杂多孔碳材料（NDPC）。合成工艺操作简单，对设备要求不高，绿色又经济。图 1.21 所示为 NDPC 的电化学性能测试，NDPC 在 100mA/g 电流密度下的可逆容量为 419mA·h/g，300 次循环后保持在 255mA·h/g，即使在 5A/g 下也达到 117mA·h/g，表现出较大的可逆容量、优越的循环性能和良好的倍率性能。优

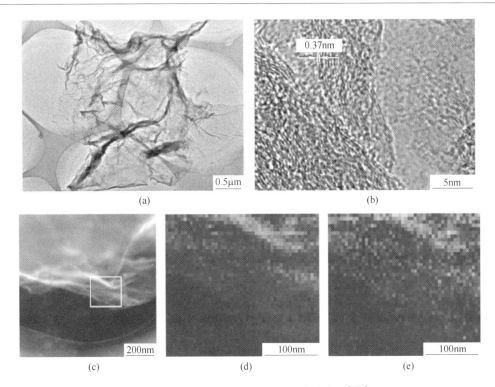

图 1.20 ANPGs 的形貌表征和元素分布图[202]

(a) TEM 图；(b) HRTEM 图；(c) TEM 暗场像；(d) 碳元素分布；(e) 氮元素分布

异的电化学性能归因于 NDPC 较大的比表面积、良好的孔隙率和适当的氮掺杂。Yang
等[206]采用二氧化硅和多巴胺作为模板和碳前体，通过模板辅助法合成了多孔掺氮中空碳
纳米球（N-HCS）。研究表明 N 掺杂可以形成无序的碳结构并在碳外壁上诱导产生大量的
拓扑缺陷，而 N-HCS 显示出优异的循环稳定性和倍率性能，在 0.05A/g 的放电倍率下，
600 次循环的容量保持在 306mA·h/g，即使在 3.0A/g 的高电流密度下也达到 188mA·h/g。
N-HCS 优异的电化学性能可归因于材料本身的多孔纳米结构，且高含量的吡啶和 N 掺杂
可以促进离子和电子的转移。Qie 等[207]以 N 掺杂碳负极材料（NC）为对比，研究了 S 掺
杂碳负极材料（SC）的钠离子存储性能。实验结果表明，SC 的层间距（约为 0.39nm）
大于具有纳米片结构的 NC（约 0.36nm），且比表面积（39.8m²/g）远远小于 NC
（139.7m²/g）。得益于较大的层间距和较小的比表面积，SC 在 0.1A/g 的电流密度下的可
逆容量达到 482.1mA·hg，初始库仑效率为 73.6%，即使在 0.5A/g 下循环 700 次后的容
量保持在 303.2mA·h/g，远高于 NC。考虑到 N 和 S 的二元掺杂的协同效应，Yang 等[208]
将富 N 的碳纳米片（N/C）在 H_2S/Ar 混合气氛下高温热处理，以 S 替代部分 N，制备出
N/S 二元共掺杂多孔碳纳米片（S-N/C）。研究表明，S 的掺杂扩大了负极材料的层间距
离和比表面积，促进钠离子的脱/嵌，呈拱形瓦状结构的 S-N/C 也有利于钠离子的存储。
S-N/C 负极材料在 50mA/g、500mA/g 和 1000mA/g 电流密度下的可逆容量分别为
350mA·h/g、250mA·h/g 和 220mA·h/g，在 10A/g 的高电流密度下仍然可以获得
110mA·h/g的高容量，1 A/g 下 1000 次循环后的容量保持为 211mA·h·/g，均优于 N/C
负极材料。

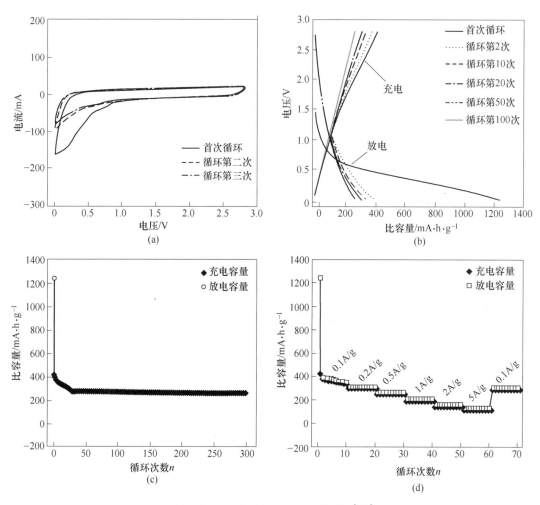

图 1.21　NDPC 的电化学性能测试图[205]

（a）CV 曲线；（b）100mA/g 电流密度下的充/放电曲线；（c）100mA/g 电流密度下的循环性能；（d）倍率性能

1.4.3　钠离子电池中碳基负极材料存在的问题和挑战

虽然锂离子电池技术的成功经验加速了钠离子电池的发展进程，但钠离子电池的研究进展仍然相对缓慢，这是由于 Na+ 相对于 Li+ 较重且半径大 55%，大多数电极材料晶体结构内部不具有足够大的间隙空间以驻留 Na+，使得可逆嵌/脱过程受限，从而影响钠离子电池的电化学性能，导致其能量密度低于相应的锂离子电池。因此，研究开发高性能的正负极材料成为钠离子电池产业化发展的关键。

碳基负极材料作为研究最早的钠离子电池负极材料体系之一，可分为石墨碳和非石墨碳两大类。近年来，研究工作者通过改进工艺技术，获得的负极材料既保留了石墨长程有序的层状结构，又增大了石墨的层间距，使得 Na+ 能够在石墨层间可逆嵌/脱。此外，通过选取合适的电解质体系，在 Na+ 和石墨之间起到连接作用，也可以实现石墨对 Na+ 的储存。具有良好的导电性和优异的柔韧性的石墨烯也逐渐被开发用做钠离子电池碳基负极材料。但是，改性后的石墨比表面积大，造成首次可逆容量较小，这是石墨类负极材料目前需要解决的关键问题之一。非石墨类碳基负极材料的石墨化程度较低，且具有较大的层间距和无序度，是目前研究最多的一类材料，但存在循环稳定性能不佳的问题。此外，尽管研究工作者已经提出了许多软碳材料和硬碳材料的结构模型，但其详细结构仍然存在争议，尤其是硬碳材料的结构模型会随合成条件（如碳源和碳化温度）的变化而改变。此外，元素掺杂也是一种改善碳基负极材料的嵌钠容量、表面润湿性和电子传导性的有效方法，可是仍然存在初始库仑效率较低和工艺条件复杂等问题。

总的来说，钠离子电池碳基负极材料具有价格低廉、可持续以及合成简单等优点，必将成为电极负极材料商业化的研究重点之一。目前，碳基负极材料的研究仍处于起步阶段，未来的研究方向将着重于设计优异的材料结构、增大材料的碳层间距以及避免循环过程中体积变化较大等方面，以解决其在能量密度、循环性能以及库仑效率等方面存在的问题。随着国内外专家、学者对钠离子电池碳基负极材料的研究不断深入，相信上述问题将逐渐得以解决。

1.5 燃料电池氧还原催化剂的研究进展

1.5.1 燃料电池的分类和工作原理

燃料电池是一种不经过燃烧，在恒定的工作温度下，将燃料与氧化剂分别在阳极、阴极通过电催化反应进行氧化与还原，并将化学能直接转化为电能的发电装置。燃料电池能量转化效率高，效率可高达 $50\% \sim 70\%$，为内燃机的 $1.5 \sim 2$ 倍；环境友好无污染（排出物为 CO_2 或水），无噪音，重量轻，是继火电、水电、核电之后的第四代新能源发电技术，极具发展潜力和应用前景，因此被称为是 21 世纪的绿色环保能源转换技术。

燃料电池有不同的分类方法：按工作温度不同，燃料电池可分为高温燃料电池（ $600 \sim 1000℃$ ）、中温燃料电池（ $160 \sim 220℃$ ）及低温燃料电池（ $60 \sim 100℃$ ）。按照电解质的不同，燃料电池又可以分为五大类型，分别为磷酸盐燃料电池（PAFC）、聚合物电解质膜燃料电池（PEMFC）、碱性燃料电池（AFC）、熔融碳酸盐燃料电池（MCFC）和固体氧化物燃料电池（SOFC）。其中碱性燃料电池和聚合物电解质燃料电池因其工作温度低，属于低温燃料电池。而聚合物电解质燃料电池因电池工作条件温和、电池起动快而成为车用动力燃料电池的首要选择，进而成为燃料电池研究的热点。

低温燃料电池包括 AFC 和 PEMFC 等，而 PEMFC 按燃料的不同，又可分为 H_2/O_2 燃料电池、直接甲酸燃料电池（direct formic acid fuel cell，DFAFC）、直接甲醇燃料电池（direct methanol fuel cell，DMFC）、直接乙醇燃料电池（direct ethanol fuel cell，DEFC）、直接二甲醚燃料电池（direct dimethyl ether fuel cell，DDFC）等。

PEMFC 被称为是第四代燃料电池，是一类以固体质子交换膜为电解质的低温燃料电池。阳极催化氧化产生的 H^+ 通过质子交换膜传递到阴极，与从外电路传来的电子一同参与阴极催化 ORR，将化学能转化成电能。PEMFC 首选燃料是纯 H_2，其唯一产物是无污染的水；甲醇也可以直接用作燃料，或者通过外部催化重整生成氢气；乙醇或碳氢化合物也可以用作燃料，但是其产物中会生成具有温室效应的二氧化碳。

通常所说的 PEMFC 一般指的就是 H_2/O_2 质子交换膜燃料电池，它是以氢气或净化重整气为燃料气体，空气或纯氧为氧化剂，质子交换膜（通常是一种氟化磺酸基聚合物）为固体电解质的一种低温燃料电池。其电极反应如下：

阳极氢气的氧化反应：　　　　　　　$H_2 \longrightarrow 2H^+ + 2e^-$　　　　　　　　　　（1.30）

标准电极电势：0V。

阴极氧气的还原反应：

"二电子"机理：

$$O_2 + 4H^+ + 2e^- \longrightarrow H_2O_2$$

$$H_2O_{2+} + 2H^+ + 2e^- \longrightarrow 2H_2O$$

"直接四电子"机理：

$$O_2 + 4H^+ + 4e^- \longrightarrow 2H_2O \qquad (1.31)$$

标准电极电势：1.229V。

总反应为：　　　　　　　　　　$1/2O_2 + H_2 \longrightarrow H_2O$　　　　　　　　　（1.32）

电池理论标准电动势：　　$V_0 = 1.229 - 0 = 1.229V$

PEMFC 中的膜起到三种作用，一是将质子从阳极输送至阴极，并且尽可能的降低电压降；二是作为分离膜，有效的将氢气和氧气隔开，防止混合带来的反应甚至爆炸；三是充当催化剂的支撑骨架，并形成有效的三相反应界面。

这就要求我们所选用的质子交换膜必须具有高质子电导率，并在 PEMFC 运行的环境下具有优良的机械和物理性质。

PEMFC 的优点有：

（1）工作环境低温，适合便携使用；

（2）有快速启动和良好的开关功能；

（3）能量转化率高，功率密度高；

（4）水易排出；

（5）电池寿命较长，目前可达到上万小时。

但同时 PEMFC 还存在着一些缺点，正是这些缺点阻碍着 PEMFC 的大规模商业化应用。

（1）使用的铂基催化剂价格昂贵，资源稀少；

（2）使用的聚合物膜和其他附件价格高，供应商少；

（3）膜的水管理难度大，需要良好的动态水管理；

（4）对 CO 和 S 等容易中毒。

1.5.2　燃料电池非铂阴极催化剂的研究进展

经过数十年的研究，人们在碳基非贵金属 ORR/OER 电催化剂的材料制备、性能改进和机理认识上不断取得重大突破[209~214]。目前，碳基非贵金属氧还原催化剂主要包括：过渡金属大环类配合物[215]、过渡金属氮掺杂碳催化剂（M-N-C）[216]和非金属杂原子掺杂碳催化剂三种[217]。碳基非贵金属氧析出催化剂主要集中在非金属和过渡金属掺杂碳、石墨层封装的金属及化合物颗粒[218~223]。这些非贵金属电催化剂中显示出优异的 ORR 和/或 OER 活性及稳定性，且价格低廉，制备简单，是最有希望替代贵金属催化剂的候选者，接下来就分别对不同类型的碳基非贵金属电催化剂的研究现状做一概述。

1.5.2.1 过渡金属大环类配合物

过渡金属大环类配合物已被用于诸多应用中，尤其是作为各种不同反应的催化剂。过渡金属大环类配合物主要是由含氮有机大环配体与中心过渡金属（M）配位形成 M-N$_4$ 大环结构。目前，过渡金属大环类配合物的研究主要集中在 Fe、Co、Cu 等的酞菁类和卟啉类化合物[224~226]，如酞菁钴、四苯基卟啉钴、钴二苯并四氮杂[14]轮烯配合物、卟啉钴（见图 1.22）[227~229]。由共轭苯环相连的大环配体，进一步增加中心配位原子的电子密度，同时提高了电子传导性，故而过渡金属大环类配合物一般具有半导体性质。

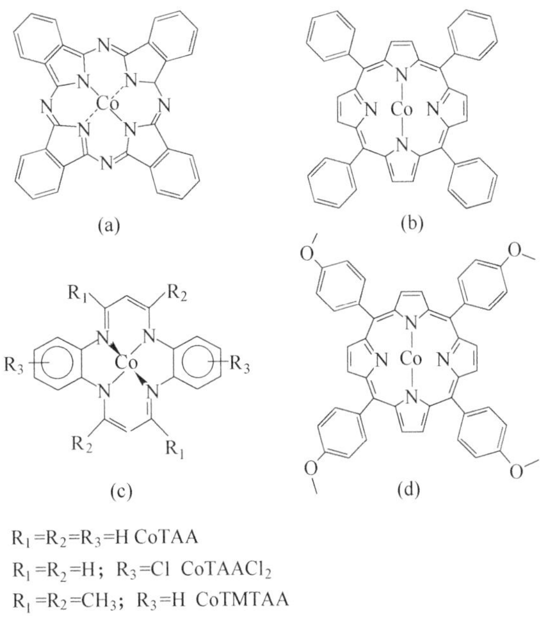

$R_1=R_2=R_3=H$ CoTAA
$R_1=R_2=H$；$R_3=Cl$ CoTAACl$_2$
$R_1=R_2=CH_3$；$R_3=H$ CoTMTAA

图 1.22 酞菁钴（a）；四苯基卟啉钴（b）；钴二苯并四氮杂[14]轮烯配合物（c）；
卟啉钴的结构式（d）[227~229]

1964 年，酞菁钴（CoPc）首次被证明在碱性条件下具有 ORR 活性，这为燃料电池阴极催化领域的研究开辟了新的方向，掀起了使用过渡金属大环类配合物作为 ORR 电催化材料的研究热潮[215]。通常这类催化剂负载在高表面积的碳载体上，以产生足够大的反应表面积。在过渡金属大环类配合物中，中心金属离子与 4 个 N 原子配位形成的 M—N$_4$ 被认为是催化活性中心与 O$_2$ 分子相互作用。M—N$_4$—大环配合物中的金属离子的这种功能可以用分子轨道理论进行解释。在实验中，只有当电极电位接近中心离子的氧化还原电位时，才发生 O$_2$ 的电催化还原。因此，人们一致认为过渡金属大环类配合物的实际催化活性受到大环分子结构，电化学测试条件（pH 值）以及载体材料种类的高度影响。前两个因素将直接影响金属离子的氧化还原电位，而后者是通过提供轴向第五配体位置进而配位和激活 M—N$_4$—大环结构的关键。

简单 Co 基大环配合物（如酞菁钴或卟啉钴）的催化活性较低，通过 2 电子过程还原氧，产生 H_2O_2，而 4 电子还原氧形成 H_2O 的过程通常能够在发生在 Fe 基大环配合物上。然而，这些过渡金属大环配合物的活性和稳定性太低，而不能作为燃料电池中的 ORR 催化剂材料。通过修饰 M—N_4—大环的结构能够实现过渡金属大环配合物 ORR 性能的增强。例如，4 电子 ORR 过程可以发生在缺电子的卟啉钴平台上，因其具有能够质子转移的远端基团（如图 1.23（a）所示）[230]。这种简化的分子体系对于理解 M-N-C 催化剂中催化活性位点的结构具有重要意义。在大环配合物的例子中，在合成过程中保留了明确的结构。这允许催化剂结构与所得到的 ORR 活性和稳定性之间直接相关联。因此，为了提供 M-N-C 催化剂结构与观察到的电催化性能之间的关系，人们有针对性地开展了大量的研究工作。这些研究试图阐明精确结构对 ORR 活性和反应机理的关联性。这将为合理设计和制备高性能的非贵金属电催化剂提供指导。虽然过渡金属大环类配合物 ORR 催化剂取得了很大的进展，但此类催化剂仍存在一些显著问题，如过电位大，实际 PEMFCs 条件下稳定性差，缺少除边缘石墨之外的有效载体。人们试图通过合成 M—N_4—大环聚合物来克服前两个瓶颈，例如 CNT 模板合成共价卟啉网络（如图 1.23（b）所示），而后者已通过 M—N_4—大环配合物与精心设计的纳米碳配位偶联来解决[231]。

此外，研究发现金属离子中心对这些配合物的氧化还原性能和电子性质具有重要影响。研究发现 Fe 和 Co 金属离子中心显示出最佳的电催化活性，这归因于其独特的氧化还原性质并且已被认为是 ORR 的活性位点。这两种特殊的过渡金属大环配合物因此成为研究的焦点。另一方面，配体-金属之间相互作用的本质对这类化合物的 ORR 活性也起着重要影响。各种不同的大环结构（如酞菁或卟啉），具有显著不同的化学和电子特性。特别是金属离子中心的高电离电势被认为是影响 ORR 活性的重要因素。在一项基于密度泛函理论计算的研究中，发现卟啉钴与卟啉铁相比具有更高程度的电离能。然而，酞菁铁比酞菁钴具有更高的电离电势，这也表明配体对这些材料的性质和 ORR 活性的影响。一般而言，对于所有研究的金属离子中心，较高的 ORR 活性可归功于增加的氧结合能力和较高的电离电势。

总之，尽管过渡金属大环类配合物具有一定的 ORR 活性和稳定性，但是仍远远不能满足在 PEMFCs 中应用的要求，因此它们为研究 ORR 活性位点的本质和碳基非贵金属催化剂的 ORR 反应机理提供了基础的模型。对这些因素的基本了解可以为今后研究合成其他类型的非贵金属 ORR 电催化剂提供参考。

1.5.2.2　过渡金属氮掺杂碳催化剂

在各种非贵金属 ORR 催化剂中，过渡金属氮掺杂碳（M-N-C）配合物或复合材料由于其价格低、活性高、良好的稳定性和甲醇耐受性被认为是最有希望替代贵金属催化剂的候选者。最初的 M-N-C 催化剂由惰性气氛下热处理（500~800℃）M—N_4—大环配合物获得。直到 1989 年，Yeager 及其合作者通过直接在 800℃ 热处理单个氮源（聚丙烯腈）和金属前驱体（Co^{2+} 和 Fe^{2+} 盐）的混合物，获得了具有 ORR 活性的 M-N-C 催化剂[232]，为 M-N-C 催化剂提供了一条更灵活的合成路线。从此，几乎任何包含氮源、碳源和金属前驱体的混合物经热处理后会生成具有 ORR 活性的材料。然而，M-N-C 催化剂的活性和耐久性很大程度上取决于前驱体的选择和制备方法。不久之后，Dodelet 和 Zelenay 等人先后在 M-N-C 催化剂的活性和稳定性上取得了重大突破[233,234]，使之有希望成为取代 PEM-

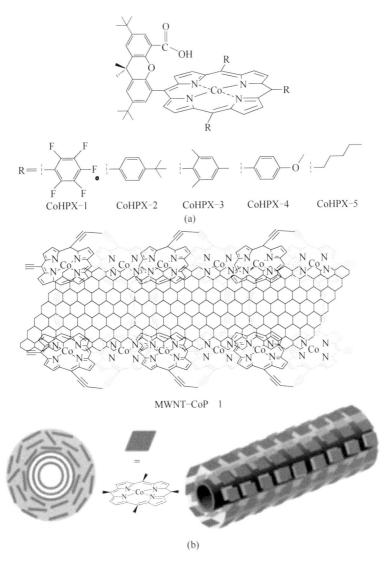

图 1.23 CoHPX 系列的分子结构式[230] (a); 纳米管覆盖卟啉聚合物的结构原理图[231] (b)

FCs 阴极商业 Pt/C 催化剂。基于前驱体的本质特征, M-N-C 催化剂的合成策略主要分为以下三种[235]: (1) 直接热解 M—N_4—大环配合物或它们的聚合物, 命名为 M-N-C-1 催化剂; (2) 使用 NH_3 气作为主要的或辅助的 N 前驱体创造催化活性位, 命名为 M-N-C-2 催化剂; (3) 使用能与含 N 基团分子或聚合物强烈配位的金属离子作为单独的金属和 N 前驱体, 如典型的 Fe-PANI-C 体系, 命名为 M-N-C-3 催化剂。

A M-N-C-1 催化剂

过渡金属大环类配合物通过热处理能够显著提高 ORR 催化活性和稳定性。热处理工艺对 M-N-C-1 催化剂的 ORR 活性和稳定性有显著的影响。Jahnke 等人发现经过热处理的 CoTAA (二氢二苯并四氮杂环戊烯) 样品显示出比未热处理的样品更好的 ORR 性能[236]。在 600℃ 热处理时, CoTAA 样品显示出最佳的 ORR 活性, 在 800 ~ 900℃ 热处理时, CoTAA 样品显示出最好的稳定性。当热处理温度超过 1000℃ 时, 稳定性和活性都会急剧下降。Weng 等人使用 ToF-SIMS 结合 XPS 和 TEM 研究了不同温度下热处理碳负载 CoPc 的 ORR 性能[237]。发现 ORR 活性最好的 CoPc/C 催化剂，是在惰性气氛中在 600℃ 下热处理 2h。进一步的研究表明，Co^+ 和所有其他含 Co 有机碎片的 SIMS 强度随热处理温度的升高而降低。作者认为金属 Co 和/或含 Co 的片段在 600~700℃ 的温度范围内能够提高催化活性。由于这些 M-N_4 螯合物的结构可能在热解过程中在不同的热处理温度下被部分或完全破坏，所以可以预测这种类型的电催化剂可以用普通和廉价的起始材料来制备。

　　除常规的热处理方式外，人们还开发出一些新的热处理技术通过创造合适的形貌和提高比表面积，来合成高活性 M-N-C-1 催化剂。Liu 等人开发了一种超声喷雾热解（USP）技术来合成 CoTMPP/C 催化剂[238]。这种热处理方法会产生比表面积高达 $834m^2/g$，均匀的球形多孔 CoTMPP/C 颗粒。旋转环盘电极（RRDE）测试结果表明，所制备的催化剂的 ORR 活性是常规热处理催化剂的两倍。H_2-空气单电池测试结果显示，USP 衍生的 CoTMPP/C 催化剂的电池性能比常规热处理的催化剂的电池性能高得多。

　　虽然对 M-N_4-大环配合物经热处理能够显著增强其 ORR 活性已被大量研究结果所证实。然而，由于热解产物 M-N-C-1 中 M—N_4 中心的浓度降低，所以 M—N_4 中心是否参与 ORR 过程一直是一个有争论的话题。一方面，不含金属氮杂原子被认为是催化活性位点，另一方面，更有效的 M—N_4 中心中的金属离子被推测为提高的 ORR 活性的主要原因。随后，似乎越来越多的人认为，在最佳热处理温度（通常为 700℃）下，M—N_4 大环确实失去了它们的芳环结构，但保留了其作为主要活性位的，M—N_4 核心[239]，见图 1.24。在 Fe^{3+} 五配位铁卟啉的例子中，人们发现第一步分解发生在 350~400℃，同时伴随取代基和轴向配体的损失，第二步分解发生在 700~800℃，与内部四吡咯核心的部分破坏有关[239]。使用 ^{57}Fe 穆斯堡尔谱图，首次将一个特定的 FeN_4 中心与 ORR 的动力学电流密度直接关联起来，识别 M-N-C-1 催化剂的活性位[240]。类似于 M—N_4—大环，M-N-C-1 催化剂中的 M—N_4 部分被假设为按照众所周知的氧化还原机理运行。M-N-C-1 催化剂活性提升可归因于以下两个方面：（1）热处理使中心金属离子的氧化还原电势向正极偏移，因而提供更多数量的活性金属（2+）位点；（2）高温热解增加 M—N_4 中心的电子密度，导致 ORR 催化位点的 TOF 改善。显然，与非热解 M—N_4—大环配合物相比，上述两方面的原因将有助于补偿 M-N-C-1 催化剂中低浓度的 M—N_4 活性位点。

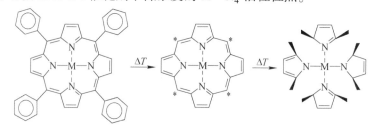

▅▅▶ = 连接碳表面

图 1.24　热处理过程中卟啉结构的演变[239]

B　M-N-C-2 催化剂

值得一提的是，使用 NH_3 作为 N 源的气态前驱体，为热解制备用于 ORR 的 M-N-C 催化剂领域开辟了一个有趣的方向。通常这类催化剂首先使用含过渡金属的溶液浸渍碳载体，随后在 NH_3 中进行高温热解处理来制备[235]。热解过程中使用 NH_3 不仅会导致碳载体上形成氮官能团，而且会导致热处理过程中载体部分气化分解。这种载体气化源于无序碳相，并且被证明是提升 NH_3 衍生的 M-N-C-2 催化剂 ORR 活性的重要因素。在 NH_3 存在的情况下，无序碳相的气化速率可以比石墨化碳快 10 倍。此外，实验观察到碳载体无序相的气化可导致微孔的形成。只要存在足够多的氮，碳载体中存在的这些微孔被认为是开发更高活性的 NH_3 衍生 M-N-C-2 催化剂的关键因素。研究表明，碳材料在 NH_3 蚀刻过程中的质量损失取决于热处理时间。大量的实验结果表明，达到最大 ORR 活性时，通常的质量损失为 30%~50% 的。计算的重量损失是由于 NH_3 蚀刻碳载体并形成孔，因此观察到的 ORR 活性依赖这类 NH_3 衍生的催化剂是特殊情况。研究证实，在存在过渡金属的情况下，在 NH_3 蚀刻过程中在这些微孔的壁上，形成的氮官能团可桥接金属离子以产生催化活性位点。

基于长期深入研究和积累，2009 年 Dodelet 课题组实现了 M-N-C-2 催化剂的第一个突破[233]。他们使用乙酸铁浸渍的特定无孔炭黑，随后在 NH_3 中热处理，制备出当时 ORR 活性最好的非贵金属催化剂。在 M-N-C-2 热解过程中，用 NH_3 蚀刻使人们观察到有希望的结果，使得作者研究各种方式以优化微孔形成并增加活性位密度。由于无序碳优先气化，高度无序碳的重要性已被证明。基于 15 种不同性质的炭黑载体材料的一项特定研究表明，增加无序相碳的量和/或优化碳载体中石墨颗粒的尺寸，将导致 NH_3 蚀刻后催化剂的 ORR 活性明显提高。为了进一步改善 M-N-C-2 材料的催化活性，人们还研究了石墨基碳载体的球磨诱导较高程度的无序相对 M-N-C-2 催化剂 ORR 性能的影响。尽管 CO_2 可以有效地诱导蚀刻碳载体并提高 ORR 活性，但与能够同时掺入氮基团并促进活性位点形成的 NH_3 蚀刻相比，对 M-N-C-2 材料 ORR 活性的增强效果是较差的。综上所述，热处理过程中的 NH_3 腐蚀可以通过无序碳的优先气化有效地增加碳载体的微孔体积，导致更高的氮含量和 ORR 活性位的形成。

M-N-C-2 催化剂合成策略的独特之处在于 NH_3 的多重作用，包括：（1）通过与碳反应形成微孔；（2）通过与铁反应形成微孔中的活性位点；（3）将 N 原子掺入碳以产生碱基氮官能团；（4）优先生产氮化铁而不是碳包覆的金属铁或碳化铁。实际上，通过酸洗容易去除非活性的氮化铁，这也为确定 M-N-C-2 催化剂中真实活性位点的结构提供了关键平台。基于 ^{57}Fe 穆斯堡尔谱图和 X 射线吸收光谱研究，Kramm 等人推测存在三种类型的 FeN_4 型 ORR 活性位点[241]，它们是 FeN_4/C、FeN_{2+2}/C 和 $N—FeN_{2+2}/C$，其中的亚铁离子分别处于低、中和高自旋态。$Fe—N_4/C$ 位嵌入或置于单个石墨烯片上，其具有类似于卟啉中心部分的结构，而 $Fe—N_{2+2}$ 位在由两个相邻石墨烯片限定的微孔中。其中，只有 FeN_4/C 位点及 $N—FeN_{2+2}/C$ 位点对 ORR 具有催化活性。FeN_{2+2}/C 位点因其 $3d_z^2$ 轨道完全被占据而不能结合氧，因此 FeN_{2+2}/C 位点被认为是不具有活性的。此外，$N—FeN_{2+2}/C$ 位点在酸性介质中表现出最高活性，特别是当附近存在碱性质子化氮基团时（$N—FeN_{2+2}{\rightarrow}N_{prot}/C$）。需要指出的是，在 M-N-C-1 催化剂中可以找到 FeN_4/C 位点和 FeN_{2+2}/C 位点，而 $N—FeN_{2+2}/C$ 位点似乎是专门用于 M-N-C-2 催化剂。然而，上述假设位点的光谱指纹尚未计算，也未与不含 Fe 晶体结构的 M-N-C-2 催化剂的光谱响应进行比较。最近，Jaouen 等人首次提出了两种不同的卟啉状 FeN_4C_{12} 基团，其计算数据与不含金属颗粒的 M-N-C-2 催化剂的实验 XAS 光谱良好匹配[213]。这种卟啉状 FeN_4C_{12} 基团被假定为位于强烈无序的石墨烯片中或位于"之"字形石墨烯边缘之间的微孔。

虽然 M-N-C-2 催化剂表现出优异的 ORR 活性,但通过 NH_3 热解制备的这类催化剂存在稳定性有限的问题[242]。例如,一项研究表明,与在纯 Ar 气氛中热解相比,在热解过程中即使用很少量的 NH_3(在 NH_3/Ar 混合物中只有 1.3% 的 NH_3),炭黑负载的 ClFeTMPP 催化剂稳定性显著下降[243]。然而,与之前的研究结果一致,发现其 ORR 活性显著提升。这表明与 Ar 气氛相比,在 NH_3 中热解碳负载的铁邻二氮杂菲配合物的活化超电位下降同时动力学电流密度增大。显然,在热解过程中使用 NH_3 制备 M-N-C-2 催化剂,其 ORR 活性与稳定性之间存在着一种平衡关系。在 Ar 气中热解催化剂的石墨化程度越高其稳定性越好,这是以前认为影响催化剂稳定性的重要因素。

C　M-N-C-3 催化剂

与其他氮源相比,含氮聚合物比含氮小分子前驱体更有序,因此在热处理过程中可能因模板作用形成更加有序且因此更稳定的碳基活性层。人们最初使用了聚吡咯作为氮源,但很快发现聚苯胺衍生的催化剂表现出更加优异的 ORR 活性和耐久性。Zelenay 课题组使用聚苯胺(PANI)作为模板掺入铁和钴来制备 M-N-C-3 催化剂[234]。他们发现 PANI-Fe-C 催化剂比 PANI-Co-C 催化剂具有更高的 ORR 活性。此外,他们发现混合过渡金属催化剂 PANI-FeCo-C 是燃料电池测试中性能最好的催化剂,是高 ORR 活性和长期耐久性的完美组合。与最先进的碳载铂催化剂相比,半波电位的差距 60mV 电势范围内。PANI-FeCo-C 在电池电压为 0.4V 时,长时间运行 700h,并且过氧化氢产率仅为 1.0%,表现出优良的 4 电子选择性,成为当时最好的兼具高活性与良好稳定性的非贵金属 ORR 催化剂。

Zelenay 组内的 Wu 长期致力于 PANI 衍生 M-N-C-3 催化剂的研究。他们详细研究了合成步骤、热处理温度、金属负载量和金属类型的变化对催化剂的活性、物种形态和形貌的影响[244]。他们发现活性位点在热处理步骤形成,因此 M-N-C-3 催化剂的活性很大程度上取决于催化剂制备中选定的热处理温度。一般说来,900℃ 是最合适的热处理温度,因为在这个温度下可以实现显著的石墨化,同时又不会在较高的温度下发生过量的比表面积损失和活性位点分解。另外,他们发现 M-N-C-3 催化剂的 ORR 活性和氮含量之间不存在简单的相关性。M-N-C-3 催化剂的形貌是对其 ORR 性能有重要影响的另一个因素。具有不同碳结构的催化剂的活性明显存在较大的差异,但是并未发现 M-N-C-3 催化剂的活性对所选择载体具有很强的依赖性,也未发现实现 M-N-C-3 催化剂的高活性所需的相对高的金属载量。这些发现都表明金属在将聚合物催化转化为碳材料用于高性能 ORR 催化剂中扮演了重要的角色。未来的工作应着重于对热分解过程中的金属/聚合物相互作用进行更精确的控制。例如,在合成时控制聚合物的形貌或控制热处理过程中形成的金属颗粒避免形成非活性的金属物相。

在 PANI 衍生的催化剂系列中,在合成过程中使用钴往往导致比使用铁低得多的活性。热处理过程中,聚合物主要转化为石墨化结构;未来的研究应该尝试建立观测碳结构与性能之间的关系[244]。根据 EXAFS 的检测结果,Co-(O/N)$_x$ 结构显然不是 PANI-Co-C 中钴的主要形式。虽然这些物种的含量足够高,但是它们仍然作为活性位候选者。另一方面,Fe-(O/N)$_x$ 配位环境主导着 PANI-Fe-C 样品,表明类似于传统的过渡金属大环 ORR

催化剂的 Fe-N$_x$ 结构可能存在于 PANI-Fe-C 中。

除了 PANI 等含 N 聚合物作为前驱体制备 M-N-C-3 催化剂外，近年来，凭借不同结构及可调控的特性，金属有机骨架（MOFs）广泛应用于气体捕获、能量储存和催化。同时，MOFs 及其派生的 M-N-C 纳米材料因其具有大的表面积、可控的组成和孔结构，故而成为制备 M-N-C 催化剂的良好前驱体[245]。2012 年 Loh 课题组成功合成了杂化石墨烯—Fe—MOFs，并在碱性介质中将其用作 ORR 电催化剂[246]，随后大量 MOFs 衍生的 M-N-C-3 催化剂被相继报道。与传统方法制备的 M-N-C-3 催化剂相比，MOFs 是最佳的前驱体，因为 MOFs 同时包含碳和金属前驱体并一起构成一个框架。这些具有各种组成的 M-N-C-3 催化剂可以通过取代金属或有机配体而简单地获得。此外，MOFs 的表面积和孔结构可以通过可控的热解和后处理以不同程度保留到 M-N-C-3 催化剂，从而提供定制的表面性质和微结构。采用不同方法设计和合成不同的 MOFs 前驱体[247]，从而制备出的 M-N-C-3 催化剂具有不同的组成和形貌，并直接影响其 ORR 催化性能。

与单金属 MOFs 相比，引入第二金属可调控双金属 MOFs 的形貌和结构，根据最终产品的组成，双金属 MOFs 前驱体可以分为两种，即 Zn 基和无 Zn 的 MOFs。Zn 基 MOFs 因其以下独特优点而被广泛用作产生 M-N-C-3 催化剂的前驱体。（1）丰富且有序的含 N 有机配体经热解后，能够将 N 原子均匀的掺入所得碳骨架中（例如 ZIF-8 和 IRMOF-3）。（2）在高温碳化过程中易于去除 Zn，产生多孔纳米结构，有利于 ORR 催化。（3）制备过程程序简单且成本低廉。然而，缺点是 Zn 基 MOFs 衍生的 M-N-C-3 催化剂不能提供足够多的活性位点[248]，例如 M—N—C 结构。为了解决这个问题，人们通过引入 Fe、Co、Ni 等过渡金属合成双金属 MOFs。Sun 和其合作者提出了 Zn/Co 自组装合成双金属有机骨架，随后热解获得无支撑多孔 Co-N-C 纳米催化剂[249]，如图 1.25 所示。值得注意的是，所得催化剂的组成和形态可以通过改变其前驱体中的 Zn/Co 比率来调整。他们发现，高含量的 Zn 物种可以有效地抑制 Co 在高温分解过程中的烧结，这是由于 Zn 物种能够对 Co 进行空间隔离。另外，随着 Zn 前驱体的增加，Co-N-C 催化剂的比表面积明显增加，表明 Zn 含量可以有效地调节最终产物的比表面积而无需任何后处理。最佳的 Co-N-C 纳米催化剂具有大比例吡啶 N（47%）和吡咯 N（43%），有利于减少 O$_2$ 吸附的能垒，加速 ORR 限速的第一电子转移步骤。由于上述这些优点，Co-N-C 纳米催化剂具有显著的 ORR 活性，其半波电位为 0.871V（vs. RHE），在碱性介质中比商业 Pt/C 高 30mV。与 Zn 基 MOFs 中的 Zn 蒸发相比，在无 Zn 的 MOFs 衍生的 M-N-C-3 催化剂中维持了双金属（例如，Fe-Co、Ni-Co、Co-In、Cu-Co），已被证明具有优异的 ORR 的催化性能。例如，Lu 等人报道了一种基于 ZIF-67 的 MOF，通过简单的热解程序制备双金属（Co/M，M＝Ni、Fe、Zn、Cu）和 N 掺杂的碳催化剂[250]。首先制备 ZIF-67 并与 MCl$_2$ 溶液混合以产生 M/Co-MOF 前驱体。最终产品通过进一步碳化 M/Co-MOF 获得。在所有 M/CoNC 催化剂中，Ni/CoNC 在碱性和中性介质中显示出对 ORR 最佳的催化活性，甚至优于商业 Pt/C 催化剂。提高的催化活性可能与其大表面积、丰富的活性位点以及可控的电子和 O$_2$ 物种的路径有关。值得注意的是，Ni/CoNC 由于石墨化程度高以及被石墨碳紧密包裹的金属物种的独特微结构，而表现出优异的长期稳定性，可有效抑制碳腐蚀和金属纳米粒子的溶解/聚集。

基于这些先前的研究，MOFs 衍生的 M-N-C-3 催化剂的组成和结构可以以各种方式定制，这极大地影响最终产物的 ORR 催化性能。因此，精确控制 MOFs 前驱体的组成和结

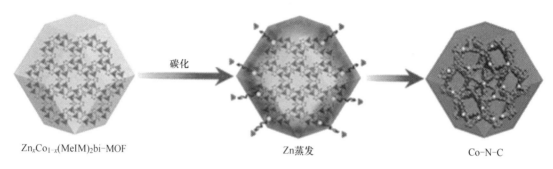

Zn$_x$Co$_{1-x}$(MeIM)$_2$bi-MOF　　　　碳化　　　　Zn蒸发　　　　Co-N-C

图 1.25　碳化 Zn/Co 双金属 MOFs 制备 Co-N-C 催化剂[249]

构，是获得具有高 ORR 活性和稳定性的 M-N-C-3 催化剂的有效方式。尽管 MOFs 衍生的 M-N-C-3 催化剂取得了很大进展，但是这类催化剂也存在以下问题：（1）在 MOFs 衍生的 M-N-C-3 催化剂中，过渡金属（Fe 和 Co）被认为在形成活性位点中起着至关重要的作用，而确切的活性位点仍然存在争议。争论的焦点在于金属作为活性位点还是仅仅作为催化剂促进产生杂原子掺杂碳的活性位点。（2）MOFs 自身孔径小，活性位点有限，电导率差而限制了衍生 M-N-C-3 催化剂的性能。例如，ZIF-8 可以生成具有高表面积和 N 含量的纳米催化剂，但它不能提供足够和关键的活性位点以及高度石墨化的碳。相反，ZIF-67 只能提供具有低表面和孔隙率的催化剂，尽管它具有更有效的活性位点。今后的研究工作除了优化催化剂设计和合成工艺外，还应着重深入了解活性中心的性质和 M-N-C-3 催化剂上的 ORR 机制，以促进 MOF 衍生纳米催化剂的发展。

1.5.2.3　非金属杂原子掺杂碳

向碳纳米材料中引入杂原子（例如，氮、硼、磷），可以引起电子调变以调控其光电特性和/或化学活性用于不同应用[217]。杂原子掺杂碳纳米材料可以通过碳纳米材料合成过程中进行原位掺杂，也可以通过使用含杂原子的前驱体后处理预制的碳纳米材料来制备。碳纳米管的后掺杂通常仅导致表面功能化而不改变其整体性质。相反，原位掺杂可以将杂原子均匀地引入到整个结构中。杂原子掺杂碳（特别是氮掺杂的碳）作为 ORR 电催化剂在 2009 年之前并未引起人们足够的研究兴趣，直到 Gong 等人首次报道垂直排列的 N 掺杂碳纳米管（VA-NCNT）电极拥有 4 电子 ORR 活性甚至优于商业 Pt/C 催化剂[251]，尽管 CNT 阵列中存在痕量的金属杂质。这项开创性的工作随后引起了广泛关注，而碳基非金属电催化剂的多样性也显著扩大。

杂原子掺杂是用其他原子取代石墨结构中的一些碳原子，杂原子掺杂碳通常被称为非金属掺杂碳催化剂。图 1.26（a）给出了用 B、N、P、S、F 等杂原子掺杂过程的简单说明，而图 1.26（b）示出了掺杂引起的可能的石墨结构变化。图 1.26（c）所示元素周期表中粗黑线包围的 10 多个非金属元素可以掺杂到碳纳米材料中。由于杂原子的尺寸和电负性与碳原子的尺寸和电负性不同[252,253]（如图 1.26（c）所示），将杂原子引入碳纳米材料可能导致电子调变进而改变电荷分布和电子性质。这与掺杂引起的缺陷（如图 1.26（b）所示）一起可以进一步改变碳纳米材料的化学活性。研究发现，通过将外来原子（N、B、O、S、P、F 等）植入 sp^2 碳晶格中或共价接枝含杂原子的官能团到碳基面或边缘位置。无论是富电子（例如 N）还是缺电子（例如 B），掺杂原子在激活惰性 sp² 碳用于 ORR 中起到两个关键作用：（1）打破 sp² 碳的电中性并创造带电活性位以利于 O_2 的吸附；（2）有效利用碳中的 π 电子用于 O_2 的还原。DFT 模拟表明，杂原子掺杂碳中活性位点的电催化活性及分布与电子自旋密度及原子电荷密度分布有关。与原子电荷密度相比，自旋密度对于确定催化活性位点更重要，而原子电荷密度只有在原子上的负自旋密度较小时才起关键作用。显然，不同的外来原子具有不同的电负性和核外电子，从而对所得碳材料的电荷密度和/或自旋密度产生显著不同的影响。

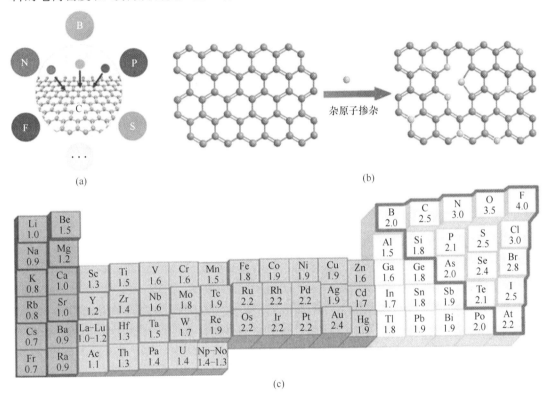

图 1.26 杂原子（如 N、B、P）掺杂石墨碳结构（a）；杂原子通过后处理掺杂石墨碳结构（b）；
元素周期表和这些元素相应的电负性（c）[251]

A 氮掺杂碳催化剂

氮掺杂碳纳米材料是非金属掺杂碳 ORR 催化剂中最重要的一种，尤其氮掺杂碳纳米管和石墨烯是典型代表。VA-NCNT 具有高表面积、良好的导电性、优异的机械性能以及极好的热稳定性，这为其在普通环境和苛刻条件下用于燃料电池电极提供了独特的优势。通过 B3LYP 杂化密度泛函理论（DFT）的实验观察和理论计算[254]，VA-NCNT 催化性能的改善归因于氮原子的电子接受能力，使得 VA-NCNT 中相邻碳原子上产生净正电荷。这改变了 O_2 的化学吸附模式，从常规无氮 CNT 的端位吸附变为 N 掺杂 CNT 电极上的侧面吸附。氮掺杂诱导邻近碳原子上的电荷转移能够降低 ORR 电势，同时平行双原子吸附可以有效削弱 O—O 键，促进 VA-NCNT 电极上的氧还原。氮掺杂有序介孔碳因其良好有序的孔隙率和高比表面积有利于有效的传质及暴露更多的活性位，成为近年来有吸引力的非金属碳基 ORR 催化剂。纳米碳掺杂氮可以通过以下几种方法实现，如化学气相沉积、使用氮源热处理、水热或直接碳化含氮有机前驱体。氮掺杂纳米碳所含 N 物种的结构根据热处理温度和氮前驱体的不同而不同。常见的含 N 物种结构以及它们相应的结合能如图 1.27 所示[255]。这些不同的 N 物种通常共存并且它们的浓度实际上可以调节。但是直到现在，还没有实际有效的方法来选择性地裁剪 N 物种的结构。为了有选择地调控 N 物种，选择定义明确的均匀含 N 结构的有机前驱体是一种可能的方法。然而，后热处理倾向于将有机前驱体中的脂肪族或芳香族结构转化为 sp² 碳结构，在此期间 N 原子迁移到碳材料表面并形成不同的 N 物种。N 物种从有机前驱体到纳米碳的重构是很常见的，并且是实现 N 物种选择性的主要障碍。

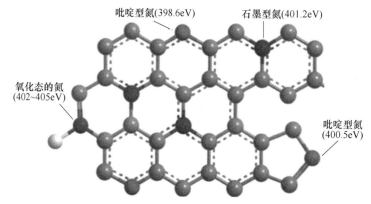

图 1.27　不同 N 物种的结构和结合能[255]

　　氮的掺杂不仅改变碳表面的化学性质，如碱度和亲水性/浸润性等，还通过捐赠一对孤对电子改变未掺杂石墨烯晶格上的中性电荷分布进而改变电子结构。Strelko、Kuts 和 Thrower 提出 N 原子可以降低带隙并增加石墨晶格的电荷迁移率，并且从它们的量子化学计算显示边缘位置的吡咯基团和那些与谷 N 原子结合的石墨 N 具有最高的电荷迁移率[256]。与纯碳表面相比，碳键结构的这些变化最终将降低碳与液体或气体界面处的电子功函数。最近有人推测，碳原子和杂原子电荷密度分布和自旋密度分布的改变，在氧分子或过氧化物阴离子的化学吸附和第一电子转移（ORR 控速步骤）中起关键作用。

　　氮掺杂纳米碳催化 ORR 受电解质 pH 值的影响[257,258]。例如，在 pH = 13 电解质中，氮掺杂碳催化剂的 ORR 过程偏向以 4 电子路径进行，在 pH = 1 电解质中，氮掺杂碳催化剂的 ORR 过程偏向以过氧化物的 2 电子路径进行。然而，由于不同实验结果的差异较大，并且电解质 pH 值不是导致氮掺杂碳催化剂上不同 ORR 路径的唯一因素。值得注意的是，即使在相同 pH = 13 的电解质（0.1mol/L KOH）中，氮掺杂 CNT 也可以表现出两种截然不同的 ORR 机理。例如，含有痕量金属杂质的 VA-NCNT 电极显示出 4 电子 ORR 过程，而氮掺杂竹节状 CNT 表现出 2 电子过氧化物途径。这些矛盾结果可能的原因是：（1）尽管含量极低，但金属杂质可参与 ORR 并显著提高其催化活性[259]；（2）金属能够改变碳结构（例如边缘暴露，石墨化水平）并因此导致形成不同的 N 基团，其 ORR 活性不同[260]；（3）酸性电解质中的 Fe(Ⅲ) 因为 Fenton 试剂可以化学分解过氧化物[261]；（4）多孔结构可能导致氧扩散电极中复杂的三相区域[262]。因此，如果未仔细考虑相关的结构因素，就断定 N 掺杂碳纳米材料 ORR 活性位点和机理可能存在偏差。此外，值得注意的是，需要考虑或排除表面润湿性和双电层充电电容对阴极电流评估（通常为计算电子转移数的基础）的影响，以寻求氮掺杂纳米碳的真实的电催化性能。

虽然氮掺杂纳米碳对 ORR 显示出高电催化活性，但是实际的 ORR 活性位点仍不清楚，这阻碍了高性能催化剂的进一步发展。部分观点认为吡啶 N 或石墨 N 是活性位点。一些研究表明石墨和吡啶 N 都具有 ORR 活性。还有一些研究者把吡咯型 N 也归在 ORR 活性位点中。需要指出的是，目前通常采用峰值拟合法量化用 X 射线光电子能谱法（XPS）测量的 N 物种。然而，在数据拟合过程中可能会引入一些错误，并可能导致不同的含氮物种。与 XPS 相比，X 射线吸收光谱法（XAS）能够更精确地确定 π 态中的 N 结构，可以提供关于 N 结构与 ORR 活性相关性的直接信息。分析显示含有更多石墨 N 结构的样品的 ORR 活性更高。热处理选择性地将部分吡啶 N 转化为石墨 N 并增加 ORR 反应电流。然而，没有观察到清晰的 4 电子路径。这表明尽管石墨 N 可以提高 ORR 反应速率，但并不一定导致 4 电子路径将氧分子还原成 OH^-。当识别 ORR 活性位点时，有一个被广泛接受的假设，即 ORR 活性是由含 N 物种的结构类型或含量确定的。遗憾的是，由于没有方法能够识别来自特定 N 基团到 ORR 过程，观察到的 ORR 活性实际上代表一个整体性能。

为了进一步证实 N 掺杂碳材料的活性位点，Guo 等人使用模型催化剂[263]，将 ORR 活性与特定 N 基团的相关联。他们通过使用新设计的石墨（高度定向热裂解石墨，HOPG）模型催化剂对 ORR 活性位点进行表征，该模型催化剂具有明确的 π 共轭和控制良好的 N 掺杂物种。测试结果表明 ORR 活性位点由吡啶 N 创造。CO_2 吸附实验表明吡啶 N 也产生路易斯碱性位点。HOPG 模型催化剂中每吡啶 N 的比活性与 N 掺杂石墨烯粉末催化剂相当。因此，N 掺杂碳材料中的 ORR 活性位点是邻近吡啶 N 的具有路易斯碱性的碳原子。

B 硫掺杂碳催化剂

考虑到硫的原子半径比碳大，并且硫原子成键特性的不同，硫掺杂相对氮掺杂更加困难。尽管如此，理论计算表明硫掺杂石墨烯是完全可以实现的，这取决于掺杂到石墨烯的硫原子量。因为硫（2.58）与碳（2.55）具有非常接近的电负性，将硫引入 sp^2 碳晶格中可能不会显著地破坏电荷中性，然而，掺入碳六元环中的硫可改变键长并诱导结构应变，实现对石墨烯带隙的调控，这可能最终改变电荷分布并促进 O_2 的化学吸附。Jeon 等开发了一种干球磨方法，在硫（S_8）存在的情况下，通过简单地球磨原始石墨，制备出边缘硫化石墨烯纳米片（SGnP），作为高效的非金属硫掺杂碳 ORR 催化剂[264]。电化学测试表明，与原始石墨和商业 Pt/C 电催化剂相比，SGnP 的 ORR 活性显著提高，同时表现出优异的稳定性和良好的耐甲醇及抗 CO 中毒性能。在理论计算的基础上，提出了一种与"电子自旋"相关的提高 ORR 活性的新机理，实验结果也支持了这一观点。

此外，人们还制备出硫掺杂碳纳米管、硫掺杂纳米多孔碳、硫掺杂纳米碳颗粒等不同非金属掺杂碳材料。目前，单一掺杂硫的碳基催化剂的 ORR 活性和氮掺杂碳相比，仍有较大的差距。为了解决这一问题，研究人员又开发了硫氮共掺杂的纳米碳催化剂。因为将电负性不同的两种元素掺杂到碳框架中可以产生独特的电子给体，这将导致两种掺杂剂之间的协同效应，从而进一步提高其电化学性能。Zhao 等人将硫引入 N-GMF 以形成氮和硫共掺杂的石墨烯纳米网泡沫（N-S-GMF）[265]。N-S-GMF 的 ORR 性能不仅在碱性溶液中能与 Pt/C 相媲美,而且在酸性溶液中也表现出较好的 ORR 活性。与单一硫掺杂的 S-GMF 和单一氮掺杂的 N-GMF 相比,N-S-GMF 的 ORR 活性明显更高,这归因于氮和硫共掺引起的协同作用以及独特丰富的多级孔结构。Li 等人开发了一种简便的自掺杂法来制备硫和氮共掺杂的三维分级多孔结构石墨碳网格电催化剂[266]。他们利用唯一的前驱体(1-烯丙基-2-硫脲),通过简单控制热解温度,在石墨碳生长过程中实现精确控制硫和氮的共掺杂。氮硫共掺杂的碳催化剂表现出较高的 ORR 催化活性和优异的耐久性。测试结果表明掺杂效应严重依赖于掺杂浓度,通过优化最佳掺杂水平能够实现催化剂的最大 ORR 活性。同时,分级多孔结构有利于物质传输,大量的微孔和介孔产生的高比表面积有利于暴露更多的活性位。Han 等人使用氰胺和苄基二硫化物作为前驱体,开发了一种硫和氮共掺杂的介孔泡沫碳(NS-MCV)[267]。他们发现将氮和硫掺入碳材料中可以改变泡沫碳的电子分布,并在材料表面提供有利的氧化学吸附。大的比表面积和丰富的介孔提供了高密度的 ORR 活性位点。他们还发现硫的含量对提高催化剂的 ORR 性能起着重要作用。NS-MCV 的优异的电催化性能主要归因于硫和氮杂原子引起的协同效应,优化的氮含量和高比表面积。

C　磷掺杂碳催化剂

作为 V 族元素之一,磷与氮有相同数量的价电子,但磷具有更大的原子尺寸和更小的电负性,可以引入缺陷,产生活性位诱导 O_2 表面吸附。通过 XPS 光谱鉴定的活性磷物种是 P—C 和 P—O 基团,它们更有可能位于碳平面的边缘。在这些物种中,磷原子具有正电荷并充当 ORR 活性位点。Liu 等利用甲苯和三苯基膦(TPP)分别作为碳源和磷源,后经热处理制备出磷掺杂石墨片[268]。他们发现采用这种方法制备的磷掺杂石墨,其石墨结构中比非磷掺杂的石墨片具有更多的缺陷。电化学测试结果也证明磷掺杂石墨片在碱性介质中显示出更高的 ORR 电催化活性,优异的稳定性和甲醇耐受性。随后,该课题组继续用甲苯和 TPP 作为前驱体,同时通过添加金属在热解过程中催化形成磷掺杂的多壁碳纳米管(P-MCNTs)[269],并且 P-MCNTs 显示出优异的 ORR 活性,甚至超越了商业 Pt/C。与他们之前制备的磷掺杂石墨片相比,P-MCNTs 的电催化活性有了明显的提升,P-MCNTs 的高活性可能跟 CNT 形貌的纳米结构基序及残留的 Fe 物种有关。此外,磷可以通过其 3p 轨道的孤对电子诱导局部电荷密度容纳 O_2 的孤对电子,进而通过 3d 空轨道引发 ORR。Yang 等以不同尺寸的 SBA-15 介孔二氧化硅为模板,分别以三苯基膦和苯酚为磷源和碳源,采用非金属纳米铸造法合成不同长度的磷掺杂有序介孔碳[270](POMC)。测试结果表明 POMC 含有少量掺杂的磷,且显示出优异的 ORR 电催化活性。有趣的是,他们发现与较长尺寸的 POMC 相比,具有较短尺寸的 POMC 具有优异的电化学性能。

与单一磷掺杂碳催化剂相比,磷氮共掺杂碳催化剂表现出更优异的电催化活性。Li 等通过简单热解石墨烯氧化物、聚苯胺和植物酸组成的水凝胶获得氮和磷共掺杂的石墨烯纳米片[271](N, P-GCNS)。与单一氮掺杂的 N-CNP 相比,N, P-GCNS 因掺杂的氮和磷原子之间的协同效应而表现出更优异的 ORR 活性,且 N, P-GCNS 的 ORR 过程以 4 电子转移路径为主。

1.5.3　燃料电池中存在的问题和挑战

PEMFC 具有高的比功率、良好的开关能力且具有低温工作环境,被公认为电动汽车、便携式电源等的首选能源，被广泛认为最有潜力在未来广泛普及应用的一种燃料电池。PEMFC 商业化需要克服的缺点有：使用的铂催化剂和氟化物薄膜价格昂贵，动态水管理复杂及对 CO、SO_2 等容易中毒。其中高的成本是 PEMFC 商业化发展的瓶颈：氟化物薄膜昂贵主要由于工艺制备上要求高、供应商家太少且由于需求量少相对成本较高等造成，如果氟化物薄膜能大规模的商业化生产，成本可以大幅降低；昂贵的储氢瓶也是燃料电池高成本的一个重要原因，因此降低高压储氢瓶的成本，研发新型储氢材料，开发出性能良好的储氢材料是解决之道；而铂催化剂的昂贵在于其在工业上用途广泛，首饰行业需求大且地壳中贮存量极其稀少。另外，铂在地壳中含量稀少而且分布不均，90% 的 Pt 集中在南非和俄罗斯，区域的垄断也不利于 Pt 价格的稳定和供应的安全。目前 PEMFC 阴极氧还原反应最有效的催化剂就是铂，其成本占到燃料电池电堆的 38%～56 %。因此，新型催化剂的制备技术在如今显得尤为重要[272,273]。

为了降低燃料电池中催化剂的成本，主要有两种思路：

（1）进一步降低电池每千瓦 Pt 用量或在阴极上使用非铂催化剂取代铂基催化剂，发展低铂催化剂。业界认为当电池 Pt 用量降低到 0.1g(Pt)/kW 时，燃料电池汽车即可进行大规模商业化应用推广。目前国际领先的技术已达到 0.3g(Pt)/kW；尽管有低至 0.18g(Pt)/kW 的低温燃料电池见诸报道，但依旧与目标值有相当的差距，且此低铂载量燃料电池还新增了多项技术难题需要解决。而且 Pt 的价格由于其供需关系紧张呈逐年稳定上升趋势，这使通过降低 Pt 载量来降低成本的效果不明显，对燃料电池的广泛商业化来说是杯水车薪。

（2）发展非铂催化剂。长期可持续的发展必须在选择低铂催化剂的同时，大力发展非贵金属催化剂。

综上所述，在所有的现存燃料电池问题中，阴极催化剂中较高的铂载量是最核心的问题，只有解决了这个问题，燃料电池的大规模商业化应用才有可能成为现实。

参 考 文 献

［1］Xu S, Das S K, Archer L A. The Li-CO_2 battery: a novel method for CO_2 capture and utilization ［J］. RSC Advances, 2013, 3 (18): 6656~6660.

［2］Liu Y, Wang R, Lyu Y, et al. Rechargeable Li/CO_2-O_2 (2:1) battery and Li/CO_2 battery ［J］. Energy & Environmental Science, 2014, 7 (2): 677~681.

［3］Németh K, Srajer G. CO_2/oxalate cathodes as safe and efficient alternatives in high energy density metal-air type rechargeable batteries ［J］. RSC Advances, 2014, 4 (4): 1879~1885.

［4］Hou Y, Wang J, Liu L, et al. Mo_2C/CNT: An efficient catalyst for rechargeable Li-CO_2 batteries ［J］. Advanced Functional Materials, 2017, 27 (27): 1700564.

［5］Xie J, Liu Q, Huang Y, et al. A porous Zn cathode for Li-CO_2 batteries generating fuel-gas CO ［J］. Journal of Materials Chemistry A, 2018, 6(28): 13952~13958.

［6］Meini S, Tsiouvaras N, Schwenke K U, et al. Rechargeability of Li-air cathodes pre-filled with discharge products using an ether-based electrolyte solution: implications for cycle-life of Li-air cells ［J］. Physical Chemistry Chemical Physics, 2013, 15 (27): 11478~11493.

[7] Zhao Z, Huang J, Peng Z. Achilles' heel of lithium-air batteries: lithium carbonate [J]. Angewandte Chemie-International Edition, 2018, 57 (15): 3874~3886.

[8] Qiao Y, Yi J, Wu S, et al. Li-CO$_2$ electrochemistry: a new strategy for CO$_2$ fixation and energy storage [J]. Joule, 2017, 1 (2): 359~370.

[9] Yang S, Qiao Y, He P, et al. A reversible lithium-CO$_2$ battery with Ru nanoparticles as a cathode catalyst [J]. Energy & Environmental Science, 2017, 10 (4): 972~978.

[10] Zhang Z, Zhang Q, Chen Y, et al. The first introduction of graphene to rechargeable Li-CO$_2$ batteries [J]. Angew Chem Int Ed Engl, 2015, 54 (22): 6550~6553.

[11] Zhang X, Zhang Q, Zhang Z, et al. Rechargeable Li-CO$_2$ batteries with carbon nanotubes as air cathodes [J]. Chem Commun (Camb), 2015, 51 (78): 14636~14639.

[12] Qie L, Lin Y, Connell J W, et al. Highly rechargeable lithium-CO$_2$ batteries with a boron- and nitrogen-co-doped holey-graphene cathode [J]. Angew Chem Int Ed Engl, 2017, 56 (24): 6970~6974.

[13] Zhang Z, Wang X G, Zhang X, et al. Verifying the rechargeability of Li-CO$_2$ batteries on working cathodes of Ni nanoparticles highly dispersed on N-doped graphene [J]. Adv Sci (Weinh), 2018, 5 (2): 1700567.

[14] Song L, Wang T, Wu C, et al. A long-life Li-CO$_2$ battery employing a cathode catalyst of cobalt-embedded nitrogen-doped carbon nanotubes derived from a Prussian blue analogue [J]. Chem Commun (Camb), 2019, 55 (85): 12781~12784.

[15] Li X, Zhou J, Zhang J, et al. Bamboo-like nitrogen-doped carbon nanotube forests as durable metal-free catalysts for self-powered flexible Li-CO$_2$ batteries [J]. Adv Mater, 2019, 31(39): e1903852.

[16] Xiao Y, Du F, Hu C, et al. High-performance Li-CO$_2$ batteries from free-standing, binder-free, bifunctional three-dimensional carbon catalysts [J]. Acs Energy Letters, 2020, 5 (3): 916~921.

[17] Zhang B W, Jiao Y, Chao D L, et al. Targeted synergy between adjacent Co atoms on graphene oxide as an efficient new electrocatalyst for Li-CO$_2$ batteries [J]. Advanced Functional Materials, 2019, 29 (49) .

[18] Lu S, Shang Y, Ma S, et al. Porous NiO nanofibers as an efficient electrocatalyst towards long cycling life rechargeable Li-CO$_2$ batteries [J]. Electrochimica Acta, 2019, 319: 958~965.

[19] Xing W, Li S, Du D, et al. Revealing the impacting factors of cathodic carbon catalysts for Li-CO$_2$ batteries in the pore-structure point of view [J]. Electrochimica Acta, 2019, 311: 41~49.

[20] Xu S, Das S K, Archer L A. The Li-CO$_2$ battery: a novel method for CO$_2$ capture and utilization [J]. RSC Advances, 2013, 3(18) .

[21] Gowda S R, Brunet A, Wallraff G M, et al. Implications of CO$_2$ contamination in rechargeable nonaqueous Li-O$_2$ batteries [J]. J Phys Chem Lett, 2013, 4(2): 276~279.

[22] Chang Z, Xu J, Zhang X, Recent progress in electrocatalyst for Li-O$_2$ batteries [J]. Advanced Energy Materials, 2017, 7(23) .

[23] Qiao Y, Wu J, Zhao J, et al. Synergistic effect of bifunctional catalytic sites and defect engineering for high-performance Li-CO$_2$ batteries [J]. Energy Storage Materials, 2020, 27: 133~139.

[24] Qie L, Lin Y, Connell J W, et al. Highly rechargeable lithium-CO$_2$ batteries with a boron- and nitrogen-co-doped holey-graphene cathode [J]. Angewandte Chemie-International Edition, 2017, 56 (24): 6970~6974.

[25] Li D, Wang Q, Yao Y, et al. New application of waste citrus maxima peel-derived carbon as an oxygen electrode material for lithium oxygen batteries [J]. ACS Appl Mater Interfaces, 2018, 10 (38): 32058~32066.

[26] Guo Z, Zhou D, Liu H, et al. Synthesis of ruthenium oxide coated ordered mesoporous carbon nanofiber ar-

rays as a catalyst for lithium oxygen battery [J]. Journal of Power Sources, 2015, 276: 181~188.

[27] Yang X, Liu J, McGrouther K, et al. Effect of biochar on the extractability of heavy metals (Cd, Cu, Pb, and Zn) and enzyme activity in soil [J]. Environ Sci Pollut Res Int, 2016, 23(2): 974~984.

[28] Xu S, Chen C, Kuang Y, et al. Flexible lithium-CO_2 battery with ultrahigh capacity and stable cycling [J]. Energy & Environmental Science, 2018, 11(11): 3231~3237.

[29] Zhang Z, Liu P, et al. Identification of cathode stability in Li-CO_2 batteries with Cu nanoparticles highly dispersed on N-doped graphene [J]. Journal of Materials Chemistry A, 2018, 6(7): 3218~3223.

[30] Zhang Z, Wang X G, Zhang X, et al. Verifying the rechargeability of Li-CO_2 batteries on working cathodes of Ni nanoparticles highly dispersed on N-doped graphene [J]. Advanced Science, 2018, 5 (2): 1700567.

[31] Zhang X, Wang C, Li H, et al. High performance Li-CO_2 batteries with NiO-CNT cathodes [J]. Journal of Materials Chemistry A, 2018, 6(6): 2792~2796.

[32] Zhang Z, Yang C, Wu S, et al. Exploiting synergistic effect by integrating ruthenium-copper nanoparticles highly Co-dispersed on graphene as efficient air cathodes for Li-CO_2 batteries [J]. Advanced Energy Materials, 2019, 9(8): 1802805.

[33] Qiao Y, Liu Y, Chen C, et al. 3D-printed graphene oxide framework with thermal shock synthesized nanoparticles for Li-CO_2 batteries [J]. Advanced Functional Materials, 2018, 28(51) .

[34] Li S, Liu Y, Zhou J, et al. Monodispersed MnO nanoparticles in graphene-an interconnected N-doped 3D carbon framework as a highly efficient gas cathode in Li-CO_2 batteries [J]. Energy & Environmental Science, 2019, 12(3): 1046~1054.

[35] Pipes R, Bhargav A, Manthiram A. Nanostructured anatase titania as a cathode catalyst for Li-CO_2 batteries [J]. ACS Applied Materials & Interfaces, 2018, 10(43): 37119~37124.

[36] Ma W, Lu S, Lei X, et al. Porous Mn_2O_3 cathode for highly durable Li-CO_2 batteries [J]. Journal of Materials Chemistry A, 2018, 6(42): 20829~20835.

[37] Hou Y, Liu Y, Zhou Z, et al. Metal-oxygen bonds: stabilizing the intermediate species towards practical Li-air batteries [J]. Electrochimica Acta, 2018, 259: 313~320.

[38] Zhou J, Li X, Yang C, et al. A quasi-solid-state flexible fiber-shaped Li-CO_2 battery with low overpotential and high energy efficiency [J]. Advanced Materials, 2019, 31(3): 1804439.

[39] Liang H, Zhang Y, Chen F, et al. A novel NiFe@ NC-functionalized N-doped carbon microtubule network derived from biomass as a highly efficient 3D free-standing cathode for Li-CO_2 batteries [J]. Applied Catalysis B-Environmental, 2019, 244: 559~567.

[40] Ahmad M Z, Peters T A, Konnertz N M, et al. High-pressure CO_2/CH_4 separation of Zr-MOFs based mixed matrix membranes [J]. Separation and Purification Technology, 2020, 230: 115858.

[41] Li S, Dong Y, Zhou J, et al. Carbon dioxide in the cage: manganese metal-organic frameworks for high performance CO_2 electrodes in Li-CO_2 batteries [J]. Energy & Environmental Science, 2018, 11 (5): 1318~1325.

[42] Qiao Y, Xu S, Liu Y, et al. Transient, in situ synthesis of ultrafine ruthenium nanoparticles for a high-rate Li-CO_2 battery [J]. Energy & Environmental Science, 2019, 12(3): 1100~1107.

[43] Zhao H, Li D, Li H, et al. Ru nanosheet catalyst supported by three-dimensional nickel foam as a binder-free cathode for Li-CO_2 batteries [J]. Electrochimica Acta, 2019, 299: 592~599.

[44] Guo Z, Li J, Qi H, et al. A highly reversible long-life Li-CO_2 battery with a RuP_2-based catalytic cathode [J]. Small (Weinheim an der Bergstrasse, Germany), 2019, 15(29): 1803246.

[45] Xing Y, Yang Y, Li D, et al. Crumpled Ir nanosheets fully covered on porous carbon nanofibers for long-

life rechargeable lithium-CO₂ batteries [J]. Advanced Materials, 2018, 30(51): 1803124.

[46] Wang X G, Wang C, Xie Z, et al. Improving electrochemical performances of rechargeable Li-CO₂ batteries with an electrolyte redox mediator [J]. ChemElectroChem, 2017, 4(9): 2145~2149.

[47] Chen J, Zou K, Ding P, et al. Conjugated cobalt polyphthalocyanine as the elastic and reprocessable catalyst for flexible Li-CO₂ batteries [J]. Adv Mater, 2019, 31(2): e1805484.

[48] Jiao Y, Qin J, Sari H M K, et al. Recent progress and prospects of Li-CO₂ batteries: mechanisms, catalysts and electrolytes [J]. Energy Storage Materials, 2021, 34: 148~170.

[49] Ketteler E. Ueber den uebergang des lichtes zwischen absorbirenden isotropen und anisotropen mitteln und über die mechanik der schwingungen in denselben [J]. Annalen der Physik, 1879, 243(5): 107~135.

[50] Littauer E L, Tsai K C. Anodic behavior of lithium in aqueous electrolytes Ⅰ. Transient passivation [J]. Journal of the Electrochemical Society, 1976, 123(6): 771~776.

[51] Urquidi-Macdonald M, Flores J, Macdonald D D, et al. Lithium/water system: primary batteries [J]. Electrochimica Acta, 1998, 43(19): 3069~3077.

[52] Deutscher R, Florence T, Woods R. Investigations on an aqueous lithium secondary cell [J]. Journal of Power Sources, 1995, 55(1): 41~46.

[53] Abraham K, Jiang Z, A polymer electrolyte-based rechargeable lithium/oxygen battery [J]. Journal of the Electrochemical Society, 1996, 143(1): 1~5.

[54] Ogasawara T, Debart A, Holzapfel M, et al. Rechargeable Li₂O₂ electrode for lithium batteries [J]. Journal of the American Chemical Society, 2006, 128(4): 1390~1393.

[55] Bhatt M D, Geaney H, Nolan M, et al. Key scientific challenges in current rechargeable non-aqueous Li-O₂ batteries: experiment and theory [J]. Physical Chemistry Chemical Physics, 2014, 16(24): 12093~12130.

[56] Girishkumar G, McCloskey B, Luntz A C, et al. Lithium-air battery: promise and challenges [J]. Journal of Physical Chemistry Letters, 2010, 1(14): 2193~2203.

[57] Kraytsberg A, Ein-Eli Y. Review on Li-air batteries-opportunities, limitations and perspective [J]. Journal of Power Sources, 2011, 196(3): 886~893.

[58] Peng Z, Freunberger S A, Hardwick L J, et al. Oxygen reactions in a non-aqueous Li⁺ Electrolyte [J]. Angewandte Chemie-International Edition, 2011, 50(28): 6351~6355.

[59] Bryantsev V S, Giordani V, Walker W, et al. Predicting solvent stability in aprotic electrolyte Li-air batteries: nucleophilic substitution by the superoxide anion radical (O₂⁻)[J]. The Journal of Physical Chemistry A, 2011, 115(44): 12399~12409.

[60] McCloskey B D, Scheffler R, Speidel A, et al. On the mechanism of nonaqueous Li-O₂ electrochemistry on C and its kinetic overpotentials: some implications for Li-air batteries [J]. Journal of Physical Chemistry C, 2012, 116(45): 23897~23905.

[61] Zhai D, Wang H H, Yang J, et al. Disproportionation in Li-O₂ batteries based on a large surface area carbon cathode [J]. Journal of the American Chemical Society, 2013, 135(41): 15364~15372.

[62] Lu J, Jung Lee Y, Luo X, et al. A lithium-oxygen battery based on lithium superoxide [J]. Nature, 2016, 529(7586): 377~382.

[63] Hassoun J, Croce F, Armand M, et al. Investigation of the O₂ electrochemistry in a polymer electrolyte solid-state cell [J]. Angewandte Chemie International Edition, 2011, 50(13): 2999~3002.

[64] Laoire C O, Mukerjee S, Abraham K M, et al. Influence of nonaqueous solvents on the electrochemistry of oxygen in the rechargeable lithium-air battery [J]. The Journal of Physical Chemistry C, 2010, 114(19): 9178~9186.

[65] Laoire C O, Mukerjee S, Plichta E J, et al. Rechargeable lithium/TEGDME-LiPF$_6$/O$_2$ battery [J]. Journal of the Electrochemical Society, 2011, 158(3): A302~A308.

[66] Mo Y, Ong S P, Ceder G. First-principles study of the oxygen evolution reaction of lithium peroxide in the lithium-air battery [J]. Physical Review B, 2011, 84(20): 205446.

[67] Lu Y C, Gasteiger H A, Crumlin E, et al. Electrocatalytic activity studies of select metal surfaces and implications in Li-air batteries [J]. Journal of the Electrochemical Society, 2010, 157(9): A1016~A1025.

[68] McCloskey B D, Scheffler R, Speidel A, et al. On the efficacy of electrocatalysis in nonaqueous Li-O$_2$ batteries [J]. Journal of the American Chemical Society, 2011, 133(45): 18038~18041.

[69] Harding J R, Lu Y C, Tsukada Y, et al. Evidence of catalyzed oxidation of Li$_2$O$_2$ for rechargeable Li-air battery applications [J]. Physical Chemistry Chemical Physics, 2012, 14(30): 10540~10546.

[70] Kumar B, Kumar J, Leese R, et al. A solid-state, rechargeable, long cycle life lithium-air battery [J]. Journal of the Electrochemical Society, 2010, 157(1): A50~A54.

[71] Wang Y, Zhou H, A lithium-air battery with a potential to continuously reduce O$_2$ from air for delivering energy [J]. Journal of Power Sources, 2010, 195(1): 358~361.

[72] Wang Y, He P, Zhou H. A lithium-air capacitor-battery based on a hybrid electrolyte [J]. Energy & Environmental Science, 2011, 4(12): 4994~4999.

[73] Visco S J, Katz B D, Nimon Y S, et al. Protected active metal electrode and battery cell structures with non-aqueous interlayer architecture [J]. Google Patents: 2010.

[74] Sandhu S, Fellner J, Brutchen G. Diffusion-limited model for a lithium/air battery with an organic electrolyte [J]. Journal of Power Sources, 2007, 164(1): 365~371.

[75] Mirzaeian M, Hall P J. Preparation of controlled porosity carbon aerogels for energy storage in rechargeable lithium oxygen batteries [J]. Electrochimica Acta, 2009, 54(28): 7444~7451.

[76] Tran C, Yang X Q, Qu D. Investigation of the gas-diffusion-electrode used as lithium/air cathode in non-aqueous electrolyte and the importance of carbon material porosity [J]. Journal of Power Sources, 2010, 195(7): 2057~2063.

[77] Zheng J, Liang R, Hendrickson M, et al. Theoretical energy density of Li-air batteries [J]. Journal of the Electrochemical Society, 2008, 155(6): A432~A437.

[78] Xiao J, Wang D, Xu W, et al. Optimization of air electrode for Li/air batteries [J]. Journal of the Electrochemical Society, 2010, 157(4): A487~A492.

[79] Zhang J G, Wang D, Xu W, et al. Ambient operation of Li/Air batteries [J]. Journal of Power Sources, 2010, 195(13): 4332~4337.

[80] Younesi S R, Urbonaite S, Björefors F, et al. Influence of the cathode porosity on the discharge performance of the lithium-oxygen battery [J]. Journal of Power Sources, 2011, 196(22): 9835~9838.

[81] Yang X H, He P, Xia Y Y. Preparation of mesocellular carbon foam and its application for lithium/oxygen battery [J]. Electrochemistry Communications, 2009, 11(6): 1127~1130.

[82] Tran C, Kafle J, Yang X Q, et al. Increased discharge capacity of a Li-air activated carbon cathode produced by preventing carbon surface passivation [J]. Carbon, 2011, 49(4): 1266~1271.

[83] Yoo E, Zhou H. Li-air rechargeable battery based on metal-free graphene nanosheet catalysts [J]. ACS nano, 2011, 5(4): 3020~3026.

[84] Li Y, Wang J, Li X, et al. Superior energy capacity of graphene nanosheets for a nonaqueous lithium-oxygen battery [J]. Chemical Communications, 2011, 47(33): 9438~9440.

[85] Sun B, Wang B, Su D, et al. Graphene nanosheets as cathode catalysts for lithium-air batteries with an enhanced electrochemical performance [J]. Carbon, 2012, 50(2): 727~733.

[86] Xiao J, Mei D, Li X, et al. Hierarchically porous graphene as a lithium-air battery electrode [J]. Nano Letters, 2011, 11(11): 5071~5078.

[87] Li Y L, Wang J J, Li X F, et al. Nitrogen-doped graphene nanosheets as cathode materials with excellent electrocatalytic activity for high capacity lithium-oxygen batteries [J]. Electrochemistry Communications, 2012, 18: 12~15.

[88] Wu G, Mack N H, Gao W, et al. Nitrogen doped graphene-rich catalysts derived from heteroatom polymers for oxygen reduction in nonaqueous lithium-O_2 battery cathodes [J]. ACS nano, 2012, 6 (11): 9764~9776.

[89] Sun B, Huang X, Chen S, et al. Porous graphene nanoarchitectures-an efficient catalyst for low charge-overpotential, long life and high capacity lithium-oxygen batteries [J]. Nano Letters, 2014, 14(6): 3145~3152.

[90] Wang Z L, Xu D, Xu J J, et al. Graphene oxide gel-derived, free-standing, hierarchically porous carbon for high-capacity and high-rate rechargeable $Li-O_2$ batteries [J]. Advanced Functional Materials, 2012, 22(17): 3699~3705.

[91] Mitchell R R, Gallant B M, Thompson C V, et al. All-carbon-nanofiber electrodes for high-energy rechargeable $Li-O_2$ batteries [J]. Energy & Environmental Science, 2011, 4(8): 2952~2958.

[92] Lim H D, Park K Y, Song H, et al. Enhanced power and rechargeability of a $Li-O_2$ battery based on a hierarchical-fibril CNT electrode [J]. Advanced Materials, 2013, 25(9): 1348~1352.

[93] Wang Y G, Zhou H S. To draw an air electrode of a Li-air battery by pencil [J]. Energy & Environmental Science, 2011, 4(5): 1704~1707.

[94] Kichambare P, Kumar J, Rodrigues S, et al. Electrochemical performance of highly mesoporous nitrogen doped carbon cathode in lithium-oxygen batteries [J]. Journal of Power Sources, 2011, 196 (6): 3310~3316.

[95] Li Y L, Wang J J, Li X F, et al. Discharge product morphology and increased charge performance of lithium-oxygen batteries with graphene nanosheet electrodes: the effect of sulphur doping [J]. Journal of Materials Chemistry, 2012, 22(38): 20170~20174.

[96] Zhu X B, Yan Y, Wan W, et al. Yeast-derived active carbon as sustainable high-performance electrodes for lithium-oxygen batteries [J]. Materials Letters, 2018, 215: 71~74.

[97] Luo J, Yao X, Yang L, et al. Free-standing porous carbon electrodes derived from wood for high-performance $Li-O_2$ battery applications [J]. Nano research, 2017, 10(12): 1~9.

[98] Débart A, Bao J, Armstrong G, et al. An O_2 cathode for rechargeable lithium batteries: the effect of a catalyst [J]. Journal of Power Sources, 2007, 174(2): 1177~1182.

[99] Yoon T H, Park Y J, Carbon nanotube/Co_3O_4 composite for air electrode of lithium-air battery [J]. Nanoscale research letters, 2012, 7(1): 1~4.

[100] Cui Y, Wen Z, Sun S, et al. Mesoporous Co_3O_4 with different porosities as catalysts for the lithium-oxygen cell [J]. Solid State Ionics, 2012, 225: 598~603.

[101] Bruce P G, Scrosati B, Tarascon J-M, Nanomaterials for Rechargeable Lithium Batteries [J]. Angewandte Chemie International Edition, 2008, 47(16): 2930~2946.

[102] Zhang G, Zheng J, Liang R, et al. $\alpha-MnO_2$/carbon nanotube/carbon nanofiber composite catalytic air electrodes for rechargeable lithium-air batteries [J]. Journal of the Electrochemical Society, 2011, 158 (7): A822~A827.

[103] Li J, Wang N, Zhao Y, et al. MnO_2 nanoflakes coated on multi-walled carbon nanotubes for rechargeable lithium-air batteries [J]. Electrochemistry Communications, 2011, 13(7): 698~700.

[104] Wang H, Yang Y, Liang Y, et al. Rechargeable Li-O$_2$ batteries with a covalently coupled MnCo$_2$O$_4$-graphene hybrid as an oxygen cathode catalyst [J]. Energy & Environmental Science, 2012, 5(7): 7931~7935.

[105] Cao Y, Wei Z, He J, et al. α-MnO$_2$ nanorods grown in situ on graphene as catalysts for Li-O$_2$ batteries with excellent electrochemical performance [J]. Energy & Environmental Science, 2012, 5(12): 9765~9768.

[106] Qin Y, Lu J, Du P, et al. In situ fabrication of porous-carbon-supported α-MnO$_2$ nanorods at room temperature: application for rechargeable Li-O$_2$ batteries [J]. Energy & Environmental Science, 2013, 6(2): 519~531.

[107] Cao Y, Cai S R, Fan S C, et al. Reduced graphene oxide anchoring CoFe$_2$O$_4$ nanoparticles as an effective catalyst for non-aqueous lithium-oxygen batteries [J]. Faraday Discussions, 2014, 172: 215~221.

[108] Sun B, Zhang J, Munroe P, et al. Hierarchical NiCo$_2$O$_4$ nanorods as an efficient cathode catalyst for rechargeable non-aqueous Li-O$_2$ batteries [J]. Electrochemistry Communications, 2013, 31: 88~91.

[109] Wang J, Zhan R, Fu Y, et al. Design and synthesis of hierarchical, freestanding bowl-like NiCo$_2$O$_4$ as cathode for long-life Li-O$_2$ batteries [J]. Materials Today Energy, 2017, 5: 214~221.

[110] Black R, Lee J H, Adams B, et al. The role of catalysts and peroxide oxidation in lithium-oxygen batteries [J]. Angewandte Chemie, 2013, 125(1): 410~414.

[111] Xu S M, Zhu Q C, Du F H, et al. Co$_3$O$_4$-based binder-free cathodes for lithium-oxygen batteries with improved cycling stability [J]. Dalton Transactions, 2015, 44(18): 8678-8684.

[112] Shen C, Wen Z Y, Wang F, et al. Reduced free-standing Co$_3$O$_4$@ Ni cathode for lithium-oxygen batteries with enhanced electrochemical performance [J]. RSC Advances, 2016, 6(20): 16263~16267.

[113] Zhang P, Wang R, He M, et al. 3D hierarchical Co/CoO-graphene-carbonized melamine foam as a superior cathode toward long-life lithium oxygen batteries [J]. Advanced Functional Materials, 2016, 26(9): 1354~1364.

[114] Tong S, Zheng M, Lu Y, et al. Mesoporous NiO with a single-crystalline structure utilized as a noble metal-free catalyst for non-aqueous Li-O$_2$ batteries [J]. Journal of Materials Chemistry A, 2015, 3(31): 16177~16182.

[115] Zhang W Y, Zeng Y, Xu C, et al. Fe$_2$O$_3$ nanocluster-decorated graphene as O$_2$ electrode for high energy Li-O$_2$ batteries [J]. RSC Advances, 2012, 2(22): 8508~8514.

[116] Liu Q C, Xu J J, Xu D, et al. Flexible lithium-oxygen battery based on a recoverable cathode [J]. Nature communications, 2015, 6: 7892.

[117] Kang J, Kim J, Lee S, et al. Breathable carbon-free electrode: black TiO$_2$ with hierarchically ordered porous structure for stable Li-O$_2$ battery [J]. Advanced Energy Materials, 2017, 7(19): 1700814.

[118] Zhang X Z, Han D, He Y B, et al. Mesoporous Cr$_2$O$_3$ nanotubes as an efficient catalyst for Li-O$_2$ batteries with low charge potential and enhanced cyclic performance [J]. Journal of Materials Chemistry A, 2016, 4(20): 7727~7735.

[119] Yang C, Wong R A, Hong M, et al. Unexpected Li$_2$O$_2$ film growth on carbon nanotube electrodes with CeO$_2$ nanoparticles in Li-O$_2$ batteries [J]. Nano Letters, 2016, 16(5): 2969~2974.

[120] Zhao G, Zhang L, Wang B, et al. Cuprous oxide as cathode catalysts of lithium oxygen batteries [J]. Electrochimica Acta, 2015, 184: 117~123.

[121] Shui J L, Karan N K, Balasubramanian M, et al. Fe/N/C composite in Li-O$_2$ Battery: studies of catalytic structure and activity toward oxygen evolution reaction [J]. Journal of the American Chemical Society, 2012, 134(40): 16654~16661.

[122] Dong S, Chen X, Zhang K, et al. Molybdenum nitride based hybrid cathode for rechargeable lithium-O_2 batteries [J]. Chemical Communications, 2011, 47(40): 11291~11293.

[123] Xu S M, Zhu Q C, Harris M, et al. Toward lower overpotential through improved electron transport property: hierarchically porous CoN nanorods prepared by nitridation for lithium-oxygen batteries [J]. Nano Letters, 2016, 16(9): 5902~5908.

[124] Muhammed M O T, Freunberger S, Peng Z, et al. A stable cathode for the aprotic Li-O_2 battery [J]. Nature materials, 2013, 12(11): 1050~1056.

[125] Zhu Q C, Xu S M, Harris M M, et al. A composite of carbon-wrapped Mo_2C nanoparticle and carbon nanotube formed directly on Ni foam as a high-performance binder-free cathode for Li-O_2 batteries [J]. Advanced Functional Materials, 2016, 26(46): 8514~8520.

[126] Kundu D, Black R, Adams B, et al. Nanostructured metal carbides for aprotic Li-O_2 batteries: new insights into interfacial reactions and cathode stability [J]. The journal of physical chemistry letters, 2015, 6(12): 2252~2258.

[127] Lai Y, Chen W, Zhang Z, et al. Fe/Fe_3C decorated 3D porous nitrogen-doped graphene as a cathode material for rechargeable Li-O_2 batteries [J]. Electrochimica Acta, 2016, 191: 733~742.

[128] Dong S, Wang S, Guan J, et al. Insight into enhanced cycling performance of Li-O_2 batteries based on binary $CoSe_2$/CoO nanocomposite electrodes [J]. The journal of physical chemistry letters, 2014, 5(3): 615~621.

[129] Yuasa M, Matsuyoshi T, Kida T, et al. Discharge/charge characteristic of Li-air cells using carbon-supported $LaMn_{0.6}Fe_{0.4}O_3$ as an electrocatalyst [J]. Journal of Power Sources, 2013, 242: 216~221.

[130] Xu J J, Wang Z L, Xu D, et al. 3D ordered macroporous $LaFeO_3$ as efficient electrocatalyst for Li-O_2 batteries with enhanced rate capability and cyclic performance [J]. Energy & Environmental Science, 2014, 7(7): 2213~2219.

[131] Zhao Y, Xu L, Mai L, et al. Hierarchical mesoporous perovskite $La_{0.5}Sr_{0.5}CoO_{2.91}$ nanowires with ultrahigh capacity for Li-air batteries [J]. Proceedings of the National Academy of Sciences, 2012, 109(48): 19569~19574.

[132] Dathar G K P, Shelton W A, Xu Y. Trends in the catalytic activity of transition metals for the oxygen reduction reaction by lithium [J]. Journal of Physical Chemistry Letters, 2012, 3(7): 891~895.

[133] Xu Y, Shelton W A. O_2 reduction by lithium on Au (111) and Pt (111) [J]. The Journal of chemical physics, 2010, 133(2): 024703.

[134] Lu J, Lei Y, Lau K C, et al. A nanostructured cathode architecture for low charge overpotential in lithium-oxygen batteries [J]. Nature communications, 2013, 4.

[135] Thapa A K, Saimen K, Ishihara T. Pd/MnO_2 air electrode catalyst for rechargeable lithium/air battery [J]. Electrochemical and Solid-State Letters, 2010, 13(11): A165.

[136] Thapa A K, Ishihara T. Mesoporous alpha-MnO_2/Pd catalyst air electrode for rechargeable lithium-air battery [J]. Journal of Power Sources, 2011, 196(16): 7016~7020.

[137] Lim H D, Song H, Gwon H, et al. A new catalyst-embedded hierarchical air electrode for high-performance Li-O_2 batteries [J]. Energy & Environmental Science, 2013, 6(12): 3570~3575.

[138] Guo X, Han J, Liu P, et al. Hierarchical nanoporosity enhanced reversible capacity of bicontinuous nanoporous metal based Li-O_2 battery [J]. Scientific reports, 2016, 6: 33466.

[139] Su D, Dou S, Wang G. Gold nanocrystals with variable index facets as highly effective cathode catalysts for lithium-oxygen batteries [J]. Npg Asia Materials, 2015, 7: e155.

[140] Tu F, Hu J, Xie J, et al. Au-decorated cracked carbon tube arrays as binder-free catalytic cathode enab-

ling guided Li_2O_2 inner growth for high-performance $Li-O_2$ batteries [J]. Advanced Functional Materials, 2016, 26(42): 7725~7732.

[141] Xu J J, Chang Z W, Yin Y B, et al. Nanoengineered ultralight and robust all-metal cathode for high-capacity, stable lithium-oxygen batteries [J]. ACS Central Science, 2017, 3(6): 598~604.

[142] Li F, Chen Y, Tang D M, et al. Performance-improved $Li-O_2$ battery with Ru nanoparticles supported on binder-free multi-walled carbon nanotube paper as cathode [J]. Energy & Environmental Science, 2014, 7(5): 1648~1652.

[143] Shi L. Xu A, Zhao T. RuO_2 monolayer: a promising bifunctional catalytic material for nonaqueous lithium-oxygen batteries [J]. The Journal of Physical Chemistry C, 2016, 120(12): 6356~6362.

[144] Yoon K R, Lee G Y, Jung J W, et al. One-dimensional RuO_2/Mn_2O_3 hollow architectures as efficient bifunctional catalysts for lithium-oxygen batteries [J]. Nano Letters, 2016, 16(3): 2076~2083.

[145] Zhao C, Yu C, Banis M N, et al. Decoupling atomic-layer-deposition ultrafine RuO_2 for high-efficiency and ultralong-life $Li-O_2$ batteries. Nano Energy, 2017, 34: 399~407.

[146] Jiang J, He P, Tong S, et al. Ruthenium functionalized graphene aerogels with hierarchical and three-dimensional porosity as a free-standing cathode for rechargeable lithium-oxygen batteries [J]. Npg Asia Materials, 2016, 8: e239.

[147] Lu J, Cheng L, Lau K C, et al. Effect of the size-selective silver clusters on lithium peroxide morphology in lithium-oxygen batteries [J]. Nature communications, 2014, 5: 4895.

[148] Guo K, Li Y, Yuan T, et al. Ultrafine IrO_2 nanoparticle-decorated carbon as an electrocatalyst for rechargeable $Li-O_2$ batteries with enhanced charge performance and cyclability [J]. Journal of Solid State Electrochemistry, 2014, 19(3): 821~829.

[149] Yang L, Frith J, Garcia-Araez N, et al. A new method to prevent degradation of lithium-oxygen batteries: reduction of superoxide by viologen [J]. Chemical Communications, 2015, 51(9): 1705~1708.

[150] Gao X, Chen Y, Johnson L, et al. Promoting solution phase discharge in $Li-O_2$ batteries containing weakly solvating electrolyte solutions [J]. Nature Materials, 2016, 15(8): 882~888.

[151] Chen Y, Freunberger S A, Peng Z, et al. Charging a $Li-O_2$ battery using a redox mediator [J]. Nature chemistry, 2013, 5(6): 489~494.

[152] Han J, Huang G, Ito Y, et al. Full performance nanoporous graphene based $Li-O_2$ batteries through solution phase oxygen reduction and redox-additive mediated Li_2O_2 oxidation [J]. Advanced Energy Materials, 2017, 7(7): 1601933.

[153] Bergner B J, Schürmann A, Peppler K, et al. TEMPO: a mobile catalyst for rechargeable $Li-O_2$ batteries [J]. Journal of the American Chemical Society, 2014, 136(42): 15054~15064.

[154] Feng N, He P, Zhou H. Enabling catalytic oxidation of Li_2O_2 at the liquid-solid interface: the evolution of an aprotic $Li-O_2$ battery [J]. ChemSusChem, 2015, 8(4): 600~602.

[155] Sun D, Shen Y, Zhang W, et al. A solution-phase bifunctional catalyst for lithium-oxygen batteries [J]. Journal of the American Chemical Society, 2014, 136(25): 8941~8946.

[156] Ryu W H, Gittleson F S, Thomsen J M, et al. Heme biomolecule as redox mediator and oxygen shuttle for efficient charging of lithium-oxygen batteries [J]. Nature communications, 2016, 7: 12925.

[157] Lim H D, Song H, Kim J, et al. Superior rechargeability and efficiency of lithium-oxygen batteries: hierarchical air electrode architecture combined with a soluble catalyst [J]. Angewandte Chemie, 2014, 126 (15): 4007~4002.

[158] Gao X, Chen Y, Johnson L R, et al. A rechargeable lithium-oxygen battery with dual mediators stabilizing the carbon cathode [J]. Nature Energy, 2017, 2(9): 17118.

［159］ Cui Y, Wen Z, Liu Y. A free-standing-type design for cathodes of rechargeable Li-O₂ batteries ［J］. Energy & Environmental Science, 2011, 4(11): 4727~4734.

［160］ Li F, Tang D M, Chen Y, et al. Ru/ITO: a Carbon-free cathode for non-aqueous Li-O₂ battery ［J］. Nano Letters, 2013, 13(10): 4702~4707.

［161］ Thotiyl M M O, Freunberger S A, Peng Z, et al. A stable cathode for the aprotic Li-O₂ battery ［J］. Nature materials, 2013, 12(11): 1050~1056.

［162］ Wu B, Zhang H, Zhou W, et al. Carbon-free CoO mesoporous nanowire array cathode for high-performance aprotic Li-O₂ batteries ［J］. ACS Applied Materials & Interfaces, 2015, 7 (41): 23182~23189.

［163］ Yang J, Zhai D, Wang H H, et al. Evidence for lithium superoxide-like species in the discharge product of a Li-O₂ battery ［J］. Physical Chemistry Chemical Physics, 2013, 15(11): 3764~3771.

［164］ Black R, Lee J H, Adams B, et al. The role of catalysts and peroxide oxidation in lithium-oxygen batteries ［J］. Angewandte Chemie International Edition, 2013, 52(1): 392~396.

［165］ Akhtar N, Akhtar W, Prospects, challenges, and latest developments in lithium-air batteries ［J］. International Journal of Energy Research, 2015, 39(3): 303~316.

［166］ Wang Z L, Xu D, Xu J J, et al. Lithium ion batteries: graphene oxide gel-derived, free-standing, hierarchically porous carbon for high-capacity and high-rate rechargeable Li-O₂ batteries ［J］. Advanced Functional Materials, 2012, 22(17): 3745.

［167］ Oh S H, Black R, Pomerantseva E, et al. Synthesis of a metallic mesoporous pyrochlore as a catalyst for lithium-O₂ batteries ［J］. Nature Chemistry, 2012, 4(12): 1004~1010.

［168］ Li F, Tang D M, Zhang T, et al. Superior Performance of a Li-O₂ battery with metallic RuO₂ hollow spheres as the carbon-free cathode ［J］. Advanced Energy Materials, 2015, 5(13): 1500294.

［169］ Cui Y, Wen Z, Liu Y, A free-standing-type design for cathodes of rechargeable Li-O₂ batteries ［J］. Energy & Environmental Science, 2011, 4(11): 4727~4734.

［170］ Mitchell R R, Gallant B M, Shao-Horn Y, et al. Mechanisms of morphological evolution of Li₂O₂ particles during electrochemical growth ［J］. The Journal of Physical Chemistry Letters, 2013, 4 (7): 1060~1064.

［171］ Liu W M, Gao T T, Yang Y, et al. A hierarchical three-dimensional NiCo₂O₄ nanowire array/carbon cloth as an air electrode for nonaqueous Li-air batteries ［J］. Physical Chemistry Chemical Physics, 2013, 15(38): 15806~15810.

［172］ Ma S, Sun L, Cong L, et al. Multiporous MnCo₂O₄ microspheres as an efficient bifunctional catalyst for nonaqueous Li-O₂ batteries ［J］. The Journal of Physical Chemistry C, 2013, 117(49): 25890~25897.

［173］ Choi R, Jung J, Kim G, et al. Ultra-low overpotential and high rate capability in Li-O₂ batteries through surface atom arrangement of PdCu nanocatalysts ［J］. Energy & Environmental Science, 2014, 7(4): 1362~1368.

［174］ Song K, Jung J, Heo Y U, et al. α-MnO₂ nanowire catalysts with ultra-high capacity and extremely low overpotential in lithium-air batteries through tailored surface arrangement ［J］. Physical Chemistry Chemical Physics, 2013, 15(46): 20075~20079.

［175］ Adams B D, Radtke C, Black R, et al. Current density dependence of peroxide formation in the Li-O₂ battery and its effect on charge ［J］. Energy & Environmental Science, 2013, 6(6): 1772~1778.

［176］ Hu Y, Han X, Cheng F, et al. Size effect of lithium peroxide on charging performance of Li-O₂ batteries ［J］. Nanoscale, 2013, 6(1): 177~180.

［177］ Yabuuchi N, Kubota K, Dahbi M, et al. Research development on sodium-ion batteries ［J］. Chemical

Reviews, 2014, 114(23): 11636~11682.

[178] Ge P, Fouletier M. Electrochemical intercalation of sodium in graphite-sciencedirect. Solid State Ionics Diffusion & Reactions, 1988, 28~30: 1172~1175.

[179] Wen Y, He K, Zhu Y, et al. Expanded graphite as superior anode for sodium-ion batteries [J]. Nature communications, 2014, 5(1): 4033.

[180] Kim H, Hong J, Park Y U, et al. Energy storage: sodium storage behavior in natural graphite using ether-based electrolyte systems [J]. Advanced Functional Materials, 2015, 25(4): 652.

[181] Hasa I, Dou X, Buchholz D, et al. A sodium-ion battery exploiting layered oxide cathode, graphite anode and glyme-based electrolyte [J]. Journal of Power Sources, 2016, 310: 26~31.

[182] Wang Y X, Chou S L, Liu H K, et al. Reduced graphene oxide with superior cycling stability and rate capability for sodium storage [J]. Carbon, 2013, 57: 202~208.

[183] Matsuo Y, Ueda K, Pyrolytic carbon from graphite oxide as a negative electrode of sodium-ion battery [J]. Journal of Power Sources, 2014, 263: 158~162.

[184] Alcantara R, Lavela P, Ortiz G F, et al. Carbon microspheres obtained from resorcinol-formaldehyde as high-capacity electrodes for sodium-ion batteries [J]. Electrochemical & Solid State Letters, 2005, 8(4): A222~A225.

[185] Wenzel S, Hara T, Janek J, et al. Room-temperature sodium-ion batteries: improving the rate capability of carbon anode materials by templating strategies [J]. Energy & Environmental Science, 2011, 4(9): 3342~3345.

[186] Luo W, Jian Z, Xing Z, et al. Electrochemically expandable soft carbon as anodes for Na-Ion batteries [J]. ACS Central Science, 2015, 1(9): 516~522.

[187] Stevens D A, et al. High capacity anode materials for rechargeable sodium-ion batteries [J]. Journal of the Electrochemical Society, 2000, 147(4): 1271~1273.

[188] Li Y, Mu L, Hu Y S, et al. Pitch-derived amorphous carbon as high performance anode for sodium-ion batteries [J]. Energy Storage Materials, 2016, 2: 139~145.

[189] Cao L, Hui W, Xu Z, et al. Rape seed shuck derived-lamellar hard carbon as anodes for sodium-ion batteries [J]. Journal of Alloys and Compounds, 2016, 695: 632~637.

[190] Liu P, Li Y, Hu Y S, et al. A waste biomass derived hard carbon as a high-performance anode material for sodium-ion batteries [J]. Journal of Materials Chemistry A, 2016, 4(34): 13046~13052.

[191] Wu L, Buchholz D, Vaalma C, et al. Apple-biowaste-derived hard carbon as a powerful anode material for Na-Ion batteries [J]. ChemElectroChem, 2016, 3(2): 292~298.

[192] Li H, Shen F, Luo W, et al. Carbonized-leaf membrane with anisotropic surfaces for sodium-ion battery [J]. ACS Applied Materials & Interfaces, 2016, 8(3): 2204~2210.

[193] Cao Y, Xiao L, Sushko M L, et al. Sodium ion insertion in hollow carbon nanowires for battery applications [J]. Nano Letters, 2012, 12(7): 3783~3787.

[194] Li Y, Hu Y S, Titirici M M, et al. Hard carbon microtubes made from renewable cotton as high-performance anode material for sodium-ion batteries [J]. Advanced Energy Materials, 2016, 6(18): 1600659.

[195] Licht S, Douglas A, Ren J, et al. Carbon nanotubes produced from ambient carbon dioxide for environmentally sustainable lithium-ion and sodium-ion battery anodes [J]. ACS Central Science, 2016, 2(3): 162~168.

[196] Li Y, Hu Y S, Qi X, et al. Advanced sodium-ion batteries using superior low cost pyrolyzed anthracite anode: towards practical applications [J]. Energy Storage Materials, 2016, 5: 191~197.

[197] Li Y, Xu S, Wu X, et al. Amorphous monodispersed hard carbon micro-spherules derived from biomass as

a high performance negative electrode material for sodium-ion batteries [J]. Journal of Materials Chemistry A, 2015, 3(1): 71~77.

[198] Yan Y, Yin Y X, Guo Y G, et al. A Sandwich-like hierarchically porous carbon/graphene composite as a high-performance anode material for sodium-ion batteries [J]. Advanced Energy Materials, 2014, 4 (8): 1301584.

[199] Liu Y, Fan L Z, Jiao L. Graphene highly scattered in porous carbon nanofibers: a binder-free and high-performance anode for sodium-ion batteries [J]. Journal of Materials Chemistry A, 2017, 5(4): 1698~1705.

[200] Mai L, Dong Y, Xu L, et al. Single nanowire electrochemical devices [J]. Nano Letters, 2010, 10 (10): 4273~4278.

[201] Shao Y, Zhang S, Engelhard M H, et al. Nitrogen-doped graphene and its electrochemical applications [J]. Journal of Materials Chemistry, 2010, 20(35): 7491~7496.

[202] Wang H G, Wu Z, Meng F I, et al. Nitrogen-doped porous carbon nanosheets as low-cost, high-performance anode material for sodium-ion batteries [J]. ChemSusChem, 2013, 6(1): 56~60.

[203] Wang X, Li G, Hassan F M, et al. Sulfur covalently bonded graphene with large capacity and high rate for high-performance sodium-ion batteries anodes [J]. Nano Energy, 2015, 15: 746~754.

[204] Bhosale M E, Banerjee A, Krishnamoorthy K. Heteroatom facilitated preparation of electrodes for sodium ion batteries [J]. RSC Advances, 2017, 7(21): 12659~12662.

[205] Ou J, Yang L, Zhang Z, et al. Nitrogen-doped porous carbon derived from horn as an advanced anode material for sodium ion batteries [J]. Microporous and Mesoporous Materials, 2017, 237: 23~30.

[206] Yang Y, Qiu M, Liu L, et al. Nitrogen-doped hollow carbon nanospheres derived from dopamine as high-performance anode materials for sodium-ion batteries [J]. Nano, 2016, 11(11): 1650124.

[207] Qie L, Chen W, Xiong X, et al. Sulfur-doped carbon with enlarged interlayer distance as a high-performance anode material for sodium-ion batteries [J]. Advanced Science, 2015, 2(12).

[208] Yang J, Zhou X, Wu D, et al. S-doped N-rich carbon nanosheets with expanded interlayer distance as anode materials for sodium-ion batteries [J]. Advanced Materials, 2017, 29(6): 1604108.

[209] Wang J, Huang Z, Liu W, et al. Design of N-coordinated dual-metal sites: a stable and active Pt-free catalyst for acidic oxygen reduction reaction [J]. Journal of the American Chemical Society, 2017, 139 (48): 17281~17284.

[210] Chen Y, Ji S, Wang Y, et al. Isolated single iron atoms anchored on N-doped porous carbon as an efficient electrocatalyst for the oxygen reduction reaction [J]. Angewandte Chemie, 2017, 129 (24): 7041~7045.

[211] Malko D, Kucernak A, Lopes T. Performance of Fe-N/C oxygen reduction electrocatalysts toward NO_2^-, NO, and NH_2OH electroreduction: from fundamental insights into the active center to a new method for environmental nitrite destruction [J]. Journal of the American Chemical Society, 2016, 138 (49): 16056~16068.

[212] Mamtani K, Jain D, Zemlyanov D, et al. Probing the oxygen reduction reaction active sites over nitrogen-doped carbon nanostructures (CN_x) in acidic media using phosphate anion [J]. ACS Catalysis, 2016, 6 (10): 7249~7259.

[213] Zitolo A, Goellner V, Armel V, et al. Identification of catalytic sites for oxygen reduction in iron-and nitrogen-doped graphene materials [J]. Nature Materials, 2015, 14(9): 937.

[214] Jia Q, Ramaswamy N, Hafiz H, et al. Experimental observation of redox-induced Fe-N switching behavior as a determinant role for oxygen reduction activity [J]. ACS Nano, 2015, 9(12): 12496~12505.

［215］ Jasinski R, A new fuel cell cathode catalyst ［M］. Nature, 1964, 201(4925): 1212~1213.

［216］ Bezerra C W, Zhang L, Lee K, et al. A review of Fe-N/C and Co-N/C catalysts for the oxygen reduction reaction ［J］. Electrochimica Acta, 2008, 53(15): 4937~4951.

［217］ Dai L, Xue Y, Qu L, et al. Metal-free catalysts for oxygen reduction reaction ［J］. Chemical Reviews, 2015, 115(11): 4823~4892.

［218］ Wang C. Nitrogen-doped, Oxygen-functionalized, edge-and defect-rich vertical aligned graphene for highly enhanced oxygen evolution reaction ［J］. Journal of Materials Chemistry A, 2017.

［219］ Fei H, Dong J, Feng Y, et al. General synthesis and definitive structural identification of MN_4C_4 single-atom catalysts with tunable electrocatalytic activities ［J］. Nature Catalysis, 2018, 1(1): 63.

［220］ Yang H, Wang C, Zhang Y, et al. Chemical valence-dependent electrocatalytic activity for oxygen evolution reaction: a case of nickel sulfides hybridized with N and S Co-doped carbon nanoparticles ［J］. Small, 2018, 14(8).

［221］ Li S, Cheng C, Zhao X, et al. Active salt/silica-templated 2D mesoporous FeCo-N_x-carbon as bifunctional oxygen electrodes for zinc-air batteries ［J］. Angewandte Chemie International Edition, 2018, 57(7): 1856~1862.

［222］ Amiinu I S, Liu X, Pu Z, et al. From 3D ZIF nanocrystals to Co-N_x/C nanorod array electrocatalysts for ORR, OER, and Zn-Air batteries ［J］. Advanced Functional Materials, 2018, 28(5).

［223］ Lee K J, Shin D Y, Byeon A, et al. Hierarchical cobalt-nitride-and-oxide co-doped porous carbon nano-structures for highly efficient and durable bifunctional oxygen reaction electrocatalysts ［J］. Nanoscale, 2017, 9(41): 15846~15855.

［224］ Zagal J H. Metallophthalocyanines as catalysts in electrochemical reactions ［J］. Coordination Chemistry Reviews, 1992, 119: 89~136.

［225］ Baranton S, Coutanceau C, Roux C, et al. Oxygen reduction reaction in acid medium at iron phthalocya-nine dispersed on high surface area carbon substrate: tolerance to methanol, stability and kinetics ［J］. Journal of Electroanalytical Chemistry, 2005, 577(2): 223~234.

［226］ Wiesener K, Ohms D, Neumann V, et al. N4 macrocycles as electrocatalysts for the cathodic reduction of oxygen ［J］. Materials Chemistry and Physics, 1989, 22(3~4): 457~475.

［227］ Miry C, Le Brun D, Kerbaol J M, et al. Cobalt(Ⅱ)-dibenzotetraaza ［14］ annulene complex electropoly-merization for electrode modification ［J］. Journal of Electroanalytical Chemistry, 2000, 494(1): 53~59.

［228］ Sakata K, Hashimotoa M, Nakamuraa H. Preparation and spectral properties of cobalt (Ⅱ) and nickel (Ⅱ) complexes with tetramethyldibenzotetraaza ［14］ annulene ［J］. Synthesis and Reactivity in Inorganic and Metal-Organic Chemistry, 1994, 24(1): 1~7.

［229］ Matsuda S, Mori S, Hashimoto K, et al. Transition metal complexes with macrocyclic ligands serve as effi-cient electrocatalysts for aprotic oxygen evolution on Li_2O_2 ［J］. The Journal of Physical Chemistry C, 2014, 118(49): 28435~28439.

［230］ McGuire Jr R, Dogutan D K, Teets T S, et al. Oxygen reduction reactivity of cobalt(Ⅱ) hangman porphy-rins ［J］. Chemical Science, 2010, 1(3): 411~414.

［231］ Hijazi I, Bourgeteau T, Cornut R, et al. Carbon nanotube-templated synthesis of covalent porphyrin net-work for oxygen reduction reaction ［J］. Journal of the American Chemical Society, 2014, 136(17): 6348~6354.

［232］ Gupta S, Tryk D, Bae I, et al. Heat-treated polyacrylonitrile-based catalysts for oxygen electroreduction ［J］. Journal of Applied Electrochemistry, 1989, 19(1): 19~27.

[233] Lefèvre M, Proietti E, Jaouen F, et al. Iron-based catalysts with improved oxygen reduction activity in polymer electrolyte fuel cells [J]. Science, 2009, 324(5923): 71~74.

[234] Wu G, More K L, Johnston C M, et al. High-performance electrocatalysts for oxygen reduction derived from polyaniline, iron, and cobalt [J]. Science, 2011, 332(6028): 443~447.

[235] He W, Wang Y, Jiang C, et al. Structural effects of a carbon matrix in non-precious metal O_2-reduction electrocatalysts [J]. Chemical Society Reviews, 2016, 45(9): 2396~2409.

[236] Jahnke H, Schönborn M, Zimmermann G. Organic dyestuffs as catalysts for fuel cells [J]. Topics in Current Chemistry, 1976: 133~181.

[237] Weng L, Bertrand P, Lalande G, et al. Surface characterization by time-of-flight SIMS of a catalyst for oxygen electroreduction: pyrolyzed cobalt phthalocyanine-on-carbon black [J]. Applied Surface Science, 1995, 84(1): 9~21.

[238] Liu H, Song C, Tang Y, et al. High-surface-area CoTMPP/C synthesized by ultrasonic spray pyrolysis for PEM fuel cell electrocatalysts [J]. Electrochimica Acta, 2007, 52(13): 4532~4538.

[239] Bouwkamp-Wijnoltz A, Visscher W, Van Veen J, et al. On active-site heterogeneity in pyrolyzed carbon-supported iron porphyrin catalysts for the electrochemical reduction of oxygen: an in situ mössbauer study [J]. The Journal of Physical Chemistry B, 2002, 106(50): 12993~13001.

[240] Koslowski U I, Abs-Wurmbach I, Fiechter S, et al. Nature of the catalytic centers of porphyrin-based electrocatalysts for the ORR: a correlation of kinetic current density with the site density of Fe-N_4 centers [J]. The Journal of Physical Chemistry C, 2008, 112(39): 15356~15366.

[241] Kramm U I, Herranz J, Larouche N, et al. Structure of the catalytic sites in Fe/N/C-catalysts for O_2-reduction in PEM fuel cells [J]. Physical Chemistry Chemical Physics, 2012, 14(33): 11673~11688.

[242] Charreteur F, Jaouen F, Dodelet J P. Iron porphyrin-based cathode catalysts for PEM fuel cells: Influence of pyrolysis gas on activity and stability [J]. Electrochimica Acta, 2009, 54(26): 6622~6630.

[243] Meng H, Larouche N, Lefèvre M, et al. Iron porphyrin-based cathode catalysts for polymer electrolyte membrane fuel cells: Effect of NH_3 and Ar mixtures as pyrolysis gases on catalytic activity and stability [J]. Electrochimica Acta, 2010, 55(22): 6450~6461.

[244] Wu G, Johnston C M, Mack N H, et al. Synthesis-structure-performance correlation for polyaniline-Me-C non-precious metal cathode catalysts for oxygen reduction in fuel cells [J]. Journal of Materials Chemistry, 2011, 21(30): 11392~11405.

[245] Zhang H, Nai J, Yu L, et al. Metal-organic-framework-based materials as platforms for renewable energy and environmental applications [J]. Joule, 2017, 1(1): 77~107.

[246] Jahan M, Bao Q, Loh K P. Electrocatalytically active graphene-porphyrin MOF composite for oxygen reduction reaction [J]. Journal of the American Chemical Society, 2012, 134(15): 6707~6713.

[247] Fu S, Zhu C, Song J, et al. Metal-organic framework-derived non-precious metal nanocatalysts for oxygen reduction reaction [J]. Advanced Energy Materials, 2017, 7(19): 1700363.

[248] Wu Y, Zhao S, Zhao K, et al. Porous Fe-N_x/C hybrid derived from bi-metal organic frameworks as high efficient electrocatalyst for oxygen reduction reaction [J]. Journal of Power Sources, 2016, 311: 137~143.

[249] You B, Jiang N, Sheng M, et al. Bimetal-organic framework self-adjusted synthesis of support-free nonprecious electrocatalysts for efficient oxygen reduction [J]. ACS Catalysis, 2015, 5(12): 7068~7076.

[250] Tang H, Cai S, Xie S, et al. Metal-organic-framework-derived dual metal-and nitrogen-doped carbon as efficient and robust oxygen reduction reaction catalysts for microbial fuel cells [J]. Advanced Science, 2016, 3(2).

[251] Gong K, Du F, Xia Z, et al. Nitrogen-doped carbon nanotube arrays with high electrocatalytic activity for oxygen reduction [J]. Science, 2009, 323(5915): 760~764.

[252] Avouris P, Chen Z, Perebeinos V, Carbon-based electronics [J]. Nature Nanotechnology, 2007, 2 (10): 605.

[253] Zhao L, He R, Rim K T, et al. Visualizing individual nitrogen dopants in monolayer graphene [J]. Science, 2011, 333(6045): 999~1003.

[254] Zhang L, Niu J, Dai L, et al. Effect of microstructure of nitrogen-doped graphene on oxygen reduction activity in fuel cells [J]. Langmuir, 2012, 28(19): 7542~7550.

[255] Nie Y, Li L, Wei Z. Recent advancements in Pt and Pt-free catalysts for oxygen reduction reaction [J]. Chemical Society Reviews, 2015, 44(8): 2168~2201.

[256] Strelko V V, Kuts V S, Thrower P A. On the mechanism of possible influence of heteroatoms of nitrogen, boron and phosphorus in a carbon matrix on the catalytic activity of carbons in electron transfer reactions [J]. Carbon, 2000, 38(10): 1499~1503.

[257] Yang W, Fellinger T P, Antonietti M. Efficient metal-free oxygen reduction in alkaline medium on high-surface-area mesoporous nitrogen-doped carbons made from ionic liquids and nucleobases [J]. Journal of the American Chemical Society, 2010, 133(2): 206~209.

[258] Fellinger T P, Hasché F, Strasser P, et al. Mesoporous nitrogen-doped carbon for the electrocatalytic synthesis of hydrogen peroxide [J]. Journal of the American Chemical Society, 2012, 134 (9): 4072~4075.

[259] Li Y, Zhou W, Wang H, et al. An oxygen reduction electrocatalyst based on carbon nanotube-graphene complexes [J]. Nature Nanotechnology, 2012, 7(6): 394.

[260] Matter P H, Wang E, Arias M, et al. Oxygen reduction reaction activity and surface properties of nano-structured nitrogen-containing carbon [J]. Journal of Molecular Catalysis A: Chemical, 2007, 264(1-2): 73~81.

[261] Sun Z, Tseung A. Effect of dissolved iron on oxygen reduction at a Pt/C electrode in sulfuric acid [J]. Electrochemical and Solid-State Letters, 2000, 3(9): 413~415.

[262] Lee Y H, Li F, Chang K H, et al. Novel synthesis of N-doped porous carbons from collagen for electrocatalytic production of H_2O_2 [J]. Applied Catalysis B: Environmental, 2012, 126: 208~214.

[263] Guo D, Shibuya R, Akiba C, et al. Active sites of nitrogen-doped carbon materials for oxygen reduction reaction clarified using model catalysts [J]. Science, 2016, 351(6271): 361~365.

[264] Jeon I Y, Choi H J, Ju M J, et al. Direct nitrogen fixation at the edges of graphene nanoplatelets as efficient electrocatalysts for energy conversion [J]. Scientific Reports, 2013, 3: 2260.

[265] Zhao Y, Hu C, Song L, et al. Functional graphene nanomesh foam [J]. Energy & Environmental Science, 2014, 7(6): 1913~1918.

[266] Li Y, Zhang H, Wang Y, et al. A self-sponsored doping approach for controllable synthesis of S and N co-doped trimodal-porous structured graphitic carbon electrocatalysts [J]. Energy & Environmental Science, 2014, 7(11): 3720~3726.

[267] Han C, Bo X, Zhang Y, et al. One-pot synthesis of nitrogen and sulfur co-doped onion-like mesoporous carbon vesicle as an efficient metal-free catalyst for oxygen reduction reaction in alkaline solution [J]. Journal of Power Sources, 2014, 272: 267~276.

[268] Liu Z W, Peng F, Wang H J, et al. Phosphorus-doped graphite layers with high electrocatalytic activity for the O_2 reduction in an alkaline medium [J]. Angewandte Chemie, 2011, 123(14): 3315~3319.

[269] Liu Z, Peng F, Wang H, et al. Novel phosphorus-doped multiwalled nanotubes with high electrocatalytic

activity for O_2 reduction in alkaline medium [J]. Catalysis Communications, 2011, 16(1): 35~38.

[270] Yang D S, Bhattacharjya D, Inamdar S, et al. Phosphorus-doped ordered mesoporous carbons with different lengths as efficient metal-free electrocatalysts for oxygen reduction reaction in alkaline media [J]. Journal of the American Chemical Society, 2012, 134(39): 16127~16130.

[271] Li R, Wei Z, Gou X. Nitrogen and phosphorus dual-doped graphene/carbon nanosheets as bifunctional electrocatalysts for oxygen reduction and evolution [J]. ACS Catalysis, 2015, 5(7): 4133~4142.

[272] Steele B C, Heinzel A. Materials for fuel-cell technologies [J]. Nature, 2001, 414(6861): 345~352.

[273] Debe M K. Electrocatalyst approaches and challenges for automotive fuel cells [J]. Nature, 2012, 486 (7401): 43~51.

2 碳基复合材料在锂-二氧化碳电池中的应用

2.1 碳纳米管负载二氧化铱复合材料的制备及其性能研究

2.1.1 研究背景

化石燃料引起的环境问题变得越来越严重，而产生的二氧化碳传统的燃烧过程是导致温室效应的主要原因，这使得研发新的储能系统迫在眉睫。锂-二氧化碳电池能够在储存能量的同时捕获二氧化碳。2013 年，Archer 等人报道称，锂-二氧化碳电池可以在纯 CO_2 气氛下高温放电，但电池在室温下是不可逆的[1]。李泓教授及其同事首次报道了采用科琴黑（KB）阴极和常规的电解液（$LiCF_3SO_3$ 溶解在 TEGDME 中）制备了室温可充锂-二氧化碳电池[2]。典型的可充电锂-二氧化碳电池是基于反应 1：$4Li+3CO_2 \rightleftharpoons 2Li_2CO_3+C$。反应的主放电产物（$Li_2CO_3$）是一个低电子电导率和惰性电化学活性的绝缘体，它会积聚在电极上，导致电池失活[3]。

要解决这个问题，一个解决方案是设计空气阴极的空间结构，以提供足够的空间容纳 Li_2CO_3。碳材料是制备锂-二氧化碳电池空气负极的理想选择，尤其是掺杂碳材料具有高的孔隙结构、良好的催化活性、低成本和优良的导电性。周震教授课题组将功能碳材料催化剂（CNT 和石墨烯）应用于锂-二氧化碳电池中，获得了更高的比容量[4,5]。但该电池循环稳定性差，电压极化过充量大。因此，采用高效的阴极催化剂促进 Li_2CO_3 的分解，以提高库仑效率和循环性能是另一种解决方案。过渡金属基材料已被证明是促进锂和二氧化碳可逆反应的有效的阴极催化剂。Ni/N 掺杂石墨烯[6]、NiO/碳纳米管[4]、Cu/ N 掺杂石墨烯[7]、Mn 基催化剂[8,9]和 ZnS 量子点/ N-还原氧化石墨烯[10]已被开发为可提高电化学性能的锂-二氧化碳电池阴极。然而，在循环过程中，它们的大部分充电点位大于 4.0V，甚至超过 4.2V。高的充电电压会导致超氧化物自由基的产生，这会破坏电解液和电极材料，增加副反应的概率，导致电池的循环稳定性变差。

到目前为止，钌基催化剂在所有已探索的催化剂中表现出最好的性能，特别是在提高循环稳定性和降低过电位方面[11~13]。钌基于催化剂可以避免 Li_2CO_3 的自分解，限制超氧化物的产生，促进反应 2：$2Li_2CO_3+C \rightarrow 4Li^+ + 3CO_2+4e^-$ 的进行。类似于钌基催化剂，IrO_2 是一种传统的催化剂，已成功地用在锂-空气电池[14]和电解水[15]等研究领域之中，但很少用于锂-二氧化碳电池。

因此，整合所有的好处，我们采用气相沉积法（SPCVD）制备了氮掺杂碳纳米管（N/CNT），并用简单的水热法合成超细 IrO_2 纳米颗粒高度分散在 N/CNT（IrO_2-N/CNT）表面的高效阴极催化剂。并将其应用在如图 2.1 所示的锂-二氧化碳电池之中。放电时，锂离子和电子转移到三相界面（CO_2 气体、阴极和电解液）与 CO_2 结合形成 Li_2CO_3 并沉

积在 IrO_2-N/CNT 电极表面。在充电过程中，放电产物 Li_2CO_3 分解释放出 CO_2 和锂离子。IrO_2-N/CNT 电极具有多孔网络阴极结构可以提供高的气体/Li^+ 扩散速率和足够的空隙体积来储存放电产物，氮掺杂可以提高电导率，改变电子分布，高分散性的 IrO_2 纳米粒子增加活性位点的密度，提高催化活性等优势。这种协同效应不仅增强了碳纳米管的电子导电性和对锂/CO_2 的捕获能力，同时也促进了 Li^+/CO_2 与 C/Li_2CO_3 的反应。得益于这些优点，该电池实现了 4634mA·h/g 的大放电比容量，低充电平台和过电位（3.95V/1.34V），以及超长循环寿命（在电流密度为 100mA/g，截止容量为 400mA·h/g 时，运行 2500h/316 循环）。

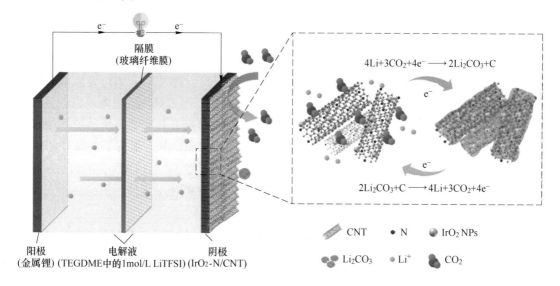

图 2.1 IrO_2-N/CNT 阴极在锂-二氧化碳电池中作用示意图

2.1.2   试验方法及装置

2.1.2.1   材料的制备

采用喷雾热解化学气相沉积（SPCVD）法制备了氮掺杂碳纳米管（N/CNT）材料。将氧化铝燃烧船固定在化学气相沉积炉的垂直石英管中。在 Ar 气氛下将炉加热至 850℃，并在超声波探头声控发生器下，以 250μL/min 的流速将催化溶液 A（0.2g 二茂铁溶于 10mL 乙腈中）引入管中，持续 5min。然后将溶液 B（2g 咪唑，10mL 乙腈）在相同条件下加入管中，保温 30min。SPCVD 处理后，将样品分散到 40mL 的 HNO_3（68%，质量分数）中，并转移到 100mL 的高压釜中，在 100℃下保温处理 1h。经过洗涤和干燥，得到了 N/CNT。

以氯化铱为前体，采用本课题组报道的水热法合成了 IrO_2-N/CNT 材料。将 50mg N/CNT 加入 40mL 去离子水中，超声 0.5h，搅拌 2h。加入浓度为 5mg/mL 的氯化铱水合物溶液，继续超声 0.5h，搅拌 3h。然后在 160℃下保温处理 6h，用去离子水清洗，干燥后得到 IrO_2-N/CNT。比较而言，采用同样的水热工艺制备了以商业碳纳米管负载 IrO_2 纳米颗粒（IrO_2-CNT）催化剂。

2.1.2.2 材料的表征

材料的形貌通过扫描电子显微镜（FEI Nova NanoSEM 450，美国）表征和透射电子显微镜（TEM，Tecnai G 2 F20 S-Twin）表征。使用 Rigaku mini Flex 600 粉末衍射仪进行结构分析。通过 PHI5000 Versa probe-Ⅱ 光谱仪的 X 射线光电子能谱研究了元素组成。FT-IR 光谱通过 Nicolet iS10 FT-IR 测试。

2.1.2.3 电化学性能测试

首先，称取一定量的聚偏二氟乙烯黏结剂加入 N-甲基吡咯烷酮中，在磁力搅拌器上搅拌 12h 使其完全溶解至无色。取制备的催化剂（90%，质量分数）与黏结剂 PVDF（10%，质量分数）混合，加入 1mL NMP 作为溶剂，搅拌 3h，超声 2h 得到混合均匀的电极浆料。将混合好的浆料均匀涂覆在碳纸圆片上，真空干燥 80℃保温 12h，得到 IrO₂-N/CNT 电极。作为对比用的 CNT、IrO₂-CNT、N/CNT 电极也采用同样的方法制备。本章节中的锂-二氧化碳电池的电化学性能均使用扣式电池进行测试。扣式电池极壳采用定制的 CR2032 型号，与普通锂电池极壳不同的是，这种型号的阴极壳带有均匀分布的 17 个孔径为 1mm 的洞，以便二氧化碳进入三相反应界面。扣式电池的组装过程如下：以下所有操作均在氩气气氛的手套箱（O_2 含量小于 $0.1×10^{-6}$，H_2O 含量小于 $0.1×10^{-6}$）中完成。首先在阴极壳上放置一片泡沫镍（直径为 15mm，厚度为 1mm，支撑内部空间，利于气体进入），然后将相应的极片放置于泡沫镍中央，滴 20μL 电解液润湿极片，放置玻璃纤维隔膜（直径为 18mm），继续滴 100μL 电解液完全润湿隔膜，将锂片（直径为 16mm）放于隔膜中央，盖上阳极壳，最后使用液压扣式电池封口机加压封装，并用纸巾擦去表面残留的电解液，至此完成 CR2032 型扣式电池的组装。锂-二氧化碳电池需要在充满二氧化碳气体的测试箱中静置 12h。待开路电压测试符合标准（$(3±0.2)V$）后进行电化学性能测试。

2.1.3 结果与讨论

2.1.3.1 材料的形貌与结构表征

图 2.1 展示了 IrO₂-N/CNT 阴极在锂-二氧化碳电池中的作用以及结构组成。如图 2.2（a）所示，通过 XRD 测定证实了 IrO₂-N/CNT 的晶相。在 26.2℃左右出现了一个尖峰对应于（002）平面石墨碳，在 34.7℃出现了明显的金属峰属于正交 IrO₂ 相（JCPDS 卡片 No. 15-0870）。未发现其他衍射峰，表明制备的催化剂纯度高。

用 X 射线光电子能谱（XPS）对 IrO₂-N/CNT 的表面元素组成/化学状态进行了分析。如图 2.3（a）中 IrO₂-N/CNT 的全谱，可以清楚地观察到 C、N、O 和 Ir 的信号。在高分辨率 C 1s 的 XPS 谱中（如图 2.2（b）所示），C—C 和 C—N/C—O 分别在 284.8eV 和 286.0eV 左右出现了拟合峰。如图 2.2（c）所示，N 1s 谱被分为四种物质：吡啶 N（398.06eV）、吡咯 N（400.36eV）、石墨 N（401.12eV）和氧化 N（403.14eV）。此外，图 2.2（d）为高分辨率 Ir 4f 的 XPS 谱的拟合峰，拟合峰值在 65.1eV 和 62.19eV 对应 Ir^{4+}（IrO₂）的 $4f_{5/2}$ 和 $4f_{7/2}$ 峰。在 66.43eV 和 63.39eV 的峰对应 Ir^{x+} 的 $4f_{5/2}$ 和 $4f_{7/2}$。催化剂中 Ir^{4+} 的总原子比可达 80.57%，证实了催化剂中 Ir 主要以 Ir^{4+} 的状态存在。此外，N/

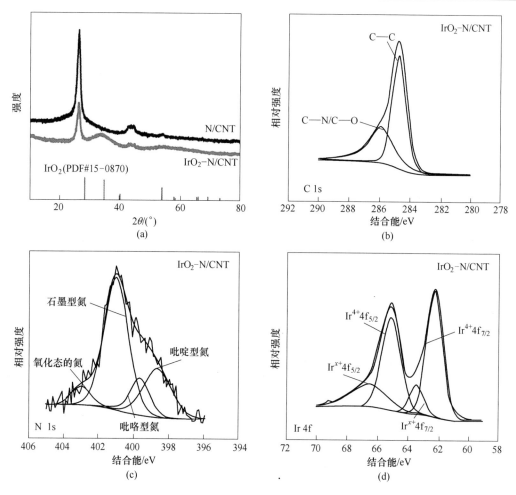

图 2.2　IrO$_2$-N/CNT 和 N/CNT 的 XRD 谱图（a）；
IrO$_2$-N/CNT 催化剂的高分辨 XPS 图：C 1s（b）；N 1s（c）；Ir 4f（d）

CNT 的 XPS 谱图也作为对比进行了测试，进一步证明了这些对比材料的成功合成（如图 2.3 所示）。

　　用形貌表征方法研究了氮掺杂碳纳米管的微观结构和 IrO$_2$ 纳米粒子的分散情况。如图 2.5（a）所示，制备的 N/CNT 具有典型的管状结构，而 IrO$_2$-N/CNT 保持了这种管状形态（如图 2.5（b）所示）。高度互联的纳米管可以很容易地形成网络，促进 CO$_2$ 吸附、电子传输、Li$^+$ 扩散，并为放电产物提供足够的存储空间。与商用碳纳米管的光滑表面不同，SPCVD 法制备的 N/CNT 呈现褶皱管状结构，具有明显的竹子样形态（如图 2.4（a）所示）。图 2.4（b）的 HRTEM 图像显示纳米管壁由多个夹层组成，其厚度约为 10nm。这些夹层晶格的距离为 0.339nm，着对应石墨的（002）平面。如图 2.5（c）所示，超细的 IrO$_2$ 纳米颗粒均匀分布在 N/CNT 表面。这种超细 IrO$_2$ 纳米颗粒的平均尺寸仅为 2.15nm（如图 2.5（c）和（d）所示），这为二氧化碳还原反应（CO$_2$RR）和二氧化碳析出反应（CO$_2$ER）提供了更强的催化活性。结合 XRD 表征，HRTEM 图像（如图 2.5（d）所示）显示了 IrO$_2$ 的（101）平面晶格条纹（0.258nm），这进一步证明了 IrO$_2$-N/

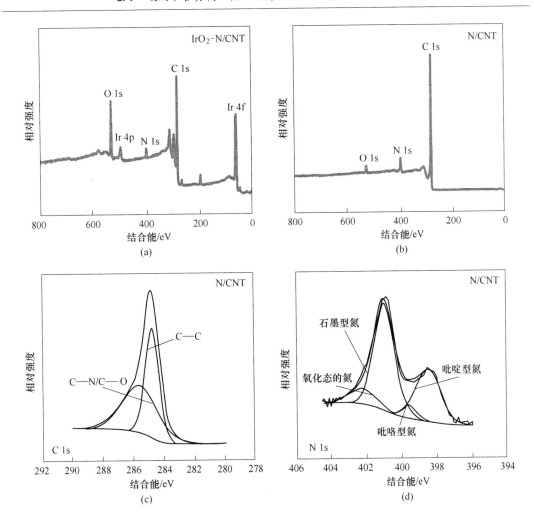

图 2.3 不同催化剂的 XPS 全谱图：IrO_2-N/CNT（a）和 N/CNT（b）；
N/CNT 的高分辨 XPS 谱图：C 1s（c）和 N 1s（d）

CNT 催化剂已成功合成。不同于商业的 CNT 和 IrO_2-CNT（如图 2.7 所示）较小的直径（40nm），本实验自制的 IrO_2-N/CNT 和 N/CNT 直径为 50～100nm。此外，氮掺杂碳纳米管不仅具有更强的活性位点，而且具有更稳定的构型，能够承受超氧化物在充电过程中造成的结构破坏，进一步提高了循环稳定性。N/CNT 的 EDX 证明氮均匀分布在 N/CNT 表面（如图 2.6 所示）。从图 2.5（e）～（i）的元素分布可以进一步说明 IrO_2-N/CNT 催化剂中的 C、N、Ir 和 O 元素的均匀分布。

此外，还进行了 N/CNT 和 IrO_2-N/CNT 的氮气吸附-脱附测试。如图 2.8 所示，N/CNT 和 IrO_2-N/CNT 均呈现典型的带有 H3 滞后回线的Ⅳ型等温线，在较高的相对压力下吸附迅速增加，揭示了结构中存在中孔。丰富的中孔形成的多孔结构不仅保证了催化位点的充分暴露和电解液的完全浸润，而且提供了快速的 CO_2 和 Li 离子传输通道以及足够的空间来存储放电产物。比表面积（BET）的测试结果显示 IrO_2-N/CNT 的表面积为 56.79m^2/g，略大于 N/CNT（34.56m^2/g）。可以看出，负载超细 IrO_2 纳米颗粒不会阻塞 N/

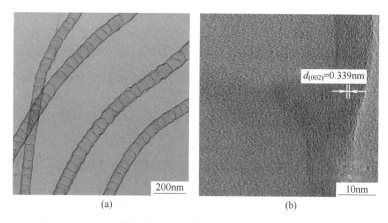

图 2.4　N/CNT 催化剂的 TEM 谱图（a）和 HRTEM 谱图（b）

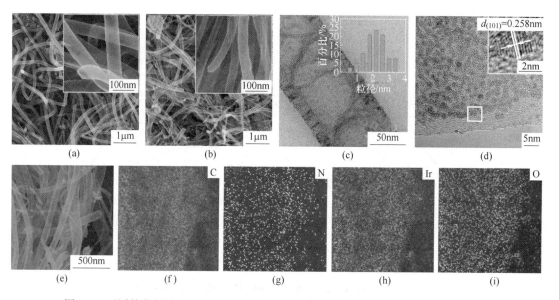

图 2.5　不同催化剂的 SEM 图：N/CNT（a），IrO$_2$-N/CNT（b）；IrO$_2$-N/CNT 催化剂的透射电镜图（c），（d）；IrO$_2$-N/CNT 催化剂的 EDS 能谱图（e）~（i）

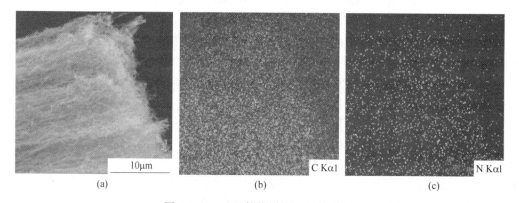

图 2.6　N/CNT 催化剂的 EDS 能谱图

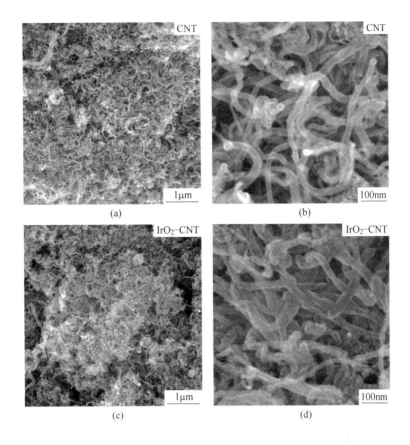

图 2.7 不同催化剂的场发射扫描电镜图：CNT（a），（b）；IrO$_2$-CNT（c），（d）

CNT 表面的小孔，表面积的增加可能与水热反应有关。此外，用热重法（TGA）估算 IrO$_2$-N/CNT（如图 2.9 所示）中催化剂的比例，根据空气流动下 N/CNT 燃烧的失重情况，可以确定 IrO$_2$ 的质量分数约为 33.27%。

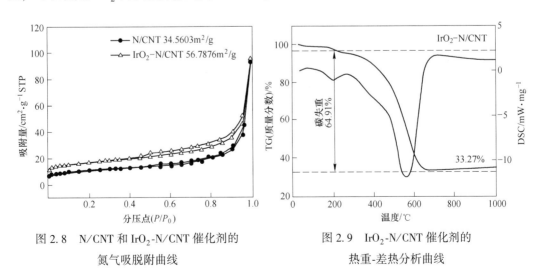

图 2.8 N/CNT 和 IrO$_2$-N/CNT 催化剂的
氮气吸脱附曲线

图 2.9 IrO$_2$-N/CNT 催化剂的
热重-差热分析曲线

2.1.3.2　材料的电化学性能研究

为了研究 IrO_2-N/CNT 对 CO_2RR 和 CO_2ER 催化活性的影响，在 CO_2 环境下对锂-二氧化碳电池进行了组装和测试。图 2.11 （a）中的 EIS 曲线形状相似，均呈半圆形和线形尾部。很明显，CNT 阴极的电阻远高于 IrO_2-N/CNT 阴极，说明后者由于离子传导通路的增强而具有更高的性能。如图 2.11 （b）所示的循环伏安法（CV）图谱，N/CNT 表现出最强的 CO_2 固定能力，起始电位约为 2.9V，这是由于氮掺杂提供了较高的 CO_2RR 活性。对于阳极反应的测试，起始电位下降顺序如下：IrO_2-N/CNT(3.0V)<IrO_2-CNT(3.4V)<N/CNT(3.53V)<CNT（3.82V），说明了 IrO_2 纳米颗粒在 Li_2CO_3 分解反应中的重要作用。此外，在二氧化碳作用下，IrO_2-N/CNT 阴极分别在 3.7V 和 4.0V 处出现了两个阳极峰，而在 Ar 氛围下，在 CV 曲线上没有观察到额外的反应峰（如图 2.10 所示）。这些结果和最近的报道间接证明了，锂-二氧化碳电池 CV 曲线上的两个阳极峰应该对应于非晶态中间产物的氧化（$Li_2C_2O_4$ 基中间体）和 Li_2CO_3 的分解。以上结果表明，氮掺杂可以显著增强 CO_2 的还原，并且 IrO_2 纳米颗粒对 CO_2 的析出表现出良好的催化活性。

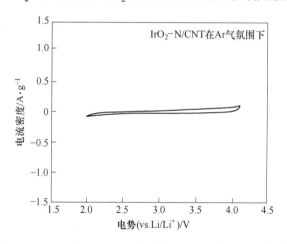

图 2.10　采用 IrO_2-N/CNT 阴极的锂-二氧化碳电池在氩气氛围下的循环伏安曲线

为了进一步证明 IrO_2-N/CNT 的催化活性，图 2.11 （c）比较了锂-二氧化碳电池在 2.0~4.5V 之间的初始放电和充电电荷分布（IrO_2-N/CNT 阴极的截止电位为 2.0~4.1V）。如图 2.11 （c）所示，IrO_2-N/CNT 电极显示出最高的放电比容量（4634mA·h/g），高于 N/CNT 电极（3047mA·h/g）和 IrO_2-CNT 电极（3347mA·h/g），比 CNT 电极（2060mA·h/g）大两倍以上。此外，以 IrO_2-N/CNT 为阴极的锂-二氧化碳电池具有最低的充电平台和过电位（3.95V/1.34V），而 CNT、IrO_2-CNT 和 N/CNT 电极分别为 4.45V/1.90V、4.24V/1.63V、4.22V/1.60V。高分散超细 IrO_2 纳米颗粒的高催化活性、氮掺杂以及 IrO_2-N/CNT 的网络结构，提高了放电容量、放电平台和过电位。同时，IrO_2-CNT 电极比碳纳米管电极的充电平台低，寓意着 IrO_2 优越的 CO_2ER 活性。此外，N/CNT 电极的电荷平台与 IrO_2-CNT 电极几乎相同，放电平台高于 CNT 电极，这也显示了 N/CNT 催化剂的优越性。以上结果表明，氮的掺杂不仅提高了催化剂的电导率，而且增加了催化剂的活性位点，改变了催化剂的电子分布特征。我们认为可能的机制是石墨氮有助于提高电子电导

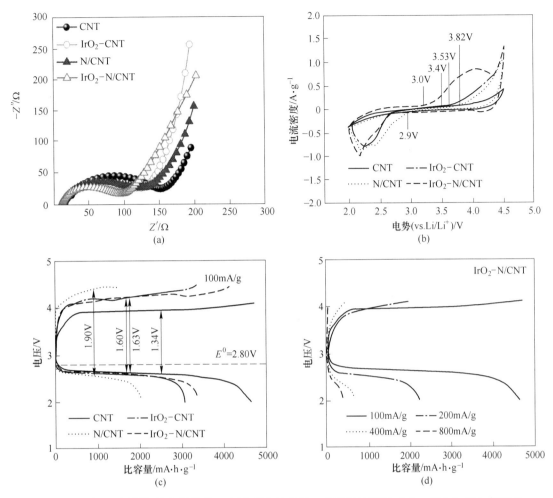

图 2.11　采用不同阴极催化剂的锂-二氧化碳电池性能：交流阻抗谱图（a）；在 0.5mV/s 扫速下的循环伏安谱图（b）；在 100mA/g 电流密度下的首圈充放电曲线（c）；采用 IrO$_2$-N/CNT 阴极催化剂时不同电流密度下的首圈充放电曲线（d）

率，而吡啶氮有利于增强碳纳米管对 Li 原子和 CO$_2$ 的捕获能力。氮掺杂作为连接放电产物 Li$_2$CO$_3$ 和 IrO$_2$-N/CNT 表面的桥梁，促进了电子的转移和 CO$_2$ 固定反应动力学。此外，氮掺杂会在竹节状碳纳米管上产生更多的缺陷和分布均匀的活性位点。因此，在 IrO$_2$-N/CNT 和 N/CNT 中，可以使 CO$_2$RR 和 CO$_2$ER 活性增强。

另外，图 2.11（d）比较了不同电流密度下 IrO$_2$-N/CNT 阴极锂-二氧化碳的初始充放电曲线。IrO$_2$-N/CNT 电极在 200mA/g、400mA/g 和 800mA/g 时的放电容量分别为 2224.2mA·h/g、499.5mA·h/g 和 392mA·h/g，高于 N/CNT 电极（如图 2.12（a）所示），表明 IrO$_2$-N/CNT 催化活性增强在锂-二氧化碳电池的电化学反应中起着积极的作用。均匀分布的 IrO$_2$NPs 可以提供更多的活性位点，进一步增加了 IrO$_2$-N/CNT 的活性位点密度，使 IrO$_2$-N/CNT 的表面电荷分布更加均匀，由于与 N/CNT 的协同作用，CO$_2$ 被均匀吸附。此外，我们认为 IrO$_2$NPs 能够促进 Li$_2$CO$_3$ 与 C 的反应。因此，IrO$_2$NPs 极大地增强了 CO$_2$/Li$^+$ 与 C/Li$_2$CO$_3$ 之间的反应，可以增强电池的电化学性能。

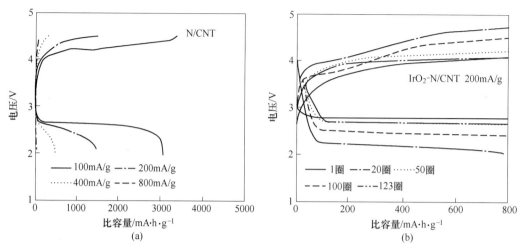

图 2.12　采用 N/CNT 阴极的锂-二氧化碳电池在不同电流密度下的首圈充放电曲线（a）；采用 IrO_2-
N/CNT 阴极的锂-二氧化碳电池在电流密度 200mA/g，截止容量 800mA·h/g 下的循环性能（b）

　　锂-二氧化碳电池的循环寿命是实际应用中面临的严重问题。为了进一步探究电池的循环性能，在电流密度为 100mA/g 的情况下，以 400mA·h/g 的截止容量充放电（如图 2.13 所示）。可以看出，IrO_2-N/CNT 阴极的电池不仅在 316 循环中具有良好的循环稳定性，稳定的放电和充电平台，而且充电电压可以保持在 4V 左右，特别是在第一个循环中，过电位和充电平台仅为 1.1V/3.69V。即使电流密度增加了（200mA/g，800mA·h/g），仍可运行 123 次循环（如图 2.12（b）所示）。相比之下，商业碳纳米管阴极只能存活 53 次，其电池表现出最低的催化活性。有趣的是，N/CNT（135 个循环）相比 IrO_2-CNT 的循环稳定性（124 个循环）表现出稍微优越的特性，表明 IrO_2 纳米粒子和氮掺杂对锂-二氧化碳电池的循环性能都有积极的影响。图 2.13（d）中相应的电压分布进一步表明，IrO_2-N/CNT 阴极可以运行超过 2500h 而不衰减，这优于大多数报道的阴极催化剂，也是目前报道的锂-二氧化碳电池中最佳的循环性能之一（见表 2-1）。IrO_2-N/CNT 阴极的高放电比容量、低过电位和超稳定循环性能突出了氮掺杂、网络结构和高分散性超细 IrO_2 纳米颗粒的协同效应，这对锂-二氧化碳电池有很大的积极影响。

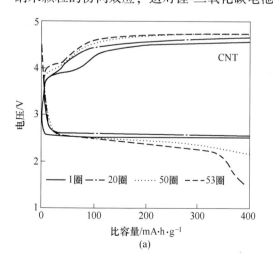

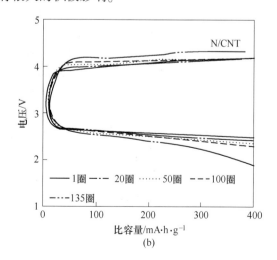

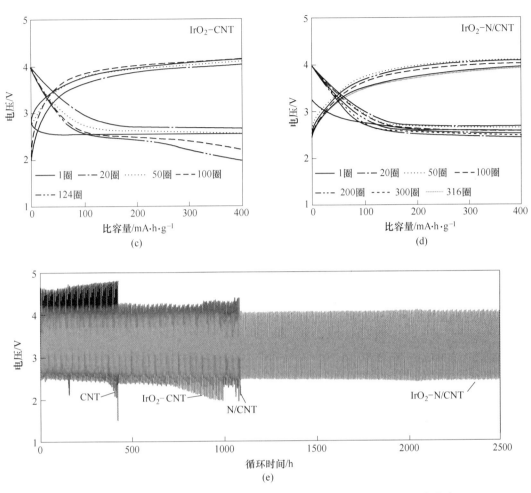

图 2.13 采用不同催化阴极的锂-二氧化碳电池循环性能曲线, 测试条件为:
100mA/g 电流密度, 截止容量到 400mA·h/g

表 2-1 对比和总结采用不同催化阴极的锂-二氧化碳电池电化学性能

阴极催化剂	过电压/V	充电平台/V	循环时间/h	参考文献
IrO₂-N/CNT	**1.10** **(100mA/g, 400mA/g)**	**3.69**	**2500**	**本章节**
N-CNT@Ti	1.37 (100mA/g, 1000mA·h/g)	4.2	1000	[16]
Ir NSs-CNFs	1.05 (500mA/g, 1000mA·h/g)	3.8	1600	[17]
MoS₂ NFs	0.7 (100mA/g, 500mA·h/g)	—	2000	[18]
B-NCNT	1.33 (100mA/g, 1000mA·h/g)	4.05	800	[19]

阴极催化剂	过电压/V	充电平台/V	循环时间/h	参考文献
CNT@ RuO$_2$	1.51 (100mA/g, 500mA·h/g)	3.97	300	[20]
Ru@ Super P	1.71 (100mA/g, 1000mA·h/g)	4.25	1400	[11]
Ir/CNFs	1.38 (100mA/g, 1000mA·h/g)	4.14	540	[21]
NiO-CNT	1.40 (100mA/g, 1000mA·h/g)	4.1	500	[22]
IrO$_2$/MnO$_2$	— (100mA/g)	4.0	1890	[23]
Ru/NC	2.35 (100mA/g, 500mA·h/g)	4.1	1500	[13]
CNTs	1.6 (100mA/g, 1000mA·h/g)	4.3	440	[4]
石墨烯	1.23 (100mA/g, 1000mA·h/g)	4.2	200	[5]

为了进一步了解以 IrO$_2$-N/CNT 为阴极的锂-二氧化碳电池优越的电化学性能，在不同的放电/充电周期进行了 SEM、XRD、FTIR 和 XPS 等测试。IrO$_2$-N/CNT 阴极在 100mA/g 完全放电后进行 XRD 分析（如图 2.14（a）所示）。它显示了几个新的宽峰，对应 Li$_2$CO$_3$（PDF#22-1141）的衍射峰，表明主要排放产物是 Li$_2$CO$_3$。与 XRD 结果相同，FTIR 光谱图 2.14（b）显示 Li$_2$CO$_3$ 是放电结束时的主要产物，在充电过程中消失，说明 IrO$_2$-N/CNT 阴极对 CO$_2$ 还原和氧化反应具有较高的催化活性。

要深入剖析锂-二氧化碳电池中反应的电化学产物，其表面化学状态是非常重要的。为了探索这一点，IrO$_2$-N/CNT 阴极在不同的放电/充电阶段进行了 XPS 分析测试。在 289.5eV 处的峰值是由于 Li$_2$CO$_3$ 的存在，这是放电时 IrO$_2$-N/CNT 电极上的主要放电产物（如图 2.14（c）所示）。此外，该拟合峰在充电过程中几乎消失，说明 Li$_2$CO$_3$ 在分解（如图 2.14（d）所示）。特别是要获得更详细的可逆性和放电产品的组成，XPS 测试分析了第 20 次放电和充电后的主要产物。观察到 Li$_2$CO$_3$ 在第 20 次放电后出现，在充电后消失（如图 2.15（a）、（b）所示），这与随后的 SEM 结果一致。此外，XPS 光谱显示，Li 1s 高分辨率的 XPS 峰在 55.4eV 处也主导了放电产物 Li$_2$CO$_3$（如图 2.15（e）所示），充电后峰值强度降低（如图 2.15（f）所示）。对于反应的放电产物，以前有报道可以用反应方程（4Li+CO$_2$ →2Li$_2$O+C）来检测 Li$_2$O。事实上，在我们的实验中，图 2.14 中的 XRD，FT-IR 和 XPS 表征并没有检测到 Li$_2$O，指出了主要的放电产物是 Li$_2$CO$_3$。而是遵循典型的反应机理（4Li+3CO$_2$ ⇌ 2Li$_2$CO$_3$+C）。更重要的是，在第 20 次放电/充电周期后，主峰 Ir^{4+} 4f$_{5/2}$ 和 Ir^{4+} 4f$_{7/2}$ 在 65.9eV 和 62.9eV 几乎没有变化，在 Ir 4f 中没有发现任何卫星峰，这进一步证实了该催化剂的高稳定性。

用扫描电镜观察了 IrO$_2$-N/CNT 阴极放电和充电后的形貌。对于完全充放电测试，IrO$_2$-

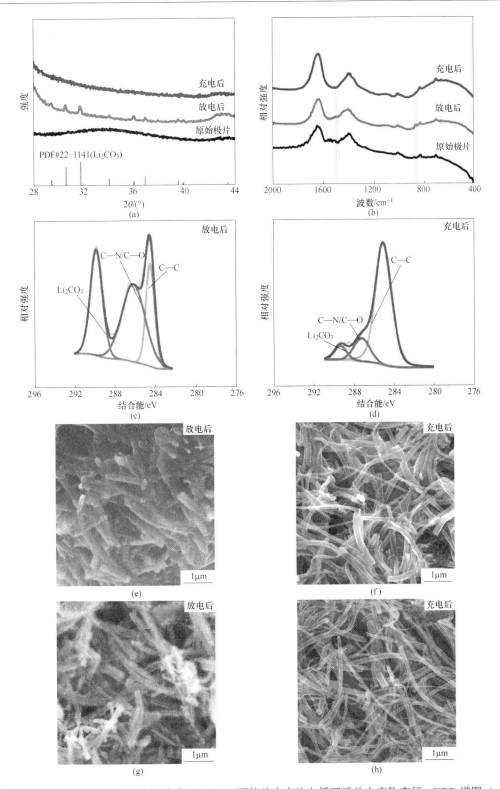

图 2.14 IrO$_2$-N/CNT 阴极在电流密度 100mA/g 下的首次充放电循环后放电产物表征：XRD 谱图（a）；
FTIR 谱图（b）；XPS 的高分辨 C 1s 谱图（c），（d）；SEM 图（e），（f）IrO$_2$-N/CNT 阴极在电流密度
100mA/g、截止容量 400mA·h/g 模式下循环 20 圈充放电后极片 SEM 图（g），（h）

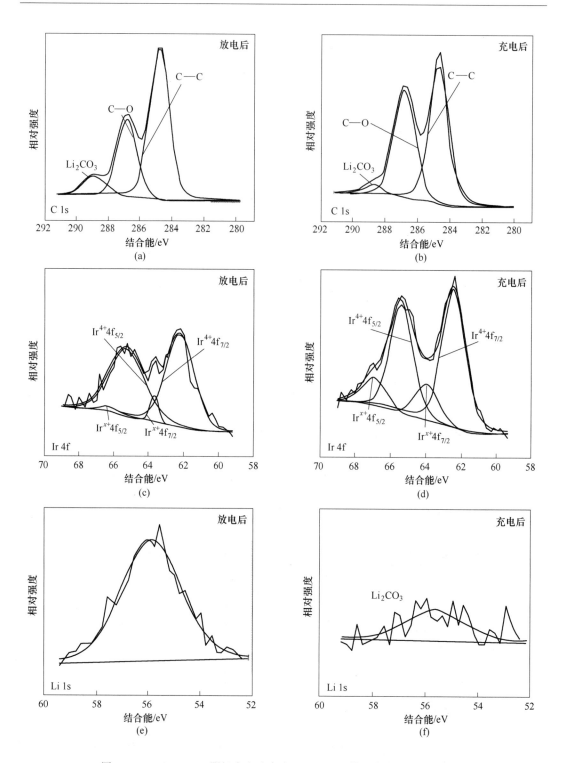

图 2.15   IrO$_2$-N/CNT 阴极在电流密度 100mA/g、截止容量 400mA·h/g

模式下循环 20 圈充放电后极片高分辨 XPS 谱图

(a), (b) C 1s; (c), (d) Ir 4f; (e), (f) Li 1s

N/CNT 阴极表面被团聚所覆盖（如图 2.14（e）所示），这与之前的报道相似。在后续的充电过程后，电极上的放电产物消失（如图 2.14（f）所示）。对于截止容量测试，即使在 20 个循环放电和充电后，放电产物呈薄片状覆盖在电极上，能为 CO_2 提供更多的扩散通道，从而形成足够多的通道保证 CO_2 传输，以至于便于充电反应。最近的研究表明，在低充电电压下，薄的产物很容易分解，这与 IrO_2-N/CNT 阴极的超长循环寿命相一致（如图 2.14（g），图 2.16（a）所示）。图 2.14（h）和图 2.16（b）显示，20 圈充电后，放电后产品几乎完全消失，这进一步证实了 IrO_2-N/CNT 的优越可逆性。为了比较，CNT、IrO_2-CNT 和 N/CNT 也在相同的测试条件下进行了 SEM 测试（如图 2.17~图 2.19 所示）。很明显，经过放电后，在表面发现大量的放电产物，使得 CNT 电极和 IrO_2-CNT 电极通道减少（如图 2.17 和图 2.18 所示）。阻塞的通道阻碍了二氧化碳和电子的运输，导致较差的电化学性能。相反，N/CNT 电极的放电产物（如图 2.19 所示）是在 N/CNT 表面紧密包裹的层叠片，这类似于 IrO_2-CNT，但更厚。此外，TEM 显示，经过 20 次循环后，IrO_2-N/CNT 仍然保持完整干净的管状结构，这与原始 IrO_2-N/CNT 电极的形貌一致（如图 2.20（a）所示）。此外，图 2.20（c）还表明，IrO_2NPs 的平均粒径为 2.31nm，这与原始 IrO_2-N/CNT 电极的尺寸接近。而且，经过 20 次循环后，IrO_2NPs 仍均匀分布于 IrO_2-N/CNT 表面。这些结果表明，IrO_2-N/CNT 阴极在 20 个周期运行后仍是稳定的。

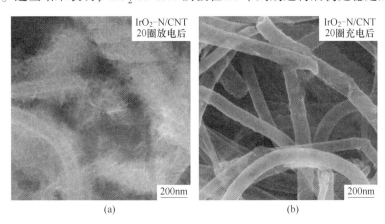

(a) 　　　　　　　　　　　　　(b)

图 2.16　IrO_2-N/CNT 阴极的充放电后 SEM 图

（测试条件为 100mA/g 电流密度，截止到 400mA·h/g 放电容量）

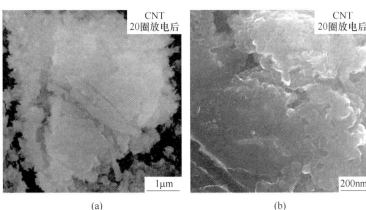

(a) 　　　　　　　　　　　　　(b)

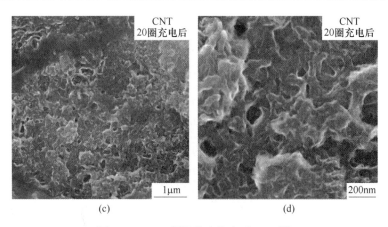

图 2.17　CNT 阴极的充放电后 SEM 图

（测试条件为 100mA/g 电流密度，截止到 400mA·h/g 放电容量）

　　上述现象可以归因于以下原因：氮掺杂会使碳纳米管表面产生更多的缺陷，使活性位点分布更加均匀；$IrO_2 NPs$ 的负载进一步增加了活性位点的密度，使表面电荷分布更加均匀。氮掺杂和 $IrO_2 NPs$ 负载的协同作用使 CO_2 分子均匀地吸附在阴极表面，这些吸附的 CO_2 分子与电子和锂离子结合形成均匀分布的 Li_2CO_3 薄膜沉积在 IrO_2-N/CNT 电极表面。这些结果进一步证明了制备的 IrO_2-N/CNT 的优越性。

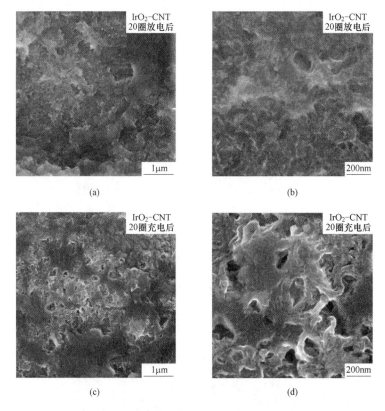

图 2.18　IrO_2-CNT 阴极的充放电后 SEM 图

（测试条件为 100mA/g 电流密度，截止到 400mA·h/g 放电容量）

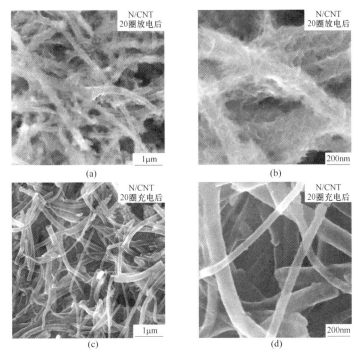

图 2.19 N/CNT 阴极的充放电后 SEM 图

（测试条件为 100mA/g 电流密度，截止到 400mA·h/g 放电容量）

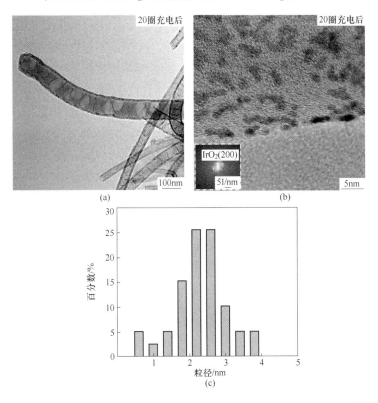

图 2.20 IrO$_2$-N/CNT 阴极的 TEM 图（a），HRTEM 图（b），IrO$_2$ 纳米颗粒的粒径图（c）

（测试条件为 100mA/g 电流密度，截止到 400mA·h/g 放电容量）

此外，电化学阻抗谱（EIS）对 IrO_2-N/CNT 的锂-二氧化碳电池在不同阶段的电化学反应动力学进行了测定。如图 2.21 所示，在第 3 次放电后，由于在空气电极上积累了不利于电子传导的放电产物（Li_2CO_3），阻抗迅速增加。第三次充电后阻抗恢复到接近初始阻抗。阻抗的轻微升高与之前工作报道的 TEGDME 基电解质的副反应有关。EIS 结果表明，IrO_2-N/CNT 电极在充电后可以重新暴露，进一步证明了 Li_2CO_3 形成和分解的可逆性。

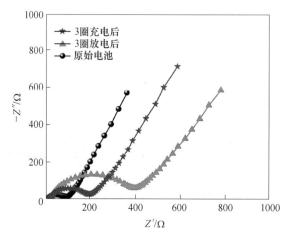

图 2.21 IrO_2-N/CNT 电极在 3 圈充放电后的交流阻抗图

2.1.4   小结

综上所述，本章节通过 SPCVD 和水热法，成功地制备了高度分散在氮掺杂碳纳米管上的超细 IrO_2 纳米颗粒（IrO_2-N/CNT），并作为锂-二氧化碳电池的高效阴极催化剂。IrO_2-N/CNT 阴极电池，在电流密度为 100mA/g 的情况下，可提供 4634mA·h/g 的完全放电容量和 3.95V/1.34V 的低充电平台和过电位。此外，IrO_2-N/CNT 电池在 400mA·h/g 的截止容量下，在低充电电位下（<4.0V），可运行超过 2500h（316 循环），突出其超长的循环寿命。此外，XRD、FTIR、XPS 和 SEM 分析表明，放电产物为 Li_2CO_3，在充电后几乎完全分解。上述优异的电化学性能归因于高度互联的掺氮碳纳米管网络和均匀分布的超细 IrO_2 纳米颗粒的协同作用，不仅提高了碳纳米管的电子导电性和对 Li 原子/CO_2 的捕获能力，同时也促进了 Li^+/CO_2 与 C/Li_2CO_3 之间的反应。本研究为超长寿命锂-二氧化碳电池提供了一种高效阴极催化剂的设计方案。

2.2   碳纳米管负载铱钌合金纳米颗粒的制备及其性能研究

2.2.1   研究背景

随着全球气候变化的加剧和能源消耗的不断增加，寻找一种环保的新型储能系统来替代传统的化石燃料已成为未来研究的热点和必由之路。近年来，Li-CO_2 电池通过捕获二氧化碳并将其转化为储能材料，可以减少二氧化碳的排放和化石燃料的使用，这引起了研究人员的广泛关注[24]。最初，Archer 课题组设计的锂-二氧化碳电池只是一次性电池[25]。

在放电过程中，金属锂阳极会失去电子形成锂离子，锂离子通过电解液转移到空气阴极上。然后，二氧化碳分子溶解在电解液中，从阴极捕获电子，与 Li^+ 结合生成 Li_2CO_3 和 C。然而，Li_2CO_3 是一种热力学稳定性高、分解动力学慢的绝缘材料。这就意味着，随着放电的加深，Li_2CO_3 会在阴极上不断积累，最终堵塞通道，导致电池死亡。直到 2014 年，李泓教授发现 Li_2CO_3 在碳基阴极材料充电过程中会分解，真正实现了 $Li-CO_2$ 电池在室温下的可逆运行[26]。随后，周震教授发表了两篇关于碳纳米管和石墨烯阴极的 $Li-CO_2$ 电池文章[27,28]，成功实现了锂二氧化碳电池的可逆循环和验证了方程式的可逆性：$4Li + 3CO_2 \rightleftharpoons 2Li_2CO_3 + C$。$Li-CO_2$ 电池的主要放电产物是 Li_2CO_3，这意味着需要更高的电化学分解电位。高的分解电位会导致电解液分解，产生许多副作用，最终导致电池"猝死"。因此，$Li-CO_2$ 电池通常存在充电平台高、循环性能差等缺点。

用于促进 $Li-CO_2$ 电池放电和充电过程动力学的电催化剂已被广泛研究，如碳纳米材料[29]、贵金属[30]、过渡金属[31]和氧化还原介质[32]等。众所周知，贵金属被认为是最有效的 ORR/OER 催化剂，并在许多传统领域得到广泛研究[33]。受 $Li-O_2$ 电池研究的启发，贵金属催化剂，特别是 Ru、Ir 及其配合物具有独特的电子结构和良好的催化活性，这是改善 $Li-CO_2$ 电池性能的最佳催化剂。周豪慎教授报道的 Ru @ Super P 阴极催化剂材料和周震教授报道的 Ir/C 阴极催化剂材料证明了贵金属 Ru 和 Ir 对放电产物 Li_2CO_3 具有高的促进生成与分解能力[11,21]。然而，令人沮丧的是，这些电池由于缺乏促进催化反应的组分效应和电子效应，其循环稳定性还远远不能满足实际应用，而且纯金属钌作为阴极电催化剂在充放电过程中会出现团聚现象。种种因素促使着我们寻找和设计新的高效催化剂[34]。

目前，合金化能够充分发挥两种金属间的协同效应，这是显著提高其催化活性和电化学稳定性的有效途径[35]。陈福义教授设计并合成了均匀分布在碳纳米纤维上的钌铜单相固溶体纳米颗粒催化剂（i-RuCu/CNFs），这进一步提高了 Ru 和 Cu 之间的合金效应和电池的整体性能[36]。通过合金效应有效地修饰了电子结构，使催化剂与 Li_2CO_3 结合更加良好，这更有利于 Li_2CO_3 与 C 的加速反应。此外，陈福义教授还报道了均匀分布在碳纳米纤维上的 RuCo 纳米合金颗粒（RuCo/CNFs）作为 $Li-CO_2$ 电池的高活性电催化剂[37]。此实验强调了 Ru 和 Co 在原子水平上的合金化效应极大地促进了 Li_2CO_3 的分解动力学。此外，通过实验证实了改变双金属电催化剂的组成和结构从而产生显著的电子效应和/或几何效应来提高双金属电催化剂的催化活性是一种可行的思路。

影响 $Li-CO_2$ 电池电化学性能的另一个关键因素是阴极结构。当金属催化剂作为催化剂基质时，阴极结构也会显著影响其分散度和催化效率。所以纳米碳材料由于其结构独特，表面积大，导电性好被认为是一种理想的阴极电极。这在我们课题组之前的文章中有过报道[38]。

本章节中我们首次通过简单的溶剂热法成功地设计并合成了一种将超细 Ir-Ru 合金纳米颗粒均匀负载到掺氮碳纳米管上（IrRu/N-CNTs）的复合材料，并进一步将其作为锂-二氧化碳电池的高效阴极催化剂（如图 2.22 所示）。这种复合阴极使锂-二氧化碳电池具有优异的 CO_2RR 和 CO_2ER 催化活性，杰出的稳定性和超长的循环寿命。采用 IrRu/N-CNTs 阴极的 $Li-CO_2$ 电池具有高放电容量（6228mA·h/g），良好的库仑效率（100%），在电流密度为 100mA/g 时，可以在充电电压 4.2V 以下稳定运行 600 圈。在电流密度为 50mA/g 时，电池可运行 7800h，这是迄今为止报告的最长循环寿命之一。更重要的是，运行 600 次循环后的电池进行重新组装后仍能运行 166 个循环。该双金属催化剂不仅避免了单金属的团聚，而且通过 Ir 和 Ru 之间的合金效应，进一步提高了对放电产物的催化活性，调节了放电产物的成核机理。N-CNTs 的三维结构可以提供丰富的通道来保证离子和 CO_2 的传输，为放电产物的积累和分解提供更大的空间，并提供稳定的结构来促进电子的转移。这种协同效应大大提高了 $Li-CO_2$ 电池的整体性能。

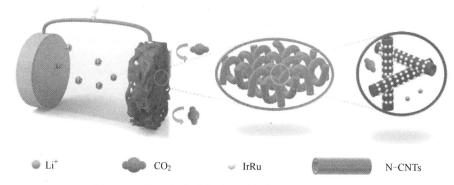

　　Li$^+$　　　　　　CO_2　　　　　IrRu　　　　　　　　N-CNTs

图 2.22　锂-二氧化碳电池和阴极催化剂的结构示意图

2.2.2　试验方法及装置

2.2.2.1　材料的制备

（1）N-CNTs 的制备：称量 1g 商业碳纳米管，将碳纳米管倒入装有 40mL 浓硝酸的玻璃烧杯中，进行磁力搅拌 1h。然后将搅拌均匀的黑色液体转移到水热反应内衬中。在鼓风炉中 80℃下保温 2h。降温后用大量去离子水抽滤冲洗，洗完后烘干得到酸处理后的商业碳纳米管。然后称取经过酸处理后的商业碳纳米管 0.5g，加入 2.5g 三聚氰胺研磨均匀。将研磨均匀后的样品放置在石英舟中，转移到管式炉中，氩气氛围下 850℃保温 30min。降温后取出样品即掺氮纳米管。

（2）阴极催化剂的制备：本实验采用溶剂热法一步合成 IrRu/N-CNT 阴极催化剂。将 100mg N-CNTs 与前驱体溶液（$RuCl_3 \cdot nH_2O$ 和 $IrCl_3 \cdot 3H_2O$）分散于乙二醇溶剂中，同时加入 400mg PVP 促进均匀分散。经超声和磁搅拌处理 3h 后，转入反应釜，在鼓风炉中 180℃反应 6h。冷却后取出，用酒精抽滤洗涤，然后放入真空烘箱中 80℃干燥，得到的黑色粉末为 IrRu/N-CNTs 催化剂。采用相同的方法制备了 Ru/N-CNTs 和 Ir/N-CNTs 阴极催化剂。

2.2.2.2　材料的表征

材料的形貌通过扫描电子显微镜（FEI Nova NanoSEM 450，美国）表征和透射电子显微镜（TEM，Tecnai G 2 F20 S-Twin）表征。使用 Rigaku mini Flex 600 粉末衍射仪进行结构分析。通过 PHI5000 Versa probe-Ⅱ光谱仪的 X 射线光电子能谱研究了元素组成。FT-IR 光谱通过 Nicolet iS10 FT-IR 测试。热重分析（STA 449F3）在 Ar 或气流中以 10℃/min 的升温速度进行。

2.2.2.3　电化学性能测试

为了制备空气电极，将质量分数为 90%的 IrRu/N-CNTs 和质量分数为 10%的 PVDF 黏结剂在 NMP 中混合，然后涂布在冲压好的碳纸上（直径 8mm）。N-CNTs、Ir/N-CNTs 和 Ru/N-CNTs 电极也以同样的方式制备。电池组装使用 CR2032 型纽扣电池极壳，电池组装于充满 Ar（H_2O、O_2 含量均小于 $0.1×10^{-6}$）的手套箱中。将制备好的电极直接为 Li-CO_2 电池阴极使用，采用直径 16mm 的金属锂箔作为阳极，直径 18mm 的玻璃纤维（whatman）作为隔膜。使用溶解在四甘醇二甲醚（TEGDME）中的 1mol/L 双（三氟甲烷）磺酰亚胺锂（LiTFSI）用作为电解质，取 100μL 电解质润湿隔膜。最后使用液压扣式电池封口机加压封装。采用 LAND-CT2001A 测试恒流充放电的首圈和循环性能。通过 Autolab（PG-STAT302N）在 2.0~4.5V 下进行循环伏安（CV）测试。

2.2.3 结果与讨论

2.2.3.1 材料的形貌与结构表征

如图 2.23（a）和（b）中的 XRD 图所示，Ru/N-CNTs 和 Ir/N-CNTs 材料与 N-CNTs 材料相比具有明显的金属峰。Ru/N-CNTs 材料的金属峰分别为 38.4°、42.2°、44°、58.3°、69.4° 和 78.4°，对应 Ru 的（100）、（002）、（101）、（102）、（110）、（103）晶面。Ir/N-CNTs 材料在 40.9° 处金属峰明显，这与 Ir（111）晶面相对应。值得注意的是，IrRu/N-CNTs 在 43° 处的最强峰位于 Ir（PDF#46-1044）和 Ru（PDF#06-0663）之间，这表明了合金结构的形成。XRD 的测试结果证明了我们已经成功合成了所需的材料。为了进一步验证 Ru 和 Ir 之间的合金效应，利用 X 射线光电子能谱（XPS）表征了材料的电子结构和结合能的变化。如图 2.23（c）的 XPS 全谱所示，可以明显地看出 IrRu/N-CNTs 催化剂中存在 C、N、O、Ir 和 Ru 元素。如图 2.23（d）和（e）所示，IrRu/N-CNTs 催化剂中的 Ru 3d 峰（280.9eV）与 Ru/N-CNTs 催化剂的 Ru 3d 峰（280.2eV）相比，向左移动了 0.7eV，并且峰的宽度和强度发生了变化。而在 IrRu/N-CNTs 催化剂中的 Ir 4f 峰结合能与 Ir/N-CNTs 催化剂中相似，但峰的宽度和强度有明显差异。这进一步证实了 IrRu/N-CNTs 催化剂中的双金属催化剂并不是简单的共分散在基体上，而是形成了 Ir-Ru 合金纳米粒子，这与 XRD 的结果相吻合。通过合金效应的影响，双金属催化剂更均匀、细小地负载在氮掺杂的碳纳米管基体上。均匀负载的超细 Ir-Ru 合金纳米粒子可以暴露更多的催化位点，这提高了复合材料的催化活性。而且，氮的掺杂在一定程度上提高了复合材料的催化活性。此外，通过 TG 测试了不同催化剂的负载量（如图 2.23（f）所示）。并且通过 ICP 测定了 IrRu/N-CNTs 催化剂中 Ir 和 Ru 的质量比为 1∶2。

随后，利用扫描电子显微镜（SEM）和透射电子显微镜（TEM）技术观察了 N-CNTs、Ru/N-CNTs、Ir/N-CNTs 和 IrRu/N-CNTs 催化剂的微观形貌和纳米结构（如图 2.24~图 2.26 所示）。从图中可以明显地看出，碳纳米管的结构在溶剂热反应前后没有明显改变，这意味着这些复合材料可以提供一个方便离子、电子、二氧化碳和电解液运输，有利于放电产品沉积和分解的三维多孔道碳骨架。从图 2.26 所示的 TEM 图像可以看出，Ru/N-CNTs 催化剂中的 Ru 纳米颗粒并不是均匀地负载在碳纳米管上，这与此前报道的金属钌催化剂相似[34]。Ru 纳米颗粒的团聚会导致催化位点利用率不高，进一步导致催化效率降低。此外，Ru 催化剂的团聚会随着电池循环的进行进一步加剧，这会进一步降低催化效率，缩短电池的循环寿命。与之相反，Ir/N-CNTs 催化剂中的贵金属铱可以均匀分散在碳纳米管表面，仅有少量团聚。在我们制备的 IrRu/N-CNTs 催化剂中，未观察到团聚现

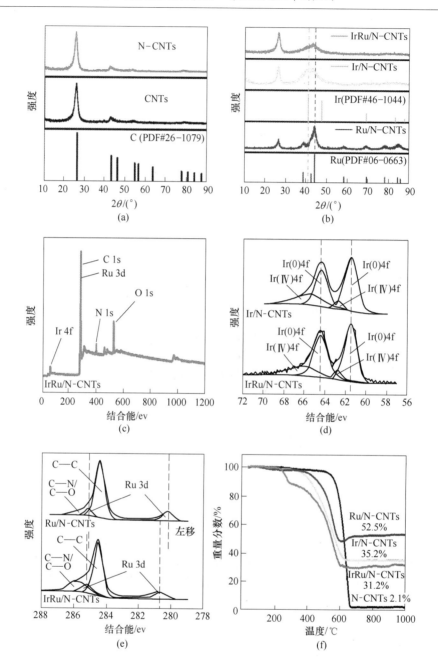

图 2.23   CNTs、N-CNTs（a），Ru/N-CNTs、Ir/N-CNTs 和 IrRu/N-CNTs（b）材料的 XRD 谱图；
IrRu/N-CNTs 材料的 XPS 谱图（c）~（e），N-CNTs、Ru/N-CNTs、Ir/N-CNTs
和 IrRu/N-CNTs 材料的 TG 曲线（f）

象，并且 Ir-Ru 合金纳米颗粒高度分散在 N-CNTs 表面，这可能是由于 Ir 和 Ru 的合金效应
所导致的。选区电子衍射（SAED）图显示了典型的 Ir 和 Ru 多晶衍射环。从图中可以明
显看出 IrRu/N-CNTs 催化剂的衍射环明显不同于 Ru/N-CNTs 和 Ir/N-CNTs 催化剂。而且，
由于合金化效应，IrRu/N-CNTs 催化剂中存在明显的合金衍射环。通过比较这些材料的
SAED 图发现合金材料的衍射环半径增大，这可能是由于金属纳米颗粒存在缺陷，以及由

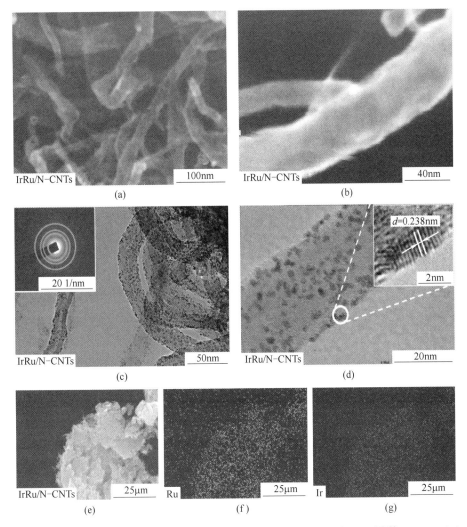

图 2.24 IrRu/N-CNTs 材料的 SEM（a），（b）；TEM（c），（d）和 EDS 图谱（e）~（g）

于 Ir 和 Ru 之间的合金效应引起的晶格降低所导致。通过晶体结构和微观形貌的表征，有力地证明了设计的双金属催化剂被成功合成。更重要的是，IrRu/N-CNTs 催化剂不仅保持了 N-CNTs 良好的三维多孔道结构，而且超细的 Ir-Ru 合金纳米颗粒可以均匀分布在 N-CNTs 基体上。因此，采用 IrRu/N-CNTs 催化剂的电池可以在促进电子、离子、CO_2 和电解质的传输的同时提供更多的空间存储不溶性放电产物。均匀负载的超细双金属催化剂颗粒大大提高了催化剂的催化活性和利用率，这进一步提高了电池的整体性能。

2.2.3.2 材料的电化学性能研究

为了充分确定 IrRu/N-CNTs 催化剂对 CO_2RR 和 CO_2ER 的催化活性，我们首先对电池进行了循环伏安测试（CV）（如图 2.27（a）所示）。与 N-CNTs、Ru/N-CNTs 和 Ir/N-CNTs 相比，IrRu/N-CNTs 催化剂的 Li-CO_2 电池正极峰和负极峰的电流密度均是最高，这表明了 IrRu/N-CNTs 催化剂的催化活性最高。然后对不同催化剂在电流密度为 100mA/g，

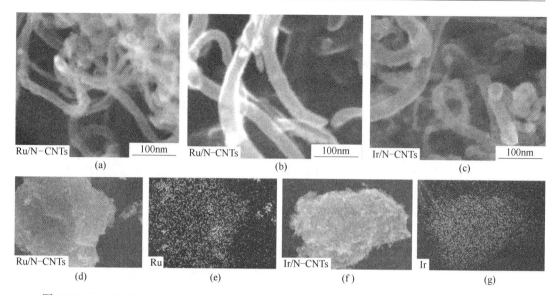

图 2.25　Ru/N-CNTs(a)，Ru/N-CNTs(b)，Ir/N-CNTs (c) 的 SEM；Ru/N-CNTs(d)，Ru(e)，
Ir/N-CNTs (f)，Ir(g) 材料的 EDS 图谱

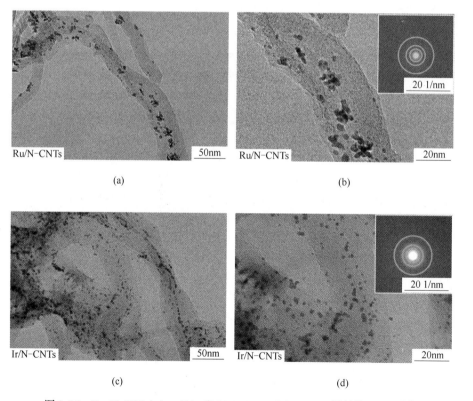

图 2.26　Ru/N-CNTs(a)、(b) 和 Ir/N-CNTs (c)、(d) 材料的 TEM 图像

截止电压为 2.0~4.2V 下进行了首圈全放电/充电测试，结果如图 2.27 （b） 所示。与 N-
CNTs 空气阴极 （2319mA · h/g，5.9%）、Ru/N-CNTs （1716mA · h/g，30.5%） 和 Ir/N-

CNTs(2123mA·h/g, 72.0%) 相比, 采用 IrRu/N-CNTs 催化剂的 Li-CO$_2$ 电池的放电容量 (6228mA·h/g) 和库仑效率 (100%) 更高。负载金属纳米颗粒催化剂, 尤其是负载 Ir-Ru 合金纳米颗粒催化剂的 Li-CO$_2$ 电池与不负载金属纳米颗粒催化剂的 N-CNTs 电池相比, 极大地降低了充电平台, 显著地提高了库仑效率。这清楚地表明, 本实验的金属钌和铱如大多数文献中报道的一样对放电产物具有促进分解和形成的能力[13]。最为重要的是, IrRu/N-CNTs 催化剂与其他材料相比具有最低的充电平台 (3.95V) 和最高的放电平台 (2.72V), 这表明 Ir 和 Ru 之间的协同作用有利于进一步提高 CO$_2$RR 和 CO$_2$ER 催化活性。总结来说, 这一结果与上述物理表征分析结果一致。充分地证明了均匀负载的 Ir/Ru 合金纳米颗粒可以使放电产物均匀地分布在碳纳米管上, 在一定程度上防止放电产物的积累, 从而延缓了电池死亡时间。

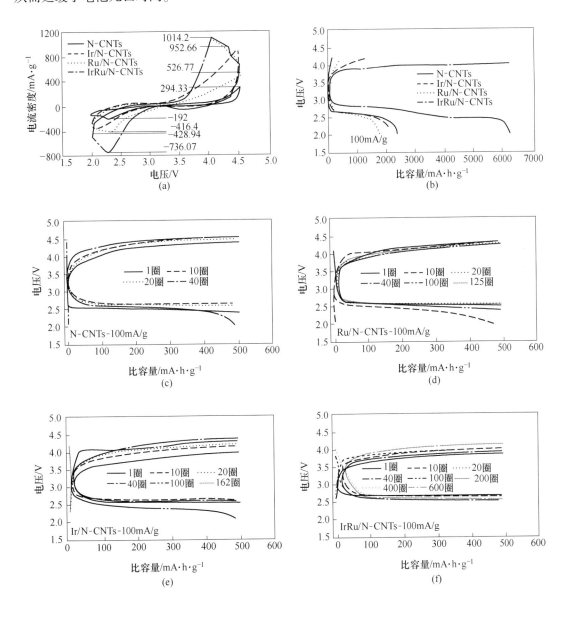

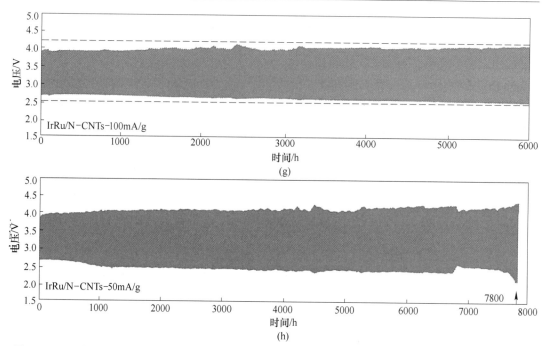

图 2.27　CV 曲线（a）；第一次放电/电荷分布（b）；N-CNTs（c），Ru/N-CNTs（d），Ir/N-CNTs（e），
IrRu/N-CNTs（f）~（h）材料的循环性能

　　为了系统评价 IrRu/N-CNTs 作为阴极催化剂的电化学性能，在电流密度为 100mA/g，截止容量为 500mA·h/g 时，对 Li-CO$_2$ 电池进行了循环稳定性的测试。如图 2.27（c）~（g）所示，IrRu/N-CNTs 催化剂的 Li-CO$_2$ 电池在 600 次以上的循环测试中表现出了优异的循环性能，而且充电电压可以保持在 4.2V 以下，特别是第一次循环的过电势仅有 1.1V。与之形成鲜明对比的是，在相同条件下，N-CNTs 催化剂只能循环运行 40 次。Ru/N-CNTs 和 Ir/N-CNTs 催化剂分别可以运行 125 次和 162 次。Ru/N-CNTs 和 Ir/N-CNTs 催化剂的循环稳定性明显优于 N-CNTs 催化剂的原因是 Ir 和 Ru 纳米颗粒催化剂在循环时可以促进放电产物的形成和分解。在这三种负载了贵金属催化剂的材料中，Ru/N-CNTs 催化剂的循环寿命最短。这种情况可能类似于之前报道的金属钌纳米颗粒会随循环的进行而团聚加剧，导致金属钌催化活性降低，放电产物分解不完全，最终导致电池死亡。不同的是，Ir/N-CNTs 复合材料分散均匀，暴露出更多的活性位点，有利于放电产物的分解。这可能是 Ir/N-CNTs 催化剂比 Ru/N-CNTs 催化剂具有更长循环寿命的原因。最重要的是，由于 Ir/Ru 纳米颗粒的协同催化作用，与单一金属催化剂相比，IrRu/N-CNTs 催化剂表现出更高的催化活性、更好的分散性和稳定性，因此比 Ru/N-CNTs 和 Ir/N-CNTs 催化剂有更低的充电平台和更高的循环稳定性。如图 2.27（f）和（g）所示，IrRu/N-CNTs 催化剂的充电平台在 60 圈时可以稳定在 3.8V 以下，甚至到 200 圈时，它仍然可以保持在 4.0V 以下。为了进一步验证使用 IrRu/N-CNTs 催化剂电池的长循环寿命，在电流密度为 50mA/g，截止容量为 500mA·h/g 的条件下测试了电池的循环性能。如图 2.27（f）和（g）所示，电池可以运行 7800h，这是迄今为止报道的最长的循环寿命之一。

　　众所周知，随着循环的进行，极化逐渐增强，最终导致电池死亡。根据实验数据和以往的报道，我们总结电池退化的主要原因有以下三点[39,40]：

（1）在实际充电过程中放电产物是不能完全分解的，这些放电产物会随着循环的进行而不断的积累。在放电过程中，非导电的放电产物会覆盖催化剂的活性位点，堵塞碳纳米管的通道，阻碍 CO_2 和离子的输运，降低 Li^+ 和 CO_2 的反应速率，加剧电池的极化。在充电过程中，由于绝缘放电产品覆盖催化剂的活性位点和电极表面，这会使得电子到达电极表面需要更长的时间。因此，催化剂分解放电产物的能力会下降，这可能是电池充电平台上升，电池的极化进一步加剧的原因。

（2）电池内部的电解液随着循环时间的延长会逐渐挥发，并且不可避免地会发生一些副反应。因此，循环过程中电解液逐渐减少，影响离子的传输，导致极化加剧，最终导致电池死亡。

（3）锂阳极不可避免地与电解液发生一定程度的反应，不仅消耗电解液，而且腐蚀锂阳极表面，从而降低阳极寿命。除此之外，CO_2 可能通过电解液和隔膜到达锂阳极表面，与锂阳极直接反应生成 Li_2CO_3，这些 Li_2CO_3 因在充电过程中不会分解被称为"死亡 Li_2CO_3"。在循环过程中，逐渐增加的"死亡 Li_2CO_3"会影响锂离子的脱嵌，降低反应动力学，加剧电池极化，最终促使电池死亡。在组装和测试电池过程中，不可避免地会有一些微量水进入电池内部，导致电池在运行过程中形成 LiOH。锂阳极表面形成的 LiOH 会严重损害电池的性能，影响电池的循环寿命。

考虑到以上原因，为了充分了解电池性能变差的原因，将第 1 次和第 600 次循环的电池进行了拆解观察。经过第一个循环后，金属锂阳极保持不变，仍然有金属光泽，玻璃纤维隔膜保持完整，仍然被电解液润湿（如图 2.28（a）和（b）所示）。与之不同的是，经过 600 次循环后，金属锂阳极表面已经完全粉化并覆盖白色产物，玻璃纤维膜片不再被电解液润湿，变得脆弱（如图 2.28（c）和（d）所示）。因此，为了深入剖析 IrRu/N-CNTs 催化剂的稳定性和催化活性，将经过 600 次循环的 IrRu/N-CNTs 阴极催化剂经过简单的清洗，重新与新的锂阳极、隔膜和电解液组装成新电池。如图 2.29 所示，在电流密度为 100mA/g，截止容量为 500mA·h/g 的条件下进行循环性能测试，电池仍然能够保持较低的过电位运行 166 次，这非常有力地证明了 IrRu/N-CNTs 催化剂具有优秀的稳定性和催化活性。

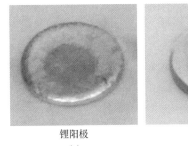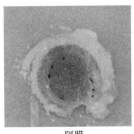

锂阳极　　　隔膜　　　锂阳极　　　隔膜
(a)　　　(b)　　　(c)　　　(d)
图 2.28　锂阳极、隔膜状态：（a），（b）1 圈循环后；（c），（d）600 圈循环后

通过 SEM、TEM、XPS、XRD 等进一步研究了 IrRu/N-CNTs 催化剂对 $Li-CO_2$ 电池可逆性的影响。首先，对充放电产物的形貌和纳米结构进行表征。如图 2.30（a）和（b）的 SEM 图所示，IrRu/N-CNTs 阴极表面在完全放电后，碳纳米管和电极表面均匀覆盖了膜状放电产物。不出所料，充电后这些放电产物基本消失，再次观察到碳纳米管的管状多

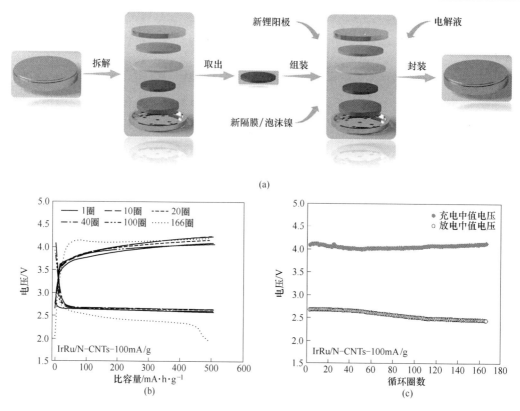

图 2.29 电池再组装示意图（a）；再组装电池的循环性能（b），（c）

孔道结构，这初步证明了放电产物的产生和分解。同样，完全放电和充电的 IrRu/N-CNTs 电极的透射电镜也显示了放电产物在放电和充电过程中的可逆生成和分解（如图 2.30（c）和（d）所示）。

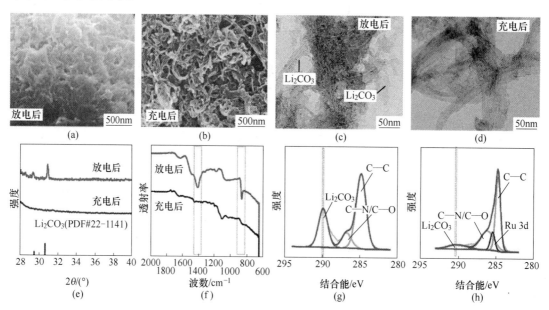

图 2.30 IrRu/N-CNTs 阴极经放电和充电后的放电产物表征

（a），（b）SEM；（c），（d）TEM；（e）XRD 图谱；（f）FTIR；（g），（h）XPS 光谱

为了进一步了解 Li-CO$_2$ 电池的电化学反应过程进行了 XRD 测试。如图 2.30（e）所示，放电后出现了两个明显的 Li$_2$CO$_3$ 衍射峰（29.4°，30.6°），说明电池放电反应的主要产物是 Li$_2$CO$_3$。更重要的是，放电产物 Li$_2$CO$_3$ 的衍射峰在充电后完全消失，这意味着 IrRu/N-CNTs 催化剂对放电产物具有较高的催化活性，可以极大地促进放电产物的分解。此外，完全放电和充电的 IrRu/N-CNTs 电极的 FTIR 和 XPS 光谱也显示了 Li$_2$CO$_3$ 产物的形成和分解（如图 2.30（f）~（h）所示）。从图中可以清楚地看到，放电后在 863.51cm^{-1} 和 1407.47cm^{-1} 处出现了明显的 Li$_2$CO$_3$ 衍射峰，但充电后这两个衍射峰基本消失，说明了 Li$_2$CO$_3$ 的可逆性，这与 XRD 测试结果吻合较好。而且，XPS 谱图也显示了在放电和充电过程中放电产物的可逆生成和分解（289.9eV）（如图 2.30（g）和（h）所示），这充分证明了反应方程：4Li+3CO$_2$ $\rightleftharpoons$ 2Li$_2$CO$_3$+ C 的可逆性。更为重要的是，Ir 4f 在 64.45eV 和 61.58eV 处的峰和 Ru 3d 在 280.87eV 处的峰在放电后消失了，这是由于放电产物均匀地覆盖电极表面，掩盖了金属催化剂的衍射峰。在充电后，放电产物 Li$_2$CO$_3$ 的峰基本消失后可以再次检测到 Ir 4f 和 Ru 3d 的峰（如图 2.31 所示）。此外，循环充放电前后双金属催化剂的峰位没有变化，证明了 IrRu/N-CNTs 催化剂具有出色的稳定性，这是电池具有优良循环性能的原因。

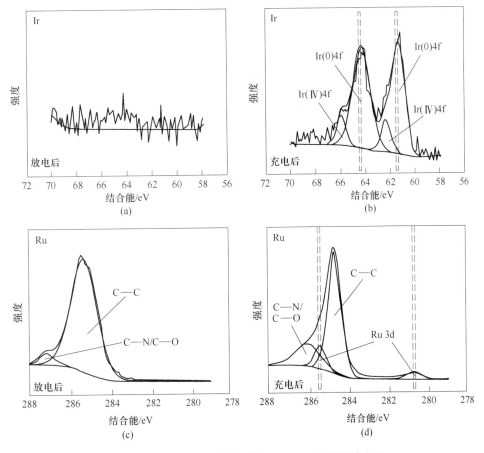

图 2.31　IrRu/N-CNTs 催化剂的 Li-CO$_2$ 电池进行放电和
充电后 Ir（a）、（b）和 Ru（c）、（d）的 XPS 光谱变化

　　为了进一步阐明放电产物的形成机理，利用 SEM 对 Ru/N-CNTs 和 Ir/N-CNTs 催化剂完全充放电后的产物形貌进行了表征（如图 2.32 所示）。从图 2.32（a）可以清楚地看到，放电后，Ir/N-CNTs 电极表面被花层状放电产物覆盖。充电后，花层状放电产物基本消失，重新出现了管状结构，这说明了 Ir 纳米颗粒具有良好的 CO_2ER 活性。不同的是，放电后，薄膜状的放电产物包覆着 Ru/N-CNTs 催化剂。充电后，膜状产物不能完全消失。表明了 Ru 纳米颗粒的 CO_2ER 活性较低，这可能是因为 Ru 纳米颗粒的团聚导致了催化效率的降低。

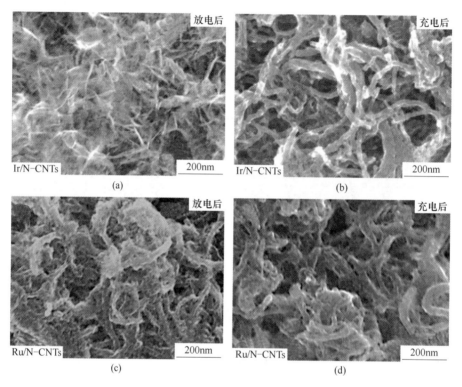

图 2.32　Ir/N-CNTs（a）、（b）和 Ru/N-CNTs（c）、（d）
放电和充电后的 SEM 图像

　　考虑到放电产物形态的不同，我们提出了 Li_2CO_3 的形成机制（如图 2.33 所示）。Ru/N-CNTs 催化剂的放电产物的形成机制可能与内球电子传输机制（ISET）一致。ISET 发生在内层亥姆霍兹平面（IHP）中，IHP 由化学吸附的 CO_2 和阴离子组成。在放电过程中，CO_2 直接从阴极接收电子，在碳纳米管表面形成薄膜状放电产物。不幸的是，Ru 纳米颗粒团聚导致放电产物分布不均匀，充电时催化活性不足，使电池不能长时间循环运行。此外，Ir/N-CNTs 材料放电产物的形成机理可能符合外球电子传输机制（OSET）。OSET 发生在外层亥姆霍兹平面（OHP），OHP 由电解液和溶解的 CO_2、Li^+ 构成。在放电过程中，电子从阴极通过 IHP 进入 OHP，然后与溶解的 CO_2 和 Li^+ 反应生成放电产物。形成的花层状放电产物有利于增大放电容量，但会对电子的传递起到阻碍作用，导致大的过电位。与单一 Ru 和 Ir 催化剂不同，IrRu/N-CNTs 阴极的放电产物是更加致密厚实的膜状产物。这种形态产物说明在放电形核过程中 ISET 起主导作

用，OSET 起辅助作用。ISET 的主导作用使放电产物呈膜状结构包覆在碳纳米管表面，
且由于 Ir-Ru 合金纳米颗粒的均匀加载，放电产物的分布更加均匀。在 OSET 的帮助下，
膜状放电产物不仅包覆在 N-CNTs 表面，而且均匀覆盖在整个电极上，导致在放电过程
中可以沉积更多的 Li_2CO_3。这就是为什么 IrRu/N-CNTs 催化剂的放电容量远远大于单
金属催化剂的原因。由于这种独特的 ISET 主导和 OSET 辅助的成核机制，IrRu/N-CNTs
阴极既能沉积更多的 Li_2CO_3，又能使产物与电极紧密接触，确保了 Li-CO$_2$ 电池的高性
能，这也符合我们测试的电化学性能。

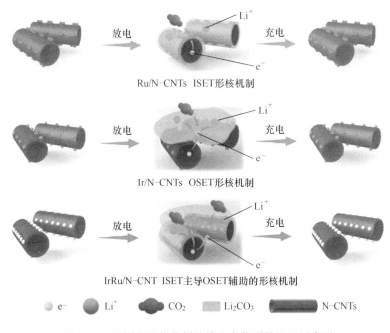

图 2.33　不同阴极催化剂的放电产物形核机理示意图

2.2.4 小结

总而言之，我们通过简单的溶剂热法合成一种超细 Ir-Ru 合金纳米颗粒均匀负载在
氮掺杂碳纳米管上的阴极/催化剂复合材料，并将其进一步作为 Li-CO$_2$ 电池的高效阴
极。IrRu/N-CNTs 阴极催化剂通过合金效应极大地提高了 CO_2RR 和 CO_2ER 活性和催化
剂的稳定性，并且极大地延长了循环寿命。因此，采用 IrRu/N-CNTs 阴极催化剂的 Li-
CO$_2$ 电池具有大的放电容量（6228mA·h/g），高的库仑效率（100%）。在 100mA/g 的
电流密度下可以保持充电电压在 4.2V 以下稳定运行 600 次。更重要的是，在 50mA/g 的
电流密度下，电池可以运行 7800h，这是迄今为止报道的最长的循环寿命之一。最重
要的是，电池在运行 600 次以后重新组装仍可保持较低的过电位运行 166 次。因此，
我们认为，以 IrRu/N-CNTs 为阴极的 Li-CO$_2$ 电池的优越电化学性能可以归因于 3D 的
氮掺杂碳纳米管骨架基体，高度分散的超细 Ir-Ru 合金纳米颗粒以及 Ir 与 Ru 之间的
合金效应。本工作激励了催化剂设计的进一步研究，并为开发高性能 Li-CO$_2$ 电池提
供了新的思路。

2.3　木棉衍生碳负载钌复合材料的制备及其性能研究

2.3.1　研究背景

随着人类对能源的需求不断增加以及对化石燃料的持续依赖，二氧化碳的排放已成为引起温室效应和全球变暖的主要因素之一。因此，有关二氧化碳捕获和转化的研究迫在眉睫。Li-CO$_2$ 电池是以二氧化碳为工作气氛的新型电池，这为二氧化碳的资源利用提供了新的策略。此外，由于其高理论能量密度和较长的放电平台，近几年 Li-CO$_2$ 电池受到了广泛的关注[3,41]。

与 Li-O$_2$ 电池类似，Li-CO$_2$ 电池由锂阳极、电解质浸润的隔膜和多孔阴极（促进 CO$_2$ 扩散）组成。电池基于 $3CO_2 + 4Li^+ + 4e^- \rightleftharpoons 2Li_2CO_3 + C$ 的反应，主要的产物 Li$_2$CO$_3$ 在放电期间沉积并覆盖多孔阴极的表面，并在随后的充电过程中分解释放出二氧化碳。Li$_2$CO$_3$ 的绝缘性和不溶性导致其分解动力学变慢，只有在高电压下才容易分解。而高充电电压下的电解质氧化会降低 Li-CO$_2$ 电池的循环稳定性。一方面，不溶性 Li$_2$CO$_3$ 在阴极上的积累不仅覆盖了有效的活性位点，而且还阻止了 CO$_2$ 和 Li$^+$ 离子扩散的途径。另一方面，产物分解与其形态有关，而阴极催化剂在影响产物的形态中起重要作用。因此，有必要设计有效的阴极催化剂以获得对于 Li-CO$_2$ 电池更好的性能[42,43]。

常规的催化剂是杂原子掺杂或在碳基质（碳纳米管、碳纳米纤维和石墨烯等）上负载金属和氧化物，进一步与聚合物黏结剂混合以涂覆在集流体上作为阴极[44~47]。有研究证明，杂原子掺杂，尤其是氮掺杂的碳基材料可以有效地增加活性位点密度，贵金属及其氧化物的改性可以促进过电势的降低并提供足够的稳定性[10,20,48]。但是，已经证明了惰性成分（集流体和聚合物黏合剂）会导致整体能量密度的降低，气体扩散速度的降低，覆盖有效的催化位点，甚至导致副反应。因此，开发无黏结剂和自支撑电极是最佳解决方案。为了进一步提高电化学性能，阴极催化剂结构的设计也非常关键。正如 Hu 课题组报道，具有分层多孔结构的碳基材料可以促进三重途径传输（气体、电子和 Li$^+$）[49]。Dai 课题组最近报道称 3D 碳网络结构可以促进 CO$_2$ 的氧化和还原反应[50]。可以看出，3D 结构催化剂是改善 Li-CO$_2$ 电池性能的有利策略。

如上所述，尽管各种催化剂在改善性能方面取得了巨大进步，但目前几乎没有能够很好地兼顾高性能、3D 结构、氮掺杂、自支撑，甚至柔韧性的材料。因此，我们通过简单的多步热解和水热的方法，开发了一种由天然木棉纤维衍生碳负载均匀分布超细 Ru 颗粒的柔性自支撑无黏结剂的氮掺杂 3D 交联结构碳材料（Ru-KC），并成功将其应用于 Li-CO$_2$ 电池的阴极。Ru-KC 电极继承了木棉纤维的 3D 网络结构，促进了 CO$_2$ 和电解质的渗透以及电子传输。生物质独特的氮自掺杂效应产生了更多的活性位点。此外，Ru 纳米颗粒在木棉碳（KC）基材上的原位负载导致二氧化碳还原反应（CO$_2$RR）和二氧化碳析出反应（CO$_2$ER）的双功能催化活性得到显著改善。Ru-KC 阴极的 Li-CO$_2$ 电池显示出低的过电势和良好的循环稳定性，形成了可调节的放电产物形貌。此外，简易的软包电池可以在各种形变下稳定供电。

2.3.2 试验方法及装置

2.3.2.1 材料的制备

图 2.34 为 Ru-KC 阴极制备的示意图。将天然木棉均匀地铺开并用一对石墨板（50mm×100mm）固定形状。将经过预处理的木棉纤维在空气气氛中于 240℃ 下保温 2h，以使脱水和半纤维素分解，从而获得自支撑的预碳化样品。将样品转移到 850℃ 的氩气气氛管式炉中保温 2h，使其完全碳化，更换为 CO_2 气氛保温 1h，以获得木棉衍生碳（KC）。将所得的木棉衍生碳浸入 $RuCl_3$ 溶液（Ru^{3+} 5mg/mL）3h，然后将其转移到内衬聚四氟乙烯的不锈钢高压反应釜中，并在鼓风干燥箱中 160℃ 下保持 6h。随炉冷却后将产物反复洗涤和干燥 12h，得到木棉衍生碳负载钌复合材料（Ru-KC）。

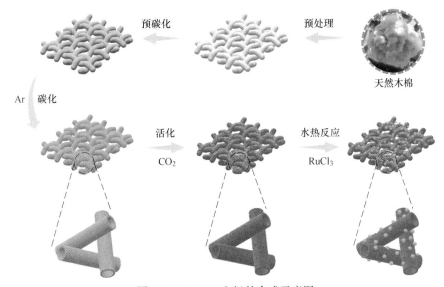

图 2.34 Ru-KC 电极的合成示意图

2.3.2.2 材料的表征

材料的形貌通过扫描电子显微镜（FEI Nova NanoSEM 450，美国）表征和透射电子显微镜（TEM，Tecnai G 2 F20 S-Twin）表征。使用 Rigaku mini Flex 600 粉末衍射仪进行结构分析。通过 PHI5000 Versa probe-Ⅱ 光谱仪的 X 射线光电子能谱研究了元素组成。FT-IR 光谱通过 Nicolet iS10 FT-IR 测试。

2.3.2.3 电化学性能测试

Li-CO_2 电池组装使用 CR2032 型纽扣电池极壳，电池组装于充满 Ar(H_2O，O_2<0.1×10^{-6})的手套箱中。将 Ru-KC 样品冲压成直径为 8mm 的圆片直接作为 Li-CO_2 电池阴极，使用直径 16mm 的金属锂箔作为阳极，直径 18mm 的玻璃纤维（whatman）作为隔膜。使用溶解在四甘醇二甲醚（TEGDME）中的 1mol/L 双（三氟甲烷）磺酰亚胺锂（LiTFSI）用作为电解质，取 110μL 电解质润湿隔膜。电池封装和对比电极的制备参见第 3 章 Li-O_2 电池的制

备，不同的是将所有电池在充满二氧化碳的（101325Pa）定制测试箱中静置 6h 使二氧化碳完全扩散，得到（3.0±0.2）V 的开路电压，并连接至 LAND-CT2001A 测试恒流充放电的首圈和循环性能。通过 Autolab（PGSTAT302N）在 2.0~4.0V 以 0.5mV/s 扫描速度进行循环伏安（CV）测试，在 100kHz~10mHz 频率范围的电化学阻抗谱（EIS）测试。

2.3.3　结果与讨论

2.3.3.1　材料的形貌与结构表征

图 2.35（a）为 Ru-KC 的上表面的 SEM 图，由图可知即使在水热反应过程之后，Ru-KC 仍保持与 KC 相同的 3D 交联结构形貌（如图 2.36（a）所示）。如图 2.36（b）所示，KC 表面有一些褶皱和缺陷，这将提供更多的活性部位和产品存储空间。图 2.35（b）所示的 Ru-KC 的表面看起来略有不同，褶皱较少并且粗糙。将其归结为水热和 Ru 改性引起的。

图 2.35（b）和（c）为不同放大倍率的 Ru-KC 横截面 SEM 图，可以看出 Ru-KC 具有中空结构，且壁厚约 0.5μm。为了进一步观察材料的更微观的形貌，进行了 TEM 测试。如图 2.36（c）和（d）所示，KC 的表面存在许多缺陷结构，这些缺陷使 Ru 颗粒易于负载。图 2.35（e）显示 Ru-KC 与 SEM 一致的纤维状形貌，Ru-KC 并继承了 KC 表面缺陷的结构（如图 2.35（f）所示）。Ru-KC 的 HRTEM 图像（如图 2.35（h）所示）显示出明显的 0.2056nm 晶面间距，对应于 Ru 的（101）晶面（JCPDS：06-0663）。此外，可以看到 Ru 颗粒的均匀分布。图 2.35（i）~（l）为 Ru-KC 的 EDS 图谱，可以看出 Ru 均匀地分布在 KC 的基底上。此外，由于木棉自带的氮元素在活化后形成的氮元素的自掺杂，因此可以看到氮元素的均匀分布（如图 2.35（j）所示）。

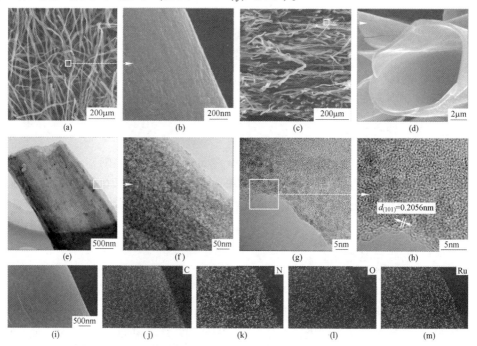

图 2.35　Ru-KC 的俯视图（a）、（b），横截面 SEM 图（c）、
（d），TEM 图（e）、（f），HRTEM 图（g）、（h）和 EDS 元素面扫描图（i）~（m）

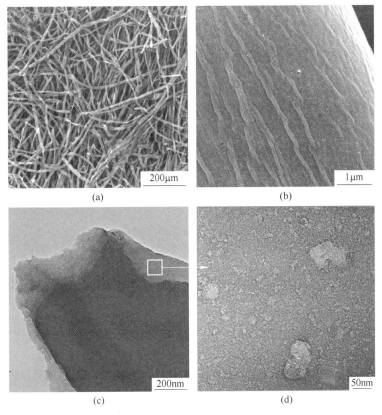

图 2.36　KC 的 SEM 图（a）、（b），TEM（c）和 HRTEM 图（d）

图 2.37（a）显示了 Ru-KC 复合材料的 XRD 光谱，其中 44.0°处的衍射峰归结于 Ru（JCPDS 06-0663）的（101）晶面，这与 HRTEM 的结果一致。图 2.37（b）通过 X 射线光电子能谱（XPS）分析 Ru-KC 的化学组成，C、O、N 和 Ru 元素可以被清晰地观察到，其原子数分数分别为 70.48%、3.79%、15.15% 和 10.58%。氮的存在归因于木棉碳的自掺杂效应，其优点是制备简单，氮的分布更均匀，提供更均匀的活性位点。图 2.37（c）为相应的 N 1s 高分辨率 XPS 光谱，主要的氮物种是吡啶氮（398.38eV，13.39%，原子数分数）、吡咯氮（399.78eV，40.31%，原子数分数）、石墨氮（400.38eV，43.13%，原子数分数）和氮的氧化物（402.68eV，3.07%，原子数分数）。通常，吡啶氮、吡咯氮和石墨氮被认为是活性氮。由于氮的电负性（3.04）高于碳的电负性（2.55），这会破坏碳材料的电荷中性，从而影响电荷分布，从而为更多的自由电子提供强电子亲和力。其中吡啶氮比其他两种氮具有更高的 CO_2 分子吸附能，这有利于 CO_2 分子的吸附。具有高吸附能的吡咯氮能够有效地吸附 Li 离子。此外，石墨氮有利于提高 Ru-KC 催化剂的电导率。这些结果表明，木棉衍生的碳具有自掺杂氮的优势，并可以为 CO_2 催化提供足够的活性中心。

2.3.3.2　材料的电化学性能研究

为了研究材料对二氧化碳还原反应（CO_2 RR）/二氧化碳析出反应（CO_2 ER）催化活性

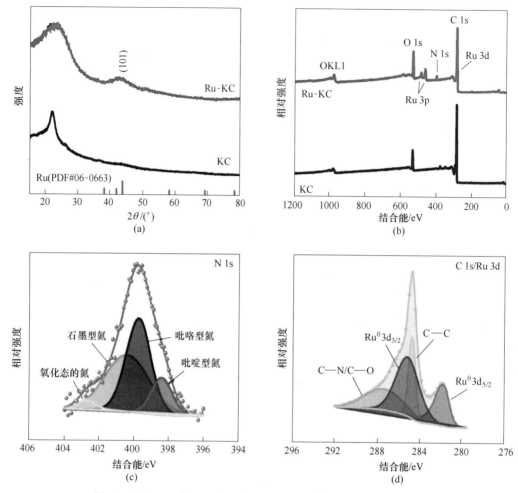

图 2.37　Ru-KC 的 XRD 图谱（a）；Ru-KC 的 XPS 调查范围（b）；
Ru-KC 的 N 1s（c）和 C 1s 与 Ru 3d（d）的高分辨率 XPS 光谱

的影响，我们进行了 CNT、KC 和 Ru-KC 阴极的 Li-CO$_2$ 电池的循环伏安（CV）测试。

如图 2.38（a）所示，Ru-KC 阴极在 2.55V 处显示出明显的还原峰，峰值电流为 0.39mA/cm^2，远大于 CNT 和 KC，这表明 Ru-KC 阴极具有更强的 CO$_2$ 还原反应催化性能。在随后的阳极扫描中，Ru-KC 在 3.66V 和 3.88V 处有两个明显的阳极峰，而 CNT 和 KC 阴极的氧化峰形不明显，说明 Ru-KC 电极对放电产物的分解具有促进作用。此外，很容易看出 Ru-KC 阴极的 CV 积分面积大于 CNT 和 KC 阴极，预示着 Ru-KC 阴极具有更大的充放电比容量。图 2.38（b）显示了 CNT、KC 和 Ru-KC 阴极的 Li-CO$_2$ 电池的电化学阻抗谱（EIS）光谱的对比，与 CNT 阴极和 KC 阴极相比，Ru-KC 阴极的 Li-CO$_2$ 电池具有最小的阻抗。我们认为，木棉碳纤维的 3D 交联结构促进了 CO$_2$ 气体的分散和锂离子的转移。

如图 2.38（c）所示，为了进一步阐明材料的催化活性，在 0.05mA/cm^2 的电流密度和 2.0~4.0V 的截止电压范围内对 CNT、KC 和 Ru-KC 三种类型的阴极的 Li-CO$_2$ 电池进行了全放电和充电测试。CNT 几乎没有容量，KC 显示出 1.08mA·h/cm^2 的放电比容量和

2.58V 的放电平台。相比之下，Ru-KC 阴极可提供更高的 2.33mA·h/cm² 的放电比容量，并且具有稳定的放电平台 2.62V。更重要的是，Ru-KC 阴极的充电电压平台低至 3.85V，库仑效率接近 100%。而具有 CNT，KC 阴极以及最近报道的一些阴极的 Li-CO₂ 电池在低于 4.0V 的电压下几乎无法充电。Ru-KC 阴极的库仑效率略高于 100%，这是由于在室温下完全放电和充电模式会发生轻微的副反应，与以前的报告一致。值得一提的是，基于 Ru-KC 的 Li-CO₂ 电池使用截止电压模式（电流密度为 0.05mA/cm²，截至电压为 2～4.0V）继续进行放电/充电，显示出更高的 4.12mA·h/cm² 的放电比容量，即使在第三个循环的库仑效率依然高达 98.54%（如图 2.38（d）所示）。容量的增加归因于放电期间催化剂的活化。而随后的容量降低可以归结为在深度放电期间电极表面上少量放电产物的积聚，覆盖了有效的活性位点。相比 CNT 和 KC，Ru-KC 阴极的 Li-CO₂ 电池的优异电化学性能可归因于木棉衍生碳表面大量的缺陷结构提供了足够的活性位，以及均匀负载的 Ru 纳米颗粒催化剂与自支撑结构的木棉碳基底之间的协同作用。

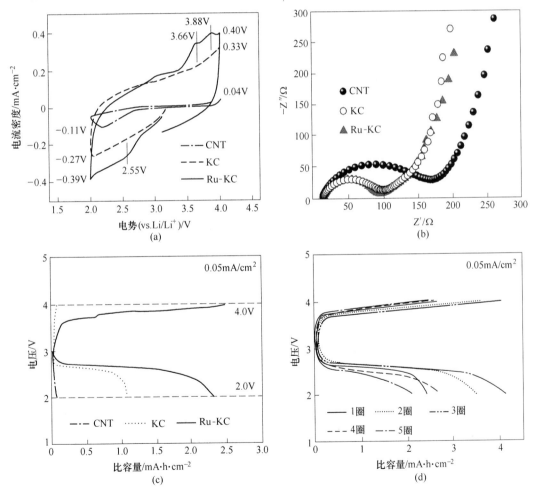

图 2.38 不同阴极的 Li-CO₂ 电池的电化学性能

（a）扫描速率为 0.5mV/s 时的 CV 曲线；（b）EIS 曲线；（c）在 0.05mA/cm² 的电流密度下的放电充电曲线；
（d）在电流密度为 0.05mA/cm² 时，Ru-KC 阴极的最初 5 个循环放电充电曲线

图 2.39 （a）～（c）为 CNT、KC 和 Ru-KC 三种阴极的 Li-CO$_2$ 电池在 0.05mA/cm^2 的电流密度和 0.2mA·h/cm^2 截止容量进行的循环性能测试结果。如图 2.39（a）所示，CNT 阴极的 Li-CO$_2$ 电池只循环了 32 圈，首圈的过电位极高（1.89V），这说明 CNT 材料缺乏促进二氧化碳还原的催化位点，并且不能很好促进产物的分解，需要在更高的电压下才能完成产物的分解，高电压下将导致电解质和阴极材料的分解，从而带来差的循环稳定性。相比之下，图 2.39（b）所示的 KC 阴极的 Li-CO$_2$ 电池在同等的测试条件下，循环圈数提升到 100 圈，首圈的过电位为 1.46V，相比 CNT 降低了 0.43V。这种性能的提升归结于木棉碳表面具有氮掺杂提供了更多的活性位，三维结构利于二氧化碳的扩散。如图 2.39（c）所示，Ru-KC 阴极的 Li-CO$_2$ 电池能够完成 254 个循环，工作时间达到 2032h，这体现了其超强的循环稳定性和出色的可逆放电/充电能力。值得注意的是，Ru-KC 在第一个周期的过电位仅为 0.79V，远低于其他两个比较样品。即使在完成了 200 个循环后，过电位依然能够保持在 1.21V。此外，图 2.39（d）显示的三种材料的完整循环周期的电压-时间曲线图中可以更明显地看出 Ru-KC 基 Li-CO$_2$ 电池表现出稳定的放电和充电电压平台，尤其是充电电压平台可以在 4.0V 以下长时间稳定地运行。

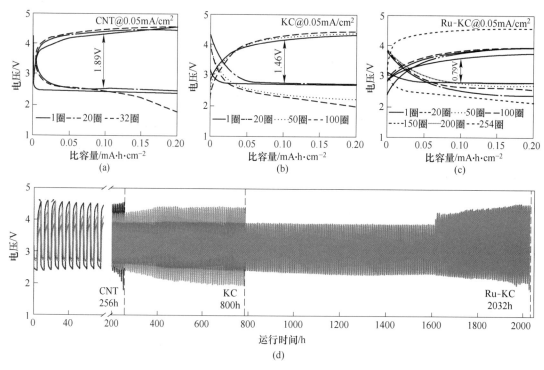

图 2.39 CNT 的循环性能（a）；KC（b）和 Ru-KC（c）阴极在 0.05mA/cm^2 的
电流密度下的缩减能力为 0.2mA·h/cm^2；具有不同阴极的 Li-CO$_2$ 电池的循环稳定性（d）

图 2.40（a）和（b）为将电流密度提高到 0.1mA/cm^2，基于 KC 和 Ru-KC 阴极的 Li-CO$_2$ 电池的循环曲线。KC 仍可以工作 100 个周期，Ru-KC 仍然可以稳定循环 200 周（如图 2.40（c）所示）。以上这些结果进一步证明了木棉碳纤维基材的优点，木棉碳纤维中氮的自掺杂提供了大量的活性位点和缺陷。此外，均匀分散的超细 Ru 纳米颗粒可以进一

步有效地提高催化活性和稳定性。

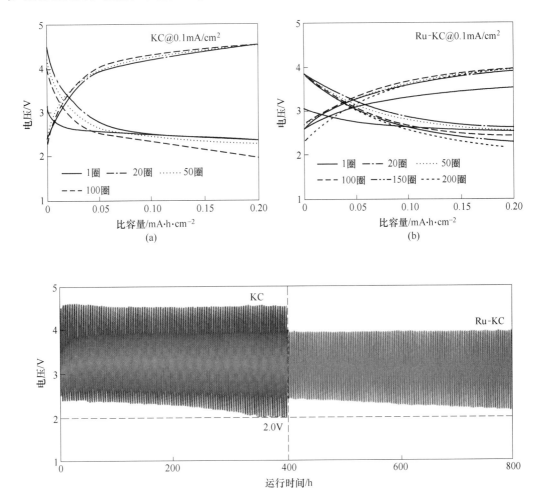

图 2.40 KC（a）和 Ru-KC（b）阴极在 0.1mA/cm² 的电流密度下的缩减能力为 0.2mA·h/cm² 时的循环性能；具有不同阴极的 Li-CO₂ 电池的循环稳定性（c）

为了研究 Ru-KC 阴极的 Li-CO₂ 电池高电化学性能的原因，我们通过 XRD、XPS、FT-IR、SEM 以及 TEM 的方法表征了不同充电/放电状态下的阴极。测试 Ru-KC 阴极的 Li-CO₂ 电池在 0.05mA/cm² 的电流密度，截止电压 2.0~4.0V 的条件下进行。如图 2.41（a）所示，放电至 2.0V 之后的 Ru-KC 阴极出现一系列属于 Li_2CO_3 的特征峰（PDF#22-1141），但峰形不明显，这间接证明产物的结晶性不好，这种结晶性差的产物更易于在低电压下完成分解。充电后这些特征峰会完全消失，表明产物的分解。另外，图 2.41（b）中提供的放电阴极的 FTIR 光谱在 840.6cm⁻¹、1098.3cm⁻¹、1452.0cm⁻¹ 和 1513.6cm⁻¹ 处显示新的峰形，这与以前的报告中的 Li_2CO_3 一致。同样的在充电至 4.0V 后这些特征峰强度明显地减弱，表明 Li_2CO_3 的分解。为了进一步确定反应的放电产物，分析了放电和再充电状态的 Ru-KC 阴极 Li 1s XPS 光谱，如图 2.41（c）和（d）所示。很明显 55.4eV 处的拟合峰表明在放电阶段出现了 Li_2CO_3。充电后，几乎没有观察到特征峰强度减弱，这再一次证

明了 Li_2CO_3 几乎完全分解。以上这些结果表明 Ru-KC 显示出优异的电催化活性，以促进主要产物（Li_2CO_3）的形成和分解。

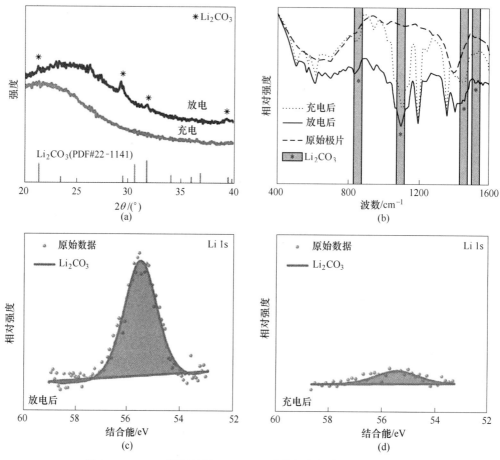

图 2.41　Ru-KC 阴极的以 $0.05mA/cm^2$ 放电充电后 XRD 图（a），
FTIR（b），C 1s 和 C 1s XPS（c）、（d）

通常放电后阴极和产物的形态在决定 Li-CO_2 电池的电化学性能中起着至关重要的作用。图 2.42（a）~（c）显示了 Ru-KC 电极放电前的原始状态，显示了 3D 交联的纤维状形貌特点。当放电至 2.0V 后，放电产物沿纤维表面均匀生长，形成薄膜状的形貌（如图 2.42（d）~（f）所示）。图 2.42（g）~（i）显示了充电至 4.0V 时 Ru-KC 电极的形貌，可以看出电极保留了类似于原始电极的 3D 交联的结构，并且纤维表面上的产物几乎完全消失了，这与初始状态的形态一致（如图 2.42（a）~（c）所示，这进一步证实了 KC 基底的结构稳定性。为了进一步观察 Ru-KC 电极的微观形态，我们还进行了放电/再充电 Ru-KC 电极的 TEM 和 HRTEM 表征（如图 2.43 所示）。从图 2.43（a）和（e）可以看出，放电/充电后的产品具有纤维状的外观。膜状放电产物紧密地覆盖在电极表面，这提供了充足的电极—Li_2CO_3—电解质界面，从而有利于 Li_2CO_3 的后续分解（如图 2.43（b）和（c）所示）。另外，Ru-KC 电极放电后的 FFT 图（如图 4.43（d）所示）显示三个衍射环对应于 Li_2CO_3 的（$\bar{1}$10）和（021）平面以及 Ru 的（101）平面。这些结果表明在放电过程中膜状的产物 Li_2CO_3 在阴极上的积累。重要的是，放电后依然可以检测到 Ru 的（101）平面（如图 2.43（h）所示）。与原始样品（如图 2.43（g）、图 2.35（e）和（f）所示）相似，Ru 颗粒均匀地分布在 KC 表面上，这再次证明了 Ru-KC 的稳定性。

图 2.42 Ru-KC 电极 SEM 图

（a）~（c）初始电极；（d）~（f）在 0.05mA/cm² 放电后的电极；
（g）~（i）充电后的电极

为了更直观地理解 Ru-KC 催化剂对 Li_2CO_3 形貌的影响，我们提出了 Ru-KC 阴极的 $Li-CO_2$ 电池产物的可能的形成机理。如图 2.44 所示，氮掺杂的 KC 表面上的大量缺陷不仅产生了足够的活性位点，而且使 Ru 颗粒均匀地分布在其表面上。高度分布的 Ru 超细颗粒与活性氮掺杂物种的协同作用产生了更均匀分布的活性位点，使 Ru-KC 表面电荷分布良好分布，从而使 CO_2 分子可以均匀地吸附在 Ru-KC 表面上。吸附的 CO_2 分子与来自阳极的锂离子在三相界面（CO_2 气体-电极-电解质）处结合，并在 Ru-KC 表面成核并生长，进一步形成均匀沉积的薄膜状 C/Li_2CO_3。有趣的是，即使放电产物完全覆盖了电极表面，仍然存在通道，这得益于 Ru-KC 的 3D 交联结构。这些通道允许 CO_2 分子及时补充在三相界面上，同时有利于 Li_2CO_3 分解时析出 CO_2。

此外，我们设计了两个对比实验，以证明带有通道的 3D 交联结构阴极的优势。在第一个对比实验中，将木棉粉磨成与黏合剂混合的粉末，然后涂在碳纸上作为阴极。图

图 2.43　Ru-KC 电极的 Li-CO$_2$ 电池在不同状态下的 TEM 图像：
电流密度为 0.05mA/cm^2 时放电后（a）～（d）和充电后（e）～（h）的电极

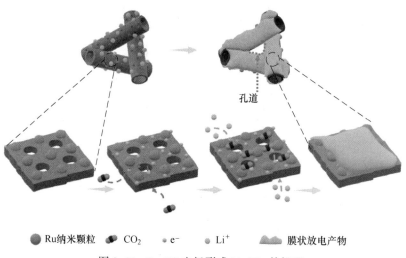

图 2.44　Ru-KC 电极形成 Li$_2$CO$_3$ 的机理

2.45（a）展示了粉末结构在 50μA/cm^2 的电流密度下表现出大的过电势和低的比容量（36μA·h/cm^2）。一方面，粉末电极不具有 3D 交联结构，这会阻碍 CO$_2$ 的扩散，同时也会减慢锂离子和电子的传输速度。另一方面，黏结剂的使用将覆盖有效的活性位点，导致容量非常有限。在第二对比实验中，电极基于 KC 的完整 3D 交联电极结构，但电解液过多以淹没通道。这种淹没式结构的电极的放电比容量仅占合适电解质电极的三分之一。这归因于通道被过量的电解质阻塞，导致产生的 CO$_2$ 气体无法顺畅地扩散到三相反应界面，进一步导致容量显著降低和过大的电势。由此可见，分级多孔的三维结构碳材料能够提升电池的电化学性能。

此外，我们通过 KC 阴极和金属锂箔阳极制备了柔性的 Li-CO₂ 袋式电池，以证明 KC 的应用性。传统电池折叠或弯曲时，活性催化剂会从集电器上分层，从而导致性能不佳。但是，KC 阴极具有柔韧性，可以折叠或扭曲不同程度。图 2.45（b）~（e）展示了一个 30mm×30mm 的 Li-CO₂ 袋式电池在充满 CO₂ 气氛的瓶子中运行。可以看出无论在正常状态下（如图 2.45（b）所示），折叠了 90°（如图 2.45（c）所示），折叠了 180°（如图 2.45（d）所示），以及恢复到正常状态（如图 2.45（e）所示），连接的发光二极管（LED）灯保持基本恒定的亮度，这证明了 KC 阴极 Li-CO₂ 电池具有很好的柔性。

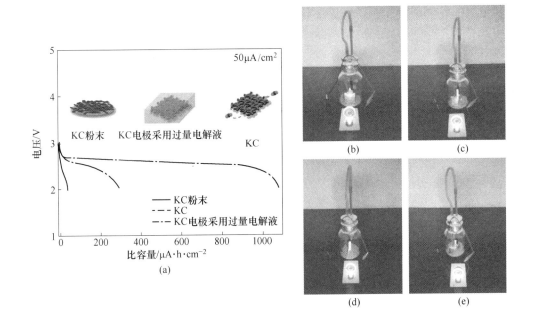

图 2.45 不同 KC 电极的初始循环放电曲线（a）；Ru-KC 阴极柔性袋式 Li-CO₂ 电池：原始状态（b），折叠 90°（c），折叠 180°（d）以及重置为原始状态（e）点亮 LED 灯

2.3.4 小结

总而言之，我们开发了一种具有超细均匀分布的 Ru 粒子（Ru-KC）的柔性自立式无黏结剂 N 掺杂 3D 交联结构碳材料，并成功应用于 Li-CO₂ 电池的高性能阴极。具有 Ru-KC 阴极的 Li-CO₂ 电池显示出低电势（0.79V），良好的循环稳定性（256 次循环，2032h），并且在各种折叠程度的变形条件下均能稳定供电。其优异的性能归因于以下几点：（1）3D 交联结构和大量通道可促进 CO₂ 气体和电解质的扩散；（2）具有大量 N 掺杂碳催化活性位的 3D 网络体系结构可促进电子传输；（3）均匀分布的 Ru 超细颗粒和合适的木棉碳基材的协同作用使薄膜产品易于分解，从而实现超长循环。（4）电池具有自支撑结构，可避免由于使用黏合剂引起的副反应。本章工作为平衡电化学性能、低成本、可再生、无黏合剂和自支撑、柔性电极的发展提供了参考。

2.4 木棉衍生碳石墨烯复合材料的制备及其性能研究

2.4.1 研究背景

可充放 Li-CO$_2$ 电池因其高理论比能而引起了人们的广泛关注。然而，Li-CO$_2$ 电池的实际应用需要克服一些挑战，例如高过电位和较差的循环稳定性。这是由于在放电过程中在阴极表面形成了不溶且绝缘的碳酸锂（Li$_2$CO$_3$），在充电过程中需要很高的过电势来还原碳酸锂，从而导致高过电位。需要开发高性能阴极催化剂以解决这个问题。具有高电导率、重量轻和低制造成本的碳基材料已经被用于 Li-CO$_2$ 电池的阴极。然而，纯碳材料的电极难以具有较差的催化活性，这导致碳酸锂的分解必须在高电压下完成。而在高电压下产物分解产生的超氧自由基将会使电解液分解、腐蚀电极、电池过早失效。此外，过多的放电产物阻塞了碳阴极表面，这被认为是循环稳定性差的另一主要原因。因此，减少充电期间的过电位对于 Li-CO$_2$ 电池至关重要[51,52]。

虽然，碳基材料具有易制备和高电导等优点，常被用于 Li-CO$_2$ 电池的气体阴极，但是由于传统的碳基材料催化活性有限，需要引入掺杂、金属修饰或结构来进一步提升性能[53]。常规的固态阴极在 Li-O$_2$ 和 Li-CO$_2$ 电池中都有了较为广泛的研究[54,55]。尽管普通的固体催化剂在降低放电能量的过程中，通过降低活化能促进固体 Li$_2$CO$_3$ 以及 Li$_2$CO$_3$ 和无定形碳物质之间的可逆反应，在促进 CO$_2$ 还原方面也表现出杰出的性能。但是，单纯的固态催化剂的固有缺点仍然限制了 Li$^+$ 和 CO$_2$ 之间的电化学反应，特别是固体放电产物的电化学降解。这主要是因为固体催化剂需要嵌入高导电性碳基质中以形成复合材料，然后涂覆在多孔集流体上或直接在集流体上生长制备成阴极才能使用[56,57]。

此外，由于固态催化剂的活性表面与固态放电产物之间的物理接触不足，所以这种固态催化剂的催化效果不能令人满意。另外，固体催化剂表面上的活性位点很容易被产物覆盖或者被副产物钝化。这些缺点与 Li-O$_2$ 电池非常相似，也极大地限制了 Li-CO$_2$ 电池的往返效率和循环性的提高。从动力学的角度来看，在固-液界面上发生的反应比在固-固界面上发生的反应更容易。为了减轻这一缺点，具有提高催化性能的可移动式催化剂，即氧化还原介体（RMs）是一个很好的解决方案，并且已经在 Li-O$_2$ 电化学领域进行了广泛的研究，发现在降低过电位、提高能量效率以及延长循环寿命方面有促进作用[58~60]。通常认为，选择理想的氧化还原介体对于促进固态放电产物分解至关重要。通常，可以有效分解固态放电产物的合适的氧化还原介体应满足以下条件：（1）所选的氧化还原介体（RMs），除了具有良好的溶解性外，对所采用的电解质成分也呈化学惰性；（2）氧化还原介体可以承受反应性超氧自由基等中间物种的攻击，其本身在工作电压范围内具有较高的分解电压；（3）RMs 的氧化电位远低于放电产物的分解电位，高于初始分解电位，氧化还原电对的氧化还原反应是完全可电化学可逆的；（4）RMs 可以化学氧化放电产物（主要指 Li$_2$CO$_3$）分解为 CO$_2$ 和 Li，或者在能量上促进 Li$_2$CO$_3$ 和 C 的可逆电化学反应[61~63]。

本节以木棉纤维为基体，将制备好的氧化石墨烯和木棉结合，通过简单的高温热解的方法制备出木棉石墨烯复合材料（GO/KC）。氧化石墨烯采用工艺简单的改进的 Hummer 法制备，配合木棉衍生碳的 3D 互联自支撑结构，获得无金属的碳基催化剂，并成功应用于 Li-CO$_2$ 电池阴极。电池具备极高的首圈放电比容量。为了进一步降低过电位，引入可溶性的二茂钌氧化还原介体到电解液中，获得了 0.81V 的低过电位，并且首圈放电容量没有明显降低。

2.4.2　试验方法及装置

2.4.2.1　材料的制备

本章节中木棉石墨烯复合材料的制备具体实验参数如下。

（1）氧化石墨烯的制备：采用改进的 Hummers 法制备氧化石墨（GO），制备过程如下：取 115mL 的浓硫酸（H$_2$SO$_4$，98%）引入 1L 的烧杯中，加入 5g 石墨粉和 2.5g 硝酸钠（NaNO$_3$），磁力搅拌 3h，缓慢加入 15g 高锰酸钾粉末（KMnO$_4$），冰水浴法控制温度在 20℃进行反应。待上述反应结束，油浴控制温度在（35±3）℃，磁力搅拌 30min 进一步反应。将混合物转移到 200mL 的去离子水（98℃）的烧杯中静置 30min。加入 300mL 去离子水稀释，并迅速倒入 35mL 过氧化氢（H$_2$O$_2$）溶液并抽滤。用大量去离子水清洗产物，冷冻干燥即得到氧化石墨。

（2）预碳化木棉衍生碳的制备：取 500mg 木棉纤维弹匀，并用石墨板（50mm×100mm）固定，在空气气氛的马弗炉中以 10℃/min 从 25℃升温到 240℃并保温 2h，随炉冷却至室温后得到预碳化木棉。

（3）木棉石墨烯复合材料的制备：按照预碳化木棉与氧化石墨烯 3∶1 的比例，取木棉 30mg，氧化石墨烯 10mg；先将氧化石墨烯在 30mL 去离子水中超声 3h 使其均匀分散；再加入预碳化的木棉片仪器超声 30min 使氧化石墨烯吸附在预碳化木棉纤维上。取出超声后的预碳化木棉石墨烯前驱体，在真空干燥箱中 80℃保温 8h 使表面水分干燥，转入氩气气氛的管式炉中以 5℃/min 从室温加热到 850℃并保温 2h，使氧化石墨烯在高温还原，木棉充分碳化，随炉冷却后获得木棉石墨烯复合材料（GO/KC）。

2.4.2.2　材料的表征

材料的形貌通过扫描电子显微镜（FEI Nova NanoSEM 450，美国）表征和透射电子显微镜（TEM，Tecnai G 2 F20 S-Twin）表征。使用 Rigaku mini Flex 600 粉末衍射仪进行结构分析。通过 PHI5000 Versa probe-Ⅱ光谱仪的 X 射线光电子能谱研究了元素组成。FT-IR 光谱通过 Nicolet iS10 FT-IR 测试。

2.4.2.3　电化学性能测试

Li-CO$_2$ 电池组装使用 CR2032 型纽扣电池极壳，电池组装于充满 Ar（H$_2$O、O$_2$ 含量小于 0.1×10^{-6}）的手套箱中。将 GO/KC 样品冲压成直径为 8mm 的圆片作直接为 Li-CO$_2$ 电池阴极使用直径 16mm 的金属锂箔作为阳极，直径 18mm 的玻璃纤维（whatman）作为隔膜。使用溶解在四甘醇二甲醚（TEGDME）中的 1mol/L 双（三氟甲烷）磺酰亚胺锂（LiTFSI）用作为电解质，取 110μL 电解质润湿隔膜。或者使用 50μL 添加了浓度为 25mmol/L 二茂钌氧还原介体的电解质润湿隔膜。电池封装和对比电极的制备参见第 3 章 Li-O$_2$ 电池的制备，不同的是将所有电池在充满二氧化碳的（101325Pa）定制测试箱中静置 6h 使二氧化碳气体完全扩散，得到（3.0±0.2）V 的开路电压，并连接至 LAND-CT2001A 测试恒流充放电的首圈和循环性能。通过 Autolab（PGSTAT302N）在 2.0~4.0V 以进行循环伏安（CV）测试。

2.4.3　结果与讨论

2.4.3.1　材料的形貌与结构表征

图 2.46（a）为木棉衍生碳的 SEM 图，显示纤维状的形貌，并且这些纤维为 3D 交联结构。图 2.46（b）为木棉石墨烯复合材料的 SEM 图，GO/KC 依然保留了纤维组成 3D 交联结构，根据第 4 章的结果这种结构利于二氧化碳的或电解液的扩散，对于提升 Li-CO₂ 电池的性能具有明显的促进作用。不同于未添加石墨烯的木棉衍生碳纤维（KC）平齐的纤维断口，可以在 GO/KC 的纤维断口处观察到许多褶皱状的物质。图 2.46（c）显示进一步放大的断口处形貌，与之前文献中报道的石墨烯形貌类似。这是由于木棉纤维断口具有更多的缺陷，更利于石墨烯的附着。值得一提的是，如图 2.46（d）所示，GO/KC 纤维的表面具有更加明显的孔结构，将其归结于添加氧化石墨烯引入的含氧官能团在高温热解过程中对材料的造孔有促进作用。此外，更多的孔洞将提供更多的活性部位和放电产物的储存空间。

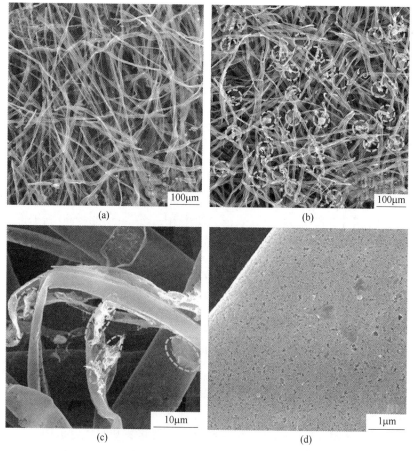

图 2.46　KC 的 SEM 图像（a）；GO/KC 的 SEM 图（b）~（d）

　　为了进一步观察材料的更微观的形貌，进行了 TEM 测试。如图 2.47 所示是不同放大倍数的 GO/KC 复合材料的 TEM 图。可以观察到 GO/KC 的表面存在许多缺陷结构，并且分布均匀。由图 2.47（b）在边缘可以有类似石墨烯的形貌被观察到，为了进一步确定其组分，我们进行了红外光谱的分析。

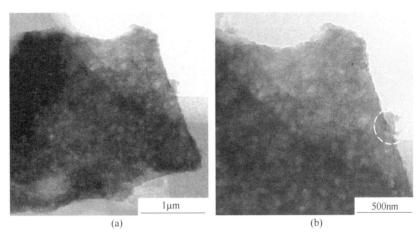

图 2.47　GO/KC 的 TEM 图

　　图 2.48（a）显示了 KC 和 GO/KC 复合材料的 FTIR 光谱对比图。可以在右侧的放大图中看到，木棉衍生碳在 1544.16cm^{-1} 处左右的峰为 C＝C，在 1416.40cm^{-1} 处左右和 853.80cm^{-1} 处左右的官能团都可以归结为 O—H，在 1040.75cm^{-1} 处左右的峰为 C—C 的信号。与木棉衍生碳不同，GO/KC 复合材料在 1488.40cm^{-1} 处左右出现新的特征峰可归结为 O—H，通常被认为是碳基材料中引入石墨烯的信号。此外，GO/KC 复合材料相较于木棉衍生碳的 C—C 峰的位置发生了轻微的左移，移动至 1083.96cm^{-1} 处，这是由于石墨烯的加入改变了电子浓度导致。总之，综合 FTIR 和 SEM 结果可以证明 GO/KC 复合材料的成功制备。

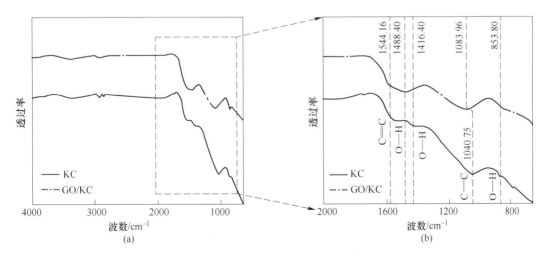

图 2.48　KC 和 GO/KC 的红外光谱图

2.4.3.2　材料的电化学性能研究

为了研究 GO/KC 复合材料对二氧化碳还原反应（CO_2 RR）/二氧化碳释放反应（CO_2 ER）催化活性的影响，我们进行了不同电解液的 GO/KC 阴极的 Li-CO_2 电池的循环伏安（CV）测试。图 2.49（a）为 GO/KC 阴极的 Li-CO_2 电池 2.0~4.5V 以 0.5mV/s 的扫速测得的 CV 曲线，可以看到阴极扫描时其起始电位位于 2.80V 处，2.40V 处显示出明显的还原峰，峰值电流为 0.39mA/cm^2。在随后的阳极扫描中，起始电位在 3.53V、3.91V 处有不明显的阳极峰，这说明用普通电解液的 GO/KC 电极对放电产物的形成和分解都具有一定促进作用。如图 2.49（b）所示，为了进一步阐明 GO/KC 复合材料在加入二茂钌氧化还原介体的电解液中的催化活性，我们使用 GO/KC 阴极的 Li-CO_2 电池 2.0 ~ 4.5V 以 0.2mV/s 的扫速测得的 CV 曲线。可以看出在阴极扫描的还原峰出现在 2.40V 附近与木棉衍生碳电极类似。不同的是在后续的扫描过程中在低于 4.0V 处开始出现了明显的氧化峰，这证明产物在低于 4.0V 时迅速分解。而在 3.51V 附近出现的峰，可归因于二茂钌氧化还原介体在形成氧化还原电对时导致，证明了二茂钌氧化还原电对的可逆性。

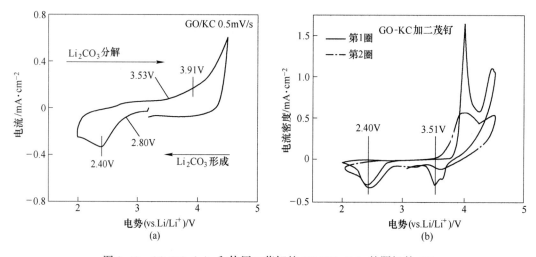

图 2.49　GO/KC（a）和使用二茂钌的 GO/KC（b）的阴极的 CV

图 2.50（a）和图 2.50（b）为普通电解液的 GO/KC 和加二茂钌氧化还原介的 GO/KC 阴极的 Li-CO_2 电池使用截止电压模式（电流密度为 0.05mA/cm^2，截止容量为 0.2mA·h/cm^2）进行放电/充电前 30 圈的循环测试曲线。两种电池都能够稳定循环 30 圈。这种性能归结于木棉 3D 交联结构利于 Li^+ 和 CO_2 的扩散，丰富的孔结构不易堵塞，以及石墨烯引入了更多的活性位。图 2.50（c）为两种电池首圈过电位的对比，可以看出普通电解液的电池首圈过电位为 1.15V，而加二茂钌的电池首圈的过电位为 0.81V，相比前者降低了 0.34V。图 2.50（d）为普通电解液的 GO/KC 和加二茂钌的 GO/KC 阴极 Li-CO_2 电池在 0.05mA/cm^2 的电流密度和 2.0~4.0V 的截止电压范围全放电和充电测试对比图。可以看出普通电解液的 GO/KC 阴极的 Li-CO_2 电池显示出 15.53mA·h/cm^2 的放电比容量和 2.64V 的放电平台。但是在 4.0V 以下几乎无法充电，即使将截止电压设置为 4.5V，充电容量也只有 3.29mA·h/cm^2 的，库仑效率为 21.18%。这是由于纯碳材料缺少

CO_2ER 催化活性，在全放电模式下大量的放电产物覆盖电极表面覆盖有效的活性位点，从而导致充电无法在低电压下完成完全充电。相比之下，加了二茂钌的 GO/KC 阴极 Li-CO_2 电池首圈放电容量可达到 $13.95mA \cdot h/cm^2$，与二茂钌电解液的 Li-CO_2 电池容量相当，但是放电平台提升到 2.73V。值得注意的是，除了放电平台略有提升，充电比容量提升到 $13.67mA \cdot h/cm^2$，并且充电电压长时间稳定在 3.79V 上下，库仑效率提升到 97.99%，这得益于二茂钌氧化还原介体的加入进一步提升了电池的性能。有机电解液中的二茂钌（Ruc）会在高于 3.57V 的电压下失电子形成带有一个正电荷的 Ruc^+（Ruc → $Ruc^+ + e^-$）。Ruc^+ 参与分解反应 4（$Ruc^+ + 2Li_2CO_3 + C \rightarrow 4\ Ruc + 4Li^+ + 3CO_2$），从而是产物分解可以在低电压下完成。

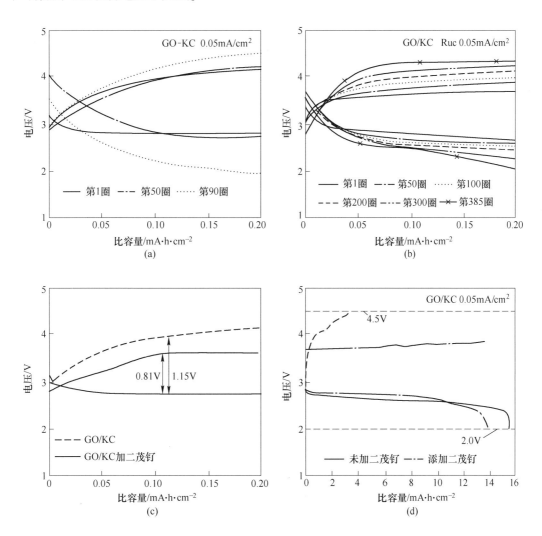

图 2.50　GO/KC（a）和加二茂钌的 GO/KC（b）阴极在 $0.05mA/cm^2$ 的电流密度，
截止性能为 $0.2mA \cdot h/cm^2$ 的循环性能；GO/KC 和加二茂钌的 GO/KC 阴极的过电势对比（c）；
GO/KC 阴极 Li-CO_2 电池在 $0.05mA/cm^2$ 且截止电压为 2～4.5V 时的初始放电/充电曲线（d）

2.4.4　小结

　　总而言之，我们开发了一种具有多孔结构的自支撑无黏结剂 3D 交联结构碳和石墨烯复合材料，并成功应用于 Li-CO$_2$ 电池的高性能阴极。具有 GO/KC 阴极的 Li-CO$_2$ 电池显示出 0.81V 的低电势，13.95mA·h/cm^2 的高放电比容量，以及 97.99% 的高库仑效率。其优异的性能归因于以下几点：（1）3D 交联结构和大量通道可促进 CO$_2$ 气体和电解质的扩散；（2）具有大量孔结构提供足够的缺陷结构可促进电子传输；（3）电池具有自支撑结构，避免使用黏合剂引起的副反应；（4）电解液中加入二茂钌形成的氧化还原电对与碳酸锂反应降低了碳酸锂的分解电位。本章工作不仅为自支撑纯碳低成本和可再生性提供了一种新颖的策略，而且为氧化还原介体在 Li-CO$_2$ 电池中的应用发展提供了参考。

参 考 文 献

[1] Xu S, Das S K, Archer L A. The Li-CO$_2$ battery: a novel method for CO$_2$ capture and utilization [J]. RSC Advances, 2013, 3 (18): 6656~6660.

[2] Liu Y, Wang R, Lyu Y, et al. Rechargeable Li/CO$_2$-O$_2$ (2:1) battery and Li/CO$_2$ battery [J]. Energy & Environmental Science, 2014, 7 (2): 677~681.

[3] Jiao Y, Qin J, Sari H M K, et al. Recent progress and prospects of Li-CO$_2$ batteries: Mechanisms, catalysts and electrolytes [J]. Energy Storage Materials, 2021, 34: 148~170.

[4] Zhang X, Zhang Q, Zhang Z, et al. Rechargeable Li-CO$_2$ batteries with carbon nanotubes as air cathodes [J]. Chemical Communications, 2015, 51 (78): 14636~14639.

[5] Zhang Z, Zhang Q, Chen Y, et al. The first introduction of graphene to rechargeable Li-CO$_2$ batteries [J]. Angewandte Chemie International Edition, 2015, 54 (22): 6550~6553.

[6] Zhang Z, Wang X-G, Zhang X, et al. Verifying the rechargeability of Li-CO$_2$ batteries on working cathodes of Ni nanoparticles highly dispersed on N-doped graphene [J]. Advanced Science, 2018, 5 (2): 1700567.

[7] Zhang Z, Zhang Z, Liu P, et al. Identification of cathode stability in Li-CO$_2$ batteries with Cu nanoparticles highly dispersed on N-doped graphene [J]. Journal of Materials Chemistry A, 2018, 6 (7): 3218~3223.

[8] Ma W, Lu S, Lei X, et al. Porous Mn$_2$O$_3$ cathode for highly durable Li-CO$_2$ batteries [J]. Journal of Materials Chemistry A, 2018, 6 (42): 20829~20835.

[9] Li S, Liu Y, Zhou J, et al. Monodispersed MnO nanoparticles in graphene-an interconnected N-doped 3D carbon framework as a highly efficient gas cathode in Li-CO$_2$ batteries [J]. Energy & Environmental Science, 2019, 12 (3): 1046~1054.

[10] Wang H, Xie K, You Y, et al. Realizing interfacial electronic interaction within ZnS quantum Dots/N-rGO heterostructures for efficient Li-CO$_2$ batteries [J]. Advanced Energy Materials, 2019, 9 (34): 1901806.

[11] Yang S, Qiao Y, He P, et al. A reversible lithium-CO$_2$ battery with Ru nanoparticles as a cathode catalyst [J]. Energy & Environmental Science, 2017, 10 (4): 972~978.

[12] Wang L, Dai W, Ma L, et al. Monodispersed Ru nanoparticles functionalized graphene nanosheets as efficient cathode catalysts for O$_2$-assisted Li-CO$_2$ battery [J]. Acs Omega, 2017, 2 (12): 9280~9286.

[13] Zhang P F, Lu Y Q, Wu Y J, et al. High-performance rechargeable Li-CO$_2$/O$_2$ battery with Ru/N-doped CNT catalyst [J]. Chemical Engineering Journal, 2019, 363: 224~233.

[14] Zhou W, Cheng Y, Yang X, et al. Iridium incorporated into deoxygenated hierarchical graphene as a high-

performance cathode for rechargeable Li-O$_2$ batteries [J]. Journal of Materials Chemistry A, 2015, 3 (28): 14556~14561.

[15] Liu G, Xu J, Wang Y, et al. An oxygen evolution catalyst on an antimony doped tin oxide nanowire structured support for proton exchange membrane liquid water electrolysis [J]. Journal of Materials Chemistry A, 2015, 3 (41): 20791~20800.

[16] Li Y, Zhou J, Zhang T, et al. Highly surface-wrinkled and N-doped CNTs anchored on metal wire: a novel fiber-shaped cathode toward high-performance flexible Li-CO$_2$ batteries [J]. Advanced Functional Materials, 2019, 29 (12): 1808117.

[17] Xing Y, Yang Y, Li D, et al. Crumpled Ir nanosheets fully covered on porous carbon nanofibers for long-life rechargeable lithium-CO$_2$ batteries [J]. Advanced Materials, 2018, 30 (51): 1803124.

[18] Ahmadiparidari A, Warburton R E, Majidi L, et al. A long-cycle-life lithium-CO$_2$ battery with carbon neutrality [J]. Advanced Materials, 2019, 31 (40): 1902518.

[19] Li X, Zhou J, Zhang J, et al. Bamboo-like nitrogen-doped carbon nanotube forests as durable metal-free catalysts for self-powered flexible Li-CO$_2$ batteries [J]. Advanced Materials, 2019, 31 (39): 1903852.

[20] Bie S, Du M, He W, et al. Carbon nanotube@ RuO$_2$ as a high performance catalyst for Li-CO$_2$ batteries [J]. ACS Applied Materials & Interfaces, 2019, 11 (5): 5146-5151.

[21] Wang C, Zhang Q, Zhang X, et al. Fabricating Ir/C nanofiber networks as free-standing air cathodes for rechargeable Li-CO$_2$ batteries [J]. Small (Weinheim an der Bergstrasse, Germany), 2018, 14 (28): 1800641.

[22] Zhang X, Wang C, Li H, et al. High performance Li-CO$_2$ batteries with NiO-CNT cathodes [J]. Journal of Materials Chemistry A, 2018, 6 (6): 2792~2796.

[23] Mao Y, Tang C, Tang Z, et al. Long-life Li-CO$_2$ cells with ultrafine IrO$_2$-decorated few-layered delta-MnO$_2$ enabling amorphous Li$_2$CO$_3$ growth [J]. Energy Storage Materials, 2019, 18: 405~413.

[24] Xie Z, Zhang X, Zhang Z, et al. Metal-CO$_2$ batteries on the road: CO$_2$ from contamination gas to energy source [J]. Advanced Materials, 2017, 29 (15).

[25] Xu S, Das S K, Archer L A. The Li-CO$_2$ battery: a novel method for CO$_2$ capture and utilization [J]. RSC Advances, 2013, 3 (18): 6656~6660.

[26] Liu Y, Wang R, Lyu Y, et al. Rechargeable Li/CO$_2$-O$_2$ (2:1) battery and Li/CO$_2$ battery [J]. Energy & Environmental Science, 2014, 7 (2): 677~681.

[27] Zhang X, Zhang Q, Zhang Z, et al. Rechargeable Li-CO$_2$ batteries with carbon nanotubes as air cathodes [J]. Chemical Communications, 2015, 51 (78): 14636~14639.

[28] Zhang Z, Zhang Q, Chen Y, et al. The first introduction of graphene to rechargeable Li-CO$_2$ batteries [J]. Angewandte Chemie-International Edition, 2015, 54 (22): 6550~6553.

[29] Jin Y, Hu C, Dai Q, et al. High-performance Li-CO$_2$ batteries based on metal-free carbon quantum dot/ holey graphene composite catalysts [J]. Advanced Functional Materials, 2018, 28 (47).

[30] Qiao Y, Xu S, Liu Y, et al. Transient, in situ synthesis of ultrafine ruthenium nanoparticles for a high-rate Li-CO$_2$ battery [J]. Energy & Environmental Science, 2019, 12 (3): 1100~1107.

[31] Liang H, Zhang Y, Chen F, et al. A novel NiFe@ NC-functionalized N-doped carbon microtubule network derived from biomass as a highly efficient 3D free-standing cathode for Li-CO$_2$ batteries [J]. Applied Catalysis B-Environmental, 2019, 244: 559~567.

[32] Liu Z, Zhang Y, Jia C, et al. Decomposing lithium carbonate with a mobile catalyst [J]. Nano Energy, 2017, 36: 390~397.

[33] Yu F, Xie Y, Tang H, et al. Platinum decorated hierarchical porous structures composed of ultrathin tita-

nium nitride nanoflakes for efficient methanol oxidation reaction [J]. Electrochimica Acta, 2018, 264: 216~224.

[34] Zhang Z, Yang C, Wu S, et al. Exploiting synergistic effect by integrating ruthenium-copper nanoparticles highly Co-dispersed on graphene as efficient air cathodes for Li-CO_2 batteries [J]. Advanced Energy Materials, 2019, 9 (8).

[35] Zou L, Jiang Y, Cheng J, et al. High-capacity and long-cycle lifetime Li-CO_2/O_2 battery based on dandelion-like $NiCo_2O_4$ hollow microspheres [J]. ChemCatChem, 2019, 11 (13): 3117~3124.

[36] Jin Y, Chen F, Wang J, et al. Tuning electronic and composition effects in ruthenium-copper alloy nanoparticles anchored on carbon nanofibers for rechargeable Li-CO_2 batteries [J]. Chemical Engineering Journal, 2019, 375.

[37] Jin Y, Chen F, Wang J. Achieving low charge overpotential in a Li-CO_2 battery with bimetallic RuCo nanoalloy decorated carbon nanofiber cathodes [J]. ACS Sustainable Chemistry & Engineering, 2020, 8 (7): 2783~2792.

[38] Wu G, Li X, Zhang Z, et al. Design of ultralong-life Li-CO_2 batteries with IrO_2 nanoparticles highly dispersed on nitrogen-doped carbon nanotubes [J]. Journal of Materials Chemistry A, 2020, 8 (7): 3763~3770.

[39] Liu B, Sun Y, Liu L, et al. Recent advances in understanding Li-CO_2 electrochemistry [J]. Energy & Environmental Science, 2019, 12 (3): 887~922.

[40] Yang S, He P, Zhou H. Exploring the electrochemical reaction mechanism of carbonate oxidation in Li-air/CO_2 battery through tracing missing oxygen [J]. Energy & Environmental Science, 2016, 9 (5): 1650~1654.

[41] Qiu F, Ren S, Mu X, et al. Towards a stable Li-CO_2 battery: the effects of CO_2 to the Li metal anode [J]. Energy Storage Materials, 2020, 26: 443-447.

[42] Zhang Z, Bai W L, Wang K X, et al. Electrocatalyst design for aprotic Li-CO_2 batteries [J]. Energy & Environmental Science, 2020, 13 (12): 4717~4737.

[43] Qiao Y, Wu J, Zhao J, et al. Synergistic effect of bifunctional catalytic sites and defect engineering for high-performance Li-CO_2 batteries [J]. Energy Storage Materials, 2020, 27: 133~139.

[44] Zhang P F, Zhang J Y, Sheng T, et al. Synergetic effect of Ru and NiO in the electrocatalytic decomposition of Li_2CO_3 to enhance the performance of a Li-CO_2/O_2 battery [J]. ACS catalysis, 2020, 10 (2): 1640~1651.

[45] Yue G, Luo X, Hu Z, et al. RuO_2-x decorated $CoSnO_3$ nanoboxes as a high performance cathode catalyst for Li-CO_2 batteries [J]. Chemical communications (Cambridge, England), 2020, 56 (78): 11693~11696.

[46] Wu M, Kim J Y, Park H, et al. Understanding reaction pathways in high dielectric electrolytes using beta-$Mo2_C$ as a catalyst for Li-CO_2 batteries [J]. ACS Applied Materials & Interfaces, 2020, 12 (29): 32633~32641.

[47] Thoka S, Chen C J, Jena A, et al. Spinel zinc cobalt oxide ($ZnCo_2O_4$) porous nanorods as a cathode material for highly durable Li-CO_2 batteries [J]. ACS Applied Materials & Interfaces, 2020, 12 (15): 17353~17363.

[48] Li X, Zhou J, Zhang J, et al. Bamboo-like Nitrogen-doped carbon nanotube forests as durable metal-free catalysts for self-powered flexible Li-CO_2 batteries [J]. Advanced Materials, 2019, 31 (39).

[49] Xu S, Chen C, Kuang Y, et al. Flexible lithium-CO_2 battery with ultrahigh capacity and stable cycling [J]. Energy & Environmental Science, 2018, 11 (11): 3231~3237.

［50］ Xiao Y, Du F, Hu C, et al. High-performance Li-CO$_2$ batteries from free-standing, binder-free, bifunctional three-dimensional carbon catalysts ［J］. Acs Energy Letters, 2020, 5 (3): 916~921.

［51］ Xie Z, Zhang X, Zhang Z, et al. Metal-CO$_2$ batteries on the road: CO$_2$ from contamination gas to energy source ［J］. Advanced Materials, 2017, 29 (15): 1605891-n/a.

［52］ Chang S, Liang F, Yao Y, et al. Research progress of metallic carbon dioxide batteries ［J］. Acta Chimica Sinica, 2018, 76 (7): 515~525.

［53］ Wang Y-J, Fang B, Zhang D, et al. A review of carbon-composited materials as air-electrode bifunctional electrocatalysts for metal-air batteries ［J］. Electrochemical Energy Reviews, 2018, 1 (1): 1~34.

［54］ Cui X, Luo Y, Zhou Y, et al. Application of functionalized graphene in Li-O$_2$ batteries ［J］. Nanotechnology, 2021, 32 (13): 132003.

［55］ Wang H, Wang X, Li M, et al. Porous materials applied in nonaqueous Li-O$_2$ batteries: status and perspectives ［J］. Advanced Materials, 2020, 32 (44): 2002559.

［56］ Zakharchenko T K, Sergeev A V, D. Bashkirov A, et al. Homogeneous nucleation of Li$_2$O$_2$ under Li-O$_2$ battery discharge ［J］. Nanoscale, 2020, 12 (7): 4591~4601.

［57］ Dou Y, Lian R, Chen G, et al. Identification of a better charge redox mediator for lithium-oxygen batteries ［J］. Energy Storage Materials, 2020, 25: 795~800.

［58］ Zhang J, Sun B, Zhao Y, et al. Modified tetrathiafulvalene as an organic conductor for improving performances of Li-O$_2$ batteries ［J］. Angewandte Chemie International Edition, 2017, 56 (29): 8505~8509.

［59］ Qiao Y, Wu S, Sun Y, et al. Unraveling the complex role of iodide additives in Li-O$_2$ batteries ［J］. Acs Energy Letters, 2017: 1869~1878.

［60］ Kwak W J, Jung H G, Aurbach D, et al. Optimized bicompartment two solution cells for effective and stable operation of Li-O$_2$ batteries ［J］. Advanced Energy Materials, 2017: 1701232-n/a.

［61］ Park J B, Lee S H, Jung H G, et al. Redox mediators for Li-O$_2$ batteries: status and perspectives ［J］. Advanced Materials, 2018, 30 (1): 1704162.

［62］ Kwak W-J, Kim H, Jung H-G, et al. Review—A comparative evaluation of redox mediators for Li-O$_2$ batteries: A critical review ［J］. Journal of the Electrochemical Society, 2018, 165 (10): A2274~A2293.

［63］ Lyu Z, Zhou Y, Dai W, et al. Recent advances in understanding of the mechanism and control of Li$_2$O$_2$ formation in aprotic Li-O$_2$ batteries ［J］. Chemical Society Reviews, 2017, 46 (19): 6046~6072.

3 碳基复合材料在锂-空气电池中的应用

3.1 石墨烯基复合材料的制备及其性能研究

3.1.1 研究背景

锂-空气电池由于其高理论能量密度、零排放、低污染等特点，以及其应用在电动汽车上的巨大潜力，吸引了越来越多研究者的关注。到目前为止，已经取得了一些令人兴奋的研究成果，但要实现这种电池的商业化应用，还需要解决很多实质的问题。锂-空气电池一个大难题就是其充放电的过电压非常的大，这是由于放电时发生的氧还原反应和充电时发生的氧析出反应过于缓慢的动力学造成的[1]。阴极催化剂的引入可以极大地改善这个问题。如今迫切需要设计一种基于减小充放电过电压的双功能催化剂，该双功能催化剂必须同时具有优秀的氧还原活性和氧析出活性，这就对催化剂的设计和构造提出了一个难题[2]。

石墨烯是一种二维碳材料，包括单层石墨烯、双层石墨烯以及少层石墨烯，石墨烯也是已知的世上最薄最坚硬的一种纳米材料，它具有非同寻常的导电性能，超出钢铁数 10 倍的强度以及非常优异的透光性。石墨烯这些独特的物理、化学、力学性能引起了很多的关注，在现代电子科技领域有着光明的应用前景，有望引起新一代电子科技领域的技术革命[3,4]。

由于石墨烯较大的比表面积，独特的二维形貌以及杰出的导电性，它已经大规模应用在锂离子电池领域[5,6]和燃料电池领域[7,8]，也有很多研究人员尝试将石墨烯应用在锂-空气电池领域，但是未经处理的石墨烯直接应用在锂-空气电池领域的性能不理想，其氧还原和氧析出活性也非常的有限[9,10]。最近报道显示，通过对石墨烯进行掺杂改性，也就是用过渡金属进行修饰或者掺入杂原子，石墨烯的氧还原活性可以得到极大地提高，尤其是几种杂原子或者过渡金属共掺杂的石墨烯，研究发现其具有异常优异的电化学催化活性。其中，加拿大 Xueliang Sun 教授课题组报道指出基于氮掺杂石墨烯作为锂-空气电池阴极催化剂的放电容量比未经修饰的石墨烯作为锂-空气电池阴极催化剂时的放电容量高 40%，他们还发现了硫掺杂的石墨烯作为锂-空气电池阴极催化剂时，不仅是对电池的性能有极大的影响，同时对放电产物的形貌也有所影响[11]。澳大利亚 Shizhang Qiao 教授课题组将石墨烯进行氮硫共掺杂，发现其氧还原活性比未掺杂的石墨烯提升了很多[12]。兰州大学 Junyan Zhang 课题组还报道了对石墨烯进行氮、铁、钴共掺杂，比起单独掺杂氮、铁或钴的石墨烯，其氧还原活性有了很大的提升[13]。特别值得关注的是，结合石墨烯特有的物理、力学性能，再对其进行适当修饰改进其氧还原催化活性，从而能使修饰后的石墨烯应用于锂-空气电池阴极催化剂，这将会是一件很有意义的工作。

然而，锂-空气电池由于其放电时发生氧还原反应，充电时发生氧析出反应，所以氧析出反应的催化剂对锂-空气电池的性能提升同样很重要。基于贵金属铱和钌的氧析出性能已经有了很多的报道[14]，这两种金属都是很优秀的氧析出催化剂，但它们的氧还原性能非常有限，无法单独充当锂-空气电池用阴极催化剂。

基于以上对锂-空气电池阴极催化剂相关报道的分析研究，我们设计了 2 种基于石墨烯的高效锂-空气电池用双功能阴极催化剂，这两种催化剂通过对还原氧化石墨烯进行多元素共掺杂来提升氧还原催化活性，再将掺杂修饰后的还原氧化石墨烯负载具有优异氧析出催化活性的钌或二氧化铱纳米颗粒，从而起到氧还原、氧析出双功能的催化作用。实验结果表明，这两种双功能催化剂的催化活性与我们设想的一致，通过循环伏安法可证明铁钴氮掺杂石墨烯负载钌催化剂在水溶液与有机溶液电解液中同时具有很好的氧还原和氧析出催化活性。将此催化剂制备成锂-空气电池阴极再组装测试，结果表明，电池的性能有了极大地提升，在 200mA/g 的电流密度下，容量高达 23905mA·h/g，采用截止容量的方法进行测试，循环稳定性能达到 300 圈，能量效率仅衰减 20%。而以钴氮掺杂石墨烯负载二氧化铱纳米颗粒（IrO_2-CoN/rGO）为阴极的电池同样表现出优良的循环稳定性，200 圈循环后，电池的比能量效率仅仅从 75% 降到 65%，且充电过电压也较 rGO 电极低得多，充电平台仅为 3.8V，充电电压在 200 圈后仍然低于 4.2V，远低于电解液开始出现分解的起始电压。两种催化剂的催化反应机理如图 3.1 所示。

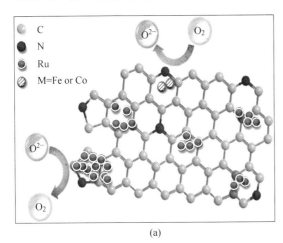 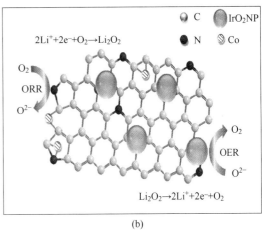

(a)　　　　　　　　　　　　　(b)

图 3.1　Ru-FeCoN/rGO 催化剂（a）和 IrO_2-CoN/rGO 催化剂（b）的催化反应机理

3.1.2　试验方法及装置

3.1.2.1　材料的制备

首先，采用 10000 目的石墨粉（西格力石墨制备有限公司）为原料，通过改进的 hummers 法制备氧化石墨。热还原氧化石墨烯（reduced graphene oxide，rGO）是通过简单的热膨胀还原法制备。该热膨胀还原过程就是将通过改进的 hummers 法制备的氧化石墨置于管式炉中，在氩气保护下，以 5℃ 每分钟的升温速率，850℃ 下处理 30 分钟。

（1）铁、钴、氮共掺杂石墨烯（FeCoN/rGO）是通过一步热处理方法进行掺杂。具体步骤如下：将 100mg 热还原氧化石墨烯分散在 10mL 乙醇中，超声 1h，然后加入三聚氰胺作为氮前驱体，$FeCl_3 \cdot 6H_2O$ 作为铁前驱体，$Co(CH_3COO)_2 \cdot 4H_2O$ 作为钴前驱体（三聚氰胺和热还原氧化石墨烯的质量比为 5:1，铁和钴的原子比为 1:1，铁和热还原氧化石墨烯的质量比为 0.025∶1）。将混合物均匀搅拌 10h，再在真空干燥箱里干燥一晚，去除溶剂。将干燥后的混合物在氩气氛围下，850℃下热处理 30min。再将热处理后的产物用 1.0mol/L 的硫酸在 80℃下处理 6h，然后过滤，去离子水冲洗，真空干燥后再进行一次氩气下 850℃热处理 30min，得到产物就是 FeCoN/rGO。作为对比，制备的铁掺杂热还原氧化石墨烯（Fe-doped reduced graphene oxide，Fe/rGO），钴掺杂热还原氧化石墨烯（Co-doped reduced graphene oxide，Co/rGO），以及氮掺杂热还原氧化石墨烯（N-doped reduced graphene oxide N/rGO）等，都是用同样的方法制备。

　　铁、钴、氮共掺杂石墨烯负载钌催化剂（Ru-FeCoN/rGO）是由浸渍还原法制备得到的。具体过程是：将一定量的掺杂铁、钴、氮后的石墨烯浸入 $RuCl_3 \cdot 3H_2O$ 水溶液中，超声 2h 使之分散均匀，再搅拌 12h，混合物再转移到真空干燥箱，60℃下真空干燥 12h。最后得到的产物放在管式炉里，200℃氢气下热还原 2h，就可以得到我们最终命名为 Ru-FeCoN/rGO 的双功能催化剂。催化剂中钌的负载量是 20%（质量分数）。

　　（2）钴氮掺杂石墨烯采用三聚氰胺作为氮前驱体，$Co(CH_3COO)_2 \cdot 4H_2O$ 作为钴前驱体（三聚氰胺和热还原氧化石墨烯的质量比为 5∶1，钴和热还原氧化石墨烯的质量比为 0.05∶1）。将混合物均匀搅拌 10h，再在真空干燥箱里干燥一晚，去除溶剂。将干燥后的混合物在氩气氛围下，850℃下热处理 30min。再将热处理后的产物用 1.0mol/L 的硫酸在 80℃下处理 6h，然后过滤，去离子水冲洗，真空干燥后再进行一次氩气下 850℃热处理 30min，得到产物就是 CoN/rGO。

　　钴氮石墨烯负载二氧化铱是由水热法制备得到，采用的贵金属前驱体为 $IrCl_3 \cdot nH_2O$。具体步骤为：取一定量的 CoN/rGO 浸入贵金属前驱体水溶液中，超声 2h 使之分散均匀，再搅拌 12h，再将混合物转移到水热反应釜中，160℃水热反应 6h，冷却到室温后，将产物水洗，再在 80℃真空干燥一晚，即可得到我们所需要的钴氮石墨烯负载二氧化铱（IrO_2-CoN/rGO）。催化剂中 IrO_2 的负载量是 40%（质量分数）。

3.1.2.2　材料的表征

　　合成的双功能催化剂的 XRD 在 TD-3500（丹东通达仪器有限公司，中国）粉末 X 射线衍射仪上进行，操作电压为 40kV，操作电流为 30mA。SEM 在 Nova Nano（Quantum Design，美国）扫描电子显微镜上进行表征的，操作电压为 30kV。TEM 测试采用的是 JEM-2100（日本电子，日本）透射电镜，操作电压为 120kV。BET 测试采用美国 Tristar Ⅱ 3020 表面与孔径自动分析仪来测定材料的比表面积及孔径分布情况。XPS 在 ESCALAB 250（Thermo-VG Scientific，美国）X-射线光电子能谱仪上进行。拉曼光谱在 Lab RAM Aramis 拉曼光谱仪（HJY，法国）上进行，光谱范围为 $400 \sim 3000cm^{-1}$，使用 632nm 的激光作为光源。元素分析（elemental analysis）采用的是 Elementar GmbH 仪器进行测试。电感耦合等离子体原子发射光谱法（ICP-AES）采用的是 Leema PROFILE 仪器进行测试。

3.1.2.3　电化学性能测试

　　阴极催化剂电极的制备具体过程如下所述：首先，将一定质量的准备好的阴极催化剂材料（90%，质量分数）与黏结剂聚偏二氟乙烯（polyvinylidene fluoride，PVDF，10%，质量分数）混合，加入 N-甲基吡咯烷酮（N-methyl-2-pyrrolidone，NMP）作为溶剂，搅拌形成均匀的浆料；其次，将这浆料均匀涂覆在碳纸圆片上，真空干燥箱中80℃干燥12h。采用16mm直径的锂金属片作为电池的阳极，聚丙烯薄膜（Celgard 2400）作为电池的隔膜，电解液用的是浓度为1mol/L的双三氟甲烷磺酰亚胺锂作为溶质，四乙二醇二甲醚作为溶剂。电池的组装都是在一个氩气氛围的手套箱里进行（$O_2 < 0.1 \times 10^{-6}$ 和 $H_2O < 0.1 \times 10^{-6}$），在进行充放电测试之前，电池先在101325Pa氧气下静置5h。

组装好的电池采用深圳新威公司的电池测试系统（New ware, CT-3008, 中国）在室温下进行充放电测试，电池采用截止容量的方法来进行恒电流充放电循环测试，放电容量是根据材料总的质量来计算的。

线性扫描伏安（linear sweep voltammetry, LSV）采用的是荷兰Ivium（Ivium, 荷兰）电化学工作站和旋转圆盘电极（Pine Research Instrumentation, 美国）进行测试。测试用的是三电级体系，0.1mol/L的KOH水溶液作为电解液，Ag/AgCl（saturated KCl-filled）电极作为参比电极，铂丝作为对电极。工作电极的制备如下：将5mg催化剂加入1mL质量分数0.25%的Nafion乙醇溶液，超声分散均匀后形成催化剂墨汁，再将此催化剂墨汁用移液枪取20μL涂覆到铂碳电极（GCE, 直径5mm, 电极面积为$0.196cm^2$）表面，然后放置在红外灯下烘干。所有的线性扫描伏安都是在室温下进行，工作电极的转速为1600r/min，扫描速度为10mV/s。电池循环伏安扫描采用的也是Ivium电化学工作站以及组装好的Swagelok模具电池。电池EIS测试采用德国Zahner elektrik IM6e型号电化学工作站，测试频率范围为0.1Hz~1MHz，扰动电压为5mV。

3.1.3 结果与讨论

3.1.3.1 材料的形貌与结构表征

A Ru-FeCoN/rGO催化剂

合成的rGO，FeCoN/rGO和Ru-FeCoN/rGO催化剂的XRD结构图如图3.2（a）所示。3个催化剂在20°~30°附近都有一个衍射峰，这个衍射峰可以归因于石墨烯（002）面，而43°附近的衍射峰就是典型的钌（101）面，标示着钌的存在。然而，铁和钴的衍射峰并未在XRD结构图中发现，这是由于在进行酸洗处理步骤后，铁和钴的残留量非常的低，低于XRD的检测下限，而部分铁钴也跟氮配位形成了活性位点，所以在XRD结构图中未有衍射峰显示铁、钴的存在。图3.2（b）显示了Ru-FeCoN/rGO催化剂的氮气吸脱附曲线。分析谱图中信息可知，这是一个典型的Ⅳ型吸附等温线，可以观察到等温线的吸附曲线和脱附曲线不一致，它有一个迟滞回线，这反映了催化剂具有介孔材料的特征，这一特征有可能是由于石墨烯类催化剂在平行层间的狭缝状孔造成的。通过氮气吸脱附测出的Ru-FeCoN/rGO催化剂的比表面积是$295m^2/g$，孔容为$0.991cm^3/g$。图3.2（c）则展示了rGO、FeCoN/rGO和Ru-FeCoN/rGO 3种阴极催化剂的拉曼光谱图。图谱中3个样品都在$1310cm^{-1}$和$1580cm^{-1}$处出现了两个峰，这两个峰分别对应为石墨烯的D带和G带。根据相关文献资料可知，D带和G带的强度比值（I_D/I_G）一般用来估算石墨烯的无序程度[15]。Ru-FeCoN/rGO催化剂的I_D/I_G值为1.33，比FeCoN/rGO催化剂（$I_D/I_G \approx 1.25$）的以及rGO催化剂（$I_D/I_G \approx 1.06$）的I_D/I_G值都高，这结果标示着通过掺杂铁、钴、氮以及进一步负载钌后，缺陷位点的数量得到了提高。

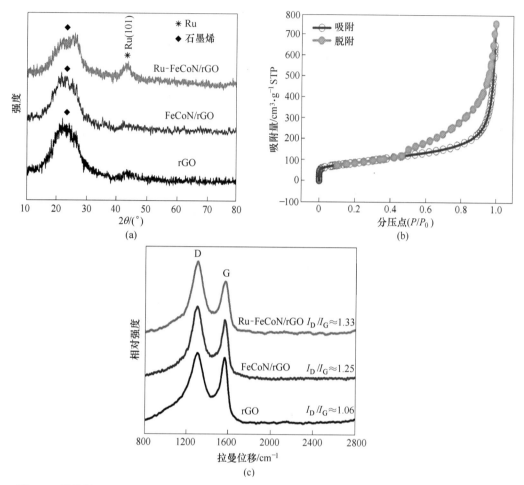

图 3.2　催化剂 rGO、FeCoN/rGO 和 Ru-FeCoN/rGO 的 XRD 结构图（a）；催化剂 Ru-FeCoN/rGO
　　　的氮气吸脱附曲线（b）；催化剂 rGO、FeCoN/rGO 和 Ru-FeCoN/rGO 的拉曼光谱图（c）

　　图 3.3 展示的是 Ru-FeCoN/rGO 催化剂的 XPS 谱图。从全谱图中（如图 3.3（a）所示），我们可以发现 Ru-FeCoN/rGO 催化剂有几个主要的峰：碳峰（C 1s，约 284.5eV）、氧峰（O 1s，约 532.0eV）、氮峰（N 1s，约 400.0eV）、2 个钴峰（Co 2p，775~805eV）、2 个铁峰（Fe 2p，711.0~725.0eV）和 4 个钌峰（Ru 3d，280.0~285.2eV；Ru 3p，460~486eV）。这些峰的发现证明了掺杂热处理过后的石墨烯里有氮、铁、钴的存在。

　　尽管图 3.3（b）显示了碳的 C 1s 和钌的 Ru 3d 峰之间有部分重叠，但高分辨率的 XPS 足够在碳和钌的电子态之间进行区分。高分辨率的碳 C 1s 峰可以解分为 2 个组分峰，分别是在结合能 284.5eV 处对应的 C—C 键的峰以及结合能 286.5eV 处对应的 C—N 或 C—O 的峰，而在结合能 284.5eV 附近的不对称峰也对应着 sp^2 杂化的石墨烯。根据文献可知，钌的 $3d_{5/2}$ 和 $3d_{3/2}$ 的结合能分别在 281.0eV 和 285.2eV，这些峰可以归因于金属钌的存在，这同时表明了通过浸渍还原法在氢气下热处理后，Ru^{3+} 离子能够成功地被还原成钌金属单质。图 3.3（f）则展示了钌的 3p 峰，在结合能 486.0eV 处的峰对应的是钌的 $3p_{1/2}$ 的峰，在结合能 463.0eV 处的峰则可以认为是钌的 $3p_{3/2}$ 的峰，这个结果也进一步肯定了钌是以金属的形式存在于掺杂过后的石墨烯催化剂中。

如图3.3（c）所示，通过 Lorentzian-Gaussian 多峰拟合技术，Ru-FeCoN/rGO 催化剂中氮的 N 1s 峰可以被拟合成 5 个子峰，分别对应于催化剂中存在的 5 种不同类型的氮元素，这 5 种类型的氮元素如下所示：结合能 398.4eV 处的为吡啶型氮，结合能 399.5eV 处的为金属氮，可能为 Fe—N 或 Co—N，结合能 400.3eV 处的为吡咯型氮，结合能 401.3eV 处的为石墨型氮，以及结合能 403.1eV 处的为氧化态的氮。通常认为金属氮、吡啶型氮、吡咯型氮和石墨型氮是掺杂碳催化剂的活性氮中心，我们的催化剂显示了非常高的活性氮含量，3 种活性氮类型的量可达掺入的总的氮含量的 90.4%（原子数分数），这个结果也可使我们期待其具有较高的催化活性。

铁的 2p 和钴的 2p 信号峰可以在图3.3（d）和图3.4（e）中发现。铁的 2p 峰可以

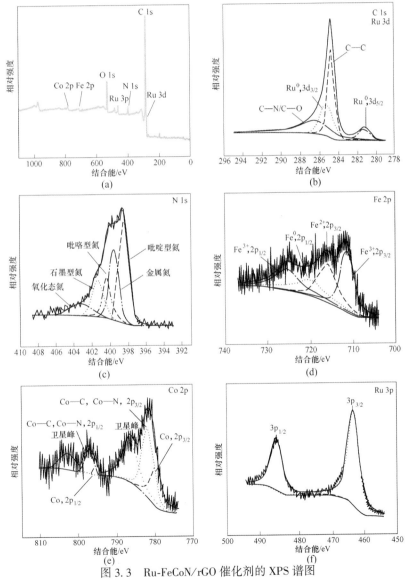

图 3.3　Ru-FeCoN/rGO 催化剂的 XPS 谱图

（a）全谱图；（b）C 1s 和 Ru 3d 高分辨谱图；（c）N 1s 高分辨谱图；（d）Fe 2p 高分辨谱图；

（e）Co 2p 高分辨谱图；（f）Ru 3p 高分辨谱图

拟合为 4 个子峰，分别在结合能为 725.2eV、720.5eV、715.6eV 以及 711.6eV 处，这些子峰对应的是 Fe^0、Fe^{2+} 和 Fe^{3+} 的 $2p_{1/2}$ 和 $2p_{3/2}$ 的结合能。与此类似的，钴的 2p 信号峰也可以分为 4 个子峰，分别在结合能为 780.0（795.5）eV 和 781.7（797.2）eV 处，这 4 个子峰也分别对应的是 Co^0 和 Co 的化合物（Co—N 或 Co—C）的 $2p_{1/2}$ 和 $2p_{3/2}$ 处的结合能[16]。显然，分析这 XPS 结果可知，Fe^{2+}、Fe^{3+} 和 Co 的化合物是催化剂表面存在的主要种类，表明了大部分掺杂的铁和钴很可能以氮化物或碳化物的形式存在于催化剂中，作为催化剂的活性位点。

图 3.4 展示了 Ru-FeCoN/rGO 催化剂的扫描电镜图 SEM 和透射电镜图 TEM。由图 3.4（a）的侧面视图可以发现，纳米片层结构的 Ru-FeCoN/rGO 催化剂随机的堆叠在一起，并松散的相互重叠着，这样能够容易地形成多孔三维网络的结构。图 3.4（b）显示了典型的石墨烯的形貌，这些褶皱、卷曲的结构导致催化剂具有高的比表面积，也因此增加了催化剂与氧气接触的面积，这种特征能够导致高的催化活性。从透射电镜 TEM 图中可以看出，钌纳米颗粒均匀地分布在铁、钴、氮掺杂石墨烯的表面，高分辨率的透射电镜图也可以证实这一点。如图 3.4（c）所示，通过统计计算可得钌纳米颗粒的平均粒径为 1.7nm，这些粒径小且分散均匀的钌纳米颗粒有利于提高催化剂的催化活性，导致催化剂的高性能。尽管 XRD 的结果未能证实铁和钴的存在，能量色散 X 射线光谱图（EDX）则可清晰的揭示铁、钴、氮和钌的存在（如图 3.4（f）所示）。图中的铜的信号峰是制备 TEM 样品时所用的铜网导致的。

B　IrO_2-CoN/rGO 催化剂

图 3.5（a）展示的是我们制备的 rGO、CoN/rGO，IrO_2-CoN/rGO 催化剂的 XRD 结构图。三个催化剂在 20°～30° 附近都有一个衍射峰，这个衍射峰可以归因于石墨烯（002）面，28° 和 34° 附近的衍射峰与二氧化铱的标准卡片 JCPDS No. 43-1019 一致，可以归结为铱（110）面和（101）面，54° 附近的二氧化铱的（211）面峰也能观察得到，证明了我们成功地制备出了掺杂石墨烯负载的二氧化铱。XRD 结构图中并没有发现钴的衍射峰，这是由于我们制备过程中对钴氮掺杂的石墨烯进行了酸洗处理步骤，经过处理后，钴的残留量非常的低，低于 XRD 的检测下限，而掺杂过程中，部分钴也跟氮或碳配位形成了 Co-C/Co-N 活性位点，所以 XRD 结构图中检测不到钴的存在。图 3.5（b）显示了 IrO_2-CoN/rGO 催化剂的氮气吸脱附曲线。由谱图中提供的信息可观察到，这等温线的吸附曲线和脱附曲线不一致，有一个迟滞回线，是一个典型的Ⅳ型吸附等温线，由此可以认为催化剂具有介孔材料的特征，而这一特征有可能是因为石墨烯类催化剂在平行层间的狭缝状孔造成的。通过氮气吸脱附测出的 IrO_2-CoN/rGO 催化剂的比表面积是 $284m^2/g$，孔容为 $1.191cm^3/g$。

图 3.6 展示的是 IrO_2-CoN/rGO 催化剂和 CoN/rGO 催化剂的 XPS 谱图。从图 3.6（a）的全谱图中，我们可以观察到几个主要的峰：碳峰（C 1s，约 284.8eV）、氧峰（O 1s，约 532.0eV）、氮峰（N 1s，约 400.0eV）和钴峰（Co 2p，775～805eV）。这些峰证明了经过掺杂热处理过后的石墨烯里有氮和钴的存在。在 IrO_2-CoN/rGO 催化剂的全谱图中可以观察到两个铱的峰（Ir 4f，60～70eV）和（Ir 4p，约 494.8eV），证明了二氧化铱成功被负载在了掺杂石墨烯上。对比两个催化剂的全谱图可以发现，IrO_2-CoN/rGO 催化剂的氧

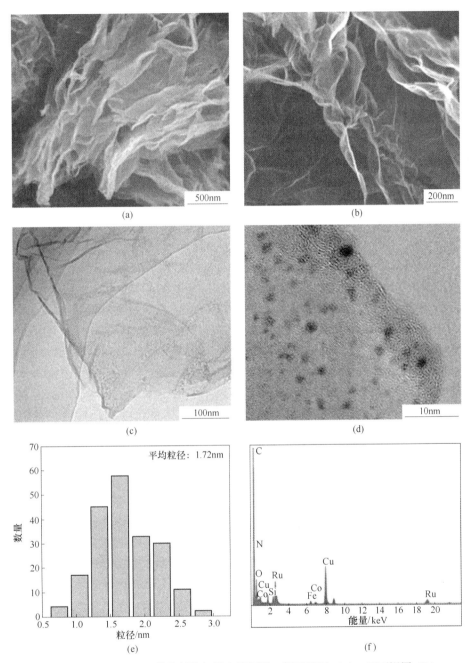

图 3.4 Ru-FeCoN/rGO 催化剂的扫描电镜图谱：侧面视图（a），正面视图（b）；
Ru-FeCoN/rGO 催化剂的透射电镜图谱：透射电镜图（c），高分辨透射电镜图（d）；
钌的粒径分布图（e）；透射电镜的 EDX 能谱图（f）

含量（17.32%，原子数分数）比 CoN/rGO 催化剂的氧含量（5.54%，原子数分数）高，这应该是由于铱氧化物的存在引起的。图 3.6（b）显示的碳 C 1s 峰可以解分为两个组分峰，结合能 284.8eV 处对应的是 C—C 键的峰，也对应着 sp^2 杂化的石墨烯，而在结合能 285.9eV 处对应的是 C—N 或 C—O 的峰。图 3.6（c）显示的是通过 Lorentzian-Gaussian

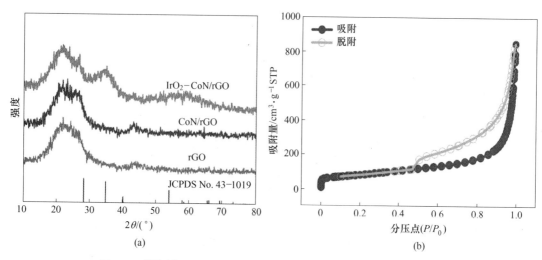

图 3.5 催化剂 rGO、CoN/rGO，IrO₂-CoN/rGO 的 XRD 结构图（a）；

催化剂 IrO₂-CoN/rGO 的氮气吸脱附曲线（b）

多峰拟合技术后的 N 1s 峰，其可以被拟合成 5 个子峰，分别对应于催化剂中存在的 5 种不同类型的氮元素，这 5 种类型的氮元素如下所示：结合能 398.4eV 处的为吡啶型氮，结合能 399.5eV 处的为金属氮（可能为 Co—N），结合能 400.3eV 处的为吡咯型氮，结合能 401.3eV 处的为石墨型氮，以及结合能 403.1eV 处的为氧化态的氮。通常认为吡啶型氮、金属氮、吡咯型氮和石墨型氮是掺杂碳催化剂的活性氮中心，我们的催化剂显示了非常高的活性氮含量，这 4 种活性氮的量可达掺入的总的氮含量的 84.4%（原子数分数），这也揭示了我们的催化剂具有较高的催化活性。图 3.6（d）显示的是 Ir 4f 峰，从图中可以看到，Ir 4f 的峰可以拟合为 Ir $4f_{5/2}$ 和 Ir $4f_{7/2}$ 的峰，在结合能 65.2eV 和 62.2eV 处的峰分别对应的是 Ir^{4+} 的 $4f_{5/2}$ 和 $4f_{7/2}$ 的峰，可以归因于 4 价氧化态的铱的存在，在结合能 66.1eV 和 63.1eV 处的峰对应的是 Ir^{x+} 的 Ir $4f_{5/2}$ 和 Ir $4f_{7/2}$ 的峰，说明有部分铱以比 4 价更高的氧化态的形式存在，这结果也与文献报道的一致[17]。通过拟合后的结果计算可知，Ir^{4+} 占总的铱含量的 72%，Ir^{x+} 占总的铱含量的 28%，证明了我们所制备的催化剂里，大部分的铱是以 4 价氧化态的形式存在，同时肯定了我们的水热反应法能够成功制备出 IrO₂。

我们还采用了电感耦合等离子体原子发射光谱法（ICP-AES）和元素分析（elemental analysis）来分析催化剂的组成。IrO₂-CoN/rGO 催化剂中 Ir 的质量分数为 28.29%，Co、N、C 的质量分数分别为 1.12%、4.02% 和 50.3%。CoN/rGO 催化剂中 Co、N、C 的质量分数分别为 1.51%、4.41%、84.11%。

图 3.7 所示的是 IrO₂-CoN/rGO 催化剂的扫描电镜 SEM 图和透射电镜 TEM 图。从 SEM 图可以看出，催化剂具有典型的石墨烯形貌，其纳米片层结构松散的重叠在一起，形成一些褶皱和卷曲的形貌，导致片层之间容易形成三维孔隙，利于氧气的扩散和传输，增加了催化剂与氧气的接触面积。从图 3.7（c）的 TEM 图也可以看到典型的石墨烯褶皱形貌，上面均匀密布着细小的颗粒，从高分辨率 TEM 就可以看到这些细小颗粒粒径在 1.61nm 左右，在石墨烯片层结构上分布得非常均匀，而 EDX 也证明了这些细

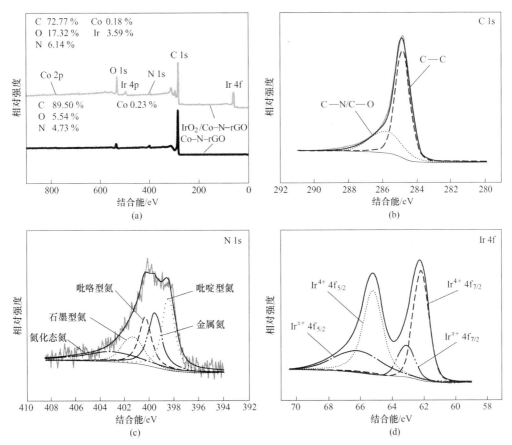

图 3.6　IrO_2-CoN/rGO 催化剂和 CoN/rGO 催化剂的 XPS 全谱图（a）；
IrO_2-CoN/rGO 催化剂的高分辨 XPS 谱图：C 1s（b），N 1s（c），Ir 4f（d）

小颗粒就是 IrO_2。同时，EDX 上也能发现氮和钴的峰，证实了掺杂过后的石墨烯有氮和钴的存在。

　　图 3.8 显示的是 IrO_2-CoN/rGO 催化剂和 CoN/rGO 催化剂的扫描透射电子显微镜谱图和相应元素的 EDX 能谱分布图。从图中可以清楚地看到，N 和 Co 的信号点均匀地分布在还原氧化石墨烯的表面，可以进一步证明 N 和 Co 已经成功掺杂在还原氧化石墨烯中。图 3.8（1）显示了 Ir 的信号点均匀分散在钴氮掺杂石墨烯表面，这结果与 XRD 和 XPS 结果一致，证明了 IrO_2-CoN/rGO 催化剂的成功制备。

3.1.3.2　材料的电化学性能研究

A　Ru-FeCoN/rGO 催化剂

　　由于阴极催化剂的氧还原和氧析出的催化活性极大地影响着锂-空气电池的性能，设计具有高效率双功能的阴极催化剂，对提高锂-空气电池的性能非常重要。

　　图 3.9（a）显示了所有样品在水溶液电解液中的氧还原活性。很显然，图中显示未经掺杂的石墨烯的氧还原活性非常的差，而当掺杂单元素如氮或铁或钴时，催化剂的氧还原活性有所提升，同时掺杂铁和钴双金属时，催化剂的氧还原活性得到进一步的提升。当

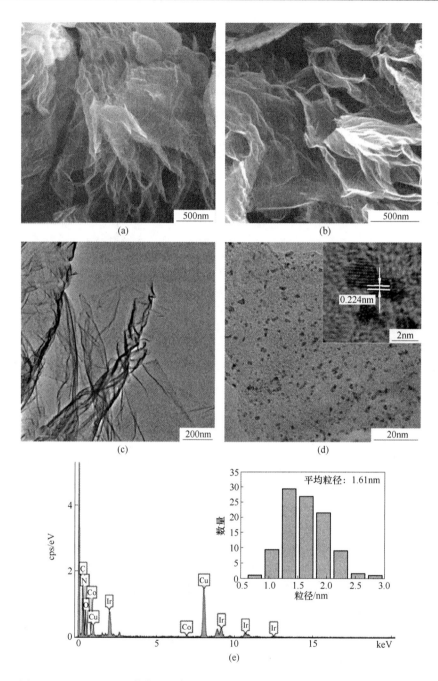

图 3.7　IrO_2-CoN/rGO 催化剂的扫描电镜图谱：侧面视图（a），正面视图（b）；
IrO_2-CoN/rGO 催化剂的透射电镜图谱：透射电镜图（c），高分辨透射电镜图（d）；
透射电镜的 EDX 能谱图（e），内部图片是 IrO_2 的粒径分布图

选择进行铁、钴、氮多元素共掺杂时，催化剂显示出非常优秀的氧还原活性，甚至超过了商业铂碳催化剂。FeCoN/rGO 催化剂的半波电位可达 -0.116V，比 rGO、Fe/rGO、Co/rGO 和 N/rGO 催化剂的半波电位分别正移了 184mV、144mV、114mV 和 84mV。

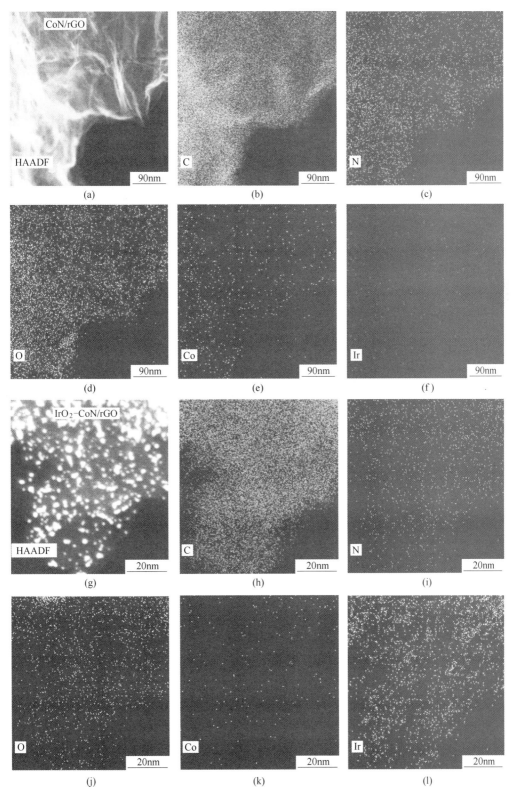

图 3.8 催化剂的扫描透射电镜图（STEM）和相应元素的 EDX 能谱分布图：
CoN/rGO 催化剂（a）~（f）；IrO$_2$-CoN/rGO 催化剂（g）~（l）

　　可以发现一个有趣的现象是，将钌纳米颗粒负载在铁钴氮掺杂石墨烯上后，催化剂的氧还原活性并没有得到提升。从图 3.9（a）上可以看到，Ru-FeCoN/rGO 催化剂与 FeCoN/rGO 催化剂的氧还原活性几乎一致，这个结果表明了添加钌对催化剂的氧还原活性并没有正面的效应。

　　多元素共掺杂石墨烯的优异的氧还原催化活性可以通过掺杂过程中氮、铁、钴之间具有的协同作用来解释。多元素共掺杂的过程可能会导致一定的金属-氮配位结构产生，这些结构产生会导致活性位点的密度增加，并优化氮活性位点在催化剂中的分布。

　　图 3.9（b）展示了所有催化剂在 0.1mol/L KOH 水溶液电解液中的氧析出催化活性。未经掺杂的石墨烯几乎没有氧析出催化活性，而在进行掺杂过渡金属或者掺杂氮处理后，催化剂的氧析出活性提升显著，在 0.8V 时，Fe/rGO、Co/rGO、N/rGO 和 FeCoN/rGO 催化剂的电流密度分别为 4.8mA/cm^2、7.1mA/cm^2、2.9mA/cm^2 和 13.4mA/cm^2。有趣的是，Ru-FeCoN/rGO 催化剂显示了意想不到的高氧析出催化活性，在 0.8V 时，其电流密度高达 17.8mA/cm^2，表明了负载钌之后对催化剂的氧析出催化活性有非常大的提升。如图 3.9（b）中结果可知，催化剂的氧析出催化活性是按以下顺序递增的：rGO<Pt/C<N/rGO<Fe/rGO<Co/rGO<FeCo/rGO<FeCoN/rGO<Ru-FeCoN/rGO。

　　图 3.9（c）中展示的是以 rGO、FeCoN/rGO 和 Ru-FeCoN/rGO 作为锂-空气电池阴极

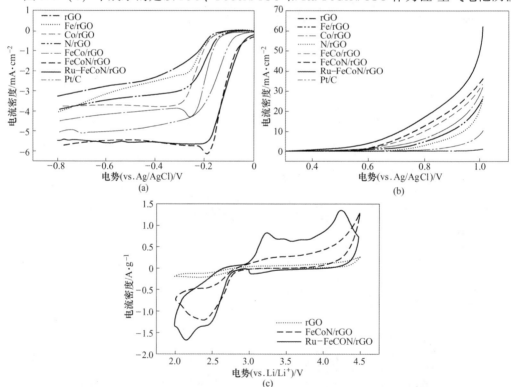

图 3.9　多种催化剂的 ORR 氧还原曲线（a）以及 OER 氧析出曲线（b），测试转速为 1600r/min，扫描速率为 10mV/s，测试在氧气饱和下（a）、氮气饱和下（b）的 0.1mol/L KOH 水溶液中。锂-空气电池原位 CV 测试曲线（c），测试是在氧气饱和下的四乙二醇二甲醚电解液中进行，扫描速率为 0.5mV/s

催化剂,以锂金属阳极(Li/Li⁺)作为参比电极,进行电池原位循环伏安测试的谱图。Ru-FeCoN/rGO 和 FeCoN/rGO 催化剂的氧还原反应起始电位都为 2.92V,接近过氧化锂形成的理论电位 2.96V,比 rGO 催化剂的氧还原反应起始电位 2.81V 高。该结果与通过旋转圆盘电极在水溶液电解液中测得的结果一致:共掺杂铁、钴、氮可以显著的提升催化剂的氧还原催化活性,但负载钌纳米颗粒对催化剂的氧还原催化活性影响不大。

阳极扫描部分对应的是氧析出反应,我们可以看到,负载钌后的 Ru-FeCoN/rGO 阴极催化剂显示了比 FeCoN/rGO 和 rGO 阴极催化剂高得多的阳极氧析出反应电流密度,有趣的是,这个结果与在 0.1mol/L KOH 水溶液电解液中测试结果相一致。

锂-空气电池采用 rGO、FeCoN/rGO 或 Ru-FeCoN/rGO 3 种不同阴极催化剂时的电池性能如图 3.10 所示。值得注意的是,锂-空气电池采用 Ru-FeCoN/rGO 为阴极催化剂时表现出超高的放电比容量:在 200mA/g 放电密度下,其首圈放电比容量值高达 23905mAh/g,这个结果比采用 rGO 阴极催化剂(9535mAh/g)时的首圈放电比容量高 2.5 倍。

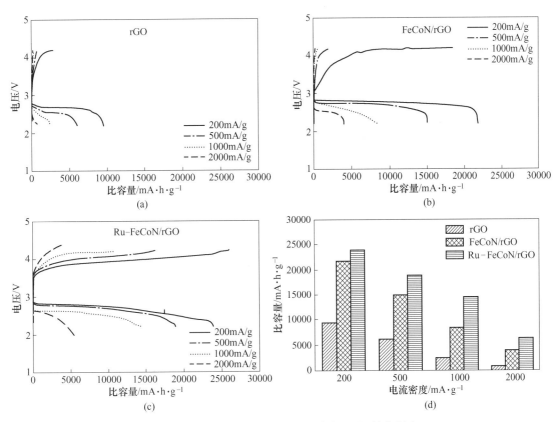

图 3.10 锂-空气电池首圈充放电曲线,分别采用阴极催化剂为 rGO(a)、FeCoN/rGO(b)和 Ru-FeCoN/rGO(c)在不同的电流密度下进行充放电,电压区间为 2.2~4.2V;比较了采用不同阴极催化剂的锂-空气电池在不同电流密度下的放电比容量(d)

采用 FeCoN/rGO 作为阴极催化剂的锂-空气电池也显示出优秀的放电比容量(21825mAh/g)以及较高的平均放电平台(2.8V),这个结果也比用 rGO 作为阴极催化剂的锂-空气电池性能高得多(9535mAh/g,2.65V)。显然,共掺杂铁、钴、氮以及负载钌纳米颗粒对电池性能的增强有着至关重要的作用。

　　同样重要的是，以 Ru-FeCoN/rGO 作为阴极催化剂的锂-空气电池同样表现出优异的大倍率性能：当电流密度增加到 500mA/g、1000mA/g 以及 2000mA/g 时，其首圈放电比容量分别可达 18952mA·h/g、14560mA·h/g、6420mA·h/g。当电流密度达到 1000mA/g 时，Ru-FeCoN/rGO 催化剂基锂-空气电池首圈放电比容量几乎是 rGO 基锂-空气电池的 7 倍，FeCoN/rGO 基锂-空气电池的 2 倍。这个结果表明铁钴氮共掺杂可以增强高倍率下的电池性能，而加入钌纳米颗粒后，电池的高倍率性能得到进一步的增强。我们提出了两个 Ru-FeCoN/rGO 催化剂基空气电池在高倍率与低倍率下性能如此好的可能原因：（1）催化剂本身同时具有高的氧还原催化活性和氧析出催化活性；（2）它独特的纳米片结构以及较大的比表面使得其可以为电化学反应提供更多的三相反应界面，同时为放电产物提供足够的容纳空间[18]。

　　一般情况下，由于电解液的不稳定性以及过氧化锂的不完全分解，锂-空气电池表现出很差的循环性能，这是一个亟待解决的严重问题。

　　如图 3.11 所示，我们的 Ru-FeCoN/rGO 阴极催化剂制备的锂-空气电池显示出优异的循环稳定性。当以 rGO 作为锂-空气电池阴极时，充放电 20 圈循环后，电池的放电电位从 2.7V 下降到 2.3V，比能量效率从 68.2% 降到 50.8%。以 FeCoN/rGO 作为锂-空气电池阴极时，充放电 78 圈循环后，电池放电电位从 2.8V 下降到 2.3V，比能量效率从 75.3% 降到 54.5%。这些结果表明电池的放电平台和循环稳定性在对催化剂进行掺杂铁钴氮处理后提升显著，但电池的充电过电压仍然非常的高，这可能是由于掺杂后的催化剂的氧析出性能有限导致的。然而，以 Ru-FeCoN/rGO 作为阴极催化剂的锂-空气电池显示出优秀的循环稳定性，在充放电 200 圈循环后，电池的比能量效率仅衰减了 10%，充放电 300 圈后，电池的放电平台仍高于 2.0V。同时，Ru-FeCoN/rGO 电极也显示了比 rGO 电极和 Fe-CoN/rGO 电极更低的充电平台，充放电 200 圈循环后，充电电压仍然低于 4.0V，低于电解液开始出现分解的起始电压。

　　图 3.11（e）显示了以 Ru-FeCoN/rGO 为阴极的锂-空气电池在 500mA/g 的高电流密度下，仍然具有优良的循环稳定性，能稳定充放电 118 圈循环。

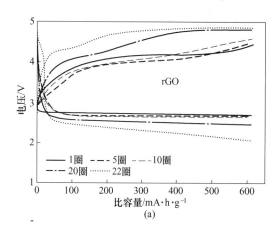

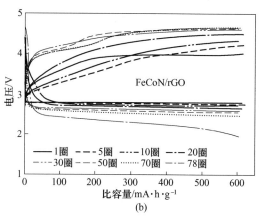

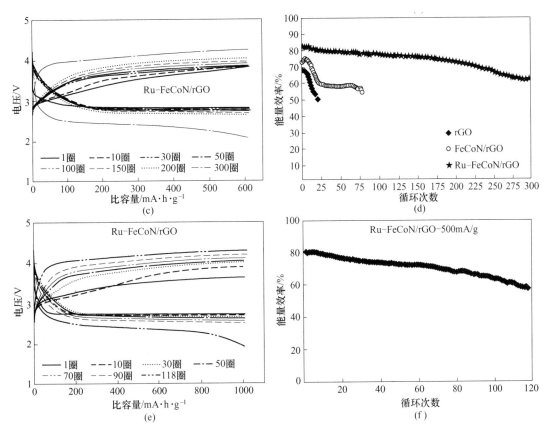

图 3.11　锂-空气电池不同阴极催化剂下的充放电循环曲线：rGO（a），
FeCoN/rGO（b），Ru-FeCoN/rGO（c），测试采用 200mA/g 电流密度，
截止容量到 600mA·h/g；不同阴极催化剂下的比能量效率曲线（d）；锂-空气电池以 Ru-FeCoN/rGO 为
阴极的充放电循环曲线，电流密度为 500mA/g，截止容量到 1000mAh/g（e）；
对应的比能量效率曲线（f）

　　我们认为，Ru-FeCoN/rGO 阴极催化剂具有的超高容量和优秀的循环稳定性应归因于其双功能的设计，其中多元素共掺杂的石墨烯在放电过程中起到优秀的氧还原催化作用，而钌纳米颗粒在充电过程中保证优良的氧析出催化活性。这个双功能的设计保障了快速的氧还原反应和氧析出反应的动力学，导致低的充放电过电压以及随之而来的优秀的电池性能。此外，Ru-FeCoN/rGO 具有高比表面以及独特的纳米片形貌，非常有利于规则形貌的过氧化锂晶体形成，这为氧气的传输提供了无障碍传输通道以及足够的电极电解液接触界面来支持电化学反应过程，这也可能是我们催化剂具有如此优秀性能的另一个重要的原因。

　　为了进一步理解掺杂铁钴氮以及负载钌对电池性能增强的影响，我们采用扫描电镜对阴极催化剂在不同充放电状态下形貌和结构的变化进行进一步的研究。图 3.12（a）和 3.12（d）分别显示了 rGO 电极和 Ru-FeCoN/rGO 电极测试前的初始形貌，二者都显示了褶皱和卷曲的形貌特点，这是石墨烯的典型形貌特征。然而，当我们在 500mA/g 的电流密度下将电池放电到 2.2V 时，两种阴极催化剂作用下的放电产物的形貌有着显著的不同。从图 3.12（b）可以看出，rGO 阴极表面被放电产物（Li_2O_2）重叠堆积形成了一层致密的覆盖层，不利于氧气的传输以及电极电解液界面的形成，导致电池的性能较差。而对于 Ru-FeCoN/rGO 电极，其表面的放电产物具有花状的形貌，是由大量纳米片以及纳米环形的过氧化锂在电极表面组装形成，这也与一些重要文献的结果相一致[19]。事实上，形成均匀分布的纳米结构过氧化锂可能是保证电池高性能和优秀的循环稳定性的一个重要因素之一。Ru-FeCoN/rGO 阴极表面形成的类似花状的放电产物形貌能够提供充足的电极-电解液界面来支持电化学反应，也能给氧气的传输提供足够的通道，导致了电池具有高的容量和优异的循环稳定性能。

当电池充电到 4.2V 后，图 3.12（c）显示了 rGO 阴极并没有回到其初始形貌，可以看到似乎一些过氧化锂并未完全分解，还覆盖在电极的表面。然而，从图 3.12（f）中可以看出，Ru-FeCoN/rGO 阴极表面的放电产物过氧化锂已经完全分解，电极表面形貌与其初始形貌相差不大，显示了过氧化锂在 Ru-FeCoN/rGO 催化下具有良好的可逆形成及分解的特性。

图 3.12 锂-空气电池以 rGO 为阴极催化剂时的电极扫描电镜图：初始极片（a），
放电到 2.2V、电流密度为 500mA/g（b），充电到 4.2V、电流密度为 500mA/g（c）；
锂-空气电池以 Ru-FeCoN/rGO 为阴极催化剂时的电极扫描电镜图：初始极片（d），
放电到 2.2V、电流密度为 500mA/g（e），充电到 4.2V、电流密度为 500mA/g（f）

图 3.13（a）显示的是 Ru-FeCoN/rGO 为阴极时放电产物的 XRD 图谱，所有的峰都是指向过氧化锂的，表明过氧化锂是该电池放电的主要产物。当电池循环充电到 4.2V 时，没有发现过氧化锂的峰，这个结果肯定了过氧化锂在充电后被分解完全。

图 3.13（b）则是 Ru-FeCoN/rGO 电极充放电后的拉曼光谱图，当电极放电到 2.2V 时，795cm^{-1} 附近出现一个对称峰，这指向了过氧化锂的存在，而没有观察到 LiRCO$_3$ 的拉曼峰，说明放电产物主要由过氧化锂组成。当充电到 4.2V 时，过氧化锂的峰完全消失，Ru-FeCoN/rGO 阴极的 I_D/I_G 值比放电状态时的高一些，这些结果间接证实了过氧化锂能在充电过程中有效的分解[20]。

图 3.13（c）显示了锂-空气电池采用 Ru-FeCoN/rGO 为阴极时，不同循环阶段的交流阻抗图，采用的电流密度为 200mA/g，截止容量到 600mA·h/g。插图是对应的等效电路图，R_s 代表的是欧姆阻抗，R_{ct} 和 CPE1 代表的是电荷转移电阻和双电层电容，W_1 是锂离子扩散阻抗。所有的阻抗曲线在形状上是相似的，在中频区是一个半圆，在低频区范围内是直线的。当电池放电后，阻抗明显的增加，而当电池充电后，阻抗又有所下降。这可能是由于阴极表面的过氧化锂形成和分解造成的。

图 3.13（d）比较了锂-空气电池采用不同阴极材料时的交流阻抗谱图。从图中可以看出，三个电极具有相似的欧姆阻抗，然而，Ru-FeCoN/rGO 阴极的电荷转移电阻明显比另外两个电极低，表明了其催化活性有所增强。电荷转移电阻下降可以增强电极中的离子传导路径，导致电池性能的提升。这也可能是 Ru-FeCoN/rGO 阴极具有如此好的电池性能的重要原因之一。

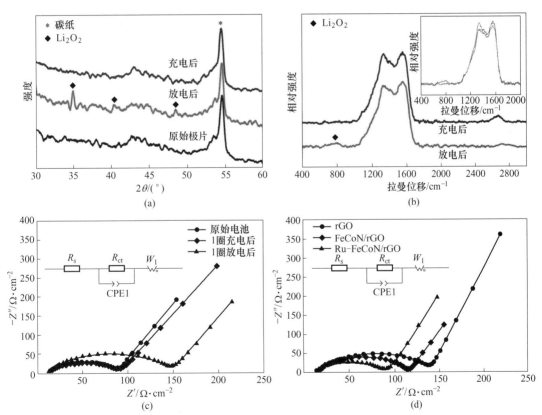

图 3.13 Ru-FeCoN/rGO 电极在不同充放电状态下的 XRD 图谱（a）、Raman 图谱（b）；
锂-空气电池以 Ru-FeCoN/rGO 为阴极催化剂时的电化学阻抗谱图（c），
内部图片是对应的等效电路图；锂-空气电池以三种不同催化剂为阴极时的电化学阻抗谱图（d）

B   IrO₂-CoN/rGO 催化剂

图 3.14（a）比较了采用不同催化剂 rGO、CoN/rGO 或 IrO₂-CoN/rGO 作为阴极的锂-空气电池的电化学交流阻抗谱图。使用图 3.14 中所示的等效电路进行拟合，我们得到催化剂的电荷转移电阻 R_{ct} 和欧姆阻抗 R_s 数值如表 3.1 所示。N 和 Co 的共掺杂可以显著的降低还原氧化石墨烯的欧姆阻抗，但是掺杂后电荷转移电阻只下降了 10%。有趣的是，负载二氧化铱纳米颗粒后几乎没有改变催化剂的欧姆阻抗，但明显地降低了催化剂的电荷转移电阻。这意味着二氧化铱纳米粒子有效地提升了催化剂的电催化活性，和文献报道的结果一致[21,22]。

表 3-1   锂-空气电池采用不同阴极催化剂进行充放电循环过程中的电化学交流阻抗拟合数据

催化剂	rGO	Co-N-rGO	IrO₂/Co-N-rGO
R_s/Ω	17.42	7.349	7.354
R_{ct}/Ω	121.8	104.4	72.4

图 3.14（b）中展示的是在 1mol/L LiTFSI/TEGDME 电解液中以 0.5mV/s 对 rGO、CoN/rGO、IrO₂-CoN/rGO 催化剂基锂-空气电池进行电池原位循环伏安测试的谱图。结果表明 CoN/rGO 催化剂（-0.79A/g）和 IrO₂-CoN/rGO 催化剂（-1.16A/g）均显示了一个明显的还原峰和高氧还原 ORR 电流密度，这表明两种催化剂的氧还原催化活性均比 rGO 催化剂（-0.21A/g）的氧还原催化活性高。在阳极氧化区，IrO₂-CoN/rGO 催化剂显示了三个强氧化峰，同时，其电流密度（1.04A/g）也比 rGO 催化剂（0.26A/g）和 CoN/rGO 催化剂（0.82A/g）高许多，揭示了 IrO₂-CoN/rGO 催化剂具有最强的氧析出 OER 催化活性。重要的是，我们发现在钴氮掺杂石墨烯上负载二氧化铱纳米颗粒同时增强了催化剂的氧还原催化活性和氧析出催化活性。

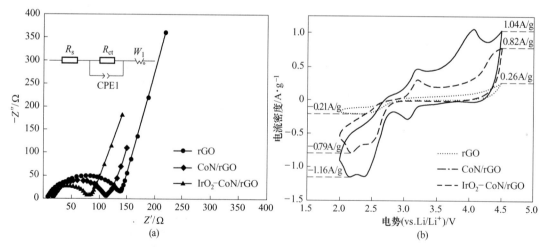

图 3.14   采用不同催化剂阴极的锂-空气电池的电化学交流阻抗谱图（a）；
采用不同催化剂阴极的锂-空气电池的电池原位循环伏安测试图（b），
测试区间为 2.0~4.5V

图 3.15 显示的是采用不同催化剂的锂-空气电池在 200mA/g 电流密度下，电压区间为

2.2~4.1V 时的前 5 圈充放电曲线。从图中可以发现，当电池进行首圈充放电时，与 rGO 催化剂（15.83%）及 CoN/rGO 催化剂（58.69%）基锂-空气电池相比，IrO$_2$-CoN/rGO 催化剂基锂-空气电池显示了最高的库仑效率（94.95%），也可以与文献中报道的一些金属氧化物基锂-空气电池相媲美[23]。从图 3.15（a）可以发现，采用 rGO 为阴极催化剂的锂-空气电池衰减得较为严重，放电比能量 5 圈内从 9535mA·h/g 降到了 280mA·h/g，5 圈后电池的容量保持率仅为 2.9%。这些结果可归因于 rGO 催化剂较差的氧还原和氧析出催化活性导致放电产物堆积堵塞了空气阴极。与 rGO 催化剂基锂-空气电池相比，CoN/rGO 催化剂基锂-空气电池具有更高的放电比容量和更好的容量保持率，表明钴氮共掺杂过程有利于增强催化剂的氧还原和氧析出催化活性。有趣的是，采用 IrO$_2$-CoN/rGO 为阴极催化剂的电池，放电比能量从首圈的 9237mA·h/g 降到第三圈的 6417mA·h/g 后开始上升，到第 5 圈时，放电比能量甚至超过了首圈，达到 11731mA·h/g，显示了 IrO$_2$-CoN/rGO 存在一个活化过程。与没有负载二氧化铱纳米粒子的催化剂相比，负载了二氧化铱纳米粒子后的催化剂基锂-空气电池表现出非常优异的容量保持率以及优秀的循环可逆性，

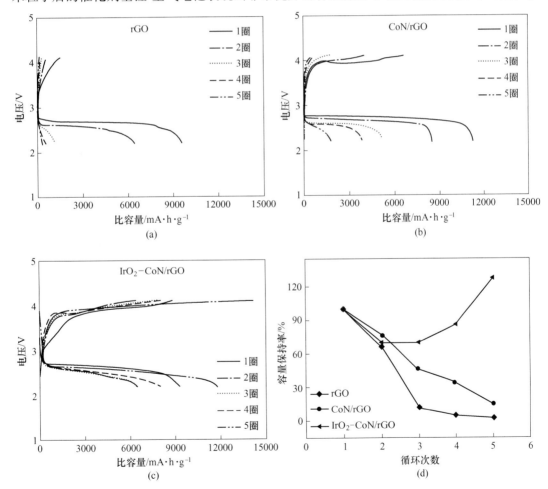

图 3.15 锂-空气电池充放电曲线，分别采用的阴极催化剂为 rGO（a）、CoN/rGO（b）、
IrO$_2$-CoN/rGO（c）在 200mA/g 电流密度下进行充放电，电压区间为 2.2~4.1V；
比较了采用不同阴极催化剂的锂-空气电池在前 5 圈循环中的容量保持率（d）

显示出二氧化铱纳米粒子同时对氧还原和氧析出催化活性都有正面的影响作用。我们认为 IrO_2-CoN/rGO 阴极催化剂具有如此优秀的稳定性和可逆性有两个可能的原因：（1）通过钴氮掺杂改性后，石墨烯的稳定性有所提升；（2）IrO_2 优秀的氧析出催化活性，导致过氧化锂分解得较彻底，防止空气阴极因为放电产物堵塞导致的衰减，保持了放电产物的容纳空间，提升了电池的可逆性能。

锂-空气电池的循环稳定性能一直是众多研究者致力解决的问题。图 3.16 中显示了采用 rGO、CoN/rGO、IrO_2-CoN/rGO 为阴极催化剂时锂-空气电池的循环稳定性能，电流密度为 200mA/g，截止容量到 600mA·h/g。可以看到，当以 rGO 作为锂-空气电池阴极时，电池的循环稳定性较差，仅仅充放电 20 圈循环后，电池的比能量效率就从 68.2% 降到 50.8%。采用 CoN/rGO 催化剂的锂-空气电池在循环稳定性和能量效率上都比 rGO 基锂-空气电池有所提升，显示了钴氮掺杂对氧还原 ORR 催化活性的提升作用，也与之前文献报道的结果一致[24]。但是，由于有限的氧析出 OER 催化活性的限制，CoN/rGO 催化剂基锂-空气电池的性能也衰减得较快。而采用我们制备的 IrO_2-CoN/rGO 为锂-空气电池阴极时，电池表现出非常优秀的循环稳定性，200 圈循环后，电池的比能量效率仅仅从 75% 降到 65%，没有明显的衰减迹象，且放电截止电压在 2V 以上。值得注意的是，IrO_2-CoN/rGO 电极的充电过电压也较 rGO 电极低得多，充电平台仅为 3.8V，而 rGO 的充电平台都在 4.2V 以上，且 IrO_2-CoN/rGO 电极的充电电压在 200 圈后仍然低于 4.2V，低于电解液开始出现分解的起始电压。

我们认为，IrO_2-CoN/rGO 阴极催化剂具有如此优秀的循环稳定性能应归功于 IrO_2 优秀的氧析出催化活性，在 IrO_2 催化作用下，充电电压显著降低，使得电解液和碳材料都处于稳定的电压下，较少副反应产生。同时，由于 IrO_2 优秀的氧析出催化活性，极大地促进了过氧化锂的分解，避免了放电产物在空气阴极堆积。我们设计的通过掺杂改性后的石墨烯负载的 IrO_2 也对电池的稳定性能有所促进，石墨烯独特的二维形貌和褶皱卷曲的 3D 孔道有利于氧气的传输，且掺杂钴氮后的石墨烯的稳定性和氧还原催化活性都有一定的提升，与 IrO_2 共同作用，导致了电池具有如此优秀的循环稳定性、容量保持率和可逆性能。

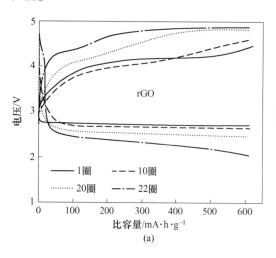

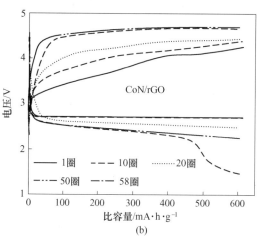

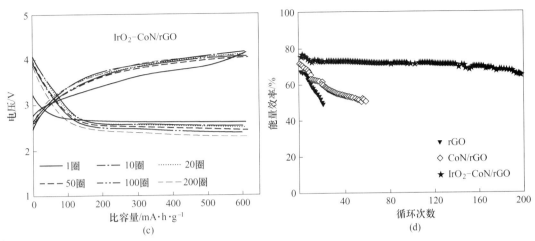

图 3.16　锂-空气电池采用不同阴极催化剂的充放电循环曲线：rGO（a），

CoN/rGO（b），IrO_2-CoN/rGO（c），测试采用 200mA/g 电流密度，

截止容量到 600mAh/g；不同阴极催化剂对应的能量效率曲线（d）

　　图 3.17 显示的是锂-空气电池以 IrO_2-CoN/rGO 为阴极催化剂时不同充放电状态下的电化学交流阻抗谱图、XRD 谱图、SEM 图，采用的充放电区间为 2.2~4.1V，电流密度为 200mA/g。图 3.17（a）中的插图是对应的等效电路，R_s 代表的是欧姆阻抗，R_{ct} 和 CPE1 代表的是电荷转移电阻和双电层电容，W_1 是锂离子扩散阻抗。从图中可以看出，当电池放电后，电荷转移电阻明显增大，这说明放电后生成的不导电的放电产物过氧化锂导致了电阻的增加，而电池充电后，阻抗又下降到接近初始极片的状态，说明放电产物过氧化锂分解得比较彻底，电池具有较为优秀的可逆性能，与电池的充放电测试数据相一致。

　　图 3.17（b）中可看到，放电后生成的放电产物的峰与标准卡片 JCPDS No. 73-1640 一致，表明放电后的主要产物为过氧化锂。充电到 4.1V 后，过氧化锂的峰消失，说明电池的可逆性良好，过氧化锂分解得较完全，这个结果也与交流阻抗图一致。也说明了在 2.2~4.1V 这个区间内，我们采用的电解液是比较稳定的，没有过多副产物产生。

　　图 3.17（c）~（e）展示的是 IrO_2-CoN/rGO 阴极在不同充放电状态下的 SEM 图，图中显示放电产物主要由大量纳米球及环状形貌的过氧化锂组成。这些小而均匀的过氧化锂纳米颗粒确保了有充足的氧气扩散空间和足够的电极-电解液反应界面用于电化学反应，使得其比大颗粒的聚集形态的过氧化锂更易于分解。在充电后，电极恢复到接近原始石墨烯电极的形貌，放电产物过氧化锂纳米颗粒消失，肯定了 IrO_2-CoN/rGO 基催化剂锂-空气电池具有较优秀的可逆性能，与交流阻抗谱图和 XRD 谱图的结果一致。

3.1.4　小结

　　总的来说，我们设计并制备了两种超高性能双功能石墨烯基锂-空气电池阴极催化剂。通过将还原氧化石墨烯多元素共掺杂来提升其氧还原催化活性，再通过添加钌纳米颗粒或二氧化铱纳米颗粒增强其氧析出催化活性。以我们制备的 Ru-FeCoN/rGO 催化剂或 IrO_2-CoN/rGO 作为锂-空气电池的阴极时，电池显示出非常优秀的性能。其主要结论如下：

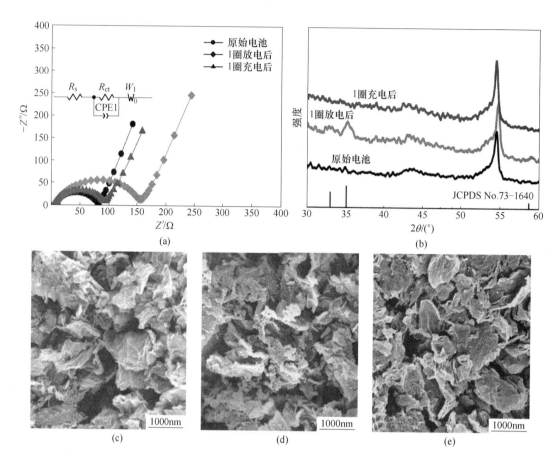

图 3.17　锂-空气电池以 IrO_2-CoN/rGO 为阴极催化剂时不同充放电状态下的
电化学阻抗谱图（a），内部图片是对应的等效电路；IrO_2-CoN/rGO 电极在不同
充放电状态下的 XRD 图谱（b）；IrO_2-CoN/rGO 电极在不同充放电状态下的 SEM 图：
原始极片（c），放电到 2.2V（d），充电到 4.1V（e）

3.1.4.1　Ru-FeCoN/rGO 催化剂

XRD 结果显示钌纳米颗粒已经成功地负载到了多元掺杂石墨烯上。BET 结果显示我们制备的 Ru-FeCoN/rGO 催化剂具有典型的介孔材料特征，比表面高达 $295m^2/g$，有利于氧气的扩散和放电产物的堆积。拉曼结果显示，Ru-FeCoN/rGO 催化剂的 I_D/I_G 值为 1.33，比 FeCoN/rGO 催化剂（$I_D/I_G \approx 1.25$）的以及 rGO 催化剂（$I_D/I_G \approx 1.06$）的 I_D/I_G 值都高，说明通过掺杂铁、钴、氮以及进一步负载钌后，缺陷位点的数量得到了提高。

XPS 结果证实了掺杂过后氮、铁、钴的存在，且在催化剂中，金属氮、吡啶型氮、吡咯型氮和石墨型氮这四种活性氮类型的量可达掺入的总的氮原子数分数的 90.4%。而掺杂后的铁钴主要以氮化物或碳化物等形式存在，作为催化剂的活性位点。XPS 也揭示了钌主要以金属钌单质的形式存在。

　　SEM 和 TEM 显示，Ru-FeCoN/rGO 催化剂具有典型的石墨烯形貌，其片层结构重叠容易形成 3D 孔隙，有利于氧气的扩散。钌均匀地分布在石墨烯片层上，粒径仅为 1.72nm 左右，有利于提高催化剂的催化活性。EDX 结果也揭示了催化剂中铁、钴、氮、钌的存在。LSV 和 CV 结果显示，在水溶液电解液和有机溶液电解液中，Ru-FeCoN/rGO 催化剂的 ORR 和 OER 催化活性比商业 20% Pt/C 催化剂更高。

　　电池充放电性能测试显示，以 Ru-FeCoN/rGO 催化剂为阴极的电池在低倍率以及高倍率下展现了非常高的容量和优秀的循环稳定性。其在 200mA/g 电流密度下，初始放电容量高达 23905mA·h/g；当电池充放电循环到 200 圈时，其放电电压只有一点点下降，比能量效率仅衰减了约 10%；循环到 300 圈时，能量效率仅衰减 20%。电池的大倍率性能同样很优秀，当电流密度高达 1000mA/g 和 2000mA/g 时，首圈放电比容量仍有 14560mA·h/g 和 6420mA·h/g。

　　放电后 SEM、XRD、EIS 表征显示，Ru-FeCoN/rGO 催化剂具有非常优秀的可逆性能，放电后生成的放电产物主要是过氧化锂，在充电后，过氧化锂分解得较为完全。

3.1.4.2　IrO_2-CoN/rGO 催化剂

　　XRD、TEM、SEM 结果显示，通过高温热处理和水热法，我们成功制得了钴氮共掺杂的石墨烯负载 IrO_2 纳米颗粒。催化剂具有典型松散的石墨烯形貌，片层堆积之间形成很多 3D 孔道。IrO_2 纳米颗粒均匀地分布在掺杂石墨烯表面，且颗粒粒径较小，在 1.61nm 左右，有利于提高催化剂的催化活性。

　　XPS 结果显示，钴氮掺杂后的石墨烯，其活性氮组成高达总的氮原子数分数的 84.4%，包括吡啶氮、吡咯氮、石墨氮和金属氮，是催化剂的活性提高的一个重要因素。Ir 4f 峰拟合后也显示出 Ir^{4+} 占总的铱含量的 72%，Ir^{x+} 占总的铱含量的 28%，证明了我们所制备的催化剂里，大部分的铱是以 4 价氧化态的形式存在，同时肯定了我们的水热反应法能够成功制备出 IrO_2。

　　催化剂的电化学测试结果显示，我们制备的 IrO_2-CoN/rGO 与 rGO 相比，充电过电压得到了很大的改善，且具有非常优秀的容量保持率和循环可逆性。采用 rGO 为阴极催化剂的电池衰减得较为严重，放电比能量在 5 圈内从 9535mA·h/g 降到了 280mA·h/g，而采用 IrO_2-CoN/rGO 为阴极催化剂的电池，到第 5 圈循环时，放电比容量甚至超过了首圈，达到 11731mA·h/g。以 IrO_2-CoN/rGO 为阴极的电池同样表现出优良的循环稳定性，200 圈循环后，电池的比能量效率仅仅从 75% 降到 65%，且充电过电压也较 rGO 电极低得多，充电平台仅为 3.8V，充电电压在 200 圈后仍然低于 4.2V，远低于电解液开始出现分解的起始电压。

　　放电后 SEM、XRD、EIS 表征显示，IrO_2-CoN/rGO 催化剂为阴极时，电池的可逆性能优秀，放电后生成的放电产物为过氧化锂，充电后过氧化锂分解得较彻底。

　　我们认为，以我们的催化剂为阴极的锂-空气电池具有如此高的电化学性能应该归因于双功能催化剂的设计：多元素共掺杂的石墨烯为放电过程提供优秀的氧还原催化活性，而钌纳米颗粒或二氧化铱纳米颗粒保证了充电过程的氧析出催化活性。因此，两种催化剂对锂-空气电池性能的提升较大，具有光明的应用前景。

3.2　碳纳米管基复合材料的制备及其性能研究

3.2.1　研究背景

　　当今社会，大多数传统汽车以化石燃料为主要动力来源，这造成了严重的温室效应和能源危机，为了改变该现象，我国大力提倡以绿色交通作为现代交通的主要方式，因此，推动电动汽车的发展是一个有效的解决方案，而决定电动汽车驱动范围和实际应用的关键因素则是动力电池。与目前的锂离子电池（300W·h/kg）相比，锂-空气电池具有超高的理论能量密度（11140W·h/kg），因此被认为是具有良好发展前景的电动汽车电源[25]。迄今为止，锂-空气电池已经取得了一些令人振奋的研究成果，但是锂-空气电池的发展还处于起步阶段[26]。

　　在锂-空气电池实现实际应用之前，依然存在几个关键性问题需要解决，如能量效率低、循环寿命短和倍率性能差等，造成此类缺陷的主要原因是放电产物可逆性差，并且放电电荷较大，具有超电势[27,28]。目前，锂-空气电池的研究工作着重集中在催化剂方面，具有较高活性的催化剂不仅可以降低电池充放电过程中的过电压，提高电池的比能量效率，还可以在不同程度上提升电池的循环寿命[29]。从第一章节关于锂-空气电池工作原理的阐述中得出，催化剂的作用主要是促进放电过程中的氧还原反应和充电过程中的氧析出反应的进行[30]，从而构建一系列具有双功能作用的催化剂。至此，学者们已经研发了几种类别的催化剂，包括金属和金属氧化物[31]、碳材料[32]和可溶性氧化还原介质[33]等。其中碳材料具有来源广泛和价格低廉等优点，最主要的是经过掺杂和负载改性处理后易构成双功能催化剂，所以，碳材料是目前应用的最广泛的阴极催化剂。碳纳米管由于其独特的一维结构和出色的导电性在诸多碳材料中脱颖而出，随着科学技术的进步，碳纳米管的批量生产已不再是难题，这大幅度降低了碳纳米管的使用成本。由于多孔的结构和较高的比表面积，碳纳米管不仅有助于 O_2 和电子传输，还为 Li^+ 的扩散提供了运输通道，并且拥有足够的三相接触面积。基于以上关于碳纳米管自身物理化学性能的优势，为了构造出双功能催化剂，已经开展了多种针对于碳纳米管改性的研究。具体而言，氮掺杂碳纳米管在引入氮元素后表现出较高的氧还原催化活性和电导率，是金属和金属氧化物纳米粒子的一种理想负载基体，因为氮元素在不同程度上破坏了碳纳米管稳定的六元环结构，表现为碳纳米管的表面缺陷，这些缺陷的存在为纳米颗粒的负载提供了空位[34,35]。加拿大 Xueliang Sun 教授课题组首次合成的掺氮碳纳米管作为锂-空气电池的阴极催化剂，实验结果表明，氮元素的引入提高了碳纳米管对放电反应的氧还原催化活性[36]。Zhenping Zhu 教授课题组也有报道证明掺氮的碳纳米管与纯碳纳米管相比具有更强的电化学性能[37]。

　　由于放电产物的不溶性和绝缘性，加速放电产物的分解是锂-空气电池发展的另一个巨大挑战。一些贵金属、过渡金属及其对应的金属氧化物具有较好的氧析出催化活性，其中 IrO_2 和 RuO_2 被认为是目前最理想的氧析出反应催化剂，已经在水电解[38]、燃料电池[39]和金属-空气电池[40]等领域得到了广泛的应用。RuO_2 作为锂-空气电池阴极催化剂时，可以大幅度降低充电过程的过电位，无论是在以截止容量还是截止电压为限制性条件下，均表现出优异的循环稳定性[41]。但值得关注的是，IrO_2 很少被报道应用于锂-空气电池，因此，本章节以氯化铱的水合物为前驱体，通过采用一种简单的水热方法成功制备出

了高度分散的 IrO_2 纳米粒子，并将其负载在氮掺杂的碳纳米管上作为锂-空气电池的双功能阴极催化剂，对电化学性能进行了基础研究。

经过对测试结果的系统分析发现，在同等测试条件下，纯的碳纳米管做阴极催化剂时表现出较高的过电位，循环寿命短。经过氮掺杂处理的碳纳米管在一定程度上提高了放电平台，降低了放电过电位，提高了放电比容量。进一步负载 IrO_2 后，构成了具有双功能的阴极催化剂，在保持原有性能的基础上降低了充电过电位，增加了充电比容量，同时增加了循环寿命。提升的电池性能具体表现为高比容量（6839mA·h/g）、优异的容量保持率（在 100mA/g 的电流密度下，循环七次后容量保持率高达 88.9%）和优异的循环稳定性（在 200mA/g 的电流密度截止容量 600mA·h/g 的条件下稳定循环 160 次）。图 3.18 介绍了该催化剂的合成过程，包含 IrO_2-N/CNTs 的结构变化和可能的机理。

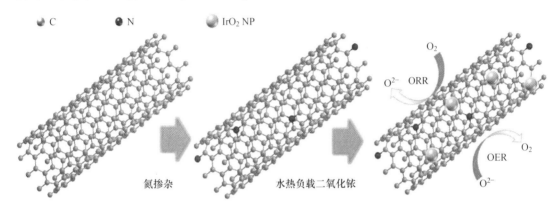

图 3.18　IrO_2-N/CNTs 的结构及制备机理

3.2.2　试验方法及装置

3.2.2.1　材料的制备

本章节所使用的化学品都是从商业来源购买的，没有进一步纯化直接使用。碳纳米管（CNTs）由深圳纳米港口有限公司（NTP）通过 CVD 方法提供。氮掺杂碳纳米管（N/CNTs）是通过一步高温掺杂法制备的。具体制备过程如下所述，将 CNT（0.5g）和三聚氰胺（2.5g）放入玛瑙研钵并研磨 30min，将混合物在氩气中以 5℃/min 的速率加热至 850℃保温 30min，自然冷却至室温。为了制备酸浸产物，将冷却后的产物和 0.5mol/L H_2SO_4 放入 100mL 烧杯中，超声处理 3h，然后在恒温水浴锅中 80℃保温 4h，用去离子水漂洗酸处理后的混合物并抽滤，直至滤液为中性，在 80℃下真空干燥一晚。将干燥物放置于管式炉中 850℃下退火 30min，得到 N/CNTs。通过一种简单的水热法将 IrO_2 纳米颗粒均匀分散在氮掺杂碳纳米管上，称取 50mg N/CNTs 溶于 40mL 去离子水中，超声 30min，磁力搅拌 2h，加入水合氯化铱溶液作为前驱体，超声 2h，搅拌 12h，然后转移到 100mL 不锈钢高压釜于鼓风炉中 180℃下保温 12h，随炉冷却。用去离子水将水热产物洗涤三次并抽滤，80℃真空干燥一晚，得到 IrO_2-N/CNTs。为了突出氮掺杂对材料性能的影响，本章节同时开展了对比试验，在未进行掺杂的碳纳米管上直接负载 IrO_2 纳米颗粒。

3.2.2.2　材料的表征

通过 X 射线粉末衍射（XRD，Rigaku miniFlex 600 粉末衍射仪），扫描电子显微镜（SEM，Tescan Vega 3），透射电子显微镜（TEM，Tecnai G^2 F20 S-Twin）对所制备的材料进行表征。用 PHI5000 Versaprobe-II 光谱仪进行 X 射线光电子能谱（XPS）分析。在室温至 1000℃ 的空气气氛中，以 10℃/min 的升温速率在 STA449F3 上进行热重分析（TGA），估算 IrO_2 的含量，结果表明 IrO_2-N/CNT 中 IrO_2 的质量分数为 19.53%。

3.2.2.3　电化学性能测试

使用 2032 型纽扣电池装配锂-空气电池，在正极侧具有一些孔以使氧气流入。为了制备阴极电极，首先将制备的材料（IrO_2-N/CNTs、N/CNTs 或 CNTs，90%，质量分数）与 N-甲基-2-吡咯烷酮（NMP）中的聚偏二氟乙烯黏合剂（PVDF，10%，质量分数）混合，然后磁力搅拌 6h 以形成浆料，将浆料涂布到碳纸上并在 80℃ 真空下干燥一晚。以金属锂箔作为阳极，使用玻璃纤维（whatman）作为隔膜，并且电解质为 1mol/L 锂双（三氟甲磺酰）亚胺（LiTFSI）的四甘醇二甲醚（TEGDME）溶液。将所有锂-空气电池在氩气气氛下的手套箱中（$O_2 < 0.5 \times 10^{-6}$ 并且 $H_2O < 0.5 \times 10^{-6}$）组装并在密封的装有含有一些分子筛的氧气的玻璃箱中进行测试以除去水分。室温下，将这些电池在 CT2001A 型号的电池测试系统（LAND，中国）上进行测试。

3.2.3　结果与讨论

3.2.3.1　材料的形貌与结构表征

为了突出氮掺杂对碳纳米管表面缺陷的影响，本章节对未掺杂的碳纳米管进行了 IrO_2 负载，并对其进行了 TEM 表征，如图 3.19 所示，未掺杂的碳纳米管表面仅负载极少量的 IrO_2 颗粒，而经过氮掺杂处理的碳纳米管表面则呈现均匀分散的 IrO_2 颗粒。证明氮元素在碳纳米管表面制造了均匀的缺陷，使其呈现出一定的电负性，进而较为容易负载金属氧化物，并且再次肯定了本章所选择体系的可行性和优越性。

如图 3.20（a）所示，本章节对该系列碳基功能材料进行了结构表征，在 2θ 从 10°~80° 的范围内首先对 CNT、N/CNTs 和 IrO_2-N/CNTs 进行了 XRD 分析表征，可以明显地观察到三个催化剂在 26.1° 附近都有一个突出的衍射峰，通过采用 Jade 软件分析可知，这个衍射峰对应于石墨碳的（002）面。34° 附近的衍射峰与二氧化铱的标准卡片 JPDS No.15-0870 一致，可以归结为铱（101）面，54° 附近的二氧化铱的（211）面的峰也能观察得到，证明了存在小尺寸的 IrO_2 纳米颗粒。因为没有发现其他物质的峰，表明所制备的催化剂具有高纯度。

XPS 检测用来分析 IrO_2-N/CNTs 碳基功能材料的表面官能团和元素价态，图 3.20（b）所示，我们可以观察到几个主要的峰：C 1s（-284.8eV），O 1s（-558.4eV），N 1s（-400.8eV），Ir 4p（497.6eV）和 Ir 4f（-64.8eV），这些峰既证明了经过掺杂后的碳纳米管上有氮元素的存在，也证明了水热反应后二氧化铱成功被负载在了氮掺杂碳纳米管上。对碳纳米管表面上的这些元素进行了定量分析，具体含量如下：C（55.27%），N

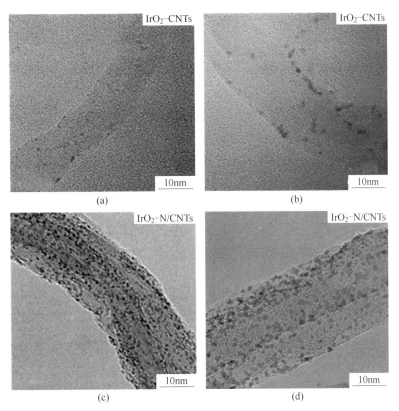

图 3.19 未掺杂碳纳米管（a）、（b）和掺杂后（c）、（d）负载 IrO$_2$ 的透射电镜 TEM 图

（3.96%），O（17.68%），Ir（23.09%）。

图 3.20（c）显示的是通过 Gauss-Lorentz 多峰拟合技术后的 N 1s 峰，该峰可以被拟合为四个分峰，这四个分峰分别对应于催化剂中存在的四种不同类型的氮元素，如下所示：结合能 398.06eV 处为吡啶型氮，结合能 400.36eV 处的为吡咯型氮，结合能 401.12eV 处的为石墨型氮，以及结合能 403.14eV 处的为氧化态的氮。通常认为吡啶型氮、吡咯型氮和石墨型氮是掺杂碳催化剂的活性氮中心，而该碳基功能材料中活性氮（吡啶型氮 50.77%，吡咯型氮 37.23%，石墨型氮 8.8%，原子数分数）比氧化型氮（3.2%，原子数分数）高得多，显示了非常高的活性氮含量，这三种活性氮的量可达掺入的总的氮含量的 96.8%（原子数分数），这也揭示了该催化剂具有较高的催化活性。

此外，在 IrO$_2$-N/CNTs 光谱中可以看到 Ir 4p 和 Ir 4f 的峰。如图 3.20（d）所示，位于 65.2eV 和 62.2eV 的峰可以对应于 Ir^{4+} 的 4f$_{5/2}$ 和 4f$_{7/2}$ 峰。位于 66.6eV 和 63.2eV 处更高能级的峰可以对应于 Ir^{x+} 的 4f$_{5/2}$ 和 4f$_{7/2}$ 峰，这表明 Ir^{x+} 比 Ir^{4+} 的氧化态更高。我们的催化剂中 Ir^{4+} 的含量可以达到 78%（原子数分数），这证实了催化剂中 Ir 主要以 Ir^{4+} 的形式存在。

图 3.21 显示了不同催化剂的氮气吸脱附曲线和孔径分布曲线。如图 3.21（a）、图 3.21（c）、图 3.21（e）所示，通过观察发现，所有等温线中的吸附曲线和脱附曲线趋势均不一致，有一个迟滞回线，属于典型的Ⅳ型吸附等温线，由此可以认为这些催化剂具有介孔材料的特征。采用 Barrett-Joyner-Halenda（BJH）模型计算这些催化剂的孔径分布，如图 3.21

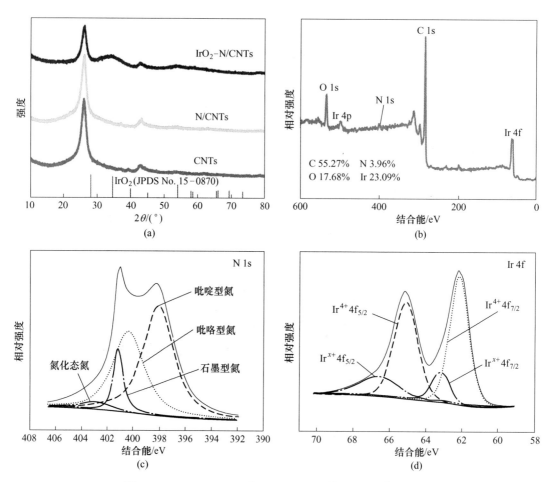

图 3.20　CNT、N/CNTs 和 IrO$_2$-N/CNTs 的 XRD 图谱（a）；
IrO$_2$-N/CNTs 催化剂的 XPS 全谱图（b），高分辨 XPS 谱图 N 1s（c）和 Ir 4f（d）

（b）、图 3.21（d）、图 3.21（f）所示，为了避免假峰的出现，以吸附分支的数据做研究。BET 分析结果表明：CNTs 的比表面积为 184.014m^2/g，孔容为 0.916cm^3/g；N/CNTs 的比表面积为 197.037m^2/g，孔容为 0.996cm^3/g；IrO$_2$-N/CNTs 的比表面积为 177.518m^2/g，孔容为 0.848cm^3/g。氮元素的引入破坏了碳纳米管的六元环结构，形成体积更大的孔洞，所以比表面积和孔容均有增加。从图 3.19 可以看出，碳纳米管表面被体积较大的 IrO$_2$ 负载后导致孔的堵塞，而且 IrO$_2$ 本身增加了催化剂的密度，导致比表面积和孔容略微降低。从图 3.21（b）、图 3.21（d）、图 3.21（f）中观察到 CNTs、N/CNTs 和 IrO$_2$-N/CNTs 的粒径大小约为 3~4nm，较为均匀的粒径有助于放电产物的存储，不会造成局部堆积的现象，使得放电产物可以在充电过程中易于脱离载体表面，从而增强循环稳定性。

　　图 3.22 展示了 IrO$_2$-N/CNTs 催化剂的扫描电镜图 SEM 和透射电镜图 TEM。通过图 3.22（a）催化剂的边缘视图可以发现，经过氮掺杂处理的碳纳米管呈现出经典的竹节状，增加了三相接触面积。图 3.22（b）为 IrO$_2$-N/CNTs 催化剂的中心部位视图，可以观察到交错的碳纳米管高度互连，显示出典型的多孔三维网络结构。无论是 IrO$_2$-N/CNTs 催

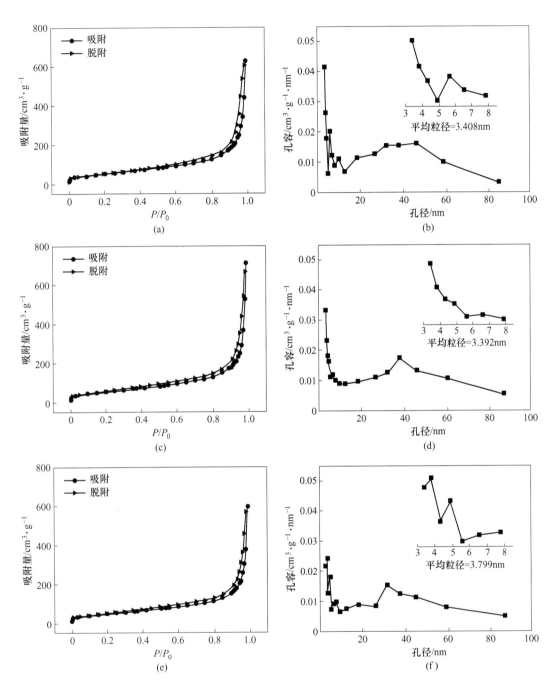

图 3.21 不同催化剂的氮气吸脱附曲线和孔径分布曲线：CNT 的氮气吸脱附曲线（a）和孔径分布曲线（b）；N/CNTs 的氮气吸脱附曲线（c）和孔径分布曲线（d）；IrO₂-N/CNTs 的氮气吸脱附曲线（e）和孔径分布曲线（f）（插图为孔径分布的局部放大图）

化剂内部空间的增加，还是外部三维空间的构建，都有助于 O_2 吸收、电子传输和锂离子扩散，同时增加了放电产物的堆积和分解空间。图 3.22（c）和（d）展示了 IrO₂-N/CNTs 催化剂的透射电子显微镜图像，可以观察到 N/CNTs 表面上的小尺寸 IrO₂ 纳米颗粒，这些颗粒尺寸相差不大，并且分散均匀，通过测量软件统计计算得到 IrO_2 纳米颗粒的平均粒径为 1.37nm，这些粒径小且分散均匀的 IrO_2 纳米颗粒有利于提高催化剂的催化活性。从图 3.22 （d）中的高分辨率透射电镜 HRTEM 图可以测量出晶面层间距为 0.193nm，对应的是 IrO_2 的（101）面。这些结果与从 XRD 中得到的结果吻合，进一步证明了我们成功地合成了 IrO_2-N/CNTs 催化剂。

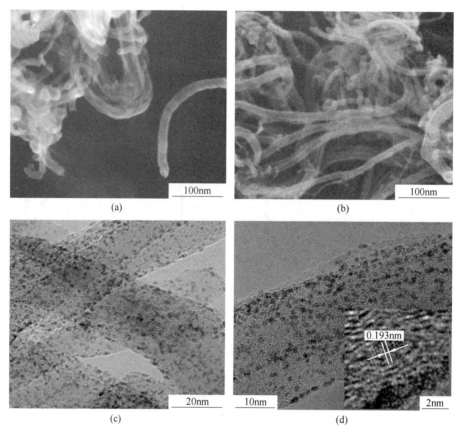

图 3.22　IrO_2-N/CNTs 催化剂的扫描电镜图谱：边缘视图（a），中心视图（b）；
IrO_2-N/CNTs 催化剂的透射电镜图谱：交错 IrO_2-N/CNTs 的高分辨透射电镜图（c），
单根 IrO_2-N/CNTs 的高分辨透射电镜图（d），插图为 IrO_2 的高分辨透射电镜图

3.2.3.2　材料的电化学性能研究

图 3.23 展示了 CNTs、N/CNTs 和 IrO_2-N/CNTs 催化剂基锂-空气电池在氧饱和的 1mol/L LiTFSI/TEGDME 电解液中，0.5mV/s 扫描速率下以锂金属阳极（Li/Li^+）作为参比电极，进行锂-空气电池原位循环伏安测试的谱图。阴极扫描部分对应的是氧还原反应，可以明显地观察到，相比于 CNTs 催化剂（-0.24A/g），N/CNTs 催化剂（-0.66A/g）和 IrO_2-N/CNTs 催化剂（-0.76A/g）显示出更高的氧还原电流密度，在 2.6V 附近有一个明显的氧还原峰，这表明了催化剂在该电位具有较高的氧还原活性，于电池性能方面表现为在该电压附近存在一个放电平台。阳极扫描部分对应的是氧析出反应，可以看到，负载

IrO_2 后的 N/CNTs 催化剂（0.46A/g）也展现出最佳的氧析出电流密度，远远高于未负载的 N/CNTs 催化剂（0.24A/g）和 CNTs 催化剂（0.12A/g），这表明了 IrO_2-N/CNTs 具有优越的氧析出活性。从测试结果得出氮掺杂过程不仅导致了优异的氧还原活性，还与高度分散的 IrO_2 纳米颗粒产生了协同作用，显著地提高了氧析出活性，共同构成了具有双功能的锂-空气电池阴极催化剂。

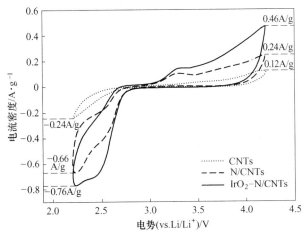

图 3.23　多种催化剂在锂-空气电池中的原位循环伏安测试曲线

（测试在氧气饱和的 1mol/L LiTFSI/TEGDME 电解液中进行，扫描速率为 0.5mV/s）

图 3.24 比较了不同阴极催化剂的锂-空气电池首次充放电比容量，从图中可以明显地观察到，氮元素的引入使得 N/CNTs（8279mA·h/g）和 IrO_2-N/CNTs（6839mA·h/g）的首圈放电比容量远远高于 CNTs（2271mA·h/g）。认为这一优异性能归因于氮掺杂过程对氧还原活性的提升，由于氮原子破坏了碳纳米管表面六元环结构从而激活了周边的碳原子，从而提高了催化剂的电导率和活性位点密度，促使放电产物更容易的形核与生长，直接表现为放电平台的提升与放电比容量的增加。值得注意的是，各个催化剂的首圈放电平台均与图 9.6 中的氧化峰的位置一一对应。

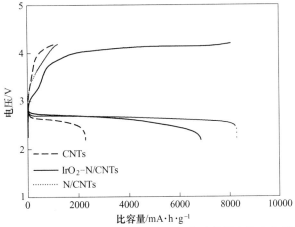

图 3.24　采用不同催化剂的锂-空气电池首圈充放电曲线

（电流密度为 100mA/g，电压区间为 2.2~4.2V）

首次充电过程中，CNTs 的充电比容量仅为 1049mA·h/g，首次充放电库仑效率也低至 46.2%，可能因为纯的碳纳米管具有较低的氧析出催化活性。从图 3.23 的循环伏安曲线中可以看出，虽然氮元素的引入使 N/CNTs 在 3.2V 附近形成了一个氧析出峰，但其峰值电流与 IrO_2-N/CNTs 相比还是比较低，所以从首次充电曲线中可以观察到，N/CNTs 在 3.2V 左右有一个较短的充电平台，该平台贡献的充电比容量仅约 300mA·h/g。相比于 CNTs，N/CNTs 的充电比容量虽有所提高，也只有 1223mA·h/g，库仑效率只有 14.7%。负载 IrO_2 纳米粒子后，迅速降低了反应产物分解的活化能，加快了放电产物分解的速率，表现为氧析出催化活性的提升，使得充电比容量高达 8077mA·h/g，库仑效率提升至 100%，证明在 IrO_2-N/CNTs 催化剂的作用下，充放电过程中发生的反应具有良好的可逆性。

为了研究不同催化剂在不同测试条件下的循环稳定性，首先以截止电压（2.2~4.2V）为限制性条件（如图 3.25 所示），测试了不同催化剂在电流密度为 100mA/g 时前 7 次循环中容量的变化，然后分别测试了不同电流密度下，以截止容量为限制性条件（如图 3.26 所示、如图 3.27 所示），对各个催化剂在锂-空气电池中的循环稳定性进行了测试。

如图 3.25 所示，在截止电压为 2.2~4.4V 的限制性条件下，随着循环次数的增加，CNTs 和 N/CNTs 作为阴极催化剂的锂-空气电池容量迅速衰减，7 个循环后它们的容量保持率分别仅为 26.4% 和 14.9%。结果表明，较差的氧析出催化活性不能促进不溶性放电产物的分解，随着循环次数的增加，放电产物逐渐积累，O_2 和电子传递进一步受到抑制，导致锂-空气电池具有较差的循环稳定性，不能充分发挥其价值。IrO_2-N/CNTs 作为锂-空气电池阴极催化剂时，锂-空气电池的放电比容量在前 4 次循环呈现小幅度衰减趋势，更重要的是，从第 5 次循环开始放电比容量呈上升趋势，直至第 7 次循环，放电比容量和容量保持率可以达到 6081mA·h/g 和 88.9%。IrO_2-N/CNTs 作为催化剂时之所以电池容量会呈现出先减少再增加的趋势，可能是在放电过程中催化剂被逐渐激活，这里的放电比容量趋势恰好对应了 IrO_2-N/CNTs 催化剂在循环过程中存在一个活化过程。

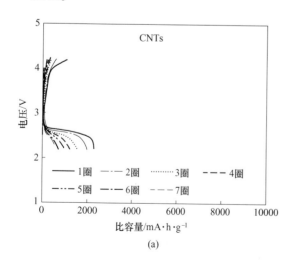

(a)

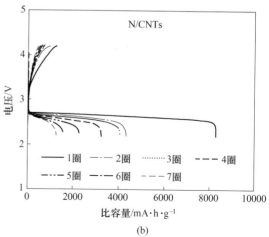

(b)

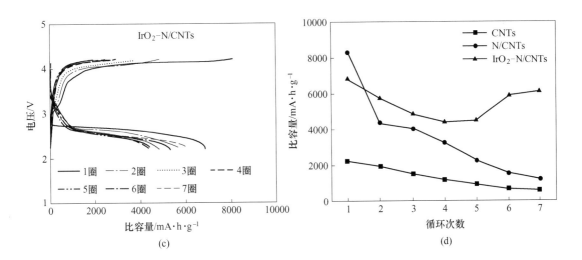

图 3.25　采用不同催化剂的锂-空气电池在 100mA/g 的电流密度、2.2~4.2V
电压区间下循环 7 次的容量变化曲线：CNTs（a），N/CNTs（b），IrO₂-N/CNTs（c）；
比较了采用不同阴极催化剂的锂-空气电池在不同循环圈数下的比容量（d）

如图 3.26 所示，在电流密度为 200mA/g，截止容量为 600mA·h/g 时，IrO₂-N/CNTs
展现出优越的循环稳定性，并且在首次充放电中的中值电压仅为 1.0209V，远小于
N/CNTs催化剂（1.4568V）和 CNTs 催化剂（1.5549V），进一步证实了 IrO₂ 纳米颗粒在
氧析出过程中发挥了重要的作用。此外，碳纳米管电极表现出最差的循环稳定性，经过
11 次循环后，其比能量效率从 64.7%迅速下降到 48%。相比之下，N/CNTs 电极循环稳定
性略有增强，循环 41 次后，其比能量效率从 66%仅降至 60.2%，表明氮掺杂过程对氧还
原催化活性的提升也增强了电池的循环稳定性。重要的是，IrO₂-N/CNTs 催化剂表现出最
好的循环稳定性，如图 3.26（c）所示，可以在充放电 160 圈内稳定循环，比能量效率略
有下降（从 68.5%降至 62.3%）。这些结果再次肯定了氧析出催化活性在锂-空气电池中
的关键作用。

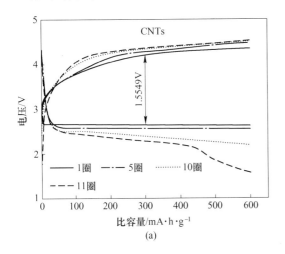

(a)

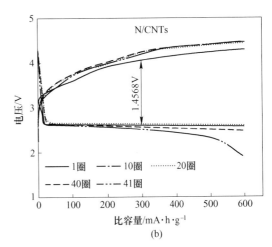

(b)

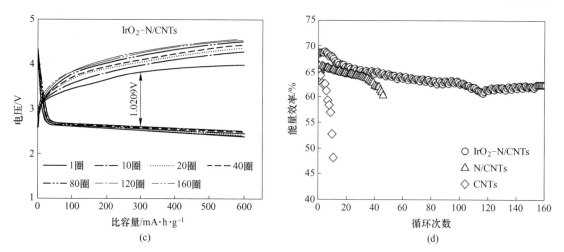

图 3.26　电流密度为 200mA/g，截止容量为 600mA·h/g 时不同催化剂 CNTs（a）、
N/CNTs（b）和 IrO₂-N/CNTs（c）的充放电循环曲线；对应的不同阴极催化剂
基锂-空气电池的比能量效率曲线（d）

如图 3.27 所示，相比于 200mA/g 的电流密度，各个催化剂在 500mA/g 的电流密度下

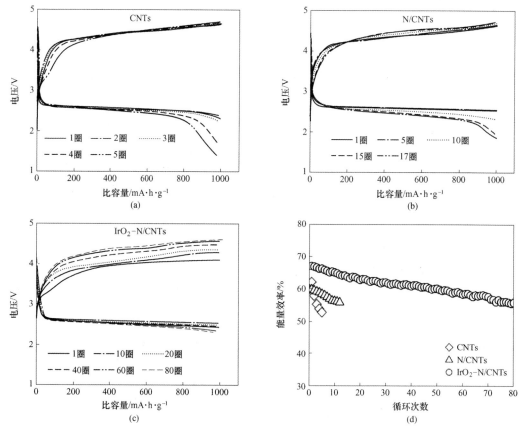

图 3.27　电流密度为 500mA/g、截止容量为 1000mA·h/g 时不同催化剂的充
放电循环曲线：CNTs（a），N/CNTs（b），IrO₂-N/CNTs（c）；
基于不同阴极催化剂的锂-空气电池的比能量效率曲线（d）

电池循环稳定性普遍降低，因为在较大的电流密度下，放电产物迅速地堆积在催化剂的表面，堵塞了催化剂表面的小孔，减少了氧气以及离子的运输通道，使得更多的催化剂并没有发挥其价值所在。但是，相比于 CNTs（5 次）和 N/CNTs（17 次），IrO_2-N/CNTs 催化剂依然可以稳定循环 80 次，且容量衰减较为缓慢。表明 IrO_2-N/CNTs 催化剂可以在大电流密度下正常工作，相比之下，突出了该催化剂的倍率性能。

表 3-2 比较了 IrO_2-N/CNTs 催化剂和文献中已经报道的其他碳基催化剂在锂-空气电池中的循环稳定性。通过对比在同等测试条件下的循环次数可以看出，IrO_2-N/CNTs 催化剂的稳定性远高于文献中报道的催化剂。

表 3-2　不同电流密度下 IrO_2-N/CNTs 和文献中报道的催化剂在锂-空气电池中的性能比较

催化剂	电流密度	截止容量/mA·h·g^{-1}	循环次数
IrO_2/KB[42]	0.1mA/cm^2	500	70
MnO_2/PILCNT[43]	100mA/g	400	42
TiC-C[44]	100mA/g	500	80
3Dgraphene-Co_3O_4[45]	0.1mA/cm^2	583	62
Mo_2C@ CC[46]	500mA/g	500	120
	1000mA/g	1000	70
IrO_2-N/CNTs	200mA/g	600	160
	500mA/g	1000	80

图 3.28（a）比较了锂-空气电池分别以 CNTs、N/CNTs 和 IrO_2-N/CNTs 为阴极催化剂时的电化学交流阻抗谱图，为了统一变量，测试电化学阻抗的电池为同一批次组装，并且在相同的室温和通氧时间下进行测试。图 3.28（b）是对应的等效电路，其中 R_s 代表的是欧姆阻抗，R_{ct} 和 CPE1 分别代表电荷转移电阻和双电层电容，W_1 是锂离子扩散阻抗。从图中可以看出，未经处理的 CNTs 做锂-空气电池阴极催化剂时，电荷转移电阻明显较大，这说明纯碳材料的结构过于稳定对电子的吸引力较小。掺氮后的电荷转移阻抗略微减小，因为氮元素的引入破坏了稳定的六元环结构而激活了碳原子，增加了对电子的吸引力。IrO_2-N/CNTs 展现出较小的电荷转移阻抗，从图 3.24 可以看出，IrO_2 的负载不仅大大降低了充电平台，同时也提高了放电平台，认为 IrO_2 和氮元素起到了协同作用，构成了双功能催化剂。

如图 3.29 所示，为了确认 IrO_2-N/CNTs 电极在循环过程中的可逆性，通过扫描电镜 SEM 对放电和充电后的 IrO_2-N/CNTs 极片进行了形貌表征。从图 3.29（a）和（b）可以观察到催化剂在碳纸上依然保持较为完整的管状结构。放电到 2.2V 后（如图 3.29（c）和（d）所示），与初始电极相比，可以从放电后的极片上清楚地观察到大量纳米球形及块状颗粒沉积物覆盖在催化剂表面，几乎无法显示催化剂的原有形貌，这表明放电产物均匀地附着在电极表面，充分利用了催化剂比表面积大这一优势。充电到 4.2V 后（如图 3.29（e）和（f）所示），几乎所有的放电产物都被分解，电极结构几乎恢复到初始状态，又可以清楚地观察到 IrO_2-N/CNTs 催化剂的原有形貌，确认 IrO_2-N/CNTs 电极在循环过程中具有较为优秀的可逆性。

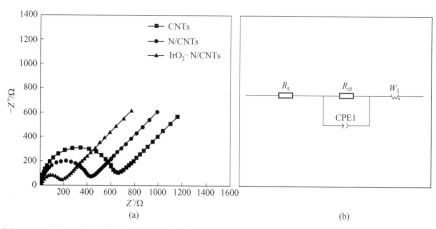

图 3.28　锂-空气电池不同阴极催化剂的电化学交流阻抗谱图（a）和等效电路图（b）

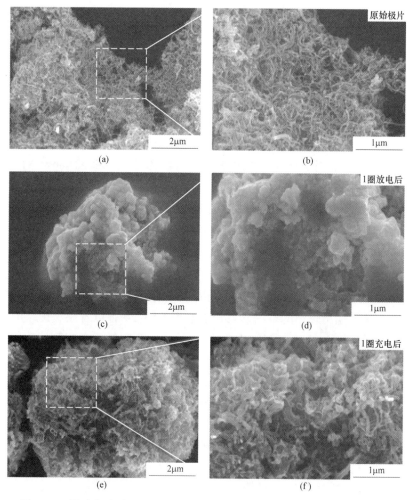

图 3.29　锂-空气电池以 IrO_2-N/CNTs 为阴极催化剂时的极片扫描电镜图：
初始极片（a）；初始极片的局部放大图（b）；放电到 2.2V、电流密度为 200mA/g（c）；
放电到 2.2V 极片的局部放大图（d）；充电到 4.2V、电流密度为 200mA/g（e）；
充电到 4.2V 极片的局部放大图（f）

如图 3.30 所示，为了进一步分析放电产物的组成以及放电产物在充电过程中的分解程度，采用 XPS 检测手段分析了 IrO_2-N/CNTs 电极的组分变化。图 3.30（a）和图 3.30（b）分别是 Li 1s 和 O 1s 的高分辨 XPS 谱图，可以清楚地观察到，Li_2O_2 的 Li 1s 和 O 1s 峰在电池充电后急剧下降，表明放电产物充电后的分解，进一步证实了我们的 IrO_2-N/CNTs 电极具有优异的可逆性。

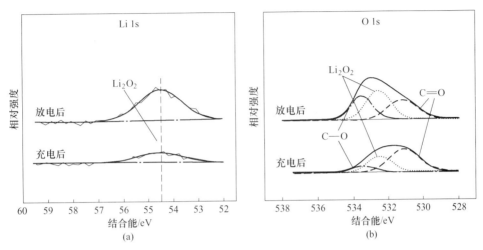

图 3.30　锂-空气电池以 IrO_2-N/CNTs 为电极在不同充放电状态下的高分辨 XPS 谱图

（a）Li 1s；（b）O 1s

3.2.4　小结

综上所述，本章采用简单的水热法成功设计制备了 IrO_2-N/CNTs 催化剂，并考察了其作为锂-空气电池阴极催化剂的电化学性能。其主要结论如下：

（1）透射电子显微镜结果证实了纳米氧化铱纳米颗粒在 N/CNTs 基体上的分散性很好。计算得到 IrO_2 纳米颗粒的平均粒径为 1.37nm。XRD 结果显示氧化铱纳米颗粒已经成功的负载到了掺氮碳纳米管上。扫描电镜结果显示经过氮掺杂处理的碳纳米管呈现出经典的竹节状，交错的碳纳米管高度互连，显示出典型的多孔三维网络结构。

（2）XPS 结果既证实了氮掺杂成功，且活性氮的量可达掺入的总的氮原子数分数的 96.8%，又进一步肯定 XRD 结果，证明了催化剂中 Ir^{4+} 的含量可以达到 78%（原子数分数），催化剂中 Ir 主要以 Ir^{4+} 的形式存在。XPS 对碳纳米管表面上的这些元素进行了定量分析，具体含量如下：C（55.27%）、N（3.96%）、O（17.68%）、Ir（23.09%）。

（3）CNT、N/CNTs 和 IrO_2-N/CNTs 的氮气吸脱附曲线属于典型的Ⅳ型吸附等温线，表明这些催化剂具有介孔材料的特征。BET 分析结果表明：CNTs 的比表面积为 184.014m^2/g，孔容为 0.916cm^3/g；N/CNTs 的比表面积为 197.037m^2/g，孔容为 0.996cm^3/g；IrO_2-N/CNTs 的比表面积为 177.518m^2/g，孔容为 0.848cm^3/g。

（4）锂-空气电池原位循环伏安测试结果表明，不同催化剂的氧还原催化活性顺序为：CNTs（-0.24A/g）<N/CNTs（-0.66A/g）<IrO_2-N/CNTs（-0.76A/g）；不同催化剂的氧析出催化活性顺序为：IrO_2-N/CNTs（0.46A/g）> N/CNTs（0.24A/g）> CNTs

（0.12A/g）。表明 IrO_2 纳米颗粒的负载提高了催化剂的氧析出活性，而氮掺杂过程显著提高了氧还原催化剂的活性。

（5）在 100mA/g 的电流密度下，不同阴极催化剂的锂-空气电池首次充放电比容量为：N/CNTs（8279mA · h/g）>IrO_2-N/CNTs（6839mA · h/g）>CNTs（2271mA · h/g）。首次充电容量为：IrO_2-N/CNTs（8077mA · h/g）> N/CNTs（1223mA · h/g）> CNTs（1049mA · h/g）。进一步表明 IrO_2 纳米颗粒主要提升氧析出催化活性，而氮掺杂对氧析出催化活性提升不大。IrO_2-N/CNTs 作为锂-空气电池的阴极催化剂时，其首次放电比容量高达 6839mA · h/g，循环 7 个周期后，容量保持率依然可达 88.9%。

（6）使用 IrO_2-N/CNTs 电极在 200mA/g 的电流密度下，有限容量为 600mA · h/g 时，循环稳定性可达 160 圈，大大高于 CNT（11 圈）、N/CNTs（41 圈）。该阴极催化剂的高比容量、优异的容量保持率和循环稳定性可归因于以下几点：1）高度互连的多孔碳纳米管网络结构为放电产物提供了足够的空间，进一步保证了 O_2 和电子的快速传输；2）氮掺杂工艺增加了该催化剂的电导率和活性位点密度，进而提高了氧还原催化活性；3）高度分散的 IrO_2 纳米颗粒大大增强了充电过程的氧析出活性。

3.3　生物质衍生类石墨烯碳材料的制备及其性能研究

3.3.1　研究背景

由锂-空气电池充放电反应机理可知，电池放电后生成了难溶的放电产物堵塞了电极表面的孔隙以及催化剂活性位点，致使电池放电终止。所以，锂-空气电池采用的空气阴极要求具有高比表面，适当的孔径，高离子传导率，高电导率，充足的氧气扩散通道。可以说是既要保证氧气以及锂离子的传输通道，又要保证有足够的孔径来容纳更多的放电产物[47]。而碳材料由于其种类丰富，价格低廉，电导率高，电化学稳定性好等优点，已经成为目前应用最广的空气电极材料[48]。已有很多科研工作者通过新的制备手段探索研制出了一系列新型碳基催化剂，也有一部分科研工作者采用新型前驱体，通过热解的方法来实现制备新型的碳基催化剂[49]。

生物质具有很多优势，如：资源丰富，形貌和结构多样化，含有多种元素等。巨大的优势吸引了众多研究者的关注，使生物质成为制备碳基催化剂的较有潜力的选择。目前，生物质主要是用来制备活性炭物质，用在超级电容器[50]、锂离子电池负极[51]以及燃料电池领域[52]，王荣芳教授课题组通过热解混杂的鸡蛋白和氯化铁的混合物来制备了一种掺杂碳基催化剂，并显示出一定的催化活性[53]；廖世军教授课题组通过氯化锌活化再热解的方法来处理大豆，制备了一种高氧还原催化活性的掺杂碳基催化剂。而到目前为止，仅有极少量的工作利用生物质制备掺杂碳基材料用在锂-空气电池阴极催化剂上[54]。

生物质体内除了含有大量的碳以及水之外，还富含多种硫、氮、碘、磷等无机物元素，同时还有微量的铁、铜等金属元素。因此，热解生物质可以成为制备高性能掺杂碳基催化剂的可行性途径。紫菜作为一种日常常见的生物质，富含蛋白质、碘等，且具有特殊的薄膜结构。已经有部分工作证明，碘的存在对促进过氧化锂的分解有非常明显的作用[55]。因此，我们选择了紫菜这样一种海洋藻类作为原料，采用水热碳化、高温热解以及加入三聚氰胺增加氮含量的方法，制备了一种新型的高比表面掺杂碳基催化剂，将它用在锂-空气电池中具有不错的性能。

锂-空气电池迈向实际化应用的道路中有几大难题亟需解决。如过高的充电过程过电压、低能量效率、差的循环性能等,这些难题都可以归因于形成了固相、难溶及不导电性的放电产物过氧化锂,它们不仅导致了较高的极化现象,也造成了电池较差的循环性能和可逆性,积累到一定数量甚至导致电池放电的终止。通过加入氧化物和金属等来提高OER 活性,促进过氧化锂分解等工作已经有了很多尝试,但催化剂与放电产物之间的固-固界面的不可移动性也限制了催化活性区域靠近反应界面[56]。而近期一些突破性的报道采用可溶解在电解液中的催化剂作为氧化还原介质的方法,表现出比固体催化剂更优异的催化活性[57,58]。与不能移动的固体催化剂相比,可扩散在电解液中的催化剂甚至能到达空气电极内部,更易于促进固体放电产物的分解。因此,我们选用了碘化锂作为添加到电解液中的液相氧化还原介质,在生物质衍生掺杂碳基催化剂与碘化锂的共同作用下,构造独特的固液双相催化剂用在锂-空气电池中,电池测试结果表明电池具有非常优异的性能。催化剂的设计和亮点如图 3.31 所示。

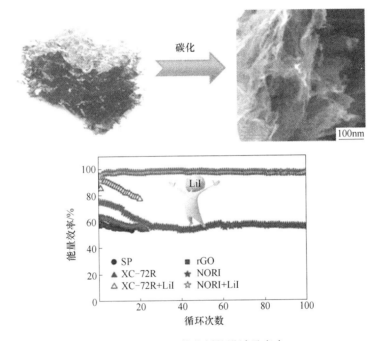

图 3.31 NORI 催化剂的设计及亮点

3.3.2 试验方法及装置

3.3.2.1 材料的制备

本章中所用的干燥的紫菜是从超市购买,蛋白质含量约为 20%。紫菜衍生掺杂碳基生物质制备过程如下:首先,用去离子水将从超市直接购买的紫菜进行冲洗,洗涤后80℃干燥24h,再研磨成粉末。然后,取 2g 紫菜粉末,2g 三聚氰胺,均匀分散在 40ml 去离子水中,转移到 100ml 聚四氟乙烯内衬的不锈钢反应釜中,在水热反应箱中于 190℃恒温反应 8h。得到的物质在真空干燥箱中 80℃干燥 12h。再将干燥后得到的粉末进行研磨，研磨后于氩气下 1000℃热处理 1h。再将热处理后的产物用 1.0mol/L 的硫酸在 80℃下处理 6h，然后过滤，去离子水冲洗，真空干燥后再进行一次 1000℃热处理 1h，分别为氩气下 30min 再在氨气下 30min，氩气下自然冷却，得到的产物就是我们制备的通过将紫菜掺杂氮并进行酸处理后的催化剂，我们将之命名为 NORI。

3.3.2.2　材料的表征

催化剂的 XRD 在 TD-3500（丹东通达仪器有限公司，中国）粉末 X 射线衍射仪上进行，操作电压为 40kV，操作电流为 30mA。TEM 测试采用的是 JEM-2100（日本电子，日本）透射电镜，操作电压为 120kV。BET 测试采用美国 Tristar Ⅱ 3020 表面与孔径自动分析仪来测定材料的比表面积及孔径分布情况。SEM 在 Nova Nano（Quantum Design，美国）扫描电子显微镜上进行表征的，操作电压为 30kV。

3.3.2.3　电化学性能测试

催化剂的电化学性能是通过一个定制的 2032 型纽扣电池壳来表征的，该电池壳阴极处有 17 个 1mm 直径的洞，方便氧气进入，该电池壳需要配套一个自制密闭氧气瓶来进行测试。电池的组装都是在一个氩气氛围的手套箱里进行（$O_2 < 0.1 \times 10^{-6}$ 和 $H_2O < 0.1 \times 10^{-6}$），在进行充放电测试之前，电池先在 101325Pa 氧气下静置 5 个小时。

电极的制备如下：称取一定质量的阴极催化剂（90%，质量分数）与黏结剂聚偏二氟乙烯（polyvinylidene fluoride，PVDF，10%，质量分数）混合，加入 N-甲基吡咯烷酮（N-methyl-2-pyrrolidone，NMP）作为溶剂，搅拌 4h，形成均匀的浆料；再将这浆料均匀涂覆在碳纸圆片上，真空干燥箱中 80℃干燥 12h。采用 16mm 直径的锂金属片作为电池的阳极，聚丙烯薄膜（celgard 2400）作为电池的隔膜，电解液用的是浓度为 1mol/L 的双三氟甲烷磺酰亚胺锂作为溶质，四乙二醇二甲醚作为溶剂。含有氧化还原介质的电解液是自行配置的，将 0.5mol/L LiI 加入上述电解液中即可配得。

组装好的电池采用深圳新威公司的电池测试系统（New ware，CT-3008，中国）在室温下进行充放电测试，电池采用截止容量的方法来进行恒电流充放电循环测试，放电容量是根据材料总的质量来计算的。

电池 EIS 测试采用德国 Zahner elektrik IM6e 型号电化学工作站，测试频率范围为 0.1~1MHz，扰动电压为 5mV。

3.3.3　结果与讨论

3.3.3.1　材料的形貌与结构表征

图 3.32（a）展示的是 XC-72R 炭黑和我们制备的 NORI 催化剂的 XRD 测试谱图。从图中可以看出，所有样品都展示出显著的 C（002）和 C（101）的衍射峰，而且我们制备的 NORI 催化剂所呈现出来的衍射峰的强度与 XC-72R 相当，这说明我们通过采用紫菜为前驱体制备的掺杂碳基催化剂具有较好的石墨化程度。我们还测试了两种材料的比表面积，图 3.32（b）展示的是催化剂的氮气吸脱附曲线。从图中可以看出，我们制备的

NORI 催化剂在中高压范围（$P/P_0 = 0.5 \sim 1$）内具有明显滞回环的 I 型曲线，说明催化剂可能同时含有微孔和介孔结构。XC-72R 催化剂则显示了不同的吸脱附曲线，是典型的 II 型曲线。从这些吸脱附曲线我们可以计算出 NORI 和 XC-72R 的比表面分别是 $738 m^2/g$ 和 $189 m^2/g$，可以看出 NORI 催化剂具有较高的比表面积，且具有较多的微孔、介孔以及片层结构堆积的孔隙，有利于氧气的传输，提供更多放电产物容纳空间，这也预示着我们制备的 NORI 催化剂在锂-空气电池中应用具有更好的性能。

图 3.32（c）和图 3.32（d）显示的是 NORI 催化剂的 XPS 总谱图和 N 1s 拟合谱图，图中可以观察到 C 1s、N 1s、O 1s 和 S 2p 四个主要峰。从 XPS 中可得到 NORI 催化剂的表面组成如图 3.31（c）所示，NORI 催化剂显示了较高的 N 含量（5.11%，原子数分数）和 S 含量（0.76%，原子数分数），可能由于氮掺杂过程以及紫菜前驱体本身的组成成分造成的。目前大多数观点认为吡啶氮（pyridinic N，398.4eV）、吡咯氮（pyrrolic N，399.8eV）、石墨氮（graphitic N，401.2eV）是掺杂碳材料中起催化作用的活性氮成分。根据图 3.32（d）中的 N 1s 拟合谱图数据可知，NORI 催化剂显示了有相当高的活性氮含量（4.71%，原子数分数），这是 NORI 催化剂具有较高的氧还原 ORR 催化活性的原因之一。众所周知，紫菜是一种富含碘元素的生物质，但经过我们碳化处理得到的 NORI 催化剂只有痕量的碘的存在（0.02%，原子数分数），不足以用来研究其在催化剂中对催化活性的影响作用。

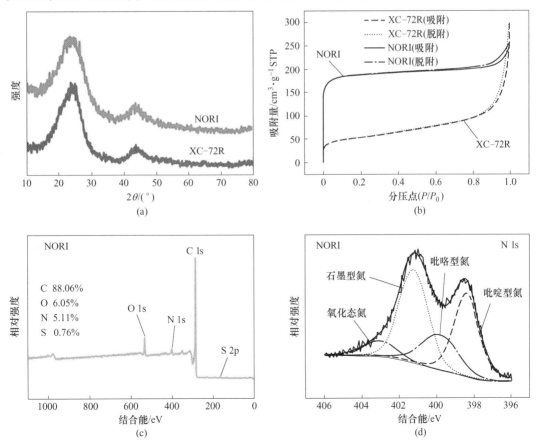

图 3.32　催化剂 XC-72R、NORI 的 XRD 结构图（a）；氮气吸脱附曲线（b）；
催化剂 NORI 的 XPS 总谱图（c）；N 1s 谱图（d）

　　图 3.33 展示的是 NORI 催化剂的扫描电镜 SEM 图和透射电镜 TEM 图。从图中可以看出，我们制备的 NORI 催化剂具有片层卷曲的形貌，这种独特的纳米片层形貌与石墨烯非常相似，而从催化剂的 TEM 图也可以看出催化剂具有较多孔道，这些孔有些是催化剂本身具有的多孔结构，有些是片层催化剂堆叠导致片层之间形成的三维孔隙结构。我们认为这种独特的纳米片层类石墨烯结构以及其多孔的特征是催化剂具有较高比表面积的主要原因，也是催化剂具有较高催化活性的主要原因之一。这种独特的结构有利于氧气的扩散和传输，增加了催化剂与氧气的接触面积，同时为电池放电过程产生的放电产物提供了足够的容纳空间。对应的 EDX 能谱图再一次证实了催化剂中有氮、硫、碘的存在，与 XPS 的结构一致。可以期待具有高比表面积、多孔结构、类石墨烯纳米片层形貌、杂元素掺杂的 NORI 催化剂在锂-空气电池中使用将表现出优秀的电化学性能。

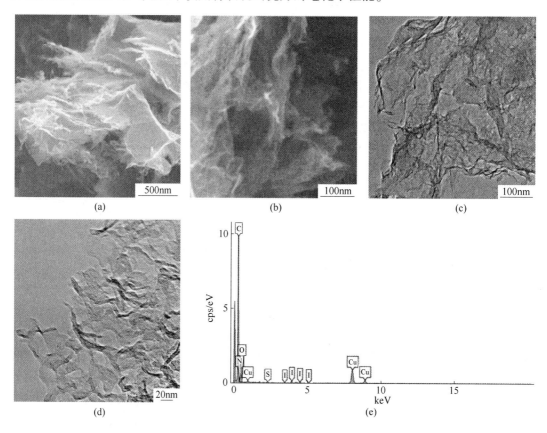

图 3.33　NORI 催化剂的扫描电镜图谱（a）、（b）；透射电镜图谱（c）、
（d）；对应的 EDX 能谱图（e）

3.3.3.2　材料的电化学性能研究

　　图 3.34（a）比较了采用不同阴极催化剂时锂-空气电池的交流阻抗谱图。图中插图为对应的等效电路，R_s 代表的是欧姆阻抗，R_{ct} 和 CPE1 代表的是电荷转移电阻和双电层电容，W_1 是锂离子扩散阻抗。图中两种阴极催化剂具有相似的欧姆阻抗，而电荷转移电阻则各不相同。我们制备的 NORI 催化剂（64.31Ω）的电荷转移电阻明显比 XC-72R 催化剂

（88.37Ω）的低，显示了 NORI 催化剂具有增强的离子传导路径，这也预示着 NORI 催化剂具有更好的锂-空气电池性能。

图 3.34（b）展示的是采用 XC-72R、NORI 催化剂作为锂-空气电池阴极催化剂时，电池原位循环伏安测试谱图。测试以锂金属阳极（Li/Li⁺）作为参比电极，电解液采用的是 1mol/L LiTFSI 为锂盐、TEGDME 为电解液。图中可看出，NORI 催化剂（2.92V）的氧还原起始电位比 XC-72R 催化剂（2.8V）的要高，说明紫菜衍生 NORI 催化剂具有更高的氧还原 ORR 催化活性和更低的氧还原反应动力学极化。在阳极扫描区域，可以看出 NORI 催化剂显示有更大的电流密度，放电产物的分解电压更低，明显指出了 NORI 催化剂具有更优秀的氧析出催化活性，之后的恒电流充放电测试结果也与此一致。

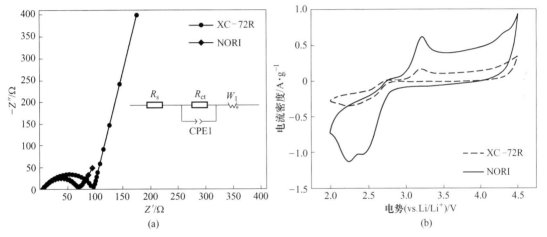

图 3.34 锂-空气电池以催化剂 XC-72R、NORI 为阴极时的电化学表征
（a）电化学交流阻抗谱图；（b）锂-空气电池原位 CV 测试曲线
（测试是在氧气饱和下的四乙二醇二甲醚电解液中进行，扫描速率为 0.5mV/s）

图 3.35 比较了不同催化剂基锂-空气电池的首圈充放电曲线，电压区间为 2.2~4.4V，电流密度为 200mA/g。与 XC-72R 催化剂基锂-空气电池（1743mA·h/g）、SP 催化剂基锂-空气电池（2199mA·h/g）相比，NORI 催化剂基锂-空气电池（4222mA·h/g）表现出更高的放电比容量，并与有类似结构的 rGO 催化剂基锂-空气电池（4702mA·h/g）的放电比容量相当。显然，大多数掺杂碳基催化剂仅有较好的氧还原催化活性，而氧析出催化活性有限[59]，我们制备的紫菜衍生掺杂碳基 NORI 催化剂同时表现出较高的氧还原催化活性和氧析出催化活性。更重要的是，NORI 催化剂基锂-空气电池展示了优秀的倍率性能。在 500mA/g 电流密度下，NORI 催化剂基锂-空气电池的放电比容量可达 3196mA·h/g，相应的库仑效率高达 99.8%，证实了 NORI 催化剂比其他复合催化剂更优越的催化活性和能量转换效率[60]。当电流密度升至 1000mA/g 时，NORI 催化剂基锂-空气电池（1324mA·h/g）的放电比容量几乎比 XC-72R 催化剂基锂-空气电池（176mA·h/g）的放电比容量高 7.5 倍，进一步说明了 NORI 催化剂优秀的倍率性能。

为了进一步研究 NORI 催化剂基-空气电池的循环稳定性能，我们采取了截止容量的方式在 200mA/g 电流密度截止到 600mA·h/g 下进行恒电流充放电循环测试。如图 3.36 所示，我们制备的 NORI 催化剂在锂-空气电池中显示出优异的循环稳定性。当以

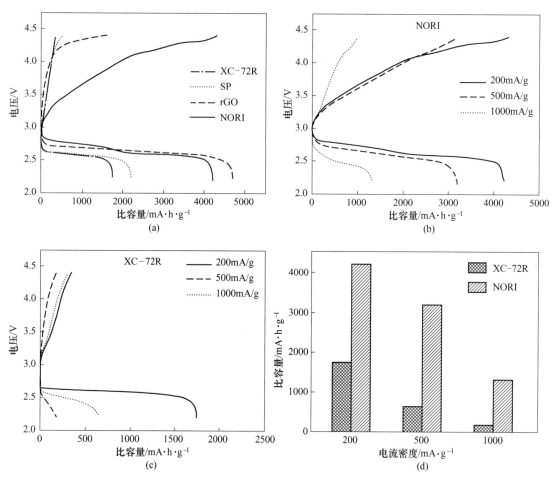

图 3.35　采用不同阴极催化剂的锂-空气电池的首圈充放电曲线（a）；
NORI 催化剂基锂-空气电池在不同电流密度下的恒电流充放电曲线（b）；XC-72R 催化剂基锂-空气
电池在不同电流密度下的恒电流充放电曲线（c）；比较采用不同阴极催化剂的锂-空气电池在
不同电流密度下的放电比容量（d）

　　XC-72R 作为锂-空气电池阴极时，电池的循环稳定性较差，充电过程过电压也非常高，充放电 23 圈循环后，电池放电电压降到 2V 以下，比能量效率从 63.6% 下降到 54.1%。我们制备的 NORI 催化剂在前 10 圈表现出较低的充电电压，比能量效率也高达 75.1%，可在 2V 以上维持 100 圈充放电循环。而采用 SP 催化剂、rGO 催化剂的锂-空气电池仅能维持 16 圈和 20 圈稳定循环。这些结果说明由生物质衍生的掺杂碳基 NORI 催化剂具有较优秀的循环稳定性，其氧还原和氧析出催化活性也较 XC-72R、SP、rGO 等催化剂有所提升。

　　我们认为紫菜衍生掺杂碳基 NORI 催化剂具有如此好性能有几点可能的原因：（1）新型生物质前驱体本身含有多种元素，在多种元素自掺杂的基础上，掺杂碳基 NORI 催化剂显示出较高的氧还原催化活性，有利于放电反应的顺利进行；（2）NORI 催化剂独特的纳米片层类石墨烯结构以及超高比表面积，也使得其具有石墨烯类催化剂的优点，片层之间堆叠形成较多 3D 孔道，为放电产物提供更多的容纳空间，也促使氧气的扩散更为便利，能够提供更多三相反应界面。

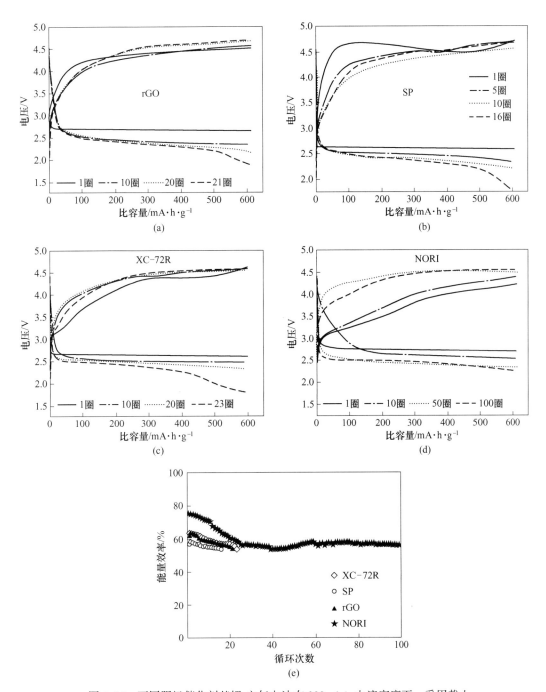

图 3.36 不同阴极催化剂基锂-空气电池在 200mA/g 电流密度下、采用截止
容量法（600mA·h/g）测试的循环性能图：rGO（a），SP（b），XC-72R（c），NORI（d）；
采用不同阴极催化剂在循环过程中的能量效率对比图（e）

然而，我们也发现了，NORI 催化剂基锂-空气电池的充电平台在第 10 圈循环后开始上升，这会导致较高的充电电压和电池性能的衰减。一个可能的原因就是 NORI 催化剂氧析出性能有限，不足够支持催化剂在锂-空气电池里充分降低充电反应过电势，导致未分解完全的放电产物堆积造成的。已有一些报道证明了掺杂碳基催化剂的氧析出催化活性有限，不足够支撑高性能的锂-空气电池[61]。

最近有报道显示，在电解液中加入可溶解催化剂/氧化还原介质有利于大幅度提升电池的性能[62]。因此，我们选用了添加 LiI 在电解液中来考察其对电池性能的影响效果。

图 3.37 展示的是添加 LiI 后的锂-空气电池电化学性能。与图 3.37（c）和图 3.37（b）相比，随着 LiI 的加入，XC-72R 催化剂和 NORI 催化剂基锂-空气电池的充放电过电压显著的下降，表明绝缘放电产物的堆积是发生电化学极化的主要原因。同时，可以明显地观察到，NORI 基锂-空气电池添加 LiI 后过电压的下降程度远远高于 XC-72R 基锂-空气电池。从图 3.37（b）中可知，采用 NORI+LiI 的锂-空气电池可以稳定循环至少 100 圈，完全没有容量损失，充放电曲线也极为稳定没有变化。其首圈能量效率可达 91.32%，第二圈能量效率更是高达 96.25%，同时在 100 圈循环后仍能维持高于 90% 的能量效率，表明采用 NORI+LiI 的锂-空气电池具有非常优秀的循环可逆性能。相比之下，采用 XC-72R+LiI 的锂-空气电池首圈能量效率只有 85.38%，第二圈能量效率有 91.35%，但在 20 圈循环后，其能量效率迅速衰减至 77.35%。

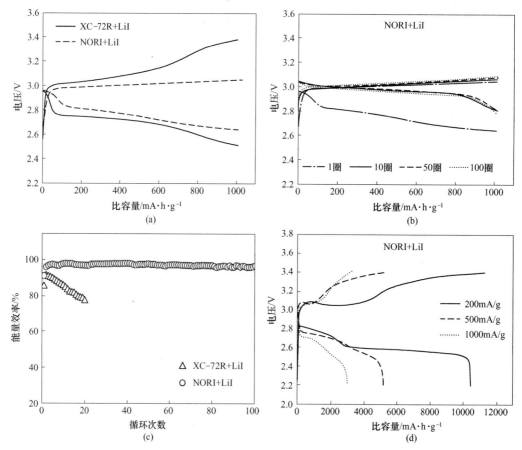

图 3.37　采用 XC-72R+LiI 和 NORI+LiI 催化剂的锂-空气电池的首圈充放电曲线（a）；
采用 NORI+LiI 催化剂的循环性能图（b）；相应的不同循环过程中的能量效率对比图（c），
以上测试采用 500mA/g 电流密度，截止容量到 1000mA·h/g；采用 NORI+LiI 催化剂的锂-空气
电池在不同电流密度下的充放电曲线（d）

受到 NORI+LiI 基锂-空气电池优秀的循环稳定性的鼓舞，我们进一步研究了电池的倍率性能。添加 LiI 后，在 200mA/g 电流密度下电池的容量可达 10430mA·h/g，几乎是没有添加 LiI 时的 2.5 倍。同时，添加 LiI 后电池的倍率性能也有了显著的提升，即使在 500mA/g 和 1000mA/g 的大电流密度下，电池也能产生 5182mA·h/g 和 3026mA·h/g 的放电比容量，并且库仑效率接近 100%。所有这些数值远高于没有添加 LiI 的电池，揭示了 LiI 对电池性能影响的重要性。

添加 LiI 后电池性能显著的提升可归因于 LiI 和具有独特结构的 NORI 催化剂之间的协同作用。LiI 用作可移动的可溶解催化剂和氧化还原介质，能够自由地进入空气电极的内部并且容易与固体放电产物反应，从而显著的降低充放电过程过电位。NORI 催化剂具有高比表面积和独特的类石墨烯纳米片结构，能够为放电产物提供足够的空间，保证了氧气传输具有充足的通道，同时保证了可溶性催化剂和锂离子的自由输送，这些都有利于电池性能的提升。

图 3.38 显示的是锂-空气电池采用 NORI 和 NORI+LiI 为阴极催化剂时，不同充放电状态下的交流阻抗谱图和 XRD 图，测试采用的电流密度为 200mA/g，充放电电压区间分别为 2.2~4.4V 以及 2.2~3.4V。从图中可以看出，所有的阻抗曲线在形状上是相似的，在中频区是一个半圆，在低频区范围内是直线的。在电池放电后，阻抗都明显的增加，这是由于不导电放电产物过氧化锂的生成导致的，而在电池充电后，阻抗又明显的下降，尤其是加了 LiI 后，阻抗与原始极片相当，这说明采用 NORI 和 NORI+LiI 为阴极催化剂时，电池都具有较好的可逆性能，这个结果也与电池的充放电性能相一致。通过使用等效电路进行拟合，计算出 NORI 和 NORI + LiI 基锂-空气电池的欧姆电阻 (R_s) 和电荷转移电阻 (R_{ct})，并列于表 3-3 中。结果显示 LiI 的添加对交流阻抗测试结果有非常大的影响。在没有添加 LiI 的 NORI 催化剂基锂-空气电池中，放电后电荷转移电阻从 64.31Ω 显著增加到 174.5Ω，充电后电荷转移电阻降至 76.1Ω，表明绝缘放电产物对电荷转移电阻的显著影响效应。然而，在添加 LiI 后，电池放电后电荷转移电阻仅从 40.86Ω 上升至 62.86Ω，充电后更是恢复到接近原始电池的电荷转移电阻值（51.49Ω），清楚地揭示了 LiI 的添加对提升离子传导路径和氧还原、氧析出反应动力学的重要作用。

表 3-3　锂-空气电池采用不同阴极催化剂进行充放电循环过程中的电化学交流阻抗拟合数据

样品	NORI			NORI+LiI		
状态	原始电池	放电后	充电后	原始电池	放电后	充电后
R_s/Ω	7.177	12.16	12.01	7.878	11.25	7.981
R_{ct}/Ω	64.31	174.5	76.1	40.86	62.86	51.49

图 3.38（c）显示了充放电不同状态下 NORI 极片的 XRD 图，结果表明 NORI 基锂-空气电池的主要放电产物为过氧化锂，在电池充电到 4.4V 后，放电产物几乎完全消失，肯定了 NORI 催化剂较好的可逆性能。如图 3.38（d）所示，添加 LiI 后，当电池放电至 2.2V 时，放电产物的峰可归于氢氧化锂，指出 LiI 的添加可导致主要放电产物为氢氧化锂。当电池充电后，氢氧化锂的峰完全消失，这也与相关文献报道的结果一致[63]。

图 3.39（a）和（b）揭示了 NORI 催化剂基锂-空气电池的放电产物由大量纳米球和纳米片状的过氧化锂组成[64]，这个结果与 XRD 的结果一致（如图 3.38（c）所示）。这

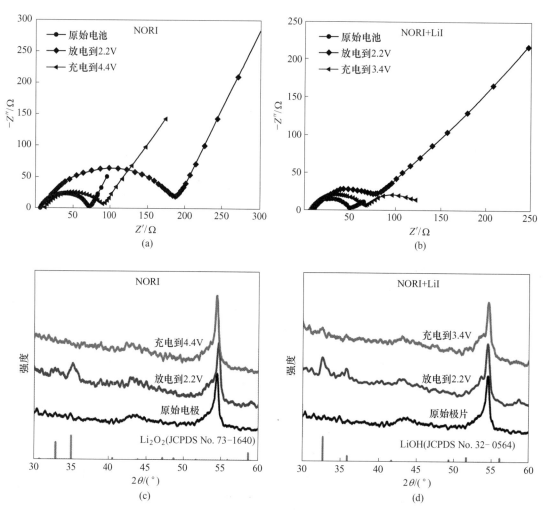

图 3.38　锂-空气电池采用不同阴极催化剂进行充放电循环过程中的
电化学交流阻抗谱图：NORI（a），NORI+LiI（b）；锂-空气电池采用不同阴极催化剂
进行充放电循环过程中的极片 XRD 图：NORI（c），NORI+LiI（d）

些分布均匀的较小粒径的过氧化锂纳米颗粒比大颗粒堆积的过氧化锂更容易分解，这也进一步解释了 NORI 催化剂具有较高比容量和较好循环稳定性的原因。有趣的是，当添加 LiI 后，放电产物的形貌与 NORI 基锂-空气电池完全不同，放电产物主要呈现出由大量纳米片组成的多孔和花瓣状的形貌（如图 3.39（c）和图 3.39（d）所示）。而 XRD 结果也显示添加 LiI 后放电产物主要为氢氧化锂，而不是过氧化锂，这与先前报道的结果一致[29]。刘等人指出，氢氧化锂的主要 H+ 源来自周围环境中的水而不是电解液中的微量水。显然，LiI 的添加不仅改变了放电产物的形貌和结构，还改变了放电产物的化学状态，甚至是在空气阴极发生的反应机理[27]。

总的来说，我们认为 LiI 的添加作用主要体现在：（1）LiI 的添加改变了放电产物的形貌和结构，这些独特的纳米片组成的花瓣状多孔放电产物有利于提供充足的氧气扩散通道，并为阴极反应提高足够的界面。（2）LiI 可作为能移动的催化剂和氧化还原介质，改

图3.39　采用不同催化剂的锂-空气电池在200mA/g
电流密度下放电至2.2V的极片扫描电镜图
（a），（b）NORI；（c），（d）NORI+LiI

变了充放电过程中的阴极反应机理，从而产生完全不同的放电产物。同时，LiI还能促进锂-空气电池阴极处氧气的还原和析出反应。

3.3.4　小结

　　总体来讲，在本节中，我们利用一种天然的海洋藻类生物质紫菜做原料，在前驱体中添加三聚氰胺，采用水热碳化预处理与热解过程相结合的方法，制备出一种新型类石墨烯结构的紫菜衍生氮掺杂碳基催化剂。这种催化剂在锂-空气电池中表现出较好的氧还原催化活性和循环稳定性。同时，我们还研究了碘化锂添加的作用，通过在电解液中添加液相氧还原介质LiI，这种NORI+LiI催化剂在锂-空气电池中表现出极其优秀的性能，具有非常优异的氧还原和氧析出催化活性和循环稳定性以及极低的充放电过程过电压，其主要结论如下：

　　（1）XRD结果显示我们制备的紫菜衍生的掺杂碳基NORI催化剂具有较高的石墨化程度，与XC-72R炭黑材料相当。BET结果显示，NORI催化剂的比表面积高达738m²/g，具有微孔和介孔结构。

　　（2）SEM和TEM结果显示NORI催化剂具有特殊的类石墨烯的结构，主要原因可能是因为紫菜天然的薄层结构所导致的，这种特殊的纳米片层结构堆叠有助于形成三维孔隙结构，利于氧气的扩散，增加了催化剂与氧气的接触面积，同时为电池放电过程产生的放电产物提供了足够的容纳空间。

（3）循环伏安结果显示，本文制备的 NORI 催化剂在有机电解液体系中具有较高的氧还原和氧析出催化活性，远远超过 XC-72R 炭黑。交流阻抗结果显示我们制备的 NORI 催化剂的电荷转移电阻明显比 XC-72R 的低，加入 LiI 后，电荷转移电阻和扩散阻抗进一步降低。在电池充放电循环过程中，NORI 和 NORI+LiI 的交流阻抗结果也显示出其具有较为优秀的可逆性能。

（4）电池充放电测试结果显示，NORI 催化剂的具有较高的放电比容量（在200mA/g电流密度下，其首圈放电比容量值高达 4222mA·h/g，比 XC-72R 的首圈放电比容量（1743mA·h/g）高 2.4 倍。）；较好的大倍率性能，同时还具有优良的循环稳定性（100圈充放电循环后比能量效率仍有 56.5%）。而加入 LiI 后，充电电压低到 3.4V 以下，放电比容量高达 10430mA·h/g（200mA/g 电流密度），大倍率性能和循环稳定性也非常优秀，比能量效率在 100 圈后仍高达 90%以上。

由此我们可以看出，利用具有独特结构的生物质作为原料，充分发挥生物质本身具有的结构特点和其组成复杂的特性，制备出高性能的掺杂碳基催化剂，将之应用到锂-空气电池中具有非常光明的前景。再通过添加液相氧化还原介质，在固相和液相双相催化剂的作用下，对锂-空气电池性能的提升非常显著，这也是今后一个很有发展前景的研究方向。

3.4 生物质衍生柔性自支撑碳阴极的制备及其性能研究

3.4.1 研究背景

探索下一代安全和低成本的储能设备是减轻化石燃料消耗和缓解环境问题的方案之一。在众多不同的储能系统中，可充电的非质子电解液型可充电锂氧（Li-O$_2$）电池引起人们的关注。这种电池使用环保的氧气作为正极活性物质，具有超高的理论能量密度（3500W·h/kg），这几乎能与汽油相媲美。锂-空气电池中的理论反应发生在三相界面上，该界面由氧气，空气阴极和电解质组成（$2Li + O_2 = Li_2O_2$，$E^0 = 2.96$ V）。但是，绝缘和不溶性的产物 Li$_2$O$_2$ 会在放电过程中积累，从而阻塞阴极的多孔通道。另外，缓慢的氧扩散和电子转移大大限制了反应速率，进而导致电池的低循环稳定性和可逆充放性能。因此，设计高效的锂-空气电池空气阴极催化剂成为当前发展的阻碍之一[65]。

为了解决上述挑战，一系列的阴极催化剂包括贵金属[66]和贵金属氧化物[67]、过渡金属氧化物[68]和功能碳材料[69]已经被引入到锂-空气电池阴极催化剂中。迄今为止，在探索的所有阴极催化剂中，IrO$_2$ 在低过电位和长循环寿命方面都表现出优异的电催化性能。另一方面，由于 IrO$_2$ 的难以替代的稳定性和出色的 OER 活性而备受关注。然而，考虑到 Ir 是一种贵金属，这导致使用 IrO$_2$ 作为阴极催化剂提升了催化剂的成本。为了解决上述问题，降低 IrO$_2$ 的负载量是解决途径之一。设计合适的催化剂载体和结构，使得 IrO$_2$ 形成均匀分布的小尺寸颗粒，进而实现在低 Ir 载量下暴露更多的活性位点以满足高效催化剂的要求。

碳的材料具有成本低、电子传导性高、易于制备的大表面积和高稳定性的优点，被广泛应用于电极材料中。然而，纯碳质材料的活性不能完全满足锂-空气电池中的氧还原反应（ORR），从而限制了应用。因此，需要对碳材料进行改性以提升其催化活性。氮掺杂碳材料的 ORR 催化活性和物理性质都得到了显著改善[70]。而且，氮掺杂的碳材料会产生更多的缺陷，使得金属/氧化物颗粒更容易固定在这些位置，这使得氮掺杂碳基材料成为良好的催化剂载体。然而，目前的氮掺杂方法多以添加氮源，并通过热解制备。这导致氮掺杂仅实现表面掺杂，不均匀掺杂甚至破坏碳材料本身的结构，从而不能获得理想的催化剂。一些天然的生物质材料具有独特结构，并且内含丰富的碳元素以及少量的氮元素，这使其成为良好的氮自掺杂碳基材料的前驱体。

此外，鉴于对柔性电子设备的需求不断增长，柔性电极的开发变得更加重要。近来，已经采用无黏结剂的空气电极来避免黏结剂的副作用。因此，迫切需要设计一种用于锂-空气电池的具有高电化学性能的柔性无黏结剂空气电极。

在本章中，我们综合以上优势将贵金属基纳米颗粒与生物质碳基材料相结合，制备了木棉衍生的碳材料负载 IrO_2 复合材料（IrO_2-KC），并将其作为空气阴极催化剂用于锂-空气电池。这种电极具有 3D 互联自支撑结构以及出色的柔韧性，有效地避免使用黏合剂以减少副反应。此外，氮自掺杂的 3D 互联网络碳骨架非常适合 IrO_2 的均匀载，从而实现了在低 IrO_2 载量（10.05%，质量分数）的高催化活性。IrO_2-KC 阴极的锂-空气电池显示出高初始放电比容量（$10.74mA \cdot h/cm^2$），低的超电势（1.38V）和超长的工作时间（389圈，2334h）。

3.4.2　试验方法及装置

3.4.2.1　材料的制备

IrO_2-KC 的合成过程和其应用于锂-空气电池阴极中的反应机理如图 3.40 所示。以天然木棉纤维作为前驱体，制备过程分三个步骤进行。首先，将木棉清理洁净、弹均匀并将其夹在两片石墨片（100mm×50mm）之间，并在空气气氛下的马弗炉中以 240℃ 预碳化2h 以去除水分。然后，将预碳化样品在 Ar 气氛下的管式炉中以 850℃ 碳化 2h。然后，将碳化的样品在 CO_2 气氛下的管式炉中 700℃ 活化 2h 以得到木棉衍生碳（KC）。为了进一步改善催化性能，我们通过水热法实现了 IrO_2 纳米颗粒均匀负载在木棉衍生碳上（IrO_2-KC），步骤如下：将 50mg 木棉衍生碳放入三氯化铱溶液（5mg/mL）中浸泡 12h。然后，将溶液和木棉衍生碳转到 100mL 聚四氟乙烯内衬的不锈钢高压反应釜中，并在鼓风干燥箱中以 160℃ 保温 6h。将产物取出，用大量去离子水抽滤洗涤，并收集产物，在真空下于80℃ 干燥 12h 得到最终产物 IrO_2-KC。

3.4.2.2　材料的表征

通过扫描电子显微镜（FEI Nova NanoSEM 450，美国）和透射电子显微镜（TEM，Tecnai G 2 F20 S-Twin）表征材料的形貌。通过 Rigaku mini Flex 600 粉末衍射仪表征材料的结构。通过 PHI5000 Versa probe-Ⅱ光谱仪的 X 射线光电子能谱分析材料的组成。

3.4.2.3　电化学性能测试

用冲头将 KC、IrO_2-KC 材料冲成直径为 8mm 的圆片作为集成式阴极。对比材料使用商业碳纳米管（CNT，90%，质量分数）与聚偏二氟乙烯黏合剂（PVDF，10%，质量分

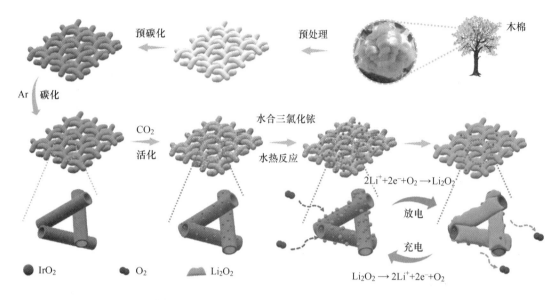

图 3.40　IrO₂-KC 电极的合成过程和充放电原理

数）的 N-甲基-2-吡咯烷酮（NMP）溶液混合形成浆料，并将浆料涂布到直径 8mm 碳纸上，在 80℃ 真空干燥箱保温 12h 后作为电极。以直径 16mm 的锂箔作为阳极，以直径 18mm 的玻璃纤维（whatman）作为隔膜。将相应的电极组装成 CR2032 型锂-空气电池，在 101325Pa 干燥的高纯氧气氛测试箱中进行电化学性能的测试，电流密度和比容量的计算都基于电极的面积。

3.4.3　结果与讨论

3.4.3.1　材料的形貌与结构表征

扫描电子显微镜（SEM）和透射电子显微镜（TEM）显示了 KC 和 IrO₂-KC 材料的微观结构。如图 3.41（a）所示，KC 显示出具有大量空心纤维的 3D 交联网络骨架，其纤维壁厚度约为 0.5μm（如图 3.41（a）的插图所示）。此外，KC 表面存在波纹形凸起的褶皱（如图 3.41（b）所示）。即使在进行了 IrO₂ 纳米粒子原位装饰后，所得的 IrO₂-KC 复合材料也表现出相似的 3D 交联网络结构以及带有褶皱的表面。这一结果证明了木棉衍生碳基体具有出色的结构稳定性。此外，我们通过 X 射线能谱分析（EDS）进一步表征了 IrO₂-KC 样品成分组成。如图 3.41（e）～（h）所示，IrO₂-KC 复合材料中 C、Ir 和 O 元素的分布均匀。此外，如 3.41（i）所示，无论进行大角度还是小角度的弯曲，IrO₂-KC 样品都能保持自支撑结构完好而不被损坏，这显示了其优异力学性能和高柔韧性。即使将 IrO₂-KC 抽滤，甚至在超声之后其依然可以保持完好的自支撑结构。透射电子显微镜（TEM）图像进一步确定 KC 和 IrO₂-KC 的更微观结构和形貌。如图 3.42（a）和图 3.42（b）所示，KC 具有的中空管的结构，并且可以清楚地观察到孔结构的存在。对于 IrO₂-KC 材料，图 3.42（c）～（e）不仅表明在负载 IrO₂ 后可以很好地保留分布均匀的多孔结构，且孔径约为 5nm（中孔），这种多孔结构的形成可以归因于水热法造成的。多孔结构与木棉纤维构成的 3D 互联结构有助于氧气的扩散、电子传输以及 Li$^+$ 扩散，同时增加了放电产物的堆积空间以及充电时氧气析出的通道。此外，图 3.42（f）和图 3.42（g）显示 IrO$_2$ 纳米颗粒可以均匀地分布在 KC 基体上，平均尺寸为 1.31nm。IrO$_2$-KC（如图 3.42（g）的插图所示）中的晶面间距为 0.258nm，可以归因于 IrO$_2$ 的（101）晶面。

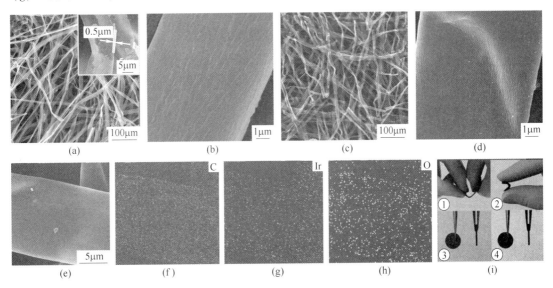

图 3.41　KC 的 SEM 图像（a），（b）；IrO$_2$-KC（c），（d）；
IrO$_2$-KC 中 C、O 和 Ir 的 EDS 图（e）~（h）；IrO$_2$-KC 的照片（i）

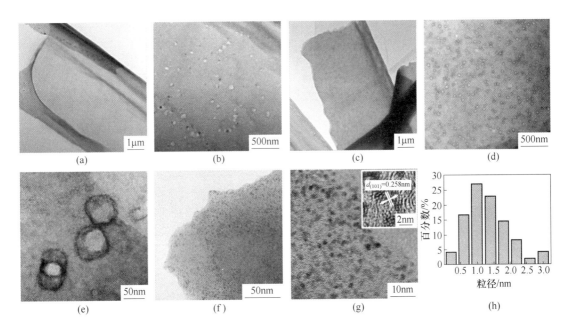

图 3.42　KC（a），（b）和 IrO$_2$-KC（c）~（g）的 TEM 图像；IrO$_2$-KC 中 IrO$_2$ 的粒径分布（h）

在图 3.43（a）中 X 射线衍射（XRD）显示了 IrO$_2$-KC 的结构和组成。在 26°处存在一个宽峰, 可归结于石墨的 (002) 衍射峰, 证明存在木棉衍生碳基体为石墨化碳。位于 34°处的特征峰, 可归结为 IrO_2 的 (101) 晶面 (PDF#15-0870), 这与 TEM 的结果相互佐证。通过 X 射线光电子能谱 (XPS) 对 IrO_2-KC 的表面特征和化学状态进行了表征。图 3.43 (b) 和图 3.43 (c) 分别显示的是 KC 和 IrO_2-KC 的 XPS 全谱, 从图 3.43 (b) 中可以观察到几个主要的峰分别为: C 1s (约 284.8eV)、O 1s (约 532.9eV) 和 N 1s (约 400eV)。其中氮元素的存在可以归因于天然的木棉生物质自带的氮元素, 在高温分解后形成了氮自掺杂。图 3.43 (c) 除了可以检测到 C 1s、O 1s 和 N 1s 峰外还可以检测到两个铱元素的峰, 分别为 Ir 4f (60~70eV) 和 Ir 4p (约 495eV)。此外, IrO_2-KC 的氧 (O 1s) 的峰强, 明显高于 KC 的峰强。这些峰的存在进一步证实了 IrO_2-KC 样品中成功引入了 O 和 Ir 元素, 并且没有使 KC 中的氮掺杂消失。图 3.43 (d) 显示了 IrO_2-KC 中的高分辨率 C 1s 的拟合峰, 位于 284.8eV 和 286eV 可以分别归因于 sp^2C-sp^2 C 和 C—O/C—N。如图 3.43 (g) 所示, IrO_2-KC 的 N 1s 峰可以拟合为四种类型的氮: 吡啶氮 (N-6, 398.68eV)、吡咯氮 (N-5, 400.08eV)、石墨氮 (Q-C, 401.08eV) 和氮的氧化物 (N-O, 402.58eV)。其中, 吡啶氮、吡咯氮和石墨氮被认为是提供活性的氮物种。此外, 图 3.43 (h) 中 IrO_2-KC 的 Ir 4f 高分辨 XPS 光谱可以拟合为 Ir^{4+} $4f_{7/2}$ (62.08eV)、Ir^{4+} $4f_{5/2}$ (63.38eV)、Ir^{x+} $4f_{7/2}$ (64.98eV) 和 Ir^{x+} $4f_{5/2}$ (65.98eV) 峰, 四价铱归结于 IrO_2, 与 XRD 结果相互佐证。

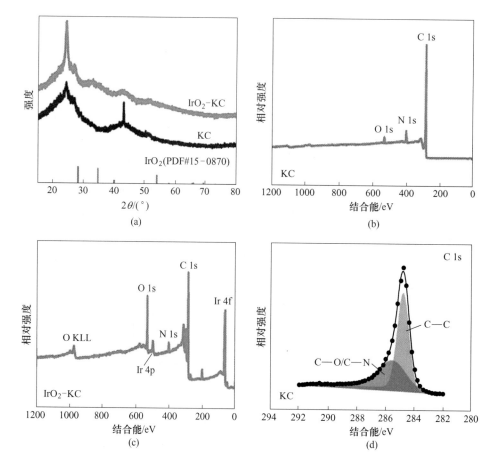

(a)

(b)

(c)

(d)

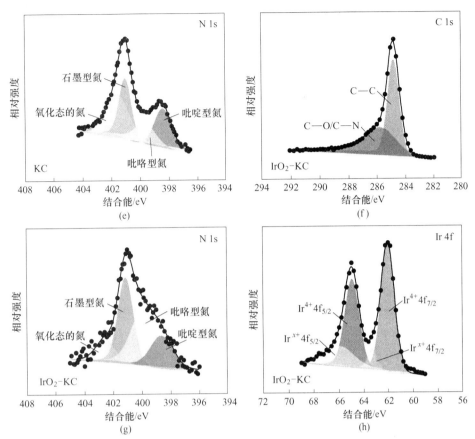

图 3.43 KC 和 IrO$_2$-KC 的 XRD 图谱 （a）；KC （b）和 IrO$_2$-KC （c）的
XPS 全谱；KC 的 C 1s （d），N 1s （e）高分辨率 XPS 光谱；IrO$_2$-KC 的 C 1s （f），
N 1s （g）和 Ir 4f （h）高分辨率 XPS 光谱

图 3.44 （a）显示的是 IrO$_2$-KC 的氮气吸附-脱附曲线。通过观察可以看到存在明显的迟滞回线，且为典型的Ⅵ型曲线，表明该复合材料可能具有一定数量的中孔，与 TEM 结果相互佐证。此外，孔隙度分布曲线（如图 3.44 （a）插图所示）表明 IrO$_2$-KC 中的孔径确实分布在 2～5nm 的范围内，进一步说明 IrO$_2$-KC 材料的孔种类主要是中孔。此外，BET 报告结果显示出 IrO$_2$-KC 的比表面积为 548. 37m^2/g。较大的比表面积为产物的存放提供了足够的空间。图 3.44 （b）为 IrO$_2$-KC 复合材料的 TGA/DTA 测试，从 35℃ 到 220℃ 的重量损失（3.98%，质量分数）可归因于样品中的吸附水和结合水的蒸发所致。DTA 曲线在 500℃ 附近有一个明显的尖峰，这归因于碳的氧化。基于此，计算出碳的含量为 89.53%（质量分数），IrO$_2$ 的含量为 10.47%（质量分数）。

3.4.3.2 材料的电化学性能研究

如图 3.45 （a）所示，循环伏安法（CV）进一步表征了 1mol/L LiTFSI-TEGDME 电解质的 CNT、KC 和 IrO$_2$-KC 3 种阴极的 Li-O$_2$ 电池的氧还原反应（ORR）和氧析出反应（OER）的催化活性。可以明显地观察到，IrO$_2$-KC 显示出最高的氧还原起始电位

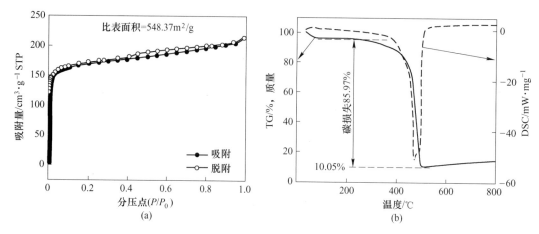

图 3.44　IrO$_2$-KC 的氮气吸附-解吸等温线（a）和 TGA/DTA 曲线（b）

（2.78V），这预示着其更高的放电电压平台，以及最高的还原峰电流密度（0.55mA/cm^2），这预示着其更高的放电容量，也表明了 IrO$_2$-KC 具有高的 ORR 活性。相比之下，CNT（2.70V，0.28mA/cm^2）和 KC（2.73V，0.36mA/cm^2）显示出较低的起始电位和还原峰电流密度。此外，在随后的阳极扫描期间，这 3 种催化剂的氧化峰均出现在 3.3V 左右。值得注意的是 IrO$_2$-KC 在 3.83V 处出现了另一个明显的峰，并具有更高的氧化峰电流密度（0.75mA/cm^2），这表明 IrO$_2$-KC 具有更高的 OER 催化活性。相反，CNT 和 KC 在约 0.37mA/cm^2 处均显示出弱的氧化峰电流密度，这表明虽然 CNT 和 KC 催化剂具有良好的 ORR 活性，但是两者的 OER 活性较差。简而言之，CV 结果清楚地证明了锂-空气电池中 IrO$_2$-KC 电极有高效的双功能活性。图 3.45（b）展示了不同电极的电化学阻抗谱（EIS）曲线，可以看出 3 种材料的 EIS 图谱形状相似，均呈现半圆和线性尾部。显然，IrO$_2$-N/CNT 阴极的电阻明显低于其他两个阴极，这说明 IrO$_2$-N/CNT 可以增强离子传导而具有更高的性能。相应的等效电路在显示 CNT（195Ω）的电荷转移阻抗（Rct）比 IrO$_2$-KC（94.7Ω）要高得多。这些结果得益于氮掺杂提供的高电导以及 3D 交联结构使得电子和 Li$^+$ 的传导路径更短。图 3.45（c）给出使用 CNT、KC 和 IrO$_2$-KC 阴极的锂-空气电池的初始放电曲线，测试使用 0.1mA/cm 的电流密度，截止电压从 2.0V 到 4.5V。如图 3.45（c）所示，IrO$_2$-KC 阴极显示出 10.74mA·h/cm^2 的高放电比容量，明显高于 KC（3.49mA·h/cm^2）和 CNT 电极（0.99mA·h/cm^2）。更重要的是，IrO$_2$-KC 的放电中压/过电位为 2.71V/1.38V，而 KC 和 CNT 分别为 2.68V/1.59V、2.61V/1.69V。IrO$_2$-KC 电极性能的提高和过电位的下降可归因于具有 3D 交联多孔纤维网络结构的理想碳基质与具有出色催化活性的 IrO$_2$ 纳米颗粒之间的协同效应。

　　为了进一步探讨电池循环稳定性，图 3.46（a）~图 3.46（c）显示了在 0.1mA/cm^2 的电流密度，截止容量 0.3mA·h/cm^2 下测试了不同催化剂的锂-空气电池充放电曲线。IrO$_2$-KC 电极的初始循环的过电势低至 0.926V。即使经过 300 次循环，其过电势仍低于 1.54V，并且充电终压低于 4.5V。继续放电可达到 389 个充放循环，工作时间超过 2334h（如图 3.46（c）所示）。更重要的是，即使将电流密度提升到 0.2mA/cm^2，截止容量提升

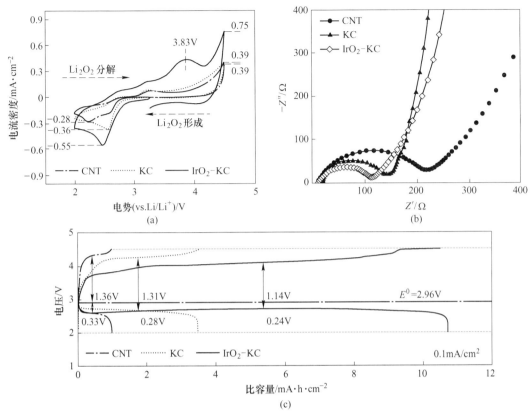

图 3.45　不同阴极的锂-空气电池的电化学性能

（a）扫描速率为 0.5mV/s 时的 CV 曲线；（b）EIS 曲线；（c）在 0.1mA/cm² 的电流密度下的第一放电电荷分布

到 0.6mA·h/cm²（如图 3.47（c）所示），IrO₂-KC 阴极的锂-空气电池仍可在 132 个循环（792h）内呈现稳定的放电/充电平台，循环后仍能保持在 1.48V 的较低过电位（如图 3.47（d）所示），这进一步证明了 IrO₂-KC 良好的倍率性能和稳定性。KC 阴极在 0.1mA/cm² 的电流密度下可实现 265 个循环（如图 3.46（b）所示），在 0.2mA/cm² 下可实现 47 个循环（如图 3.47（b）所示）。而 CNT 阴极的 0.1mA/cm² 循环寿命只能达到 80 个循环（如图 3.46（a）所示）和 0.2mA/cm² 的 37 个循环（如图 3.47（a）所示）。CNT 的循环稳定性差可归因于放电产物的积聚，具有较少活性位点的 CNT 催化剂无法有效地将其分解。与 CNT 催化剂相比，KC 和 IrO₂-KC 均表现出增强的性能，这得益于 3D 交联的多孔纤维网络结构。IrO₂-KC 具有超长的循环寿命特性，这得益于 IrO₂-KC 阴极中有 3D 网络和大量的中孔加速了 O₂/Li⁺ 扩散通道和电解质的渗透，同时其良好的导电性确保了快速的电子转移和用于电化学反应。为了探究 3D 交联自支撑结构的优势，我们设计了两个对比实验。在第一个对比实验中，将木棉衍生碳研磨成粉末，破坏其 3D 交联结构，并将木棉衍生碳粉末与 PVDF 混合涂布在碳纸上作为锂-空气电池的空气阴极（粉末阴极）。如图 3.46（e）所示，粉末阴极在 100μA/cm² 的电流密度下具有非常有限的 804μA·h/cm² 的放电比容量，且过电位极大，库仑效率低至 35.67%。在第二个对比实验中，使用的木棉衍生碳电极保持完整的 3D 交联自支撑结构，但是加入过量的电解液淹没整个电极。可以看出淹没阴极的首圈放电容量达到 $2842\mu A \cdot h/cm^2$，库仑效率提升到 94.53%，这种现象可归因于保存完好的结构和通道为 Li_2O_2 产物的可逆形成/分解提供了足够的空间，3D 交联结构在提升放电容量上具有主要贡献。

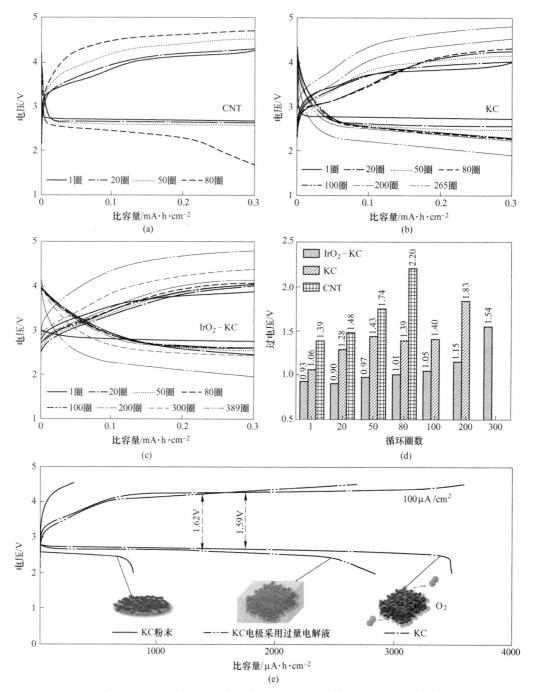

图 3.46　CNT（a），KC（b）和 IrO$_2$-KC（c）的循环性能，阴极在

0.1mA/cm^2 的电流密度下的削减能力为 0.3mA·h/cm^2；具有不同阴极的锂-空气电池的

超电势（d）；电解液适量、电解液过量和 KC 粉末电极的 KC 电极初始循环的放电曲线（e）

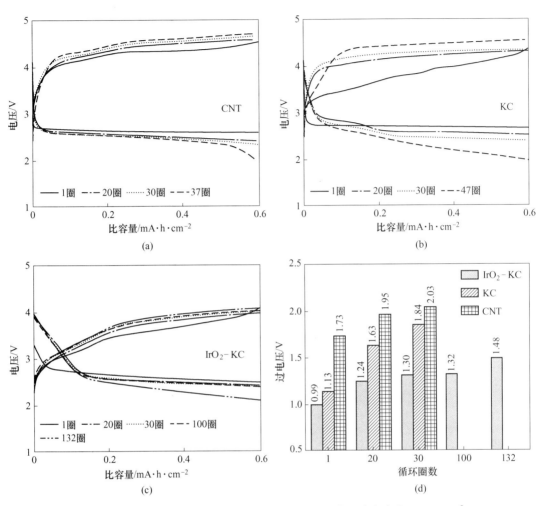

图 3.47 CNT（a），KC（b），IrO_2-KC（c）阴极在电流密度为 0.2mA/cm² 截止容量为 0.6mA·h/cm² 的循环性能；不同阴极的锂-空气电池的过电位（d）

锂-空气电池中产物的结构和形貌是影响电池性能的重要因素之一，图 3.48（a）和（b）分别显示了 KC 和 IrO_2-KC 阴极在第 20 次放电和再充电状态的拉曼（Raman）光谱。放电后在 796cm⁻¹ 附近出现特征峰，指出主要的产物为 Li_2O_2。此外，充电后，相应的峰消失表明了 Li_2O_2 的分解。然而，单一的拉曼光谱不足以完全阐明基于 IrO_2-KC 的正极锂-空气电池中的可逆反应。为了进一步确定 IrO_2-KC 阴极的锂-空气电池中反应的电化学产物，通过 XPS 对在第 20 个循环的不同放电/充电阶段的电极进行了进一步研究（如图 3.48（c）～（f）所示）。如图 3.48（c）和（d）所示，在充电过程之后，Li_2O_2 对应的 54.7eV 附近的峰显著减弱，这表明在放电过程中形成的大多数 Li_2O_2 的有效分解与拉曼光谱的结果一致。如图 3.48（e）和（f）所示，放电后 IrO_2 中 Ir^{4+} 的峰值强度明显减弱，可归因于放电产物在电极表面的堆积，而充电后再次出现类似于原始材料的 IrO_2 峰值强度。该现象间接证明了 IrO_2 纳米颗粒可以很好地锚定在木棉衍生的碳的表面上，IrO_2-KC 复合材料表现出出色的稳定性。

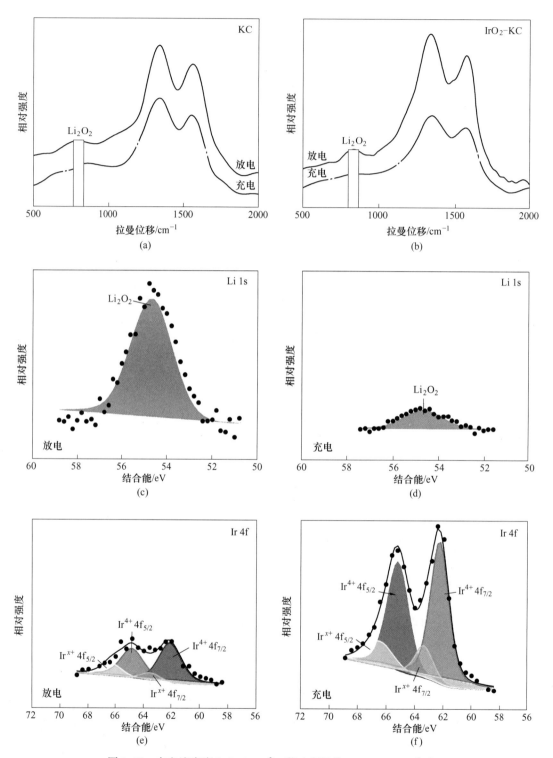

图 3.48　在电流密度 0.1mA/cm²，截止容量为 0.3mA·h/cm² 时：
KC 阴极（a）和 IrO₂-KC 阴极（b）放电 20 圈和充电后拉曼光谱；IrO₂-KC 阴极放/充
电 20 圈 C1 的 XPS（c），（d）；Ir 4f XPS（e），（f）

图 3.49 显示的是 KC 和 IrO$_2$-KC 阴极的原始、放电后和充电后的 SEM。放电后薄膜状的产物均匀分布在 IrO$_2$-KC 上（如图 3.49（c）和（d）所示）。KC 电极放电后表面具有较大的颗粒存在（如图 3.49（i）和（g）所示）。这种现象得益于 3D 交联结构，即使在放电 IrO$_2$-KC 阴极中仍然有大量空隙，电解质渗透性更好，并且有足够的传质通道。为了更好地理解这种现象，图 3.50 给出了用 IrO$_2$-KC 和 KC 阴极的锂-空气电池产物 Li$_2$O$_2$ 的可能的形成机理。均匀分布的 IrO$_2$ 纳米粒子提供了更多的活性位点，并使 IrO$_2$-KC 的表面电荷分布更均匀，使氧分子均匀地吸附在 IrO$_2$-KC 的表面上。均匀吸附的氧分子和电子与锂离子结合形成薄膜状 Li$_2$O$_2$。与 IrO$_2$-KC 相比，由于未经 IrO$_2$ 修饰的 KC 有限的活性位所引起的局部富电子，导致局部氧分子富集。这些局部富集的氧分子和电子与锂离子结合形成不均匀分布的块状产物。大块状的放电产物易于阻塞难以分解的孔。值得一提的是，得益于 KC 出色的 3D 交联多孔骨架结构，它可以存储更多的不溶物，因此与 CNT 阴极相比，它具有更高的可逆的容量和较长的循环寿命。

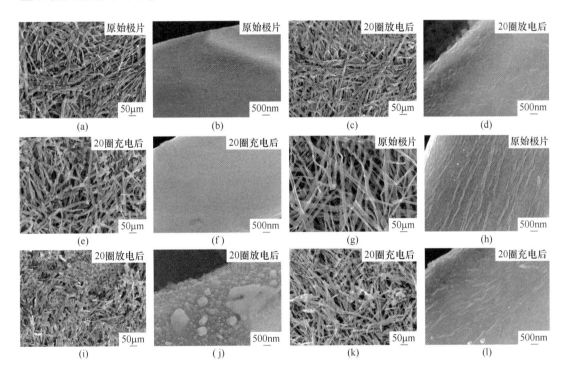

图 3.49 IrO$_2$-KC（a）~（f）和 KC（g）~（l）电极在 0.1mA/cm^2 的电流密度和

0.3mA·h/cm^2 的截止容量的不同充电放电阶段的 SEM 图

图 3.51 显示了 KC 阴极制备柔性袋式锂-空气电池（20mm×10mm）在真实空气中点亮 LED 灯。如图 3.51（b）~（d）所示，无论在原始状态、弯曲 90°、弯曲 180°，电池都可以点亮 LED 灯，并且亮度几乎没有变化，这证明具有 3D 交联结构的木棉衍生碳阴极锂-空气电池可提供足够大且稳定的电压输出，体现了其良好的柔性电子前景。

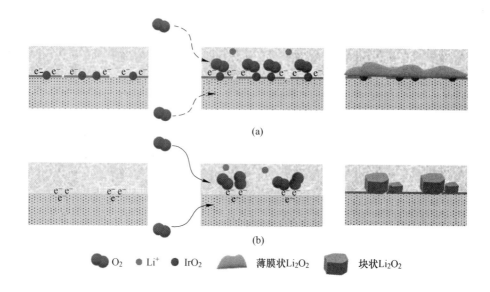

图 3.50　IrO$_2$-KC 电极（a）和 KC 电极（b）形成 Li$_2$O$_2$ 的示意图

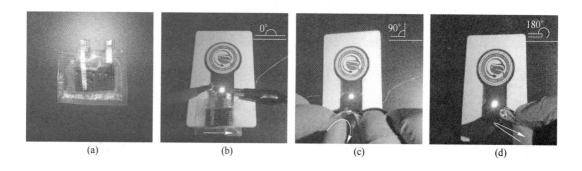

图 3.51　袋式锂-空气电池照片（a）；真实的空气气氛中在正常（b），折叠 90°（c）和
折叠 180°（d）的情况下柔性锂-空气袋式电池供电的 LED 照明灯图

3.4.4　小结

综上所述，通过高温热解法制备了木棉衍生碳（KC），并进一步通过水热法制备了木棉衍生碳负载氧化铱复合材料（IrO$_2$-KC），成功将其引入可充放电锂-空气电池中。IrO$_2$-KC 保持了 KC 空气电极的结构，具有自支撑的 3D 交联结构。IrO$_2$-KC 的锂-空气电池具有高初始放电比容量（0.1mA/cm^2，10.74mA·h/cm^2）、低过电势（0.1mA/cm^2，1.38V）以及超长循环时间（389 圈）。XPS、Raman 和 SEM 证明了放电产物 Li$_2$O$_2$ 的可逆形成和分解，以及 IrO$_2$-KC 材料在循环过程中的稳定性。其高电化学性能可归因于 IrO$_2$-KC 阴极的 3D 交联自支撑结构可提供足够的三相反应界面，加速电解质的渗透和 Li$^+$/O$_2$ 的传输，并为不溶物产物 Li$_2$O$_2$ 提供足够的存储空间。此外，自掺杂氮和均匀负载的 IrO$_2$ 纳米粒子提供了更多的活性位点，并使材料表面的电荷分布更均匀，氧分子可以均匀地吸附在

IrO_2-KC 的表面上，进一步导致 Li_2O_2 产物的形态从不均匀的块体变为均匀沉积的薄膜状产物，从而更利于分解。木棉阴极锂-空气电池能够在真实空气气氛下以不同形变状态点亮 LED 灯，显示其良好的柔性可穿戴电池应用前景。

参 考 文 献

［1］ Liu Dai huo, Bai Zhengyu, Li Matthew, et al. Developing high safety Li-metal anodes for future high-energy Li-metal batteries: strategies and perspectives ［J］. Chem. Soc. Rev., 2020, 49 (15): 5407~5445.

［2］ Wang Huanfeng, Wang Xiaoxue, Li Malin, et al. Porous materials applied in nonaqueous Li-O_2 batteries: status and perspectives ［J］. Adv. Mater., 2020, 32 (44): 2002559.

［3］ Zhao Changtai, Yu Chang, Liu Shaohong, et al. 3D porous N-doped graphene frameworks made of interconnected nanocages for ultrahigh-rate and long-life Li-O_2 batteries ［J］. Adv. Funct. Mater., 2016, 25 (44): 6913~6920.

［4］ Raccichini Rinaldo, Varzi Alberto, Passerini Stefano, et al. The role of graphene for electrochemical energy storage ［J］. Nat Mater, 2015, 14 (3): 271~279.

［5］ Song Bohang, Lai Man On, Liu Zongwen, et al. Graphene-based surface modification on layered Li-rich cathode for high-performance Li-ion batteries ［J］. J. Mater. Chem. A, 2013, 1 (34): 9954~9965.

［6］ Liu Qi, Li Zhe fei, Liu Yadong, et al. Graphene-modified nanostructured vanadium pentoxide hybrids with extraordinary electrochemical performance for Li-ion batteries ［J］. Nat Commun, 2015, 6: 6127.

［7］ Qiao Xiaochang, You Chenghang, Shu Ting, et al. A one-pot method to synthesize high performance multielement Co-doped reduced graphene oxide catalysts for oxygen reduction ［J］. Electrochem. Commun., 2014, 47: 49~53.

［8］ Ji Liwen, Meduri Praveen, Agubra Victor, et al. Graphene-based nanocomposites for energy storage ［J］. Adv. Energy Mater, 2016, 6 (16).

［9］ Kim Se Young, Lee Ho-teak, Kim Kwang Bum. Electrochemical properties of graphene flake as an air cathode material for Li-O_2 batteries in an ether-based electrolyte ［J］. PCCP, 2013, 15 (46): 20262~20271.

［10］ Yu Y, Zhang B, He Y B, et al. Mechanisms of capacity degradation in reduced graphene oxide/alpha-MnO_2 nanorod composite cathodes of Li-air batteries ［J］. J. Mater. Chem. A, 2013, 1 (4): 1163~1170.

［11］ Li Y L, Wang J J, Li X F, et al. Nitrogen-doped graphene nanosheets as cathode materials with excellent electrocatalytic activity for high capacity lithium-oxygen batteries ［J］. Electrochem. Commun., 2012, 18: 12~15.

［12］ Liang Ji, Jiao Yan, Jaroniec Mietek, et al. Sulfur and nitrogen dual-doped mesoporous graphene electrocatalyst for oxygen reduction with synergistically enhanced performance ［J］. Angew. Chem. Int. Ed., 2012, 51 (46): 11496~11500.

［13］ Fu X G, Liu Y R, Cao X P, et al. FeCo-N-x embedded graphene as high performance catalysts for oxygen reduction reaction ［J］. Applied Catalysis B-Environmental, 2013, 130: 143~151.

［14］ Lee Youngmin, Suntivich Jin, May Kevin J, et al. Synthesis and activities of rutile IrO_2 and RuO_2 nanoparticles for oxygen evolution in acid and alkaline solutions ［J］. J Phys Chem Lett, 2012: 399~404.

［15］ Cai Dandan, Wang Suqing, Lian Peichao, et al. Superhigh capacity and rate capability of high-level nitrogen-doped graphene sheets as anode materials for lithium-ion batteries ［J］. Electrochim. Acta, 2013,

90: 492~497.

[16] Pylypenko Svitlana, Mukherjee Sanjoy, Olson Tim S, et al. Non-platinum oxygen reduction electrocatalysts based on pyrolyzed transition metal macrocycles [J]. Electrochim. Acta, 2008, 53 (27): 7875~7883.

[17] Chen Reuisan, Huang Yingsheng, Liang Yamin, et al. Growth control and characterization of vertically a-ligned IrO_2 nanorods [J]. J. Mater. Chem. , 2003, 13 (10): 2525~2529.

[18] Cao Yong, Wei Zhikai, He Jiao, et al. α-MnO_2 nanorods grown in situ on graphene as catalysts for Li-O_2 batteries with excellent electrochemical performance [J]. Energy Environ. Sci, 2012, 5 (12): 9765~9768.

[19] Li Y L, Wang J J, Li X F, et al. Discharge product morphology and increased charge performance of lithi-um-oxygen batteries with graphene nanosheet electrodes: the effect of sulphur doping [J]. J. Mater. Chem. , 2012, 22 (38): 20170~20174.

[20] Zhang Zhang, Bao Jie, He Chen, et al. Hierarchical carbon-nitrogen architectures with both mesopores and macrochannels as excellent cathodes for rechargeable Li-O_2 batteries [J]. Adv. Funct. Mater. , 2014, 24 (43): 6826~6833.

[21] Kyung Ko Bo, Kyung Kim Min, Sung Hwan Kim, et al. Synthesis and electrocatalytic properties of various metals supported on carbon for lithium-air battery [J]. Journal of Molecular Catalysis A Chemical, 2013, 379 (1): 9~14.

[22] Mojtaba Mirzaeian, Peter J Hall. Characterizing capacity loss of lithium oxygen batteries by impedance spec-troscopy [J]. J. Power Sources, 2010, 195 (19): 6817~6824.

[23] Guo Kun, Li Yuan, Yang Juan, et al. Nanosized Mn-Ru binary oxides as effective bifunctional cathode electrocatalysts for rechargeable Li-O_2 batteries [J]. J. Mater. Chem. A, 2014, 2 (5): 1509~1514.

[24] Zhang Zhang, Chen Yanan, Bao Jie, et al. Co_3O_4 hollow nanoparticles and Co organic complexes highly dispersed on N-doped graphene: an efficient cathode catalyst for Li-O_2 batteries [J]. Particle & Particle Systems Characterization, 2015, 32 (6): 680~685.

[25] Kwak Won-Jin, Rosy, Sharon Daniel, et al. Lithium-oxygen batteries and related systems: potential, sta-tus, and future [J]. Chem. Rev. , 2020, 120 (14): 6626~6683.

[26] Kang Jin-Hyuk, Lee Jiyoung, Jung Ji-Won, et al. Lithium-air batteries: air-breathing challenges and per-spective [J]. ACS Nano, 2020, 14 (11): 14549~14578.

[27] Feng Ningning, He Ping, Zhou Haoshen, et al. Critical challenges in rechargeable aprotic Li-O_2 batteries [J]. Adv. Energy Mater, 2016, 6 (9): 1502303.

[28] Mahesh Datt Bhatt, Hugh Geaney, Michael Nolan, et al. Key scientific challenges in current rechargeable non-aqueous Li-O_2 batteries: experiment and theory [J]. PCCP, 2014, 16 (24): 12093~12130.

[29] Kanyaporn Adpakpang, Seung Mi Oh, Daniel Adjei Agyeman, et al. Oxygen evolution reaction: holey 2D nanosheets of low-valent manganese oxides with an excellent oxygen catalytic activity and a high functionality as a catalyst for Li-O_2 batteries [J]. Adv. Funct. Mater. , 2018, 28 (17): 1870114.

[30] Li Yang, Wang Xiaogang, Dong Shanmu, et al. Recent advances in non-aqueous electrolyte for recharge-able Li-O_2 batteries [J]. Adv. Energy Mater, 2016, 6 (18): 1600751.

[31] Lu Jun, Lee, Yun Jung, Luo Xiangyi, et al. A lithium-oxygen battery based on lithium superoxide [J]. Nature, 2016, 529 (7586): 377~382.

[32] Luo Jingru, Yao Xiahui, Yang Lei, et al. Free-standing porous carbon electrodes derived from wood for high-performance Li-O_2 battery applications [J]. Nano Res, 2017.

[33] Zhang Jinqiang, Sun Bing, Zhao Yufei, et al. Modified tetrathiafulvalene as an organic conductor for im-

proving performances of Li-O$_2$ batteries [J]. Angew. Chem. Int. Ed. , 2017, 56 (29): 8505~8509.

[34] Mi Rui, Li Shaomin, Liu Xichuan, et al. Electrochemical performance of binder-free carbon nanotubes with different nitrogen amount grown on the nickel foam as cathodes in Li-O$_2$ batteries [J]. J. Mater. Chem. A, 2014, 2 (44): 18746~18753.

[35] Zhu Qiancheng, Xu Shumao, Harris Michelle M, et al. A composite of carbon-wrapped Mo$_2$C nanoparticle and carbon nanotube formed directly on Ni foam as a high-performance binder-free cathode for Li-O$_2$ batteries [J]. Adv. Funct. Mater. , 2016, 26 (46): 8514~8520.

[36] Li Yongliang, Wang Jiajun, Li Xifei, et al. Nitrogen-doped carbon nanotubes as cathode for lithium-air batteries [J]. Electrochem. Commun. , 2011, 13 (7): 668~672.

[37] Wang Zhijian, Jia Rongrong, Zheng Jianfeng, et al. Nitrogen-promoted self-assembly of N-doped carbon nanotubes and their intrinsic catalysis for oxygen reduction in fuel, cells [J]. ACS Nano, 2011, 5 (3): 1677~1684.

[38] Caroline Rozain, Eric Mayousse, Nicolas Guillet, et al. Influence of iridium oxide loadings on the performance of PEM water electrolysis cells: Part I —Pure IrO$_2$-based anodes [J]. Applied Catalysis B: Environmental, 2016, 182: 153~160.

[39] Dang Dai, Zhang Lei, Zeng Xiaoyuan, et al. In situ construction of Ir @ Pt/C nanoparticles in the cathode layer of membrane electrode assemblies with ultra-low Pt loading and high Pt exposure [J]. J. Power Sources, 2017, 355: 83~89.

[40] Guo Ziyang, Li Chao, Li Wangyu, et al. Ruthenium oxide coated ordered mesoporous carbon nanofiber arrays: a highly bifunctional oxygen electrocatalyst for rechargeable Zn-air batteries [J]. J. Mater. Chem. A, 2016, 4 (17): 6282~6289.

[41] Zhao Changtai, Yu Chang, Banis Mohammad Norouzi, et al. Decoupling atomic-layer-deposition ultrafine RuO$_2$ for high-efficiency and ultralong-life Li-O$_2$ batteries [J]. Nano Energy, 2017, 34: 399~407.

[42] Guo Kun, Li Yuan, Yuan Ting, et al. Ultrafine IrO$_2$ nanoparticle-decorated carbon as an electrocatalyst for rechargeable Li-O$_2$ batteries with enhanced charge performance and cyclability [J]. J. Solid State Electrochem. , 2014, 19 (3): 821~829.

[43] Ni Wenpeng, Liu Shimin, Fei Yuqing, et al. Preparation of carbon nanotubes/manganese dioxide composite catalyst with fewer oxygen-containing groups for Li-O$_2$ batteries using polymerized ionic liquids as sacrifice agent [J]. ACS Appl. Mater. Interfaces, 2017, 9 (17): 14749~14757.

[44] Qiu Feilong, He Ping, Jiang Jie, et al. Ordered mesoporous TiC-C composites as cathode materials for Li-O$_2$ batteries [J]. Chem. Commun. , 2016, 52 (13): 2713~2716.

[45] Zhang Jiakai, Li Pengfa, Wang Zhenhua, et al. Three-dimensional graphene-Co$_3$O$_4$ cathodes for rechargeable Li-O$_2$ batteries [J]. J. Mater. Chem. A, 2015, 3 (4): 1504~1510.

[46] Luo Yong, Jin Chao, Wang Zhangjun, et al. A high-performance oxygen electrode for Li-O$_2$ batteries: Mo$_2$C nanoparticles grown on carbon fibers [J]. J. Mater. Chem. A, 2017, 5 (12): 5690~5695.

[47] Lu Jun, Li Li, Park Jin-Bum, et al. Aprotic and aqueous Li-O$_2$ batteries [J]. Chem. Rev. , 2014, 114 (11): 5611~5640.

[48] Shui J L, Du F, Xue C M, et al. Vertically aligned N-doped coral-like carbon fiber arrays as efficient air electrodes for high-performance nonaqueous Li-O$_2$ batteries [J]. ACS Nano, 2014, 8 (3): 3015~3022.

[49] Sun Bing, Chen Shuangqiang, Liu Hao, et al. Mesoporous carbon nanocube architecture for high-performance lithium-oxygen batteries [J]. Adv. Funct. Mater. , 2015, 25 (28): 4436~4444.

[50] Ling Zheng, Wang Zhiyu, Zhang Mengdi, et al. Sustainable synthesis and assembly of biomass-derived B/N Co-doped carbon nanosheets with ultrahigh aspect ratio for high-performance supercapacitors [J].

Adv. Funct. Mater. , 2016, 26 (1): 111~119.

[51] Niu Jin, Shao Rong, Liang Jingjing, et al. Biomass-derived mesopore-dominant porous carbons with large specific surface area and high defect density as high performance electrode materials for Li-ion batteries and supercapacitors [J]. Nano Energy, 2017, 36: 322~330.

[52] Wei Jing, Liang Yan, Hu Yaoxin, et al. A versatile iron-tannin-framework ink coating strategy to fabricate biomass-derived iron carbide/Fe-N-carbon catalysts for efficient oxygen reduction [J]. Angew. Chem. Int. Ed. , 2016, 55 (4): 1355~1359.

[53] Wang Keliang, Wang Hui, Ji Shan, et al. Biomass-derived activated carbon as high-performance non-precious electrocatalyst for oxygen reduction [J]. RSC Adv. , 2013, 3 (30): 12039~12042.

[54] Liu Fangfang, Peng Hongliang, Qiao Xiaochang, et al. High-performance doped carbon electrocatalyst derived from soybean biomass and promoted by zinc chloride [J]. Int. J. Hydrogen Energy, 2014, 39 (19): 10128~10134.

[55] Qiao Yu, Wu Shichao, Sun Yang, et al. Unraveling the complex role of iodide additives in $Li-O_2$ batteries [J]. ACS Energy Letters, 2017: 1869~1878.

[56] Lim H D, Gwon H, Kim H, et al. Mechanism of Co_3O_4/graphene catalytic activity in $Li-O_2$ batteries using carbonate based electrolytes [J]. Electrochim. Acta, 2013, 90: 63~70.

[57] Han Jiuhui, Huang Gang, Ito Yoshikazu, et al. Full performance nanoporous graphene based $Li-O_2$ batteries through solution phase oxygen reduction and redox-additive mediated Li_2O_2 oxidation [J]. Adv. Energy Mater, 2017, 7 (7): 1601933.

[58] Kwak Won-Jin, Hirshberg Daniel, Sharon Daniel, et al. $Li-O_2$ cells with LiBr as an electrolyte and a redox mediator [J]. Energy Environ. Sci, 2016, 9 (7): 2334~2345.

[59] Ryu Won-Hee, Yoon Taek-Han, Song Sung Ho, et al. Bifunctional composite catalysts using Co_3O_4 nanofibers immobilized on nonoxidized graphene nanoflakes for high-capacity and long-cycle $Li-O_2$ batteries [J]. Nano Lett. , 2013, 13 (9): 4190~4197.

[60] Black Robert, Lee Jin-Hyon, Adams Brian, et al. The role of catalysts and peroxide oxidation in lithium-oxygen batteries [J]. Angew. Chem. Int. Ed. , 2013, 52 (1): 392~396.

[61] Sun D, Shen Y, Zhang W, et al. A solution-phase bifunctional catalyst for lithium-oxygen batteries [J]. J Am Chem Soc, 2014, 136 (25): 8941~8946.

[62] Liu Tao, Leskes Michal, Yu Wanjing, et al. Cycling $Li-O_2$ batteries via LiOH formation and decomposition [J]. Science (80-), 2015, 350 (6260): 530~533.

[63] Lim H D, Song H, Gwon H, et al. A new catalyst-embedded hierarchical air electrode for high-performance $Li-O_2$ batteries [J]. Energy Environ. Sci, 2013, 6 (12): 3570~3575.

[64] Kwak Won-Jin, Hirshberg Daniel, Sharon Daniel, et al. Understanding the behavior of Li-oxygen cells containing LiI [J]. J. Mater. Chem. A, 2015, 3 (16): 8855~8864.

[65] Wang Yanjie, Fang Baizeng, Zhang Dan, et al. A review of carbon-composited materials as air-electrode bifunctional electrocatalysts for metal-air batteries [J]. Electrochemical Energy Reviews, 2018, 1 (1): 1~34.

[66] Xu Jijing, Chang Zhiwen, Yin Yanbin, et al. Nanoengineered ultralight and robust all-metal cathode for high-capacity, stable lithium-oxygen batteries [J]. ACS Central Science, 2017, 3 (6): 598~604.

[67] Zhang Yanjia, Li Xue, Zhang Mingyu, et al. IrO_2 nanoparticles highly dispersed on nitrogen-doped carbon nanotubes as an efficient cathode catalyst for high-performance $Li-O_2$ batteries [J]. Ceram. Int. , 2017, 43 (16): 14082~14089.

[68] Wu Haitao, Sun Wang, Shen Junrong, et al. Improved structural design of single- and double-wall MnCo$_2$O$_4$ nanotube cathodes for long-life Li-O$_2$ batteries [J]. Nanoscale, 2018, 10 (27): 13149~13158.

[69] Luo Jingru, Yao Xiahui, Yang Lei, et al. Free-standing porous carbon electrodes derived from wood for high-performance Li-O$_2$ battery applications [J]. Nano Res, 2017, 10 (12): 4318~4326.

[70] Cui Xinhang, Luo Yani, Zhou Yin, et al. Application of functionalized graphene in Li-O$_2$ batteries [J]. Nanotechnology, 2021, 32 (13): 132003.

4 碳基复合材料在钠离子电池中的应用

4.1 松花粉衍生蜂窝状碳材料的制备及储钠机理研究

4.1.1 研究背景

随着环境危机的不断加剧，清洁可回收储能系统的发展越来越重要。锂离子电池作为主要的储能系统之一，因为其循环寿命长、能量密度高等优势被广泛应用于水力、火力、风力和太阳能电站等储能电源系统以及电动工具、电动自行车、电动汽车、军事装备、航空航天等多个领域[1,2]。然而，锂储备有限，随着市场需求的增加，金属锂长期呈现出供不应求的状态，造成其价格日渐增长，这直接增加了各种锂离子电池的生产成本[3]，从长远来看，迫切地需要找到一种能够与锂离子电池相媲美的新型存储系统。因为与锂元素位于同一主族，有相似的物理化学特性，钠元素成为最有望替代锂元素的体系，并且金属钠分布广泛，成本低廉，受到研究学者们的青睐。钠离子电池与锂离子电池的充放电工作原理类似，但是钠离子的半径（0.102nm）大于锂离子的半径（0.076nm），较大的体积导致钠离子在电极材料中嵌入/脱嵌的动力学过程缓慢，表现出较低的可逆容量，为了解决这一难题，设计出具有较大层间距的电极材料来储存钠是关键因素[4]。

众多电极材料中，碳材料得益于成本低廉、电导率高、物理化学性质稳定等，应用最为广泛。从结构上分析，用于储钠的碳材料分为两大类：有序的软碳和无序的硬碳。软碳排列紧密，只能允许少量的钠离子进入材料内部，更倾向于表面吸附；而硬碳则给钠离子的扩散提供了更多渠道。生物质衍生碳作为硬碳的一种，来源最广泛，结构和形貌具有多样化，并且自身含有多种元素，不需要后期处理，在众多优势的推动下，各种各样的生物质衍生碳被应用于钠离子电池。Wang 等[5]以花生皮为前驱体，经过 KOH 不同程度的活化，制备出分级多孔碳，层间距为 0.37~0.39nm，0.1A/g 的电流密度下，首圈放电比容量高达 1275mA·h/g，但是首圈库仑效率仅 29%。Cao 等[6]以油菜种子为前驱体衍生的碳材料层间距为 0.39nm，在 0.025A/g 的电流密度下，首圈放电比容量为 237mA·h/g。本课题组 Zhu 等[7]通过高温热解法，成功的将樱花瓣碳化为具有片状结构的碳材料，层间距高达 0.44nm，0.02A/g 的电流密度下，循环 100 次后容量保持率仍然高达 99.3%。

本小节以松花粉为前驱体，成功衍生出具有"蜂巢"形貌的碳材料（carbonized pine pollen，CPP），比表面积为 171.54m²/g，层间距高达 0.42nm，应用于钠离子电池负极材料时，展现出优异的电化学性能，0.1A/g 的电流密度下，200 次循环后的放电比容量维持在 203.7mA·h/g，并且展现出优异的倍率性能，在 5A/g 的电流密度下，可逆容量高达 87mA·h/g。立体化的微观结构和较大的层间距为钠离子的储存提供了空间和渠道，为了验证这一推理，进一步测试了不同扫描速度下的 CV 曲线。结果表明，较大的比表面积为表面吸附产生的容量做出了贡献，而无序的微晶和较大的层间距主要贡献于钠离子在电极材料内部扩散产生的容量，这一结论也和充放电曲线吻合。图 4.1 介绍了 CPP 的合成过程，包含 CPP 的结构变化和可能的机理。

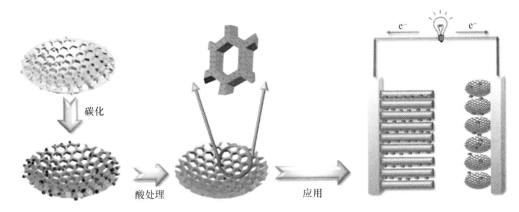

图 4.1　CPP 的结构及制备机理示意图

4.1.2　试验方法及装置

4.1.2.1　材料的制备

取 2g 松花粉溶于 40mL 去离子水中，磁力搅拌 2h，然后转入高压反应釜，190℃下在鼓风炉中保温 24h，随炉冷却，将水热反应后的产物转移到烧杯中，加热蒸干去离子水，将蒸干后的样品在真空干燥箱中干燥。将干燥后的样品研磨均匀，放入管式炉中，以 5℃/min 的升温速度，氩气氛围下 900℃煅烧 1h，进行碳化过程。将得到的黑色粉末溶于 0.5mol/L 的硫酸溶液中，超声 3h，转移到恒温水浴锅中 80℃保温 4h，以除去表面的有机杂质。最后，用大量去离子水洗涤抽滤，直至使用 pH 试纸检测滤液呈中性，最后在 80℃下真空干燥一晚，即可得到 CPP。

4.1.2.2　材料的表征

本小节在以下设备上对碳化的松花粉进行测试：X 射线粉末衍射仪（XRD，Rigaku miniFlex600）、扫描电子显微镜（SEM，Tescan Vega3）、高分辨率场发射透射电子显微镜（HRTEM，Tecnai G2 F20 S-Twin）、红外光谱仪（TENSOR27），并用 PHI5000 Versaprobe-Ⅱ光谱仪获得 X 射线光电子能谱（XPS）。

4.1.2.3　电化学性能测试

本小节中的钠离子电池均使用 2016 型极壳组装而成，电池的具体制备过程如下：我们在 N-甲基-2-吡咯烷酮（NMP）中混合 CPP（质量分数 80%），Super P（质量分数 10%）和聚偏二氟乙烯（PVDF，质量分数 10%）黏结剂以形成浆料，然后将浆料涂布到铜箔上，控制涂层厚度为 100nm，在真空干燥箱中 120℃干燥一晚。为了使材料和铜箔结合得更好，我们对干燥后的极片进行了滚压，将负极片制备成直径 15mm 的圆形薄片，组装电池前，自行制备金属钠片作为正极，使用玻璃纤维（whatman）作为隔膜，将 1mol/L $NaClO_4$ 溶解在碳酸亚乙酯 EC：碳酸亚丙酯 PC（1∶1）的混合溶剂中作为电解液。所有钠离子电池的组装均在氩气氛围下的手套箱中进行（$O_2<0.5×10^{-6}$ 并且 $H_2O<0.5×10^{-6}$）。室温下静置 6h 后，在 CT2001A 电池测试系统（LAND，中国）上进行充放电测试。

4.1.3　结果与讨论

4.1.3.1　材料的形貌与结构表征

图 4.2 展示的是 CPP 的 XRD 图谱、拉曼光谱和氮气吸脱附曲线以及孔径分布曲线。如图 4.2（a）所示，分别位于 2θ 的 22°和 43°处的 CPP 的两个特征峰，对应于（002）和（100）面，证明松花粉碳化后为有高度无序结构的硬碳材料。材料的微晶尺寸越小，钠离子的扩散路径越短，所以对不同轴上的微晶尺寸 L_c 和 L_a 进行了计算，分别是 1.56nm 和 3.73nm，较小的微晶尺寸缩短了钠离子的扩散距离。然后进一步通过（002）峰高与背景高度之比计算经验参数 R（2.03），表明松花粉衍生的碳材料仅包含 2~3 个石墨片层。根据文献报道，生物质衍生碳的石墨化程度可以反映其储存钠离子的能力。在此理论基础上，进行了拉曼表征，以进一步确认 CPP 的无序程度。如图 4.2（b）所示，拉曼光谱在约 1310cm^{-1}（D 带）和 1580cm^{-1}（G 带）处分别包含两个主峰。I_D/I_G 的强度比为 1.07，进一步证实了 CPP 的非晶性。

如图 4.2（c）所示，CPP 的 N_2 吸脱附等温线属于典型的Ⅳ型等温线。可以推断，

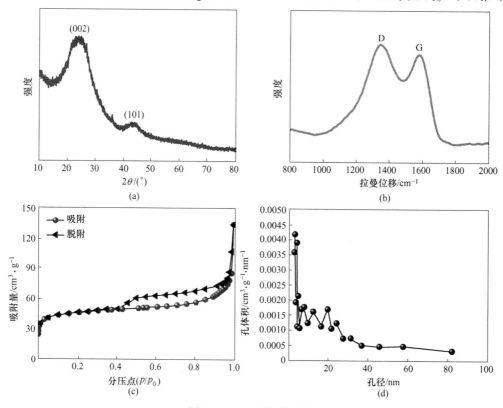

图 4.2　CPP 的结构表征

（a）XRD 图谱；（b）拉曼光谱；（c）氮气吸脱附曲线；（d）孔径分布曲线

CPP 具有典型的介孔材料特征，导致该结果的原因可能是碳化过程中材料表面产生了大量气体，气体脱离表面并带走部分碳，从而形成介孔。根据 IUPAC 分类，在相对压力（p/p_0）为 0.4~1.0 的区间，CPP 材料呈现出 H3 型回滞环，说明 CPP 的孔隙是无序的，这与图 4.3 中 TEM 图像的表征结果相吻合。为了避免假峰的出现，基于吸附曲线使用 BJH 模型对孔径分布进行了计算。BET 分析结果表明，CPP 的比表面积为 171.54m^2/g，平均孔径为 4.82nm。

如图 4.3（a）所示，碳化后的松花粉类似于蜂巢状，有利于搭建三维空间来促进离子运输。为了进一步研究结构对钠离子嵌入/脱嵌的影响，使用高分辨率透射电子显微镜（HRTEM）和选区电子衍射（SAED）来研究 CPP 的微观结构。从 HRTEM 图像可以看出，CPP 在短距离内表现出非常典型的硬质碳材料结构，其中无序石墨微晶可以导致较高的可逆比容量。SAED 图的衍射环上没有衍射斑点，进一步确认了高度无序的微观结构，证明 CPP 具有硬碳材料的特性。如图 4.3（d）所示，与石墨（0.335nm）相比，CPP 的层间距离（0.42nm）要大得多。较大的层间距有利于钠离子的传输和储存，同时提高了循环稳定性，HRTEM 和 SAED 表征结果与 XRD 和拉曼光谱描述的结果非常吻合。

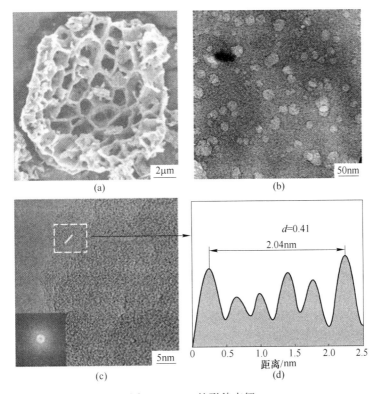

图 4.3　CPP 的形貌表征

（a）场发射扫描电镜图；（b）透射电镜图；
（c）高分辨透射电镜图（插图为 CPP 的选区电子衍射图）；（d）沿着箭头的对比轮廓 CPP 的层间距离

4.1.3.2　材料的电化学性能研究

如图 4.4 所示，从全谱图（如图 4.4（a）所示）可以看出，CPP 主要由 C 和 O 组成。为了进一步确定这两个主要元素的化学状态，对 C 1s 和 O 1s 的高分辨 XPS 数据进行了拟合。如图 4.4（b）所示，C 1s 在结合能 284.6eV、285.4eV 和 287.2eV 处的三个主要特征峰分别对应于 C—C，C—O，C=O 键，其中 C—C 键峰面积比（58.6%）最高，该化学态主要存在于无缺陷石墨晶格中，其次是位于缺陷石墨晶格中的 C—O（35.2%）和 C=O（6.2%）键。C—C 对应于稳定的碳六元环结构，而 C—O 和 C=O 则对应于表面被氧化后的碳的存在状态。位于结合能 530.9eV 和 532.4eV 的 O 1s（如图 4.4（c）所示）的特征峰分别对应于 C=O（25.9%）和 C—OH（74.1%）键。CPP 表面上的这些含氧官能团会在首次放电过程中与钠离子发生不可逆反应，产生部分容量，但该部分容量不可逆。

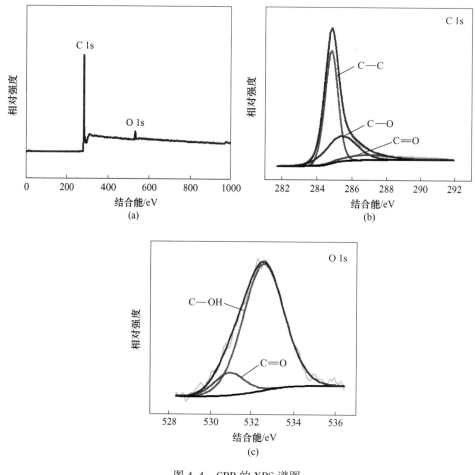

图 4.4　CPP 的 XPS 谱图
（a）全谱图；（b）C 1s；（c）O 1s

　　如图 4.5 所示，以 CPP 为钠离子电池负极材料，0.1mV/s 的扫描速率下以钠金属阳极（Na/Na⁺）作为参比电极，在 0.01~3V 电压范围内对前三次循环进行了循环伏安测试。在第一次放电过程中有三个还原峰，分别位于 0.01V、0.95V 和 0.13V 附近。位于 0.95V 附近的还原峰主要是由于钠离子和 CPP 表面残留的含氧官能团之间的副反应，而 0.13V 附近的还原峰可能是由于形成了固体电解质界面（SEI）层。这两个还原峰在第二个和第三个循环中消失，表明在第一个循环中发生的反应是不可逆的，并很好地解释了CPP 的初始库仑效率低的现象。另外，在 0.01V 附近的氧化峰表明石墨微晶层间的钠离子嵌入/脱嵌过程。此外，在 0.1~0.9V 的区域有一个斜坡式的还原峰，这个过程对应于钠离子在 CPP 表面的吸附过程。与之对应的氧化峰有两个，分别位于 0.2V 和 0.25~1.5V，位于 0.2V 的氧化峰对应钠离子的脱嵌过程，位于 0.25~1.5V 的氧化峰对应钠离子的脱附过程。除了第一次循环中不可逆副反应引起的容量损失之外，接下来的循环中CV 曲线几乎重叠，表明 CPP 电极对钠储存的稳定性和可逆性良好。

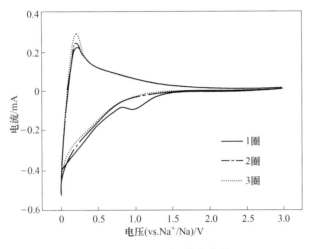

图 4.5 CPP 的循环伏安曲线

图 4.6（a）展示了 CPP 在 100mA/g 的电流密度下的充放电曲线，初始放电和充电比容量可达 370.1mA·h/g 和 221.5mA·h/g，但库仑效率仅为 59.8%，这主要是由于材料表面的不可逆反应与 CV 测试结果相吻合。从第二圈开始，放电和充电比容量稳定在210mA·h/g 和 200mA·h/g。200 次循环后，放电和充电比容量仍然保持在 203.7mA·h/g和 204.2mA·h/g，容量保持率约为 99.7%，表现出较高的循环稳定性。同时我们发现放电曲线主要分为两部分，一部分是斜率区，另一部分是平台区，分别位于 1.2~0.1V 和0.1~0V 的电压范围内。结合 CV 测试结果，斜率区域对应于 CPP 表面上发生的吸附行为，平台区域是指石墨微晶层间钠离子嵌入/脱出的行为。

如图 4.7（a）所示，为了确保电极的优越性，进一步测试了 CPP 的倍率性能，CPP电极分别在 100mA/g、200mA/g、500mA/g、1000mA/g、2000mA/g、5000mA/g 和100mA/g 的电流密度下，初始可逆容量分别为 236.3mA·h/g、192.8mA·h/g、168.5mA·h/g、140.3mA·h/g、118.4mA·h/g、87.3mA·h/g 和 201.4mA·h/g。值得注意的是，当电流密度恢复到 100mA/g 时，CPP 放电比容量恢复到 201.4mA·h/g，保持在初始值的 85.2%，表明结构稳定，可逆性高循环期间的容量。这种现象主要得益于膨胀石墨微晶层间距，这有利于钠离子的传输。图 4.7（b）对比了文献中生物质衍生碳材料作为钠离子电池负极材料的倍率性能，突出 CPP 具有良好的倍率性能。

图 4.8 展示了在不同的循环中，CPP 电极在 $10^5 \sim 10^{-2}$Hz 和 1mV/s 的钠离子电池的奈奎斯特阻抗曲线。曲线由中高频区的半圆和低频区的直线尾组成，并由相应的等效

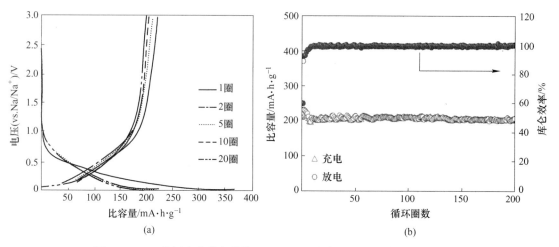

图 4.6　CPP 的恒流充放电曲线（a）和 CPP 的循环性能和库仑效率（b）

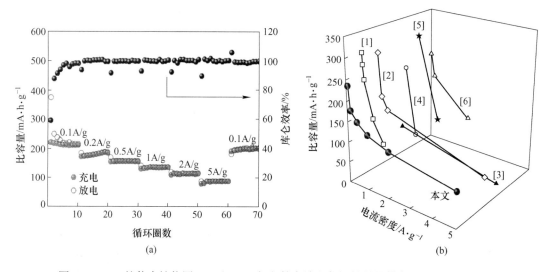

图 4.7　CPP 的倍率性能图（a）和 CPP 与文献中钠电负极材料的倍率性能对比图（b）

电路拟合，其中 R_s 代表电解质的欧姆接触电阻，R_{ct} 和 CPE 对应于电荷转移电阻和双层电容，Z_w 是指钠离子扩散的 Warburg 阻抗。值得注意的是，R_{SEI} 在第一次循环后出现代表了由 SEI 膜引起的扩散阻力，随着反应的进行 SEI 膜作用于之后的每一个循环，并且电荷转移阻抗也逐次增加，因为位于低压区钠离子的嵌入/脱嵌进行得并不完全，会有部分残留。

如图 4.9（a）所示，CV 在不同的扫描速率（0.05~1mV/s）下也是进一步表征电化学反应机理的有效方法。峰值电流与扫描速率之间按照式（4.1）关系：

$$i = av^b \tag{4.1}$$

式中，a 和 b 为与反应机理相关的常数，其中 b 有两个代表值，一个值趋向于 0.5，表明电流主要由半无限扩散控制，而另一个值是 1，表明是表面控制的。从 CV 曲线我们可以

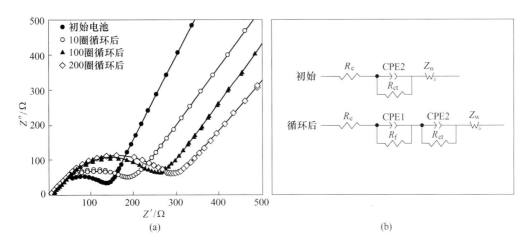

图 4.8 CPP 电极在不同周期下的电化学阻抗谱（a）和等效电路图（b）

观察到，CPP 中存储的钠的量与扫描速率成反比，因为高扫描速度几乎没有时间让钠离子扩散。随着扫描速率的降低，氧化峰和还原峰之间的电位差（$\Delta E = |EO - ER|$）逐渐减小，表明电极是可逆反应，可逆反应可以直接提高电池的循环能力。为了更直观地得到 b 的值，对式（4.1）进行转换，如图 4.9（b）所示，扫描速率满足线性回归（$R^2 = 0.9996$），b 值 0.4799 表示转换公式中的斜率，非常接近于 0.5，如上所述，表明电流主要由半无限扩散控制。这与充放电曲线非常吻合，并且对在低压区获得的容量给出了很好的解释。

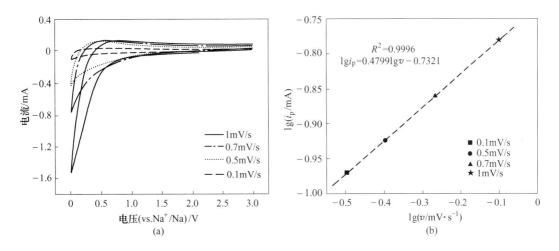

图 4.9 不同扫描速率下，CPP 电极在 0.01~3.0V 之间的循环伏安扫描
曲线（a）和 $\lg i_p$ 与 $\lg v$（b）

为了更加有力的证明松花粉衍生碳材料在钠离子电池中的优异性能，本文采用恒电流间歇滴定法（GITT）对钠离子的扩散系数进行了测试，从 Fick 第二定律可以推导出钠离子的扩散系数 D_{Na^+}，具体的计算公式如式（4.2）：

$$D_{Na^+} = \frac{4}{\pi}\left(\frac{m_B V_m}{M_B S}\right)^2 \left(\frac{\Delta E_s}{\tau(dE_\tau/d\sqrt{\tau})}\right)^2 \qquad (4.2)$$

式中，m_B 代表极片上活性炭材料的质量；V_m 代表碳的摩尔体积；M_B 代表碳的分子质量；S 代表单个极片上活性材料的面积；τ 表示脉冲时间，s；ΔE_s 表示单个 GITT 过程中，电压达到稳态时的电压差值；L 代表极片厚度。图 4.10（b）为单个 GITT 示意图。为了简化公式，本文对单个 GITT 的电池实时电压和 $\tau^{1/2}$ 进行了计算，如图 4.10（c）所示，拟合后的直线满足线性关系，那么公式（4.2）可以简化为：

$$D_{Na^+} = \frac{4}{\pi\tau}\left(\frac{m_B V_m}{M_B S}\right)^2 \left(\frac{\Delta E_s}{\Delta E_\tau}\right)^2 \qquad (4.3)$$

基于简化后的计算公式，本论文对钠离子在松花粉衍生碳中的扩散系数进行了计算，并以对数的形式表达，如图 4.10（d）所示，随着放电的进行，吸附在电极材料表面的钠离子逐渐趋于饱和，部分钠离子通过扩散的形式进入材料内部，但受到外界阻力的影响，动力学过程缓慢，表现为低压区的扩散系数骤降；充电初期大量嵌在内部石墨微晶间的钠离子脱嵌，钠离子扩散系数迅速上升，随着反应的进行，材料表面的钠离子开始脱附表面的钠离子越来越少，开始脱离，扩散系数随之降低。最重要的是，本小节得到的钠离子扩散系数的趋势和 CV 曲线相吻合。

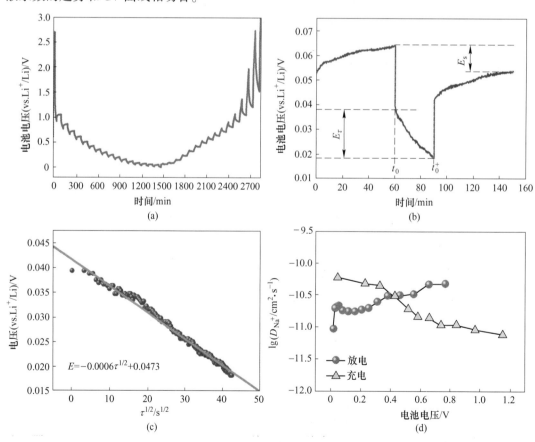

图 4.10 CPP 电极材料的 GITT 曲线（a）；单个 GITT 滴定曲线（b）；单个 GITT 滴定曲线中放电电压 E vs. $\tau^{1/2}$ 的线型拟合（c）；CPP 电极材料 lgD_{Na^+} 与电压的关系（d）

4.1.4 小结

本章节以松花粉为前驱体，成功的制备出了具有"蜂巢"结构的硬碳材料，将其应用于钠离子电池负极材料，在 0.1A/g 的电流密度下，首圈放电比容量为 370.1mA·h/g，初始库仑效率达到 59.8%，200 次充放电后的可逆容量仍然保持在 203mA·h/g，即使在 5A/g 的大电流下，也能达到 87.3mA·h/g 的可逆容量，优于同类碳材料，表现出良好的倍率性能。通过分析各种电化学测试数据，推断出 CPP 对钠离子的存储主要分为两个阶段，第一个阶段是放电初期的高电压斜坡区，钠离子以吸附在材料表面为主要存在形式，随着表面钠离子趋于饱和，处于低电压平台区时的钠离子则主要通过嵌入的形式存在。为了证实这一理论，本章节又测试了钠离子的扩散系数，其结果完全和推断吻合。所有这些优异的性能，都离不开材料本身的物理化学特性，其立体化的微观结构为反应提供了空间，较大的比表面积为表面吸附提供了面积，介孔的存在也促进了钠离子的传输，最重要的是可观的层间距降低了钠离子的嵌入和脱嵌的阻力。总的来说，本章节以松花粉为碳源，衍生出一种性能优异的钠离子电池负极材料，由于其生产成本低廉，制备工艺简单，为其他类型的储能装置提供了思路。

4.2 紫菜衍生硬碳材料的制备及储钠机理研究

4.2.1 研究背景

由于钠离子储能电池的能量利用率较高，钠元素资源丰富及其价格低廉，使得钠离子电池受到广泛关注和研究[8~10]。但是钠离子的半径要远大于锂离子，这将促使商用化石墨材料嵌入/脱出钠离子过程严重受限，储能容量及倍率性能有待进一步提升。

在众多碳基材料中，以生物质前驱体制备的硬碳材料不仅具有改善钠基储能技术性能的巨大潜力，还有助于生物质材料的回收再利用[11]。许多生物质被报道可用于制备硬碳材料，如糖类（蔗糖和葡萄糖）、大量生产和消费的水果果皮（柚子皮、开心果壳、稻壳和花生壳等）以及丰富的天然聚合物（纤维素源和木质素源)[7,12,13]。这些生物质衍生硬碳材料因具有开放的形貌及结构，同时具有较大的层间距，在储钠过程中都展现出较高的电化学可逆容量和良好的倍率性能[14~16]。从经济和生态的角度来看，以资源丰富的生物质材料作为前驱体材料，是制备高性能硬碳材料的最理想选择。

在本章节中，我们课题组成功制备了一种电化学性能优异的钠离子电池负极材料，它是由紫菜经过简易的高温碳化工艺制备而成。紫菜是一种被大量人工种植的可食用藻类，具有典型的藻类细胞结构和组成，有利于形成分级多孔结构；此外，紫菜含有丰富的多糖和蛋白质，这些物质富含 N 等元素，可以有效制备 N 掺杂的衍生碳材料。这些特殊的性质将赋予紫菜生物质硬碳材料低廉的生产成本，较小的体积变化，良好的电子导电性，优异的循环寿命及倍率性能。

4.2.2 试验方法及装置

4.2.2.1 材料的制备

使用去离子水及乙醇将购买的干紫菜洗涤干净后，放置在真空干燥箱内在 80℃下干燥12h。然后把干燥后的紫菜放入管式炉中，在氩气保护氛围下，于1100℃下高温反应3h。高温煅烧后，将紫菜衍生碳放入5mol/L HCl溶液中处理30min，最后将产物使用去离子水和无水乙醇交替洗涤三次、真空干燥后，即得到紫菜衍生碳材料。

4.2.2.2　材料的表征

使用XRD来表征紫菜生物质碳材料的物质组成和晶体结构，X射线衍射仪以Kα辐射源的铜靶，λ=1.54505，Ni滤光片，管电流40mA，管电压40kV。使用步进式扫描方式，扫描速度2°/min，扫描角度2θ的范围为10°~80°。使用拉曼光谱来表征材料石墨化程度，适用激光波长为532nm，波数范围800~2000cm^{-1}。使用SEM来表征材料表面形貌结构，其工作电压为20kV。使用比表面积及孔隙分析来表征紫菜衍生硬碳材料表面积及孔隙率的信息，脱气温度为200℃且脱气12h，进行微孔测试。使用高分辨透射电镜来表征材料区域形貌和粒径。选区电子衍射可以判断样品晶体结构。使用XPS来表征材料表面元素及其分布和化合键的类型，Kα单色X射线源为铝靶，结合能为1486.6eV。

4.2.2.3　电化学性能测试

将活性物质、乙炔黑以及CMC按照8∶1∶1的比例涂覆成极片，组装成扣式电池CR2016进行测试。循环性能测试，在静置6h后，采用蓝电电池测试系统进行常规的小电流循环以及倍率循环等恒电流充/放电测试，测试电压范围均为0.01~3V。交流阻抗测试亦使用电化学工作站，频率范围为10^5~10^{-2}Hz，交流激励信号的幅度为1mV。恒电流间歇滴定测试（galvanostatic intermittent titration technique，GITT）使用蓝电电池测试系统做GITT测试，电池在20mA/g电流密度下循环3次后，静置3h，然后以起始电压开始测试，在20mA/g电流密度下放电0.5h，然后静置2h，如此循环直至电压达到0.01V为止，再在20mA/g电流密度下充电0.5h，然后静置2h，如此循环直至电压达到3V。

4.2.3　结果与讨论

4.2.3.1　材料的形貌与结构表征

用XRD分析了SCM的晶体材料结构。如图4.11（a）所示，SCM在XRD图案中有两个弱的宽衍射峰，分别位于大约24°和44°，分别与SCM的（002）和（101）衍射表面相符。该结果表明SCM是具有高度无序度的无定形碳材料。同时，根据两个衍射峰的半峰全宽，通过Debye-Scherrer公式（$D=k\lambda/\beta cos\theta$）计算出石墨微芯片层沿c轴方向的厚度为0.58nm[19]，表明SCM由无序石墨微晶和少量堆叠的石墨微芯片组成。

拉曼光谱也可用于表征SCM的材料微观结构。如图4.11（b）所示，在1344cm^{-1}处的D谱带是引起缺陷的谱带，在1595cm^{-1}处的G谱带是结晶石墨谱带。拉曼光谱中D波段与G波段的峰值强度比（I_D/I_G）计算为1.015[20]，这证实了SCM是具有高度无序结构的无定形碳材料。此外，使用公式$L_\alpha=44\times(I_D/I_G)^{-1}$，沿a轴方向的微晶宽度（$L_a$）计算为3.86nm[21]，较小的微晶有利于缩短传输距离在钠离子的电化学反应中提高离子电导率。

SEM图像得到了紫菜衍生碳的表面形貌。如图4.12（a）所示，紫菜衍生碳表面呈与前驱体相似的凹槽状结构，且没有发现明显的孔洞结构，说明经过加工处理的前驱体材料

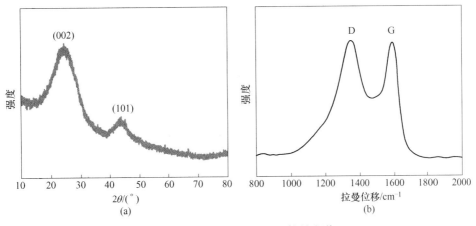

图 4.11　SCM 的 XRD 图（a）和拉曼光谱（b）

不仅成功转化为硬碳材料，而且保留了原有的形貌。在 8k 放大倍率下观察，可以发现紫菜衍生碳正反表面有均匀分布的线型条纹。图 4.12（b）所示，为 250k 放大后的片层状区域，线型凹槽深度约 300nm，这是紫菜叶面的膜状体高温碳化而成凹槽的形成，这独特表面凹槽与可以提高紫菜叶的表面积吸收水中气体分子的紫菜的水生表面结构有关。因此，凹槽的存在同样有利于提高紫菜衍生碳的比表面积，增加电化学反应的活性位点。

图 4.12（c）和（d）所示为 SCM 极片在 20mA/g 下初始和循环后的形貌结构。电极循环反应之前表面形貌相对光滑圆润，活性物质，乙炔黑和黏合剂均清晰可见。循环之后的电极表面形貌除了电化学反应过程所残留的一些玻璃纤维外，在电极表面的活性物质上还呈现了一层覆盖层，该覆盖层导电性较差的原因在于最外层形成的有机层。根据研究可知，极片表面除了电极材料外，覆盖层主要是由电极反应过程所形成的 SEI 膜组成。在首圈的充放电循环下，常规电极材料将生成 SEI 膜层，该 SEI 膜层是在钠离子插入过程中电极材料表面物质与电解质反应而成。SEI 膜的形成不仅发生不可逆的电化学反应，导致电极材料的初始库仑效率低，而且还增加了电极表面与电解质之间电化学阻抗。可是，致密且稳定的 SEI 膜将减少电解质损耗和防止电极材料的体积膨胀，这有利于提高电极的循环稳定性。

N_2 吸附-脱附等温线，如图 4.13（a）所示，表现为典型的 IV 型等温线，可以推断紫菜衍生碳材料孔道是以纳米尺度的介孔分布为主，这些孔洞主要是因为紫菜衍生碳在高温处理中产生气体而形成。同时，滞后回路在 $0.45 \sim 1.0$ 的相对压力（p/p_0）下呈现为 H3型，说明紫菜衍生碳是由片状粒子形成材料，是一些类似由凹槽结构产生的狭缝孔，与 SEM 图像所观察的结果相一致。图 4.13（b）采用 BJH 模型计算出紫菜衍生碳的孔径分布曲线，测得材料表面平均孔径为 5.187nm，BET 分析结果表明材料的比表面积为 $24m^2/g$，这些纳米尺度的介孔将有助于钠离子在碳材料电极中的储存。

使用 HRTEM 和 SAED 来进一步分析紫菜生物质碳的微观结构。如图 4.14（a）所示，紫菜生物质碳的表面具有大小不均的孔洞结构，这些孔洞结构有利于钠的存储，从而提升电池容量。如图 4.14（b）所示，SCM 材料是由排列无序且杂乱的石墨微晶组成，其中交替的明暗条纹展示了石墨微晶片层的排布规律，证明紫菜生物质碳具有典型的非晶型碳材

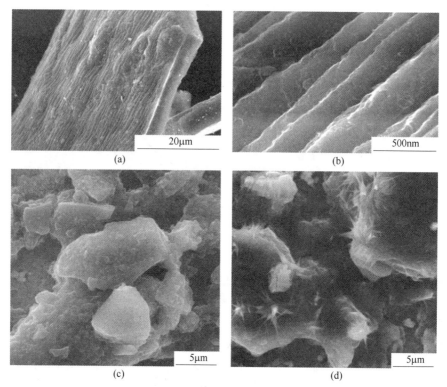

图 4.12　SCM 的不同放大倍率扫描电镜图：（a）250k×，（b）8k×；
SCM 极片循环前（c）和循环后（d）的扫描电镜图

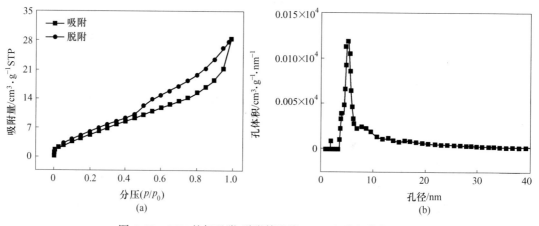

图 4.13　SCM 的氮吸附-脱附等温线（a）和孔径分布（b）

料结构。从 SAED 图案显示的电子衍射环分析，SCM 材料的衍射环没有出现晶体衍射斑点，这进一步证明其为非晶型结构。结合 HRTEM、SAED、XRD 以及 Raman 的结果，都同时证明了紫菜生物质碳是一种典型的具有很多无序结构的硬碳材料。这些高度无序结构有利于提高钠离子的扩散速率从而提升电化学反应动力学，提升电池的循环性能以及循环可逆容量。

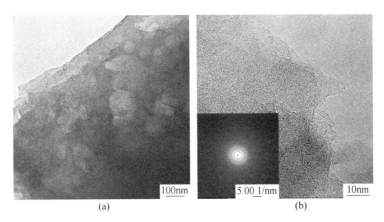

图 4.14　SCM 材料的 HRTEM（a）和 SAED 谱图（b）

　　XPS 用于分析紫菜碳材料表面所含化学元素的类型及其化学价。图 4.15（a）展示了完整的 XPS 频谱。在光谱区域可以清楚地观察到碳和氧的元素峰。结果表明，SCM 的表面主要由碳和氧元素组成。碳峰校正后，C 1s 和 O 1s 峰均进行峰拟合。XPS 光谱中符合 C 1s 信号的 3 个峰分别对应于无缺陷石墨晶格中的 C—C 键以及缺陷石墨晶格中的 C—O 键

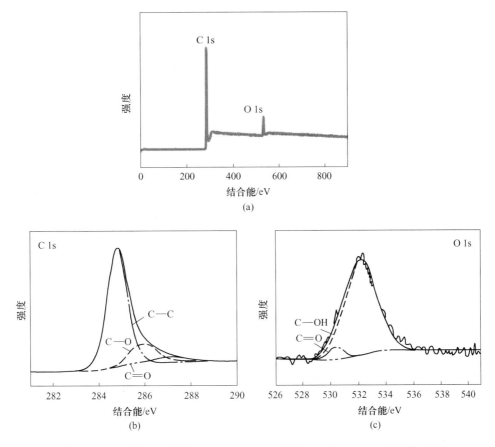

图 4.15　SCM 的 XPS 光谱（a），C 1s XPS 光谱（b）和 O 1s XPS 光谱（c）

和 C=O 键。在 O 1s 光谱中,有两个对应于 C=O 键和羟基键(C—OH)的峰。含氧官能团可以增加 SCM 上的反应位,并改善电化学反应和 Na$^+$ 的储存能力。

4.2.3.2　材料的电化学性能研究

图 4.16(a)显示了在 20mA/g 的一百次循环后 SCM 电极的充放电曲线。通常,生物质碳-钠负极材料的充放电曲线可以通过不同的电化学反应进行分类,包括高电位表面吸附-解吸斜率曲线和低电位钠离子插入-解吸平台曲线。此外,观察初始循环,可知比放电容量和比充电容量分别为 482.8mA·h/g 和 267.7mA·h/g。随着第二个循环,放电容量下降,这显然是由于不可逆的反应。但是,随着循环次数的增加,由于不可逆反应中稳定地存在固体电解质界面(SEI),因此电池表现出优异的电化学循环稳定性能。

如图 4.16(b)所示,将 SCM 的充放电数据进行积分以获得 dQ/dV,以分析电极的充放电电压平台。该图显示了由四个 PBC 周期绘制的 dQ/dV 曲线。在初始周期中,可以发现不同于其他周期的 0.4V 和 0.7V 的小峰值。但是,随着循环次数的增加,两个还原峰消失,这对应于充电-放电曲线。从图中可以看出,在 0.05V 处有一个还原峰,在 0.1V 处有一个氧化峰,代表了石墨微晶中钠离子插入和脱嵌的特征氧化还原峰。低电位平台可提供 SCM 电极的大部分容量。在以下三个循环中,dQ/dV 曲线的重合性表明,SCM 具有良好的钠离子存储循环可逆性。

图 4.16(c)显示了 SCM 电极在 20mA/g 时的电化学循环稳定性。经过 100 次循环后,它仍可达到 261.1mA·h/g 的可逆容量,库仑效率为 99.4%。初始循环中较低的库仑效率可能是由于 SEI 膜的形成和不可逆反应的发生。形成的 SEI 膜有助于改善 SCM 电极的循环稳定性,并在后续循环中保持高库仑效率。SCM 电极材料具有出色的倍率性能,如图 4.16(d)所示。在 20mA/g、50mA/g、100mA/g、200mA/g、500mA/g 和 1000mA/g 的电流密度下,放电容量可以分别达到 261.1mA·h/g、235.4mA·h/g、199.1mA·h/g、159.3mA·h/g、108.8mA·h/g 和 72.8mA·h/g。当该值返回到 20mA/g 时,SCM 电极仍可达到 257.3mA·h/g 的可逆容量,这表明 SCM 在高电流充电和放电下可以实现高循环可逆容量。

如图 4.17(a)所示,通过在 SCM 电极上执行不同周期的 EIS 测试,可以确定电极周期内的阻抗变化。通常,电化学阻抗谱在高中频和低频下显示半圆和对角线。奈奎斯特图的高频区域中的半圆与 R_s 有关。通常,R_s 对应于欧姆电阻,该欧姆电阻与电极材料,电解质本身的电阻及其界面接触电阻有关。电弧出现在高频区域,并且与循环过程中 SEI 膜的形成有关。R_{SEI} 对应于钠离子通过 SEI 膜扩散或迁移的阻力,CPE 被认为是双电层电容器,该反应过程可以安装 R_{SEI} 和 CPE 的并联电路。中频区域被认为与电荷转移过程有关。R_{ct} 是电化学反应电阻,R_{ct}/CPE 并联电路通常用于模拟反应过程。低频对角线归因于扩散 Warburg 阻抗(Z_w)。图 4.17(b)显示了等效拟合电路。通常认为 SEI 膜是在电化学循环过程中产生的,因此可以忽略循环之前电极的 R_{SEI}。根据现有研究,当电池循环次数增加时,电解质和 SCM 会加速损耗,因此电荷转移反应期间的电阻会增加,从而导致 R_{ct} 增大。结果表明,SCM 电极上 SEI 膜的形成主要发生在初始循环中,并伴随着阻抗的增加。随着充放电次数的增加,阻抗逐渐稳定。

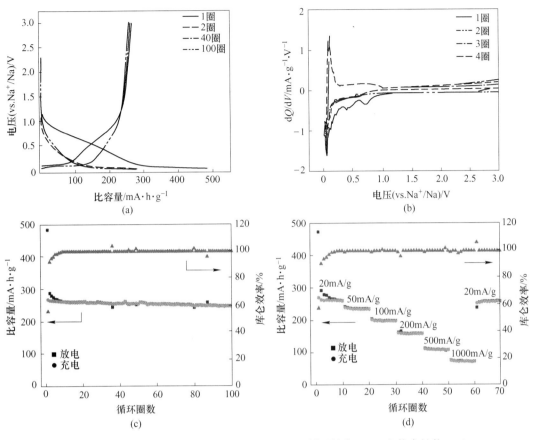

图 4.16 充放电曲线（a），dQ/dV 曲线（b），循环性能（c）和倍率性能（d）

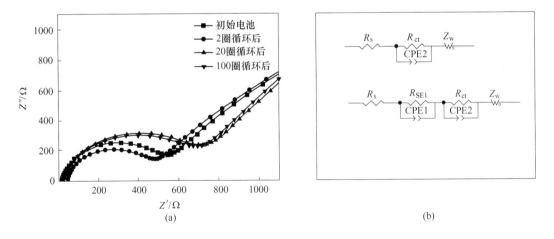

图 4.17 循环前后 SCM 电极的电化学阻抗谱（EIS）（a）和等效电路（b）

4.2.4 小结

本节紫菜衍生的片状硬碳材料是通过在 1200℃高温碳化而制备的。通过表征宏观形态和微观结构，可以发现 SCMs 碳是由无序和无序石墨微晶组成的典型无定形硬碳材料。对 BET 结果的分析表明，SCM 在其表面上具有较小的 SSA 和更多的氧官能团，这可以增加活性表面位点的数量。当将其组装到阳极 SIB 中进行测试时，这些 SCM 具有出色的电化学性能，其初始循环容量为 482.8mA · h/g，初始库仑效率为 55.37%。100 次循环后，以 20mA/g 的电流密度可获得 99.61% 的容量保持率。而且，在 1000mA/g 的电流密度下，电极的可逆容量仍可以达到 73.8mA · h/g。这些电极材料出色的循环稳定性可能是由于片状形态，小 SSA，孔结构和 SCM 表面上的官能团的综合作用所致。这些特殊的特性有助于稳定和均匀的 SEI 膜的生成，并促进钠离子的扩散。同时，材料缺陷位点的数量增加，从而部分改善和增强了钠离子的存储。

4.3　树叶衍生硬碳材料的制备及储钠机理研究

4.3.1　研究背景

近年来，全球范围内能源的使用仍然以化石燃料为主导，由此产生的环境污染和资源短缺问题尚未通过开发新能源（风能、太阳能、潮汐能等）解决。为了缓解上述问题，以锂离子电池（LIBs）为代表的新型高效储能系统发展迅速，其商业应用正在逐步改变能耗结构[17]。Na 和 K 是丰富且分布广泛的元素，也可以确保大规模储能系统市场的可持续、低成本和稳定增长。但是，钠离子和钾离子的半径大于锂离子的，这使得它们难以嵌入电极材料中，并使得其体积变化很大，进而导致容量迅速降低。经过研究人员的不懈努力，钠/钾离子电池（SIBs/KIBs）的开发技术取得了长足的进步[18~20]。

目前，当用作 SIBs 和 KIBs 的阳极材料时，由无序石墨微晶体组成的硬碳材料表现出优异的电化学性能。例如，其较高的比容量，较低的工作电位和出色的循环性能引起了研究人员的高度关注[21]。另一方面，自然界中的生物质具有多种来源，可以提供多种前驱体材料。根据产业经济学的观点，生物质衍生的硬碳材料具有巨大的发展潜力。目前，用于储能的生物质包括香蕉皮、樱桃花瓣、燕麦片、柚皮和硬碳微球，这些都表现出优异的性能[6,22~24]。Hong 等人通过磷酸盐处理的柚子皮的热解获得衍生化的硬碳材料，在 50mA/g 的电流密度下可逆容量为 314.5mA · h/g，在 200mA/g 的 220 个循环后仍保持 181mA · h/g[25]。Jian 等人比较研究了作为 KIBs 和 SIBs 阳极的硬碳微球（HCS）的电化学性能[24]。在 KIBs 中，HCS 的容量为 262mA · h/g，在 100 个循环中的保留率为 83%。不仅如此，由于 HCS 中钾离子的扩散系数比钠离子高，并且钾离子插入电势和钾金属电镀电势之间的间隙比钠的窄间隙大，因此 KIBs 的性能要优于 SIBs。

但是，SIBs 和 KIBs 中硬碳材料的充/放电曲线相似，相应的储能机理也不完全相同。在这方面，相关研究相对较少，给材料改性研究带来了太多不确定性。另外，为了达到更高的比容量，研究人员经常使用更复杂的制备工艺进行改进，这将增加工业生产的难度和成本。

荷花玉兰是一种在世界范围内广泛种植的绿色观赏树种，它的叶子含有高含量的纤维素、半纤维素和木质素，可以通过高温热解而碳化。在这项研究中，以荷花玉兰叶作为前驱体，经过简单的碳化和酸洗工艺，获得了纯净的电极材料。在 SIBs 中，电化学性能测试结果表明，CMGL 可以显示出 315mA · h/g 的高初始可逆比容量，并且在 100 次循环后的容量保持率为 90.0%。作为 KIBs 阳极，CMGL 的可逆比容量为 263.5mA·h/g，相同循环后容量保持率为 85.5%。令人印象深刻的是，在更高的电流密度下，CMGL 在 KIBs 中的应用可能比 SIBs 更有利。同时，鉴于目前对于硬碳材料的储能机理尚不清楚，恒电流间歇滴定技术（GITT）、各种扫描速率循环伏安法（CV）、原位 X 射线衍射仪（XRD）、原位拉曼光谱和 X 射线光电子能谱（XPS）进一步验证了材料的钠/钾存储机理，以验证 CMGL 电极在不同电压范围内的钠和钾存储行为，这将为高性能电极材料的发展提供参考。

4.3.2 试验方法及装置

4.3.2.1 材料的制备

用去离子水洗涤收集荷花玉兰叶并干燥，然后将其转移到管式炉中，在 N_2 气氛中于 1300℃热处理 2h（加热速率为 5℃/min）。冷却至室温后，取出叶片，将其浸入浓度为 20% 的稀 HCl 中 6h（60℃）以除去产生的杂质。最后，冲洗并干燥。

4.3.2.2 材料的表征

STA 449F3 型热重分析仪（TGA，NETZSCH，德国）用于分析前驱体的热解信息。使用 Bruker TENSOR27 型傅里叶变换红外光谱仪（FTIR，BRUKER，德国）检测碳化前后材料表面官能团的变化。使用日立 SU8010 型场发射扫描电子显微镜（日本日立 FE-SEM）和 Tecnai G^2 TF30 S-Twin 型高分辨率透射电子显微镜（HRTEM，FEI，荷兰）观察 CMGL 的形貌。D8 Advance 型 X 射线衍射仪（XRD，BRUKER，德国）和 LabRAM HR Evolution 型拉曼光谱分析仪（拉曼，HORIBA，法国）对样品的微观结构进行了表征。在 Micromeritics Tristar 3000 型分析仪（Micromeritics，美国）上分析 N_2 的吸/脱附等温线。通过 Brunauer-Emmett-Teller（BET）模型和 Barret-Joyner-Halenda（BJH）理论获得材料的比表面积和孔径分布信息。使用 K-Alpha 型 X 射线光电子能谱分析仪（XPS，赛默飞世尔科技，美国）获得样品表面的化学状态。对于在充/放电期间的 XPS 测试，清洁 CMGL-Na 电极，将其转移通过真空室，在蚀刻后进行测试。

4.3.2.3 电化学性能测试

本研究中的电化学测试是通过使用半电池 CR2032 进行的。将活性物质、Super P 和 CMC 按照 8∶1∶1 的质量比充分混合，然后添加超纯水以制备浆料。然后，通过机械涂覆工艺将配置的浆料涂覆在 Cu 箔上以制成工作电极。最后，将电极置于 120℃进行真空干燥，用电动辊压机按其规格切割。将该电池组装在装有金属钠/钾作为对电极、玻璃纤维作为隔膜的充满 Ar 的手套箱中，电解液是 1mol/L 高氯酸钠-碳酸亚丙酯（添加质量分数 5% 碳酸氟亚乙酯）和 0.8mol/L 六氟磷酸钾-碳酸亚乙酯∶碳酸二乙酯（体积比为 1∶1）。在 CT2001A 型 LAND 电池测试系统（中国 LAHNE）上测试了比容量、循环性能和 GITT。在第四次充/放电循环中以 30mA/g 的脉冲电流持续 0.5h，并随后静止 2h 的条件下获得了 GITT 曲线。CV 测试使用 Autolab PGSTAT302N 型电化学工作站（瑞士 Metrohm）进行，扫描速率为 0.1~1mV/s。对于上述电化学测试，电压范围设置为 3.0~0.01V （vs. Na$^+$/Na 和 vs. K$^+$/K）。使用特定设备测试了原位 XRD 和原位拉曼。

4.3.3　结果与讨论

4.3.3.1　材料的形貌与结构表征

前驱体材料的碳化温度是影响 CMGL 电化学性能的关键因素之一。为了研究合适的热处理温度，通过热重分析仪（TGA）研究了热解过程中前驱体材料的质量-温度关系。众所周知，生物质的热解过程大致可分为三个阶段：水分的挥发、支链的断裂重组和芳环的缩聚成碳，前驱体材料经过最后一个碳化阶段便可用于钠/钾离子电池负极。如图 4.18（a）的 TGA 曲线所示，荷花玉兰叶在 650℃ 热解温度以上时进入碳化过程。现在，许多研究人员发现，较低的碳化温度会导致材料的石墨化程度降低，从而影响钠/钾存储过程的电化学性能。较高的热解温度不仅降低了材料的比表面积，减少了反应活性位点，而且减小了层间间距，不利于钠/钾离子的快速嵌/脱。根据以前的研究经验，选择前驱体材料的碳化温度为 1300℃。TGA 的结果表明，CMGL 的碳收率约为 30%，从生态和经济的角度看，具有广阔的应用前景。

如图 4.18（b）所示，通过 FTIR 对 CMGL 和前驱体的表面官能团变化进行了比较和分析。两个比较样品在波数 3750~3000cm^{-1} 的范围内的吸收峰为羟基的吸收峰。其中，在 3447cm^{-1} 附近有一个很强的吸收峰，表示酚、羧酸、醇等的—OH 伸缩振动。在 3000~2800cm^{-1} 范围内较弱的吸收峰对应于脂肪族的 C—H。1900~600cm^{-1} 附近的吸收峰表示脂肪族和芳香族的 C=O，甲氧基、醚键、芳香族的 C=C，芳族烃的 C—H 和脂肪族碳碳单键的拉伸振动。与前驱体相比，CMGL 的官能团强度有所减小，这意味着在热解过程中分子内及分子间的化学键发生大量断裂，并伴随 C$_2$H$_6$、CH$_4$、C$_2$H$_4$ 以及 CO$_2$、CO 等气体的产生，在 TGA 测试中表现为重量的大幅度减少。

XRD 和 Raman 用于表征 CMGL 的微观结构。如图 4.18（c）所示，XRD 图谱在约 22° 的峰位对应于（002）面的衍射，（101）面的衍射峰出现在约 43°。与高结晶度的传统石墨材料相比，CMGL 的晶面衍射峰更为宽泛，说明它是一种具有高度无序结构的非线性碳材料。利用 Scherrer 公式计算出石墨微晶片层沿 c 轴方向的厚度（L_c）为 1.24nm，解释了 CMGL 内部石墨微晶片的少量堆叠。Raman 分析获得的分子振动、转动方面信息显示在图 4.18（d），由碳环或长链中的所有 sp^2 原子对的拉伸运动产生的 G 带位于约 1577cm^{-1} 处，由缺陷和无序诱导引起的 D 带在约 1344cm^{-1} 处，两个都是碳材料的典型特征峰。CMGL 的 G 带与 D 带的强度比（I_G/I_D）为 1.00，小于常规石墨的，较小的数值说明样品的石墨化程度较低。同时，通过 I_G/I_D 还可以获得沿 a 轴方向上的微晶宽度（L_a）为 4.23nm，较小的微晶尺寸有利于钠/钾离子的快速迁移。

进行氮气吸/脱附测试以获得 CMGL 的比表面积和孔径分布特征。观察图 4.18（e）可以发现，样品呈现典型的Ⅳ型等温线，反映出多级孔材料的物理吸附过程。介孔回滞环属于 H3 型，反映的孔包括：平板狭缝结构、裂缝和楔形结构等。采用 BET 理论计算的比表面积为 99.4m^2/g，较低的表面积可以限制 SEI 膜的形成，进而改善材料的初始库仑效率。CMGL 的孔结构利用 BJH 模型计算，其孔径分布如图 4.18（f）所示，主要是集中在 2nm 和 4nm 的纳米孔，这些纳米尺度的介孔对于钠/钾离子在材料中的存储十分有利。

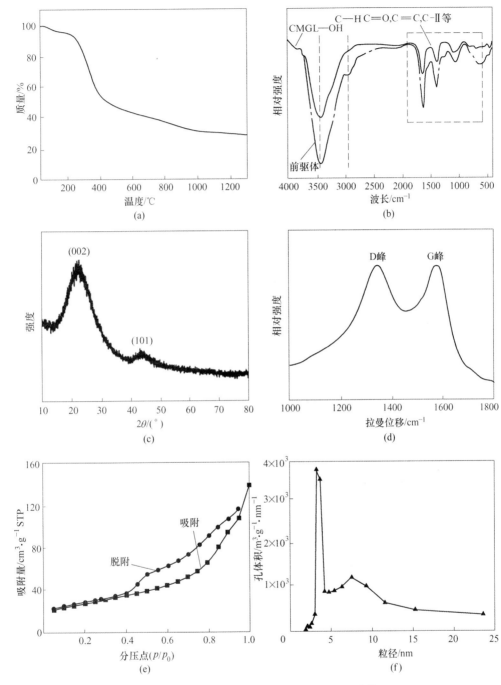

图 4.18 CMGL 的 TGA（a），FTIR（b），XRD 图谱（c），
拉曼光谱（d），N₂ 吸/脱附等温线（e）和孔径分布（f）

图 4.19（a）和（b）显示了 CMGL 的不同放大倍数 FE-SEM 图像。CMGL 呈片状结构，表面均匀分布着小孔。众所周知，"开放"的片状结构可以减少离子的扩散时间，并且适当的孔有利于电解液与电极材料之间的完全接触。为了了解 CMGL 内部的石墨微晶的排列，使用 HRTEM 进一步详细研究了微结构。如图 4.19（c）所示，明亮和深色的交

替条纹清楚地显示出石墨微晶的形态，无序和不规则的，只有少量的堆叠区域，这是硬碳材料的典型特征。内部图像的 SAED 没有显示出晶体衍射斑，这也表明 CMGL 具有高度无序的硬碳材料结构。根据 HRTEM 图像的计算分析，如图 4.19（d）所示，CMGL 的层间距约为 0.39nm，远大于钠/钾离子半径。较大的层间距不仅有利于碱金属离子的快速嵌/脱，提高材料的钠/钾储存能力，而且在充电/放电过程中保持了其内部结构的稳定性，并最终改善循环性能。

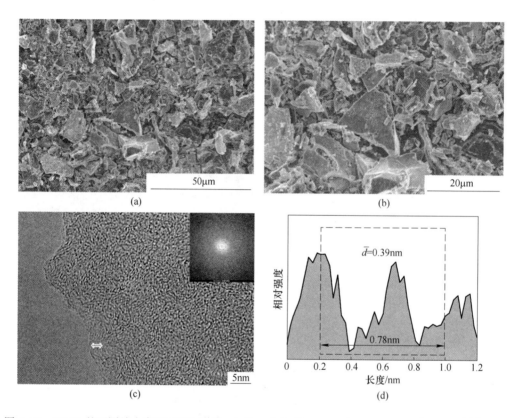

图 4.19　CMGL 的不同放大率 FE-SEM 图像：1.0k×（a）和 2.0k×（b）；HRTEM 和 SAED 图像（c），
　　　　以及沿箭头的对比度轮廓指示 CMGL 的层间距（d）

用 XPS 分析了 CMGL 表面的组成和化学键信息。如图 4.20（a）所示，除了明显的 C 1s 和 O 1s 峰外，没有其他元素的峰，表明用盐酸洗涤后，生物质上的杂质已基本去除。图 4.20（b）包含峰的拟合信息，C 1s 光谱中有三个峰，代表无缺陷石墨晶格的 C—C 键位于 284.6eV，与缺陷石墨晶格相对应的 C—O 键和 C＝O 键分别位于 285.8eV 和 286.6eV 的峰。另外，在 C 1s 光谱中没有 π—π 共轭峰，证明在 CMGL 中仅存在一个小的石墨微晶堆叠结构。O 1s 光谱的分析可以补充 C 1s 光谱显示的信息，如图 4.20（c）所示。O 1s 光谱具有两个峰，可以将 530.9eV 处的光谱峰分配给 C＝O 键，将 532.8eV 处的光谱峰分配给 C—OH 键。以往的研究表明，材料表面的含氧官能团可以参与钠/钾离子的氧化还原反应，增强其储能性能。因此，CMGL 可能具有更高的钠/钾存储容量。

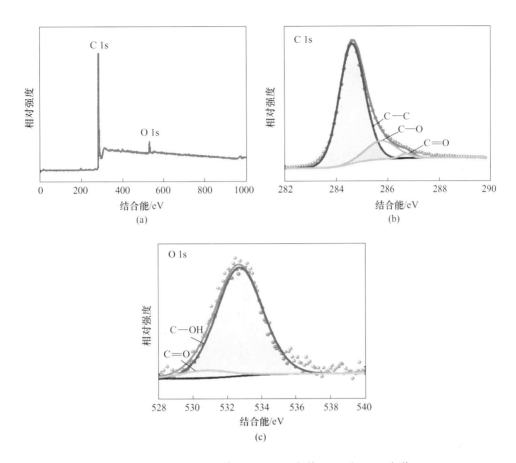

图 4.20 CMGL 的 XPS 光谱 (a), C 1s 光谱 (b) 和 O 1s 光谱 (c)

4.3.3.2 材料的电化学性能研究

为了分析所获得的用于 SIBs 和 KIBs 阳极的 CMGL 的电化学性能, 如图 4.21 (a) (d) 所示进行恒电流充/放电测量。充电曲线和放电曲线均在高电势范围内具有斜率区域, 而在低电势范围内具有准平台区域, 这表明能量存储行为可分为两个不同的过程。据报道, 这两个区域表明碱金属离子被插入到材料内部不同的亚结构或结构位点, 即石墨微晶的边缘或缺陷位点, 石墨微晶内部的层间空间。同时, CMGL-Na 电极的充电比容量为 315mA·h/g, 初始库仑效率高达 69.4%, CMGL-K 电极的充电比容量为 263.5mA·h/g, 初始库仑效率为 50.3%, 高于大多数碳材料。图 4.21 (b) 和 (e) 还显示了循环性能测试结果, 可以观察到, 比容量在前几个循环中逐渐降低。这是因为 SEI 膜在形成过程中会消耗钠/钾离子, 从而减少了反应中涉及的活性离子的数量。随着循环次数的增加, CMGL 电极的比容量和库仑效率趋于稳定, 这表明所产生的 SEI 具有高稳定性。100 次循环后的充电比容量分别为 283.7mA·h/g (CMGL-Na) 和 225.4mA·h/g (CMGL-K), 分别为初始充电比容量的 90.0% 和 85.5%, 显示出出色的循环稳定性。

容量的微分曲线用于了解 CMGL 电极内部的电化学反应, 如图 4.21 (c) 和 (f) 所示。在初始周期中, 对于 CMGL-Na 电极, 最大电流峰值出现在放电至 1.1V 和 0.6V

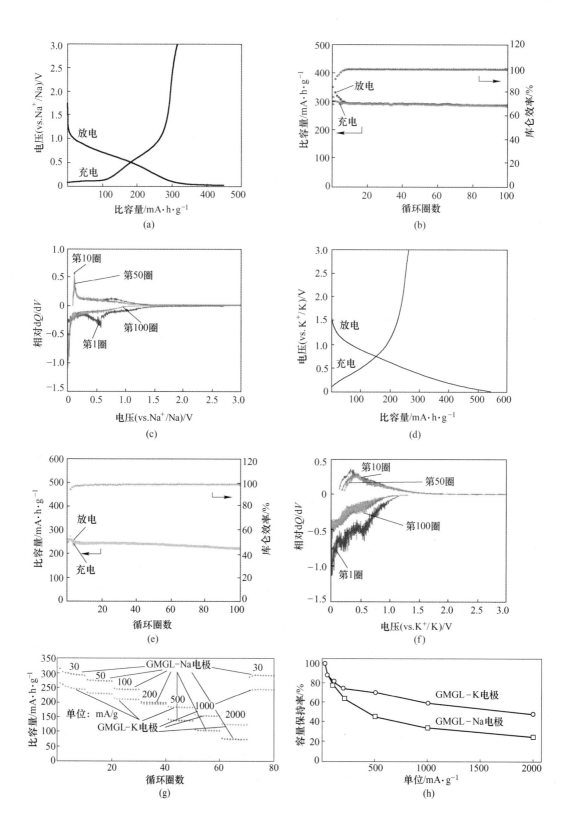

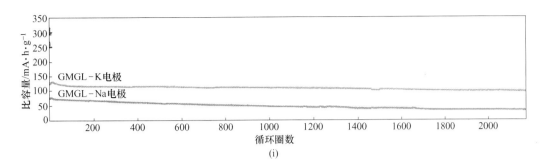

图 4.21 CMGL-Na 电极的电化学性能：恒电流充/放电循环曲线（a），循环性能（b）和微分容量曲线（c）；CMGL-K 电极的电化学性能：恒电流充/放电循环曲线（d），循环性能（e）和微分电容曲线（f）；电极的倍率（g），对比电流密度增加时的容量保持率（h），长期循环性能（i）

（vs. Na⁺/Na）时（相对于 vs. K⁺/K，CMGL-K 电极为 0.6V 和 0.2V），这与电解质在电极/电解质界面处的分解以及在电极表面上形成 SEI 膜有关。这两个电流峰值在随后的循环中消失，这意味着所形成的 SEI 膜相对稳定并且没有大范围的破裂。同时，两种材料分别在相对电势 0V 附近显示一对尖锐的电流峰，这对应于石墨微晶之间碱金属离子的嵌/脱特性，这些将在后面讨论。值得注意的是，钾离子嵌入和脱出的相对电势高于钠离子，并且当碱金属离子嵌入发生在太靠近相应金属镀层的电势时，枝晶的形成会很严重，特别是在高电流速率下。因此，考虑到上述原因，当使用 CMGL 作为阳极时，KIBs 可能比 SIBs 更有利。而且，容量微分曲线很好地吻合，表明两者的电化学可逆性都非常好。

如图 4.21（g）所示，在不同电流密度下的性能测试进一步验证了 CMGL 电极不仅具有出色的循环稳定性，而且还具有良好的倍率性能。可以观察到，在低电流密度（30～200mA/g）下，CMGL-K 电极的比容量小于 CMGL-Na 电极。但是，在电流密度高于 500mA/g 时，CMGL-K 电极的比容量将超过 CMGL-Na 电极。CMGL-K 电极在 500mA/g、1000mA/g 和 2000mA/g 下的容量为 185.4mA·h/g、157.4mA·h/g 和 126.8mA·h/g，而 CMGL-Na 电极在相同速率下仅显示 142.2mA·h/g、107.4mA·h/g 和 77.6mA·h/g。此外，在上述高电流密度下，CMGL-K 电极相对于 30mA/g 时分别保留了 70%、59.4% 和 47.9% 的比容量，而对于 CMGL-Na 电极，这种保留率仅为 45.3%、34.2% 和 24.7%（如图 4.21（h）所示）。此外，当电流密度恢复到初始值（30mA/g）时，它们的可逆容量也可以提高到 240.6mA·h/g（CMGL-K）和 286.4mA·h/g（CMGL-Na），保持在初始比容量分别为 90.9% 和 91.2%，表明 CMGL 电极具有较高的可逆容量和结构稳定性。优异的电化学性能可能归因于石墨微晶的较大层间距，这有助于碱金属离子的快速嵌/脱。应当注意，CMGL-K 电极的倍率性能的原因之一可能与氧化还原电势的差异有关。如 Jian 等人的报道，K⁺/K 和 Na⁺/Na 电极的电势相差约 0.2V。对于大倍率，过电势会将 CMGL-Na 电极的电势迅速拉低至 0.01V（vs. Na⁺/Na）的截止电压，而在 CMGL-K 电极中，在相同水平的过电势下，电极电势可能仍远高于截止电压（vs. K⁺/K）。此外，为了更好地了解材料的大倍率性能和长期循环性能，以 2000mA/g 的电流密度执行循环 2000 次（如图 4.21（i）所示）。CMGL-K 电极仍保持 96.6mA·h/g 的可逆比容量，每周期容量衰减低至 0.01%，优于 CMGL-Na 电极。

　　为了深入分析 CMGL 在 SIBs 和 KIBs 中的储能行为，通过 GITT 测试研究了充/放电过程中离子扩散速率的变化趋势。图 4.22（a）和（d）分别显示了 CMGL-Na 电极和 CMGL-K 电极的 GITT 曲线。当电压 E_s 与脉冲持续时间 $\tau^{1/2}$ 线性相关时（如图 4.22（b）和（e）所示），根据菲克第二扩散定律，可以计算出钠离子（D_{Na}）和钾离子（D_K）的扩散速率为：

$$D = \frac{4}{\pi\tau}\left(\frac{m_B V_m}{M_B S}\right)^2 \left(\frac{\Delta E_s}{\Delta E_\tau}\right)^2 \quad \left(\tau \ll \frac{L^2}{D}\right) \tag{4.4}$$

式中，m_B 是活性物质的质量；V_m 是物质的摩尔体积；M_B 是物质的摩尔质量；S 是电极的几何面积；τ 是脉冲持续时间；ΔE_s 是稳态电压变化值；ΔE_τ 是施加脉冲电流期间的电压变化值（可以从 GITT 曲线的每个电流步长确定 ΔE_s 和 ΔE_τ）；L 是电极的平均厚度。

　　D_{Na} 和 D_K 随电压的曲线如图 4.22（c）和（f）所示，它们的形状非常不同，表明 CMGL 中存在多个钠/钾离子-碳结合能不同的钠/钾离子储存位点。对于 SIBs，D_{Na} 随着电压的降低而逐渐降低。当放电深度增加时，它会迅速减小，而当电压达到截止值时，D_{Na} 会略有增加。在充电过程中，D_{Na} 的变化呈现出先增大后缓慢减小的趋势。众所周知，将离子插入到石墨微晶内部的层间空间比吸附表面活性位要困难得多。因此，在初始的高电压范围（倾斜区域）中，钠离子将优先占据表面活性位，然后将它们以较低的电压范围嵌入到石墨微晶层中，该较低的电压范围对应于准平台区域。然而，在钠离子的嵌入过程中，有必要克服表面上先前结合的钠离子的排斥电荷梯度，这会影响钠离子的迁移速率，这也说明了钠离子的快速下降。根据该报告，嵌入的钠离子将与石墨碳结合形成 Na-GIC，这是一个可逆的结构相变过程。同时，对于 KIBs，D_K 在去钾化过程中随着电压的降低而逐渐降低，直至达到 0.3V，这对应于倾斜区域，通过钾离子在表面活性位上的吸附特性得以体现。当电压进一步降低到截止值时，D_K 几乎不变。根据 Alvin 等人的研究，在 0.3～0.0V 的电压范围内，石墨中 D_K 的变化类似于硬碳。由于已经确认了钾离子在石墨中的平滑嵌入，因此表明它可以嵌入硬碳中。在低于 0.3V 的过程中，稳定的 D_K 值可能是由于石墨微晶层中钾离子的键能低而引起的，这并不妨碍其扩散到微晶区中。在充电过程中，钾离子之间的排斥插入随着相邻钾离子数量的减少而减少，从而使 D_K 逐渐增加。另一方面，按照传统观点，在充/放电过程中半径较大的钾离子在材料内部的扩散要比钠离子慢得多，但实际上 D_K 略高于 D_{Na}。一种观点认为，由于钾离子的电荷密度较低，因此扩散速度更快，活化能更低。另一观点是钾离子和钠离子的电离度不同，并且它们与碳结构位点之间的共价键合度也不同。

　　作为一种动态分析技术，具有不同扫描速率的 CV 曲线测试也是一种表征 CMGL 电极中钠/钾离子存储行为的有效方法，如图 4.22（g）和（j）所示。曲线中的峰值电流（i）和扫描速率（v）之间的关系可以表示为：

$$i = av^b \tag{4.5}$$

式中，a 和 b 是与氧化还原反应机理有关的可调参数，b 值可以通过绘制 $\lg i$-$\lg v$ 曲线来确定。当 b 值接近 0.5 时，表示电化学反应是一个完全的扩散控制过程，即离子扩散到石墨微晶层中；当 b 值接近 1 时，表示赝电容受到控制，表面离子占主导地位，即离子在表面活性位上的吸附。

　　在 SIBs 的 CV 曲线中，在 0.15V 和 0.75V 处显示了两个电流峰值，分别对应于钠离子在准平台区域和倾斜区域的存储行为特征。通过提高扫描速率，计算出的 b 值分别为 0.44 和 0.92（如图 4.22（h）和（i）所示）。当倾斜区域约为 0.7V，准平台区域约为 0.3V 时，KIBs 的 CV 曲线有两个电流峰值，计算出的 b 值分别为 0.98 和 0.43（如图 4.22（k）和（l）所示）。这再次表明，对于 SIBs 和 KIBs，倾斜区域的容量与离子在表面活性位上的吸附有关，而准平台区域的容量主要来自离子嵌入到石墨微晶内部的层间空间。

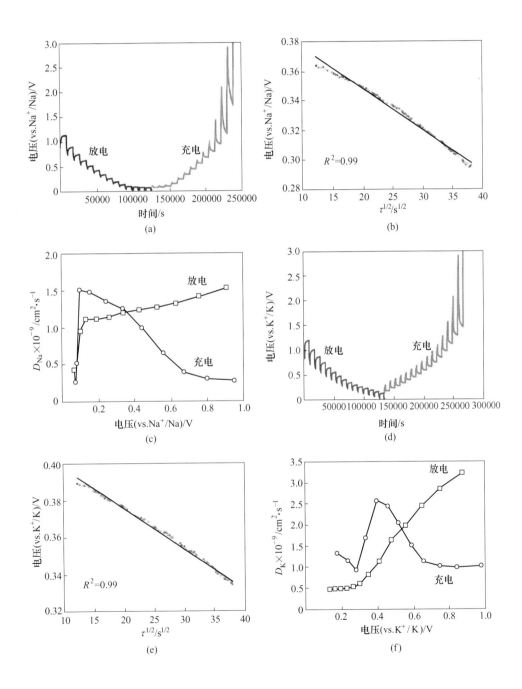

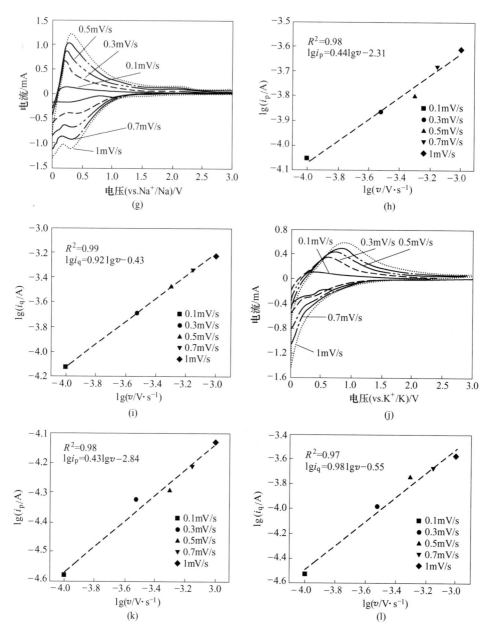

图 4.22　CMGL-Na 电极的 GITT 电势曲线（a），E 对 $\tau^{1/2}$ 的曲线以及线性回归线（b）和
表观碱金属离子扩散系数（c）；CMGL-K 电极的 GITT 电势曲线（d），E 对 $\tau^{1/2}$ 的曲线以及线性
回归线（e）和表观碱金属离子扩散系数（f）；CMGL-Na 电极的不同扫描速率下的 CV 曲线（g），
$\lg i_p$ 与 $\lg v$（h）和 $\lg i_q$ 与 $\lg v$（i）；CMGL-K 电极的不同扫描速率下的 CV 曲线（j），
$\lg i_p$ 与 $\lg v$（k）和 $\lg i_q$ 与 $\lg v$（l）

　　众所周知，如果将较大半径的钾离子插入到石墨微晶中，材料的微观结构将扩大。放电过程中层间距变化的原位 XRD 测量是证明钾储存机理的最直接证据。然而，CMGL 的结晶度低，并且难以进行宽的布拉格反射。因此，这项研究使用高分辨率的原位 XRD 技

术检查了钾化/去钾化过程中的结构变化，以提供更清晰的证据来支持"吸附-嵌入"模型。图 4.23 （a） 显示出了在放电过程中 CMGL-K 电极的原位结构变化。X 射线衍射模式根据恒电流放电曲线分为两部分，线段 I 是高电势倾斜区域，线段 II 是低电势准平台区域。可以观察到，线段 I 没有明显的峰移动和强度波动。随着放电深度的继续，线段 II 的衍射峰似乎略有分裂，部分衍射移动到低角度，并且形成新的衍射峰。衍射峰的分裂和部分移位是由于材料中层间距的广泛分布所致。具有相对宽的间隔的石墨微晶可以允许嵌入钾离子，从而导致布拉格反射的负位移和更窄的间隔。石墨微晶不允许钾离子嵌入，其反射峰仍保留在初始位置。因此，可以得出结论，高电势倾斜区域代表了石墨微晶中间层中的钾离子嵌入/脱出，而低电势准平台区域则属于 CMGL-K 电极表面的吸/脱附特性。还研究了 CMGL-Na 电极，但效果不明显。钠离子的半径可能小于钾离子的半径，并且可能由于石墨微晶层的嵌入而引起的结构变化较小。

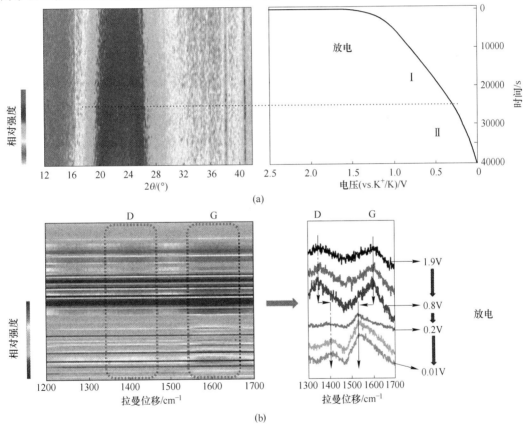

图 4.23 放电过程中 CMGL-K 电极的原位 XRD （a） 和原位拉曼测试 （b）

原位拉曼光谱已被证明是研究将离子嵌入碳材料中的有效方法，它可以提供有关晶体和分子中原子振动的信息，并且通常用作 XRD 的辅助工具。从图 4.23 （b） 中可以发现，在放电的初始阶段，G 波段的峰值位置保持不变，而在 0.2V 之后出现明显的漂移。这是由于插入的钾离子会升高石墨微晶层上的电子密度，电子占据反键 π 带导致层内 C—C 键减弱，导致 C—C 键长度延长，随后 G 带发生红移，这与介孔碳微珠的石墨微晶层间锂离子嵌入的研究结果一致。同时，G 波段的移动是连续的，并且没有双峰的形成，这意味着没有分段插层化合物的形成。另外，D 波段的位置发生蓝移。Hardwick 等人假设 D 波段由两个部分组成：从晶域边缘平原的环吸和沿刚性交联剂的环吸。由于薄弱的范德华力作用在边缘平原上的强度发生变化，或者由于结构内的某些几何约束而导致黏结强度出现差异，因此这两个分量的波峰出现在不同的位置。当在 CMGL 的石墨微晶层之间嵌入钾离子时，D 波段的低波分量将消失，这将移动峰位置。不仅如此，以前的研究表明，如果将离子嵌入各种石墨材料中，由于石墨区域的 D 带贡献被禁止，因此 I_D/I_G 值应在潜在的极端情况下降低。实际上，对于钾离子插入物，CMGL 的 I_D/I_G 值也显著降低。因此，可以得出结论，钾离子是低电位准平台区域中 CMGL 的石墨微晶层之间的无规嵌层，而不形成分段的插层化合物结构，属于单相插层机理。

此外，不同的钠存储过程将直接影响钠元素的化学状态差异。因此，在不同的截止电压下的 XPS 测试也可以用来区分钠离子的存储形式。结合恒电流充/放电曲线分析，在充电和放电期间选择 Na 1s 光谱研究 0.3V、0.01V 和 3V，如图 4.24 所示。当 CMGL-Na 电极放电至 0.3V 时，在 1071.2eV 的结合能处出现一个明显的光谱峰，表明钠离子已成功进入电极内部。在持续放电至 0.01V 的情况下，Na 1s 峰移至 1071.4eV，表明钠的化合价显著变化。由于通过嵌入钠离子形成的金属键具有比钠离子的表面吸附更强的结合能，因此进一步说明了 CMGL 电极低电位平台区域中的钠存储属于钠离子插入物进入石墨微晶的中间层。当电极从 0.01V 充电至 0.3V 时，Na 1s 光谱峰的结合能再次转移至 1071.2eV，表明该过程具有很高的可逆性。另一方面，即使电极被充电至 3V，Na 1s 光谱的结合能也没有明显变化，表明钠在高电势倾斜区域中不会产生高价态，并且更多的倾向于吸附在表面活性部位上。此外，充电至 3V 仍具有 Na 1s 峰，这证明在表面位点上还存在含钠物质，这可以解释为由电解质分解而形成的 SEI 膜，这也是产生这种现象的主要原因，初始不可逆容量的产生。

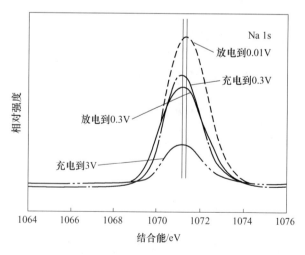

图 4.24 不同的截止电压下 CMGL-Na 电极的 Na 1s 光谱测试

4.3.4 小结

总之，在这项工作中，采用了简单的碳化和酸洗工艺来制备 CMGL，这显示出优异的电化学性能。对于 SIBs 和 KIBs, 在 30mA/g 的电流密度下分别显示出 315mA·h/g 和 263.5mA·h/g 的高比容量, 并且在 100 次循环后的容量保持率很高。出人意料的是, KIBs 的倍率性能要比 SIBs 高。此外, 通过 GITT、CV、原位 XRD、原位拉曼和 XPS 分析了钠/钾电化学存储机理的结果, 结果表明高电势倾斜区域代表离子嵌入石墨微晶内部层间空间中, 而低电位准平台区域则属于钠/钾在表面活性位上的吸/脱附特性。可以相信, 硬碳阳极的简便制备工艺和出色的电化学性能可以促进 SIBs 和 KIBs 的快速发展, 对储能机理的分析也为开发更多的电极材料提供了新的研究思路。

4.4 荔枝壳衍生硬碳材料的制备及储钠机理研究

4.4.1 研究背景

随着科学技术的飞速发展, 碳材料的应用越来越广泛, 研究人员从原始碳材料中开发出了各种性能优良的新型碳材料[26]。近年来, 以生物质为前驱体制备的衍生碳材料作为碱金属离子电池的电极材料和燃料电池的能源燃料等, 在新能源工业中得到了广泛的研究[27]。

作为新一代储能电池系统, 钠离子电池的研究与开发逐渐增多。自 2001 年以来, Ste-vens 等人首次研究了硬碳作为一种新的电化学钠存储电极材料, 表现出惊人的高容量, 这增加了研究人员对这类碳质材料的关注[28]。最近, Tang 等人介绍了一种以花生为原料的微孔硬碳片[29]。实验结果表明, 在 50mA/g 和 1000mA/g 的电流密度下, 微孔硬碳片的可逆容量分别为 153mA·h/g 和 55mA·h/g。Zhang 等人也以核桃壳为前驱体, 制备了具有大层间距的多孔硬碳材料。在电流密度为 20mA/g 时, 多孔硬碳的最大可逆容量为 230mA·h/g, 循环 200 次后的容量保留率为 96%[30]。与其他类型的碳不同, 生物质源碳材料的充/放电曲线表现为低电位平台区和高电位斜坡区。然而, 这两个区域的容量随材料结构的变化而变化, 这给描述钠的储存机理带来了不确定性。目前, 基于硬碳材料钠化/脱钠行为的经验和实验观察表明, 钠的储存机理主要有两种观点: "嵌入-填充"模型和"吸附-嵌入"模型, 这意味着硬碳材料的储能机理还需要进一步的研究[28,31]。

直接碳固体氧化物燃料电池是一种全固态能量转换装置, 利用固体碳材料的化学能, 通过电化学反应输出电能, 理论能量转化率接近 100%。同时, 直接碳固体氧化物燃料电池还可以使用相对较高的压力和较小的反应器体积, 并且具有较低的燃烧或爆炸危险系数, 因此, 直接碳固体氧化物燃料电池作为新一代清洁能源技术受到了广泛关注[32,33]。Li 等人评估了玉米秸秆衍生碳和活性炭作为直接碳固体氧化物燃料电池的燃料的电化学性能[34]。实验结果表明, 两种碳材料在 850℃ 下工作时, 峰值功率密度分别为 302.8mW/cm^2 和 218.5mW/cm^2。此外, Cai 等人还研究了直接碳固体氧化物燃料电池在兰花叶生物质碳材料上的运行性能[35]。在 850℃ 时, 电池的最大功率密度为 212mW/cm^2。与现有最优的质量分数 5% 铁负载活性炭 (201mW/cm^2) 相比, 该值略高。在 0.22A/cm^2 恒流放电时, 电池的放电电压平台超过 0.7V, 放电时间约为 6h。此外, 相关成分测定结果表明, 兰花叶衍生碳材料中含有大量的无机化合物, 主要是 $CaCO_3$, 以及微量的 Mg 和 K 化合物。研究人员认为这些物质可能在催化反应中起关键作用, 可以显著提高电池的电化学性能, 进一步证实催化剂均匀分布在兰花叶碳材料中的优越性。

　　鉴于生物质碳材料的环境友好性和良好的经济效益，如何拓宽其应用领域已成为研究的热点[36~38]。因此，本研究以荔枝果皮为原料。对于钠离子电池阳极材料，荔枝壳基硬碳的高初始可逆容量为 336.4mA·h/g。同时，采用不同的表征技术对钠离子嵌入的存储机理进行了测试。另一方面，作为直接碳固体氧化物燃料电池的燃料，结果表明，电池的最大功率密度为 239mW/cm²。当电流密度为 250mA/cm² 时，放电时间为 14.85h。总的来说，这项工作为开发新一代新能源器件的碳基材料提供了新的研究思路。

4.4.2　试验方法及装置

4.4.2.1　材料的制备

　　通过在高温下将水热处理和煅烧处理相结合来制备荔枝果皮衍生碳材料，标记为 CLP。首先，荔枝果皮用去离子水反复洗涤并放入烘箱。然后，将果皮放入装有适量稀硫酸的聚四氟乙烯内衬中，并在 180℃ 下通过水热反应处理 24h。将产物在氮气氛下在 1200℃ 煅烧 2h。由于对钠离子电池的高纯度要求，CLP 阳极材料是在 HCl 溶液中浸泡，洗涤和干燥后得到的。因为直接碳固体氧化物燃料电池的燃料材料的纯度要求较低，所以将产物与 Fe_2O_3（质量比为 $1:0.05$）一起球磨 3h。

4.4.2.2　材料的表征

　　使用 Hitachi S-4800 扫描电子显微镜（SEM）确定材料的表面形态。通过 FM100GH 粉末电阻率测试仪计算材料的电导率。晶体结构的表征是通过具有 CuKα 辐射的 Bruker D8 Advance X 射线衍射（XRD）系统在 5°/min 的扫描速度下完成的。样品的分子结构通过 LabRAM HR Evolution 拉曼光谱仪测定。孔隙率参数信息是在 Gemini Ⅶ 2390a 比表面积和孔隙率分析仪上使用 N_2 吸/脱附等温线获得的，并根据 Brunauer-Emmett-Teller（BET）理论获得材料的比表面积。通过密度泛函理论（DFT）方法假定了狭缝几何模型，进一步估算孔径分布。用 Tecnai G² F30 S-Twin 高分辨率透射电子显微镜（HRTEM）和选域电子衍射（SAED）测量结构特征。元素分析是使用 PHI5000 Versaprobe Ⅱ X 射线光电子能谱（XPS）仪器和单色 AlKα 源进行的。

4.4.2.3　电化学性能测试

　　为了制作 CLP 电极，将材料与 Super-p 炭黑（导电炭），单壁碳纳米管（导电炭），丁苯橡胶（黏合剂）和羧甲基纤维素（黏合剂）（质量比为 $8:0.95:0.05:0.5:0.5$）。然后，将混合物用去离子水分散成浆液，涂布在铜集流体上，真空干燥后辊压。此外，用 2032 型半电池测试 CLP 对钠离子电池的电化学性能，并在保护性气体氛围中组装电池。隔膜和阴极分别是玻璃纤维和金属钠。同时，电解质溶液的主要成分是在碳酸二乙酯和碳酸亚乙酯中的 1mol/L $NaClO_4$（体积比为 $1:1$）。

　　恒电流充/放电测试是在 CT2001A LANGHE 电池测试系统上进行的，电压窗口为 0.01~3.0V（vs. Na⁺/Na）。在 PASTA 302N 电化学工作站上以不同的扫描速率（0.05mV/s、0.1mV/s、0.3mV/s、0.5mV/s、0.7mV/s 和 1mV/s）进行循环伏安（CV）测试。在 10^5~10^{-2}Hz 的频率范围内，交流信号幅度为 5mV，电化学工作站还用于进行电化学阻抗谱（EIS）测试。还使用恒电流间歇滴定技术（GITT）测试，施加脉冲恒流（20mA/g）持续 0.5h，然后松弛 2h 以达到平衡电压，并重复整个过程，直到充电和放电过程结束。

使用圆片状电解质负载的直接碳固体氧化物燃料电池测试 CLP 燃料的使用。根据 Wu 等人的报道，使用 8%（摩尔分数）的 Y_2O_3 稳定的 ZrO_2（YSZ）作为电解质材料，将其与 Al_2O_3 混合（质量比 1:99）溶于无水乙醇，球磨 3h。将溶剂蒸发至干后，加入适量的聚乙烯醇缩丁醛乙醇溶液并研磨成粉末状态，然后使用压片机将电解质粉末压成片状，并转移至 1400℃ 下进行热处理 4h 制备结构紧凑的固体电解质（直径和厚度分别为 1.1cm 和 350μm）。选择了由 $Gd_{0.1}Ce_{0.9}O_{2-\delta}$ 和 Ag 掺杂组成的金属陶瓷作为阳极和阴极。在玛瑙研钵中，将银浆、$Gd_{0.1}Ce_{0.9}O_{2-\delta}$ 和聚乙烯醇缩丁醛萜品醇溶液（质量比为 3:1:5）混合，得到电极浆料。之后，将均匀的电极浆料涂布在电解质圆片上，并在空气氛围下 880℃ 煅烧 4h。为了促进电流的收集，使用银浆在阳极和阴极侧绘制网格。最后，用银浆将电池密封在刚玉管的一侧，并将两条银线连接到阳极和阴极以连接电化学工作站。

为了在直接碳固体氧化物燃料电池系统中进行电化学性能测量，将阳极侧的 CLP 燃料放入刚玉管中并用石棉阻塞，而阴极侧则暴露于空气中。通过电化学工作站测试电流/电压曲线，EIS 和恒定电流放电曲线。根据直接碳固体氧化物燃料电池测试条件的要求，所有电池在高温管式炉中稳定运行后进行测试，温度范围为 750~850℃。

4.4.3 结果与讨论

4.4.3.1 材料的形貌与结构表征

扫描电镜研究已广泛应用于获取碳材料的形貌信息。高温热处理后，材料表面覆盖着一层不规则的细颗粒。如图 4.26 和表 4.1 的能谱分析结果表明，这些颗粒的主要成分是 Ca、K、Mg 等金属离子。这些碱金属杂质元素以灰分形式存在，主要是氧化物和无机盐。由于这些矿物的导电性较低，也有可能发生副反应，需要在进行电池测试前去除，本文使用的是 HCl 溶液去除。对于直接碳固体氧化物燃料电池的燃料，金属氧化物具有良好的催化活性，有利于提高电化学性能，因此不存在除杂过程。图 4.25（a）显示片状 CLP 的表面非常粗糙，覆盖着尖锐的凸结。表面和横截面的形貌如图 4.25（b）和（c）所示，显示出由交叉网状骨架组成的良好的孔结构，这可促进电解液的渗透，提高电化学性能。图 4.25（d）显示了扩大的结构骨架，其表面光滑，类似于扭曲的石墨烯。从图 4.27 和表 4.2 可以看出，去除杂质后，CLP 表面残留的灰分较少，这对钠离子电池阳极的电化学性能有一定的积极影响。

(a)　　　　　　　　　　　　　　　(b)

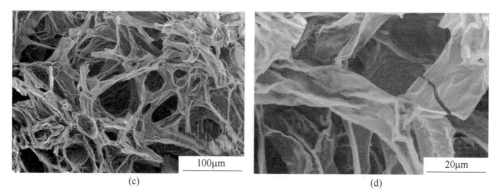

(c)   (d)

图 4.25 CLP 表面的 SEM 图像（a），（b）；CLP 横截面的 SEM 图像（c），（d）

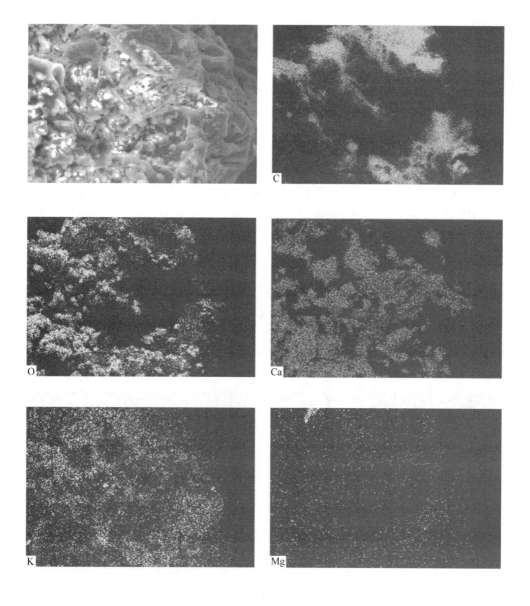

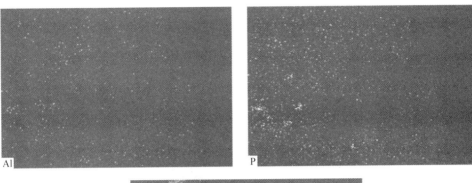

图 4.26　碳化后材料的 EDX 元素映射

表 4.1　碳化后材料的元素组成信息

元素	含量(质量分数)/%
C	65.713
O	11.733
Ca	9.395
K	8.224
Mg	1.706
Al	1.056
P	1.555
Si	0.617

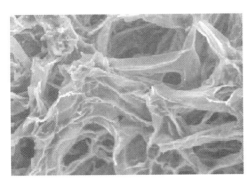

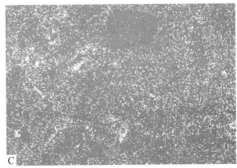

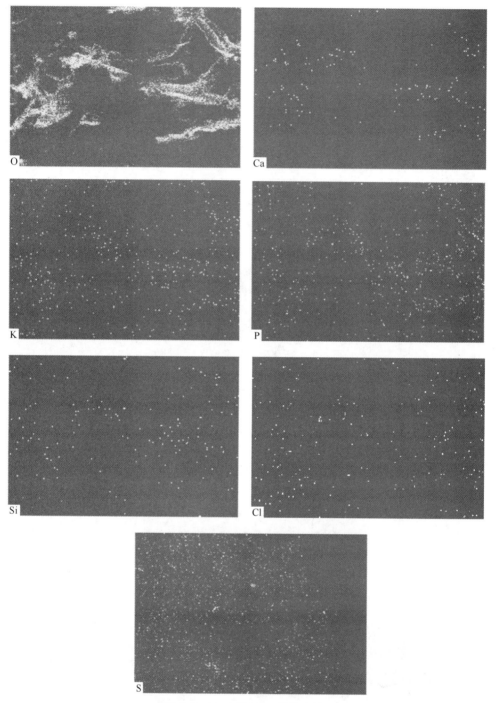

图 4.27　CLP 的 EDX 元素映射

表 4.2　CLP 的元素组成信息

元　素	含量(质量分数)/%
C	87.970

元　素	含量(质量分数)/%
O	10.869
Ca	0.152
K	0.115
P	0.112
Si	0.138
Cl	0.442
S	0.201

将 CLP 粉末压成直径 3cm 的圆片厚度为 5mm 时，在 1MPa 时，相应的电导率达到 3.51S/cm。为提供 CLP 的微观结构信息而采集的 XRD 图谱如图 4.28（a）所示。在 23° 和 43°附近有两个明显宽泛的衍射峰，分别对应于石墨烯片层结构的（002）面和（101）面，说明 CLP 是一种具有高度无序石墨微晶结构的非石墨碳材料。根据 Dahn 等人以前的研究，根据（002）面衍射峰强度与等效峰值背景强度的比值可以得到经验 R 值（如图 4.29（a）所示）。R 值越小，石墨化程度越低。CLP 的 R 值计算值为 2.13，远远小于在该温度下得到的软碳材料，这进一步证实了 CLP 作为硬碳材料的不可石墨化性能。同时，根据（002）面和（101）面衍射峰的半峰宽，得出石墨微晶的平均厚度宽为 1.35nm，这表明只有少数石墨堆积在无序 CLP 中的微晶区。

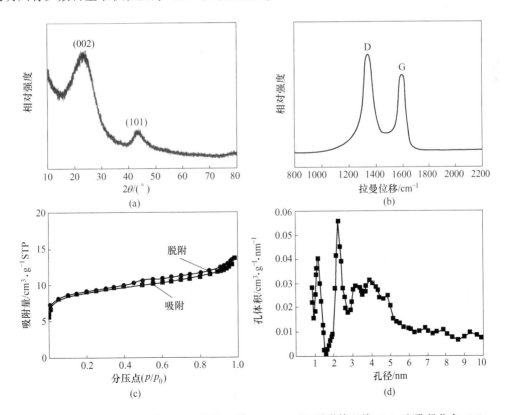

图 4.28　CLP 的 XRD 图谱（a），拉曼光谱（b），N_2 吸/脱附等温线（c）和孔径分布（d）

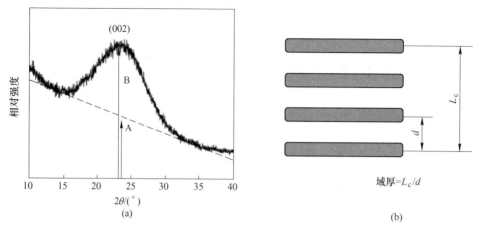

图 4.29　经验 R 值的计算图示（a）和域厚的计算图示（b）

拉曼光谱也可以用于了解微观结构。由图 4.28（b）可知，CLP 在 1342cm^{-1} 处的 D 波段代表石墨结构的缺陷和无序程度，而石墨结构的 sp^2 杂化的伸缩振动为 1593cm^{-1} 处的 G 波段。D 和 G 波段的存在表明 CLP 为非晶态，综合强度比（$I_D/I_G = 1.08$）可以反映碳材料的缺陷或石墨化程度。与已有研究相比，CLP 的 I_D/I_G 值表明其缺陷较多，石墨化程度较低，可提供更多的活性位点，便于更多的钠离子吸附。除上述分析外，由 I_D/I_G 值计算得出的平均晶体基面长度为 4.75nm，较小的石墨微晶尺寸可以缩短钠离子的迁移路线。

通过对 N$_2$ 的吸/脱附测试，可以了解 CLP 的孔隙结构和结构性质。如图 4.28（c）所示，CLP 的等温曲线为 Ⅱ 型和 Ⅳ 型的混合型等温曲线。相对压力在 1.0～0.4 之间出现 H3 型滞后回线，这进一步说明孔隙结构非常不规则，以介孔为主。根据 BET 理论计算结果，CLP 的比表面积为 33.86m^2/g。相比之下，图 4.28（d）所示的孔径分布也是非常关键的，可以通过 DFT 模型进行计算。CLP 的微孔分布在 1.2nm 以下，介孔集中在 2.3nm，孔径分布在 1～5nm 范围内。较小的比表面积导致 SEI 膜的形成减少，从而减少 CLP 活性钠的损失。高比例的纳米介孔不仅有利于钠离子的扩散，而且可以减缓 CLP 在充/放电过程中的体积变化。

HRTEM 和 SAED 常用于更详细的微观组织研究。图 4.30（a）显示 CLP 的 HTEM 图像。可以看出，该结构如预期的硬碳材料一样是无序的，进一步证实了 CLP 的非晶态性质，这与 XRD 分析结果一致。SAED 图谱（如图 4.30（a）所示）表现出分散的衍射环，没有观察到晶体衍射点，进一步证明了碳结构的无序化。选取堆叠石墨微晶的代表区域，用箭头标记，画出对应的对比线剖面图如图 4.30（b）所示。由此计算出样品的膨胀层间距约为 0.39nm。考虑到钠离子直径较大，石墨微晶之间较大的自由空间原则上有利于钠离子的存储。

利用 XPS 分析了材料表面的化学性质。图 4.31（a）为 CLP 的 XPS 谱图。C 1s、O 1s 和 N 1s 的特征分别对应于 284.8eV、532.8eV 和 400.0eV 的三个峰。除 C、O 和 N 外，未发现其他元素峰，表明 CLP 纯度较高。如图 4.31（b）所示，在 C 1s 光谱区域有三个明显的分裂峰：284.8eV 对应 C—C 键的特性，285.6eV 对应 C—O 键的特性，287.1eV 对应 C＝O 键的特性。在 C 1s 光谱区没有发现代表 π—π 键的特征峰，说明 CLP

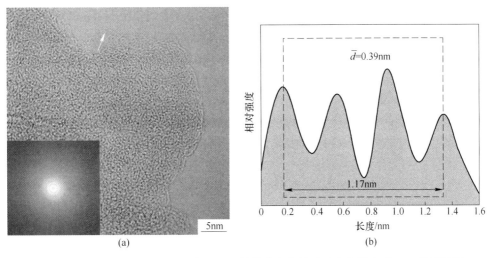

图 4.30　CLP 的 HRTEM 和 SAED 图像（a）；沿箭头方向的对比度曲线表示 CLP 的层间距（b）

是由少量堆积的石墨微晶组成的。作为对 C 1s 光谱的补充，O 1s 光谱如图图 4.31（c）所示，在 531.3eV 和 532.8eV 处有两个明显的分裂峰，对应不同的含氧官能团，如 C—O 和 C—OH 键。众所周知，含氧官能团能够参与表面的强氧化还原反应，有利于碳材料的钠储存能力。另外，从 N 1s 光谱（如图 4.31（d）所示）来看，四个观察到 N 原子具有四种不同的成键特性（如图 4.32 所示）。吡啶氮在 398.8eV 处一个分裂峰，表示共轭 π 中的 N 原子，每个 N 原子与两个 C 原子成键，并为芳香 π 系统提供一个 p 电子。同时，在 400.0eV 处的分裂峰归属于吡咯氮，即 N 原子与两个 C 原子成键，为具有两个 p 电子的 π 体系作出贡献。位于 401.6eV 的石墨氮显示一个分裂峰，其中 N 原子被纳入石墨烯层，并取代石墨平面内的 C 原子。氧化氮与一个 O 原子和两个 C 原子成键，其峰值位于 403.6eV。不同位置的 N 原子有不同的影响，它们也可以对 CLP 的电化学性能有独特的影响。特别是，石墨氮可以贡献额外的自由电子，这有利于提高石墨烯层的导电性。吡啶氮、吡咯氮和氧化氮原子位于石墨烯层的边缘，对外来原子的吸附效率低于石墨氮，提高了钠的存储能力。

4.4.3.2　材料的电化学性能研究

由 CLP 的电化学性能测定，图 4.33 显示了 CLP 电极在四个氧化还原反应过程中的 CV 曲线。在第一次扫描中，在约 0.9V 和约 0.5V 出现了两个明显的不可逆还原电流峰，这主要是由于电极/电解质界面处电解质成分的分解和电极表面固体电解质界面（SEI）膜的形成。不可逆的还原电流峰在后续扫描中消失，说明 SEI 膜的形成主要发生在第一次充/放电过程中。如后文所述，0.01V 附近的一对锐利氧化还原峰是石墨微晶间钠化/脱钠的特征，在 0.2~1.5V 的宽电位范围内也可以检测到一对小而宽的氧化还原峰，这可以认为是在 CLP 表面发生的含氧/氮官能团和/或缺陷位的氧化还原反应和物理吸附的钠离子吸/脱附。值得注意的是，后续扫描的 CV 曲线逐渐重叠，说明 CLP 的容量衰减主要发生在初始氧化还原反应中，随后钠离子存储表现出良好的稳定性和可逆性。

为了加深对 CLP 电极电化学性能的了解，图 4.34（a）显示了在 20mA/g 电流密度下

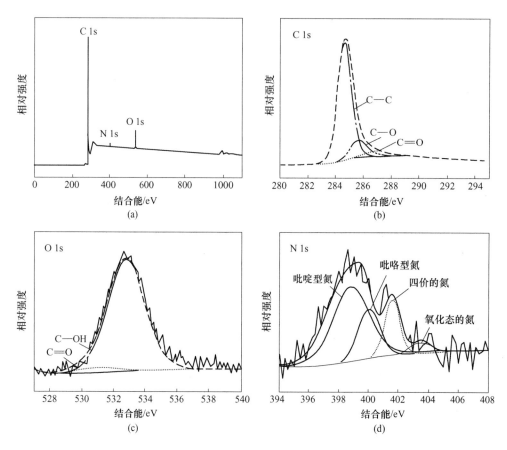

图 4.31　CLP 的 XPS 光谱（a），C 1s 光谱（b），O 1s 光谱（c）和 N 1s 光谱（d）

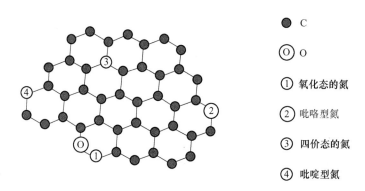

图 4.32　CLP 中含 N 官能团的键合配置

获得的恒流充/放电曲线。充/放电曲线可分为高电位的斜率曲线和低电位的平台曲线。根据后面的讨论，高电位倾斜区可归因于钠离子在材料表面的吸/脱附行为，即在官能团和缺陷位置，而低电位平台区则表现为钠离子在石墨微晶之间的嵌/脱。另一方面，通过观察首次充/放电曲线可以发现，CLP 电极的比放电比容量为 479.1mA·h/g，充电比容量为 36.4mA·h/g，库仑效率约为 70.2%。不可逆比容量的产生主要是由于电解质成分的

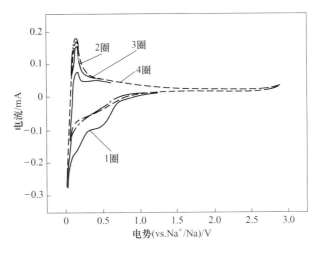

图 4.33 CLP 电极的 CV 曲线

分解导致 SEI 膜的形成。

图 4.34（b）给出了电流密度为 20mA/g 时 CLP 电极的循环性能。可以看出，随着循环次数的增加，充/放电性能逐渐趋于稳定，且不可逆容量主要发生在首次充/放电过程。CLP 电极的可逆容量维持在 318.8mA·h/g，循环 120 次后达到 314.2mA·h/g，保留率约为 98.6%，表现出良好的循环稳定性。对于 CLP 电极在大电流密度下的循环性能需要进一步的研究。从图 4.34（c）可以看出，在 500mA/g 的大电流密度下，CLP 电极的可逆容量为 183.2mA·h/g，循环 850 次后仍能达到 158.5mA·h/g。容量保留率为 86.5%，说明在大电流密度循环时，CLP 电极具有较高的可逆容量和良好的循环性能。

倍率性能是评价电极材料性能的关键指标。在不影响容量的情况下适当增加放电电流可以提高电池的输出功率，这对电池在大规模储能系统领域的应用具有重要意义。如图 4.34（d）所示，CLP 电极依次使用 20mA/g、50mA/g、100mA/g、200mA/g、500mA/g、1000mA/g、2000mA/g 和 5000mA/g 的电流密度进行充/放电 10 次循环，显示出 317.4mA·h/g、296.0mA·h/g、270.6mA·h/g、231.2mA·h/g、181.5mA·h/g、108.7mA·h/g、76.5mA·h/g 和 50.3mA·h/g 的可逆比容量。有趣的是，当电流密度恢复到初始的 20mA/g 时，CLP 电极的可逆比容量迅速恢复到 306.6mA·h/g，为初始值的 96.6%，说明充/放电循环的倍率不同，CLP 电极仍能保持稳定的结构和较高的可逆比容量。

CLP 电极具有较高的初始库仑效率和可逆比容量，以及良好的循环性能和倍率性能。其优异的电化学性能主要归功于 CLP 具有小比表面积的片状结构、纳米尺度的介孔分布、有益的官能团和扩大的层间距。首先，小的比表面积导致 SEI 薄膜的形成受到限制，大大减少了自由钠离子的消耗，降低了不可逆比容量，从而提高了材料的初始库仑效率。其次，纳米介孔不仅缩短了钠离子的迁移路径，提高了传输效率，而且提供了更多的钠离子扩散通道，保证了电解质的充分渗透。表面的有益官能团可以为钠离子的存储提供更多的缺陷位点，有助于钠离子的吸附。最重要的是，膨胀的层间距有利于钠离子的可逆嵌/脱，保持材料的结构稳定性，这对于大半径钠离子的快速迁移非常重要。最后，CLP 的片状结构也对减小钠离子的扩散距离起到了一定的作用。

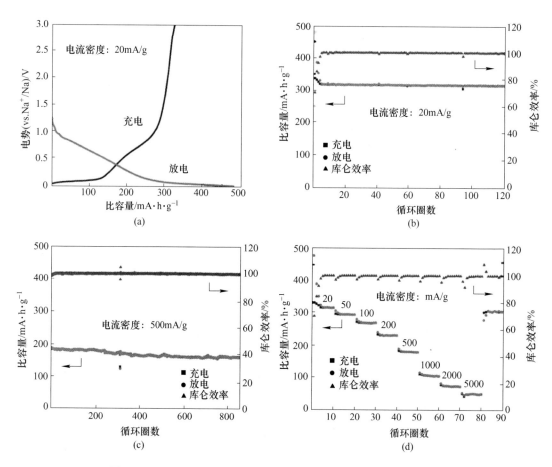

图 4.34　CLP 电极的电化学性能：恒电流充/放电循环曲线（a），
循环性能（20mA/g）（b），长循环性能（500mA/g）（c）和倍率性能（d）

　　在 20mA/g 电流密度下循环前和循环后 CLP 电极的 SEM 图像如图 4.35 所示。初始电极表面相对光滑，导电炭和黏结剂清晰可见。循环后，除了去除电极过程中残留的少量玻璃纤维外，电极表面出现了一层覆盖物，变得非常粗糙。所附材料层除导电炭和黏结剂外，

图 4.35　CLP 电极的 SEM 图像：循环前（a）和循环后（b）

为循环过程中形成的附加 SEI 膜。在首次充/放电过程中，常规电极材料表面会形成一层 SEI 膜，这是嵌入过程中材料表面溶剂的还原形成的。SEI 膜的形成不仅消耗了电池中有限的钠离子，导致电极的初始库仑效率较低，而且还增加了电极与电解质之间的界面电阻。而稳定致密的 SEI 膜会阻止电解质成分进入一部分溶液，有利于提高电极的循环稳定性。

为了获得更多的动力学和电极界面结构信息，采用 EIS 对不同循环次数的 CLP 电极进行了测试。图 4.36 （a） 为 CLP 电极的奈奎斯特图，高中频范围为半圆，低频范围为斜线。在超高频区域，与钠离子和电子通过电解质、隔膜和活性物质的传输有关的欧姆电阻在奈奎斯特图上出现一个点，用电阻 R_s 表示。需要注意的是 SEI 膜是在循环过程中形成的，并且在高频区域出现了一个圆弧，对应于钠离子通过 SEI 膜在活性材料表面的扩散迁移。这个过程可以用一个 R_{SEI}/C_{SEI} 并联电路来表示。其中，C_{SEI} 表示钝化膜的电容。频区与电荷转移过程有关，可以用一个 R_{ct}/C_{dl} 并联电路来表示。R_{ct} 是电荷转移电阻，也称为电化学反应电阻，C_{dl} 是电双层电容器。低频区的斜线表示为钠离子在活性材料内的固体扩散过程，可以描述为扩散瓦堡阻抗（Z_w）。另一方面，等效电路模型如图 4.36 （b）所示，表 4.3 给出了相应的拟合数据。所有数据的拟合误差都较小，说明等效电路模型的拟合程度较高。这里，$R_{SEI}+R_{ct}$ 表示通过 SEI 膜和所有界面的总电荷转移电阻。根据已有的研究，随着循环次数的增加，电荷转移过程中的阻碍增大，导致 R_{ct} 增大。与前一周期相比，CLP 电极的 $R_{SEI}+R_{ct}$ 增大，但增幅逐渐减小，说明 R_{SEI} 变化不大。实验结果表明，CLP 电极的 SEI 膜主要在前几个循环过程中形成，然后趋于稳定。

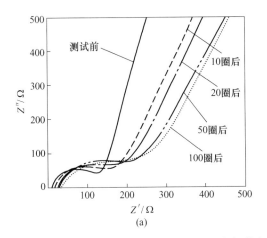
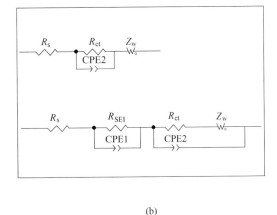

图 4.36　循环前/后 CLP 电极的电化学阻抗谱 （a） 和等效电路模型 （b）

表 4.3　拟合电阻值

CLP	R_s/Ω	$R_{SEI}+R_{ct}/\Omega$
测试前	10.4	73.0
循环 10 圈	18.8	107.1
循环 20 圈	24.5	137.3
循环 50 圈	30.6	180.9
循环 100 圈	32.0	224.5

　　根据不同扫描速率下的 CV 曲线，动态分析也是表征 CLP 电极储能机理的有效方法。根据现有研究，峰值电流（i）与扫描速率（v）之间存在一定的幂律关系：

$$i = av^b \qquad (4.6)$$

式中，a 和 b 为可调值，通过 b 的值可以判断材料的电化学反应机理。具体来说，b 值与 $\lg i$ 与 $\lg v$ 的斜率有关。b 值为 0.5 时，一般表示扩散控制的嵌入过程，b 值为 1 表示表面控制的反应，如表面吸附。

　　图 4.37（a）为扫描速率为 0.05~1mV/s 时 CLP 电极的典型 CV 曲线。随着扫描速率的增加，还原电流峰移至低电位，氧化电流峰移至高电位。同时，峰值电流随着扫描速率的增加而增大。需要注意的是，还原电流的峰值要高于氧化电流的峰值，这是由于钠离子嵌入和脱出过程的动力学差异造成的。选取两组电流峰值进行深入分析，一组为约 0.1V 的峰值，另一组为约 0.7V 的宽峰，对应恒电流充/放电曲线中 0.1V 以下的平台区域和 0.1V 以上的斜率区域。如图 4.37（b）和（c）所示，两个电流峰值的 $\lg v$-$\lg i$ 曲线具有良好的线性关系，误差 R^2 值均大于 0.99。在约 0.1V 时，拟合的 b 值为 0.442（接近 0.5），表明平台区域与扩散控制过程有关。对于约 0.7V 的电流峰值，拟合的 b 值为 0.977（接近 1），表明倾斜区域的容量是由非扩散受限过程贡献的。这些结果与"吸附-嵌入"模型的解释相一致，验证了高电位斜坡区对应钠离子在表面活性位点上的吸附，低电位平台区对应钠离子嵌入石墨微晶。

　　GITT 是一种结合了瞬态和稳态电化学测试的方法。作为单一相的组成函数，GITT 可以准确地测定许多动力学量。在钠离子电池中，GITT 常用来获得不同成分（钠含量）或不同电压的化合物的离子扩散系数，并进一步研究活性材料的电化学反应机理。在 GITT 测试中，工作电极在与金属钠热力学平衡的已知成分下的钠化或脱钠是通过向电池施加恒定电流（I_0）并持续有限的弛豫时间（τ），在该弛豫时间结束时，化合物的钠含量已知，结果具体取决于电流的方向。在电流脉冲过程中，随着成分的变化，平衡电压（E_0）将随时间增加（或根据电流的方向减少），通过电解液和界面在施加电流 I_0 上叠加一个 IR 降。在电流 I_0 期间的瞬时电压总变化（ΔE_τ）可以通过减去 IR 降得到。当所施加的恒流 I_0 被中断时，电极将放松到一个新的稳态电位（E_s），从而可以阻止恒流滴定过程中稳态电压（$\Delta E_s = E_s - E_0$）的变化。重复上述过程，直到所设定的组合或电压间隔被覆盖。图 4.38（a）显示了 CLP 电极在放电和充电过程中的 GITT 曲线，E 和 $\tau^{1/2}$ 之间的线性关系验证了 GITT 测试可以用于计算本研究中的钠离子扩散系数（D_{Na}）（如图 4.38（b）和（c）所示）。当施加电流 I_0 较小时，且单次恒流滴定稳态电压 ΔE_s 变化不大时，根据菲克扩散第二定律，结合一系列假设，可将 D_{Na} 公式简写为：

$$D_{Na} = \frac{4}{\pi\tau}\left(\frac{m_B V_M}{M_B S}\right)^2\left(\frac{\Delta E_s}{\Delta E_\tau}\right)^2 \quad (\tau \ll L^2/D_{Na}) \qquad (4.7)$$

式中，m_B 和 V_M 分别为活性物质的质量和摩尔体积；M_B 为摩尔质量；S 为电极材料与电解质的总接触面积；L 为电极的厚度。

　　如图 4.38（d）所示，CLP 电极的 D_{Na} 高达 $10^{-9} \sim 10^{-10} \mathrm{cm^2/s}$。同时，观察不同截止电压的 D_{Na} 可以发现，在较高电压范围内电极的 D_{Na} 较为接近，而处于约 0.1V 范围内则出现一个尖锐的最小值，这说明钠离子的扩散发生了变化，两个电压范围内的电化学反应机理并不相同，正如上文分析的，整个过程可分为钠离子的表面吸附和碳层嵌入两种。参

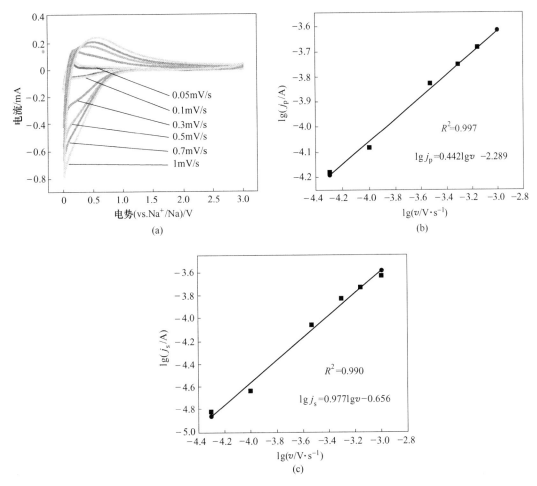

图 4.37 在不同扫描速率下 CLP 电极的 CV 曲线（a），在低电位（约 0.1V）时峰值电流与
扫描速率的相关性（b），以及在低电位时的峰值电流的相关性高电位（约 0.7V）的扫描速率（c）

考已有的研究，与石墨微晶片层空间相比，材料的表面位置更容易接近，钠离子会优先选
择在表面位置进行吸附/解吸，而随着表面储钠活性位点的逐渐减少，钠离子才进一步扩
散到石墨微晶片层空间。为了完成这个扩散过程，钠离子必须克服来自表面位点上先前结
合的钠离子的排斥电荷梯度，才能在材料内部顺利迁移，这将导致 D_{Na} 出现急剧下降。由
此可以说明，CLP 电极的高电位斜坡区域归因于钠离子的表面吸附行为，而低点位平台
区域对应于碳层嵌钠的特征。

　　此外，在约 0.1V 处获得最小离子扩散系数，在锂离子电池的石墨阳极材料中观察到
类似的现象，表现为钠离子的嵌入改变了材料的结构，与石墨碳结合形成钠-石墨插层化
合物（Na-GICs），这是一个可逆的结构相变过程。在约 0.01V 的 D_{Na} 略有增加，可能是由
于 Na-GICs 中插入的钠离子之间的高度吸引的相互作用所导致。

　　为了从微观结构上证明 CLP 电极的钠存储机理，如图 4.39（a）所示，还利用 XRD
分析了样品在截止电压 0.7V、0.3V、0.05V 和 0.01V（在放电过程中）下的结构变化。
用箭头标记样品内部平衡石墨相中明显的（002）布拉格峰位的移动，这对评价结构变化

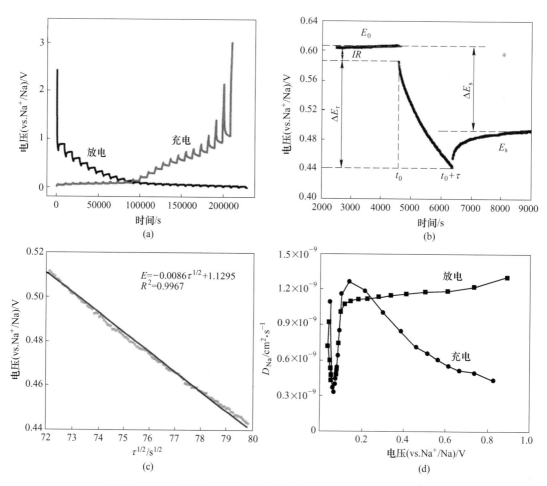

图 4.38　CLP 电极的 GITT 测试：充/放电过程中的电位曲线（a），
放电期间的单个滴定曲线（b），放电期间的单个滴定曲线的线性拟合（c）和钠离子扩散系数（d）

非常有用。当工作电压从 0.7V 降至 0.3V 时（002）布拉格峰没有明显变化，这表明在此过程中 CLP 电极的微观结构没有发生变化。随着进一步的连续放电，衍射峰逐渐向较低的 2θ 值偏移，反映了石墨微晶膨胀的特性。图 4.39（b）描述了计算的平均层间距离与电压的关系。层间距离从初始的 0.385nm 逐渐增加到 0.418nm。测得的膨胀主要归因于石墨微晶片之间的钠离子嵌入，类似于石墨的锂化行为。

　　图 4.40（a）显示了在不同温度下使用 CLP 燃料运行的直接碳固体氧化物燃料电池的电化学性能。当工作温度为 750℃ 时，电流-电压曲线为非线性，并具有明显的凸曲率。随着温度的升高，曲线逐渐变直，并且在 850℃ 时，两个变量显示出几乎线性的关系，表明电极的极化显著降低。同时，与理论预期一致，电池的开路电压随温度升高而增加。使用 CLP 燃料运行的电池在 1.004V 的开路电压下可提供 239mW/cm^2 的最大功率密度，这远低于直接碳固体氧化物燃料电池在 850℃ 时的理论开路电压（1.06V），这表明阳极处的 CO 分压低于平衡估计值。图 4.40（b）描述了在开路电压下测得的直接碳固体氧化物燃料电池的 EIS。作为电解质支持的固体氧化物燃料电池，与高频部分的截距相对应的欧姆

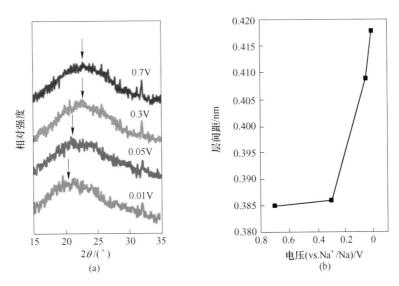

图4.39 放电期间 CLP 电极的 XRD 图 (a) 和相应的层间距图 (b)

电阻为 $0.38\Omega/cm^2$（850℃），从而贡献了电池的大部分电阻。电极的极化可以通过电弧覆盖的实轴范围来区分。随着温度降低，极化电阻增加，这也可以解释功率密度的降低。

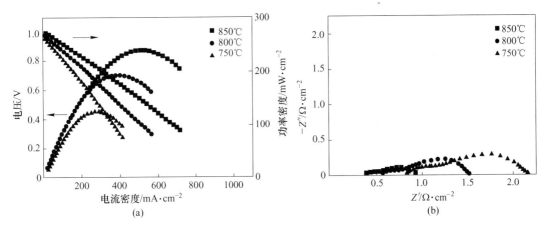

图4.40 以 CLP 作为燃料在不同温度下运行的直接碳固体
氧化物燃料电池的输出性能 (a) 和在开路电压下测得的 EIS (b)

表4.4 显示了用于直接碳固体氧化物燃料电池的碳基燃料的电化学性能的比较。可以看出，在相对较低的温度下，含 CLP 燃料的直接碳固体氧化物燃料电池比具有其他燃料的直接碳固体氧化物燃料电池具有更好的电化学性能，这主要归因于两个方面。首先，高度失调可以提供更多的 Boudouard 反应位点。第二，所含的铁催化剂可用于增强 Boudouard 反应。另外，相对较快的 Boudouard 反应可为阳极侧的电化学氧化反应提供足够的 CO，从而导致高的开路电压。对直接碳固体氧化物燃料电池的废气成分进行分析后发现，CO 的含量高达 64.84%，远高于 CO_2 的含量（35.16%）。众所周知，排气中 CO 的浓度越高，碳燃料的 Boudouard 反应速度越快，从而进一步证实了上述分析结果。

表 4.4　使用碳基燃料的直接碳固体氧化物燃料电池的性能比较

燃料	测试温度/℃	最大功率密度/mW·cm^{-2}
荔枝果皮	850	239
叶炭	850	212
活性炭	850	201
煤焦	850	100
褐煤焦	850	221
焦炭	850	149
玉米秸秆	850	218.5
无烟煤	900	221
无灰煤	840	90

　　带有 CLP 燃料的直接碳固体氧化物燃料电池的恒定电流密度为 250mA/cm^2 时的放电曲线如图 4.41 所示。曲线经历了一个电压升高阶段，随后是一个相对平台，然后突然下降到零。根据以前的经验，电压的增加是因为新鲜碳燃料的初始阶段可以显著提高阳极的电导率。在 250A/cm^2 时，电池的放电时间约为 14.85h，放电电压平台为 0.73V。此外，根据库仑定律，释放的电量可以计算为 3341.3C。使用 0.5g CLP 作为燃料，考虑到直接碳固体氧化物燃料电池中的总阳极反应，电化学氧化消耗的 CLP 燃料为 0.33g，利用率为 66%。

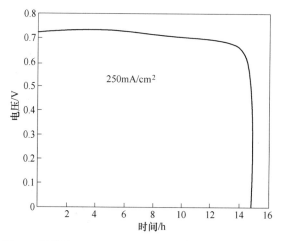

图 4.41　用 CLP 燃料在 850℃下以 250mA/cm^2 的恒定电流运行的放电曲线

4.4.4　小结

　　作为用于新型储能领域的具有优异电化学性能的新一代碳材料，使用荔枝果皮通过简单的加工技术成功制备了衍生的碳材料。当用于钠离子电池阳极时，荔枝果皮衍生的碳材料可提供 336.4mA·h/g 的高比容量，并且在 500mA/g 的大倍率下，850 次循环后的保留率高达 86.5%。通过 CV、GITT 和 XRD 测试对材料的电化学钠存储行为进行了深入研究。

此外，在直接碳固体氧化物燃料电池领域中，使用荔枝果皮衍生的碳燃料运行的电池在 850℃时的最大功率密度为 $239mW/cm^2$，并在 $250A/cm^2$ 的恒定电流密度下工作，放电时间为 14.85h。同时，CLP 在生产过程中无需使用危险药物或释放有毒物质，大规模的应用将为环境的可持续发展做出巨大贡献。不仅如此，高效的清洁生产技术还可以用于开发其他新型碳材料，并增加材料的多样化选择。然而，从生物质前驱体向碳材料的过渡，较低的产量仍然是一个严峻的挑战性问题。将来，需要研究各种影响因素以改善上述问题。

参 考 文 献

[1] Megahed S，Scrosati B. Lithium-ion rechargeable batteries [J]. Journal of Power Sources，1994，51（1）：79～104.

[2] Armand M，Tarascon J M. Building better batteries [J]. Nature，2008，451（7179）：652～657.

[3] Yabuuchi N，Kubota K，Dahbi M，et al. Research development on sodium-ion batteries [J]. Chemical Reviews，2014，114（23）：11636～11682.

[4] Xiang X，Zhang K，Chen J. Recent advances and prospects of cathode materials for sodium-ion batteries [J]. Advanced Materials，2015，27（36）：5343～5364.

[5] Wang H，Yu W，Shi J，et al. Biomass derived hierarchical porous carbons as high-performance anodes for sodium-ion batteries [J]. Electrochimica Acta，2016，188：103～110.

[6] Cao L，Hui W，Xu Z，et al. Rape seed shuck derived-lamellar hard carbon as anodes for sodium-ion batteries [J]. Journal of Alloys and Compounds，2017，695：632～637.

[7] Zhu Z，Liang F，Zhou Z，et al. Expanded biomass-derived hard carbon with ultra-stable performance in sodium-ion batteries [J]. Journal of Materials Chemistry A，2018，6（4）：1513～1522.

[8] Hwang J Y，Myung S T，Sun Y K. Sodium-ion batteries：present and future [J]. Chemical Society Reviews，2017，46（12）：3529～3614.

[9] Sawicki M，Shaw L L. Advances and challenges of sodium ion batteries as post lithium ion batteries [J]. RSC Advances，2015，5（65）：53129～53154.

[10] Górka J，Vix-Guterl C，Matei Ghimbeu C. Recent progress in design of biomass-derived hard carbons for sodium ion batteries [J]. C，2016，2（4）：24.

[11] Larcher D，Tarascon J M. Towards greener and more sustainable batteries for electrical energy storage [J]. Nature chemistry，2015，7（1）：19～29.

[12] Yang T，Qian T，Wang M，et al. A sustainable route from biomass byproduct okara to high content nitrogen-doped carbon sheets for efficient sodium ion batteries [J]. Advanced Materials，2016，28（3）：539～545.

[13] Qin D，Chen S. A sustainable synthesis of biomass carbon sheets as excellent performance sodium ion batteries anode [J]. Journal of Solid State Electrochemistry，2017，21（5）：1305～1312.

[14] Kim K，Lim D G，Han C W，et al. Tailored carbon anodes derived from biomass for sodium-ion storage [J]. ACS Sustainable Chemistry & Engineering，2017，5（10）：8720～8728.

[15] Xiao Y，Chen H，Zheng M，et al. Porous carbon with ultrahigh specific surface area derived from biomass rice hull [J]. Materials Letters，2014，116：185～187.

[16] Lv W，Wen F，Xiang J，et al. Peanut shell derived hard carbon as ultralong cycling anodes for lithium and sodium batteries [J]. Electrochimica Acta，2015，176：533～541.

[17] Scrosati B. Recent advances in lithium ion battery materials [J]. Electrochimica Acta, 2000, 45 (15): 2461~2466.

[18] Alvin S, Cahyadi H S, Hwang J, et al. Intercalation mechanisms: revealing the intercalation mechanisms of lithium, sodium, and potassium in hard carbon [J]. Advanced Energy Materials, 2020, 10 (20): 2070093.

[19] Li D, Ren X, Ai Q, et al. Facile fabrication of nitrogen-doped porous carbon as superior anode material for potassium-ion batteries [J]. Advanced Energy Materials, 2018, 8 (34): 1802386.

[20] Zhang Z, Jia B, Liu L, et al. Hollow multihole carbon bowls: a stress-release structure design for high-stability and high-volumetric-capacity potassium-ion batteries [J]. ACS Nano, 2019, 13 (10): 11363~11371.

[21] Dou X, Hasa I, Saurel D, et al. Hard carbons for sodium-ion batteries: structure, analysis, sustainability, and electrochemistry [J]. Materials Today, 2019, 23: 87~104.

[22] Lotfabad E M, Ding J, Cui K, et al. High-density sodium and lithium ion battery anodes from banana peels [J]. ACS Nano, 2014, 8 (7): 7115~7129.

[23] Hong K L, Qie L, Zeng R, et al. Biomass derived hard carbon used as a high performance anode material for sodium ion batteries [J]. Journal of Materials Chemistry A, 2014, 2 (32): 12733~12738.

[24] Jian Z, Xing Z, Bommier C, et al. Hard carbon microspheres: potassium-ion anode versus sodium-ion anode [J]. Advanced Energy Materials, 2016, 6 (3): 1501874.

[25] Li X, Zeng X, Ren T, et al. The transport properties of sodium-ion in the low potential platform region of oatmeal-derived hard carbon for sodium-ion batteries [J]. Journal of Alloys and Compounds, 2019, 787: 229~238.

[26] Augustyn V, Come J, Lowe M A, et al. High-rate electrochemical energy storage through Li^+ intercalation pseudocapacitance [J]. Nature Materials, 2013, 12 (6): 518~522.

[27] Bai Y, Liu Y, Tang Y, et al. Direct carbon solid oxide fuel cell—a potential high performance battery [J]. International Journal of Hydrogen Energy, 2011, 36 (15): 9189~9194.

[28] Endo M, Kim C, Nishimura K, et al. Recent development of carbon materials for Li ion batteries [J]. Carbon, 2000, 38 (2): 183~197.

[29] Bommier C, Surta T W, Dolgos M, et al. New mechanistic insights on Na-ion storage in nongraphitizable carbon [J]. Nano Letters, 2015, 15 (9): 5888~5892.

[30] Cai W, Zhou Q, Xie Y, et al. A direct carbon solid oxide fuel cell operated on a plant derived biofuel with natural catalyst [J]. Applied Energy, 2016, 179: 1232~1241.

[31] Cao Y, Xiao L, Sushko M L, et al. Sodium ion insertion in hollow carbon nanowires for battery applications [J]. Nano Letters, 2012, 12 (7): 3783~3787.

[32] Kim C, Park S H, Cho J I, et al. Raman spectroscopic evaluation of polyacrylonitrile-based carbon nanofibers prepared by electrospinning [J]. Journal of Raman Spectroscopy, 2004, 35 (11): 928~933.

[33] Komaba S, Murata W, Ishikawa T, et al. Electrochemical Na insertion and solid electrolyte interphase for hard-carbon electrodes and application to Na-ion batteries [J]. Advanced Functional Materials, 2011, 21 (20): 3859~3867.

[34] Li J, Wei B, Wang C, et al. High-performance and stable $La_{0.8}Sr_{0.2}Fe_{0.9}Nb_{0.1}O_{3-\delta}$ anode for direct carbon solid oxide fuel cells fueled by activated carbon and corn straw derived carbon [J]. International Journal of Hydrogen Energy, 2018, 43 (27): 12358~12367.

[35] Li Y, Hu Y S, Titirici M M, et al. Hard carbon microtubes made from renewable cotton as high-performance anode material for sodium-ion batteries [J]. Advanced Energy Materials, 2016, 6 (18): 1600659.

［36］ Liu J, Zhou M, Zhang Y, et al. Electrochemical oxidation of carbon at high temperature：principles and applications ［J］. Energy & Fuels, 2018, 32 (4)：4107~4117.

［37］ Liu R, Zhao C, Li J, et al. A novel direct carbon fuel cell by approach of tubular solid oxide fuel cells ［J］. Journal of Power Sources, 2010, 195 (2)：480~482.

［38］ Liu Y, Xue J S, Zheng T, et al. Mechanism of lithium insertion in hard carbons prepared by pyrolysis of epoxy resins ［J］. Carbon, 1996, 34 (2)：193~200.

5 碳基复合材料在燃料电池中的应用

5.1 大豆衍生掺杂碳基催化剂的制备及性能研究

5.1.1 研究背景

质子交换膜燃料电池阴极上的氧化还原反应是这类燃料电池大规模商业化的关键问题，因为相比阳极较快速的氢氧化反应而言，阴极的氧还原需要更多的铂催化剂。铂及其合金至今仍是最有效的氧化还原催化剂，但是资源的稀缺与相至而来的昂贵的成本阻碍了燃料电池技术的进一步发展[1~3]。因此，开发具有高性能及耐久性的廉价非铂阴极催化剂被认为是降低质子交换膜燃料电池成本行之有效的途径。

自 Gong 等[4]在 2009 年报道了用氮掺杂碳纳米管氮催化氧化还原反应的高活性后，掺杂碳材料被公认为是一类可行的质子交换膜燃料电池的阴极催化剂。探索高活性的掺杂碳基 ORR 催化剂是燃料电池领域的一大热点[5~7]。很多类型的掺杂碳催化剂已被研究和报道，其中部分催化剂同时在酸性和碱性介质中展示出了较好的催化活性。然而，到目前为止，仅有少数文献报道了生物质衍生的掺杂碳基催化剂，Wang 等[8]将氯化铁和蛋白混合起来，通过热解的方法制备了一种掺杂碳基催化剂，这种催化剂表现出一定的氧还原催化活性。鲜有文献报道利用植物生物质来制备氧还原的掺碳基催化剂。

一般来说，生物质具有品种多样性和结构多元性等特点。此外，还有一些生物质本身富含多种非金属（例如：硫，氮，磷等）及金属元素（例如：铁，钴）。而上述的非金属元素及金属元素都已经被证实有利于氧还原活性位点的形成，从而对提高掺杂碳基催化剂的催化性能发挥了至关重要的作用[6,9,10]。因此我们有理由相信，利用不同种类的生物质作为前驱体来制备一系列高性能的掺杂碳基催化剂是完全可行的。

基于上述情况，我们选择了富含氮、硫、磷及微量铁的大豆作为前驱体，通过热解的方法尝试制备一种新型的掺杂碳基催化剂。正如我们所期盼的，这种催化剂展示出了一定的氧还原催化性能。同时，我们还尝试通过在前驱体中加入氯化锌活化剂来提高催化剂的催化性能，并取得了较好的效果。活化后大豆生物质衍生的碳基催化剂在碱性介质中展示出了近乎商业铂碳催化剂的氧还原催化性能。

5.1.2 试验方法及装置

5.1.2.1 材料的制备

掺杂碳基催化剂制备程序如下：首先，我们将从超市买来的大豆（B）洗涤，烘干，并研磨成粉末。接下来，将研磨好的粉末浸泡在质量分数为 30% 的氯化锌（Z）溶液中，70℃ 真空条件下蒸干。将浸渍后的粉末放置于管式炉中，于 900℃ Ar 气氛下进行焙烧。最后，样品在 0.5mol/L 的 H_2SO_4 溶液中于 80℃ 浸泡 12h，烘干后再次在 900℃ 高温下焙烧 1h。我们将上述过程中制取得到的催化剂命名为 BCZA-900-m/n，900 指焙烧温度，m/n 指的是生物质大豆与活化剂氯化锌的质量比值。

同时，作为对比，我们还制备了其他催化剂并对他们进行了命名：豆粉直接焙烧所得的样品称为 BC，加入氯化锌活化剂后焙烧所得样品命名为 BCZ，后缀跟前面一样用来表示焙烧温度及生物质和活化剂之间的质量比值。

5.1.2.2　材料的表征

生物质衍生掺杂碳基催化剂的 XRD 在 TD-3500（丹东，中国）粉末衍射仪上进行，操作电压为 30kV，操作电流为 20mA，使用 Cu-Ka 为 X 射线光源。XPS 在 Axis Ultra（Kratos，英国）X 射线光电子能谱仪上进行，图谱以 C 1s 结合能为 284.5eV 作为标准进行校正。SEM 在一台 JSM-6380LA（日本电子株式会社，日本）扫描电镜上进行，操作电压为 20kV。BET 比表面积及孔径分布是利用 Tristar Ⅱ 3020 气体吸附分析仪（Misromeritics，美国）通过氮气吸脱附过程测试的，预先在 120℃ 条件下抽真空 12h。材料的元素含量采用 Vario EL Ⅲ（Elementar，德国）元素分析仪进行测试。通过 EPMA-1720（Shimadzu，日本）及 ICP-AES（Leema PROFILE，美国）进行材料中痕量金属元素的测试。

5.1.2.3　电化学性能测试

催化剂的电化学评价是在室温下，在具有三电极装置的电化学工作站（Ivium，荷兰）上进行的。测试电解质是 0.1mol/L KOH 溶液，扫描的电势范围是 $-0.8 \sim 0.2V$，扫描速度是 10mV/s。带有玻碳盘面的旋转圆盘电极作为工作电极，铂丝做对电极，Ag/AgCl（3mol/L KCl）电极则作为参比。催化剂墨汁的制备过程如下：取 5mg 待测催化剂粉末，分散在 1mL Nafion/ethanol（质量分数 0.25% Nafion）溶液中，超声 0.5h 后，用微升移液器去 20μL 墨汁涂布在玻碳电极上（内径 5mm），随后在红外烤灯下烘干待测。

为了进一步探索氧还原的动力学机理，我们采用不同转速、一定的扫描速率，得到了一系列氧还原极化曲线，通过 K-L 曲线，整个氧还原过程中转移电子数可以使用 Koutecky-Levich（K-L）方程计算得到：

$$j^{-1} = j_k^{-1} + j_d^{-1} = j_k^{-1} + (B\omega^{1/2})^{-1}$$
$$B = 0.2nFAC_{O_2}D_{O_2}^{2/3}\nu^{-1/6}$$

式中，j 为测量电流密度；j_k 为动力学电流密度；j_d 为扩散极限电流密度；常数 B 为直线斜率；ω 为旋转盘的角速度；n 为整个氧还原过程中的转移电子数；F 为法拉第常数（96485C/mol）；C_{O_2}（1.13×10^{-3}mol/L）和 D_{O_2}（1.9×10^{-5}cm²/s）分别为在 0.1mol/L KOH 溶液中氧气的扩散系数和溶解系数；ν（1.0×10^{-2}cm²/s）为电解质的动力学黏度。常数系数 0.2 是当旋转速度用 r/min 时采用的。

5.1.3　结果与讨论

5.1.3.1　材料的形貌与结构表征

图 5.1（a）展示了样品 BCA-900 和 BCZA-900-1/2 的 XRD 图，并跟 Vulcan XC-72R

炭黑做了比较。从图上我们可以看出，每个催化剂都在 24.2° 及 43.2° 时显示出较宽的衍射峰，这两个峰分别是石墨的 002 及 101 晶面。相比较而言，我们所制备的豆粉衍生的催化剂的衍射峰强度明显的要比 XC-72R 的衍射峰要弱，这可以看出我们所制备的催化剂石墨化程度要略差。另外，我们也可以很清晰地看出，活化剂氯化锌的加入对催化剂的结构影响并不是很大，从 XRD 图中仅能看出微弱的衍射峰的偏移及 101 晶面的轻微改变。

　　热解的温度对于催化剂的结构及石墨化具有重要的影响作用。如图 5.1（b）所示，随着焙烧温度的升高，催化剂中的石墨 002 及 101 晶面的强度在逐渐增强，这说明较高的热解温度是有利于增强掺杂碳基催化剂的石墨化程度的。

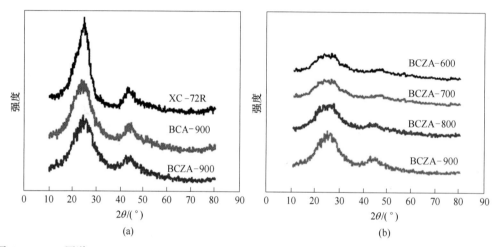

图 5.1　XRD 图谱：BCA-900，BCZA-900-1/2，XC-72R（a）和在不同温度下热解的 BCZA-1/2（b）

　　图 5.2 展示的是制备的生物质基碳基催化剂的氮气吸脱附曲线。从图中可以看出，加入氯化锌活化剂之后催化剂的比表面大幅度的提升。BCA-900 的比表面积大约 $300m^2/g$，当加入氯化锌之后，比表面发生了很大的改变，并随着加入的氯化锌量的增多而增大。当生物质与活化剂的质量比值达到 1:2 时，催化剂的比表面积达到了 $949m^2/g$（见表 5.1），这更进一步确认了氯化锌作为活化剂的重要提升作用。在图 5.2（b）中所展示的

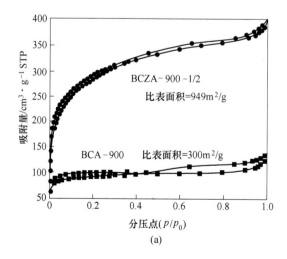

(a)

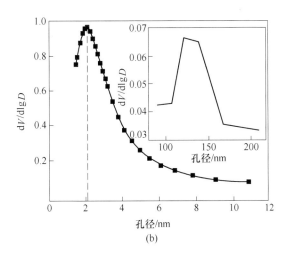

图 5.2　BCA-900，BCZA-900-1/2 的 N_2 吸脱附曲线（a）和 BCZA-900-1/2 的孔径分析（b）

样品孔径分布图中，我们可以发现，样品 BCZA-900-1/2 中同时具有介孔（2.0～2.5nm）及大孔结构（大约 130nm），这表明催化剂可能具有多级的介孔/大孔结构，这些结构将有益于氧还原过程的发生。

表 5.1　各种催化剂的物理特征

项目	BCA-900	BCZA-900-2/1	BCZA-900-4/3	BCZA-900-1/1	BCZA-900-3/4	BCZA-900-1/2
比表面积/$m^2 \cdot g^{-1}$	302	690	742	738	738	949
孔径/nm	4.0	2.35	2.47	2.63	3.07	3.17
孔隙容积/$cm^3 \cdot g^{-1}$	0.13	0.07	0.14	0.17	0.23	0.42

　　关于氯化锌的活化机理，我们推测，氯化锌的加入导致了大豆粉末中所含有的纤维素材料的水解。一旦加热，粉末将因为内部组分的水解而发生膨胀，从而使掺杂碳物质中产生多孔结构并具有较高的比表面积。另外，生物质内部纤维素物质的膨胀可以有效地抑制在热解过程中由于孔结构的产生而导致的内部结构的塌陷或收缩。

　　很明显，氯化锌的活化作用使得我们制备的催化剂具有多孔结构以及较高的比表面积。但是，其具体的活化机理还不是很明确，还需要进一步的探索研究。图 5.3 展示的是加入氯化锌活化剂之后焙烧豆粉后所得到的催化剂的扫描电镜图（SEM）及透射电镜图（TEM），从图上我们可以很明显的观测到物质中所含有的孔结构。活化后的碳物质呈现出不规则蜂窝状结构（如图 5.3（a）和（b）所示），而这些孔结构，我们可以认为是氯化锌的活化作用所产生的。在图 5.3（c）和（d）的 TEM 图中，很多蠕虫状的孔结构被明显的检测到。我们推测，利用氯化锌作为活化剂，可以有助于破坏植物生物质内部的结构而产生孔结构，从而可以提高催化剂的比表面积及孔容。

　　我们利用元素分析测试方法对催化剂的组成进行了检测。如表 5.2 所示，氮含量（质量分数）约为 3.0%，硫含量（质量分数）为 0.5%～0.8%。看起来，氯化锌的加入并没有显著地影响催化剂内部组分的含量。因此，我们可以得到结论，加入氯化锌活化剂之后，催化剂的性能得到了很大程度的提高，其原因可能主要是因为活化剂的加入增加了

图 5.3　样品 BCZA-900-1/2 的 SEM（a）（b）和 TEM 图（c）（d）

催化剂的比表面积，但是 N、S 元素的含量并没有太大改变。高的比表面积使得催化剂的反应过程中暴露出更多的活性位点，而合适的孔容有利于氧还原反应过程中的扩散及传输，因此，这可能就是催化剂显示出较高催化活性的主要原因。

表 5.2　**BCA-900 及添加了不同量的 BCZA-900 催化剂的 C、N、S 元素分析**（质量分数）（%）

元素	BCA-900	BCZA-900-2/1	BCZA-900-4/3	BCZA-900-1/1	BCZA-900-3/4	BCZA-900-1/2
C	67.8	67.5	68.3	70.7	71.2	67.0
N	3.03	3.17	3.07	3.46	3.11	2.83
S	0.51	0.60	0.69	0.78	0.83	0.70

　　除了氮元素和硫元素，催化剂中还可能含有少量的磷元素，因为大豆中也含有少量的磷元素。但是，元素分析并没有检测到磷的存在，可能是因为含量较低的缘故。之前已有大量文献报道，碳基催化剂中掺杂的氮、磷、硫元素可以通过不同的掺杂方式来提高催化剂的氧还原活性。因此，我们的催化剂可以展示出如此优异的 ORR 催化活性。换一句话讲，具有高蛋白含量的生物质，如大豆，如果能通过合适的方法，如活化等来增大比表面积，重整孔结构，都可以成为最有前景的具有高活性的掺杂碳基催化剂。

　　图 5.4 展示了样品 BCA-900 和 BCZA-900-1/2 的 N 1s 的 XPS 图谱。我们通过分峰软件，将样品 BCA-900 的 N 1s 峰分成五种不同形态的氮存在形态，402.5～403eV 的峰可以认为是氧化态氮，401.5eV 有可能是石墨氮的峰，400.5eV 的峰是吡咯氮，399.5eV 是腈

或亚胺的峰，398.3eV 是吡啶氮的峰[11]。很明显，由豆粉制备的掺杂碳基催化剂含有较高比例的石墨氮，吡啶氮以及吡咯氮，而上述形态的氮都被证明是氧还原反应的活性中心，并使得掺杂的碳基催化剂具有较高的催化活性。

通过比较样品 BCA-900 和 BCZA-900-1/2 的 N 1s XPS 图谱，我们可以看出，加入氯化锌活化剂后，催化剂的石墨氮含量由 18.0% 提升到了 26.2%，但是吡啶氮和吡咯氮的比例却有所降低，分别由 21.6% 和 20.4% 降低到了 17.4% 和 17.1%。然而，上述两样品所含有的活性 N 形态的总含量几乎相同，意味着活化剂氯化锌的加入不仅没有显著改变豆粉衍生碳基催化剂元素的总含量，同时对活性 N 形态的含量影响也较小。

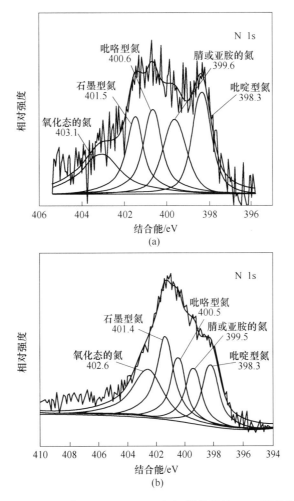

图 5.4 样品 BCA-900（a）和 BCZA-900-1/2（b）催化剂的 N 1s 的高分辨率 XPS 图谱

5.1.3.2 材料的电化学性能研究

图 5.5（a）展示的是 BCZA-900-1/2 与 BCZ-900 分别在饱和氮气和饱和氧气的电解质溶液中的循环伏安曲线。在氮气饱和的电解质溶液中，我们没有检测到任何明显的氧化或者还原的峰，而只是得到一个典型的具有高比表面积的碳材料所特有的准矩形的伏安图。

相比之下，在饱和氧气的电解质溶液中，很明确的氧气在阴极所发生的还原反应的峰被检测到了。很显然，BCZA-900-1/2 相比较 BCZ-900 而言，具有更为明显的氧还原活性，起始电位可以达到-0.02V，峰值电流密度也可以达到 0.8mA/cm²。

　　图 5.5（b）中展示的是样品 BC-900、BCA-900、BCZA-900-1/2 以及商业铂碳催化剂的氧还原活性。跟我们一开始预期的一样，如果直接将豆粉拿来焙烧所得到的催化剂会显示出一定的催化活性，但是活性相对较低；而如果再对其进行酸洗和二次焙烧后，活性会有相应的提高。加入了氯化锌活化剂之后，我们再对其进行酸洗和二次焙烧之后，催化剂的活性则有了明显的大幅度的提高。经过活化后的催化剂，其催化性能可以与商业铂碳催化剂相媲美，这可以确认氯化锌在催化剂制取过程中的重要作用。当所选取的生物质豆粉与掺杂的氯化锌活化剂质量之比达到 1∶2 时，所制取的催化剂具有最好的催化活性，相对比不添加活化剂时制取的催化剂，其半波电位正移了将近 200mV。

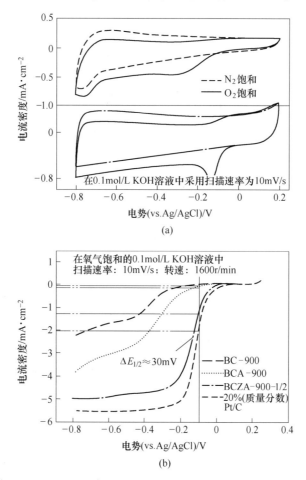

图 5.5　样品 BCA-900（a 上）与 BCZA-900-1/2（a 下）在 0.1mol/L KOH 饱和 N₂ 及
饱和 O₂ 电解质溶液中的循环伏安曲线（a）和样品 BC-900、
BCA-900、BCZA-900-1/2 与商业铂碳催化剂相比较的线性扫描曲线（b）

　　如图 5.6 所展示的所有经过氯化锌活化的催化剂，其活化性能都极大地超过了未活化的催化剂。BCZA-900-1/2 在 -0.2V 时的电流密度比 BCZA-900-2/1 的电流密度增大约 1.5mA·cm^2，其半波电位同时提高了约 100mV。由此我们提出，活化剂氯化锌在提高催化剂活性方面起到了至关重要的作用。此外，从图 5.6 我们可以看出，添加的活化剂氯化锌的量也同样影响着催化剂的催化性能。

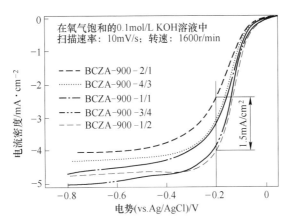

图 5.6　添加不同量的氯化锌活化剂酸处理后所得催化剂在
0.1mol/L KOH 的饱和 O$_2$ 电解质溶液中的线性扫描曲线

　　结合比表面测试（BET）及元素分析的结果（见表 5.2），我们可以推测，豆粉衍生的掺杂碳基催化剂的活性主要有两个影响因素：比表面积和氮含量。活化剂氯化锌的加入极大地提高了催化剂的比表面积，这样可以使催化剂暴露出更多的催化活性位点，而同时催化剂的总氮含量并没有受到太大的影响。当 BC/ZnCl$_2$ 的质量比值达到 1:2 时，催化剂展示出最好的电催化活性，此时催化剂氮含量并不是最高，但却具有最大的比表面积，这表明在制备氯化锌活化的豆粉衍生掺杂碳基催化剂过程中，比表面积的提升对于提高催化剂电催化活性起到了举足轻重的作用。

　　酸处理过程对于提高催化剂的活性也有很重要的作用。如图 5.7 所示，酸处理后，催化剂的电流密度可以增大 2~6 倍。对于具有最高催化活性的 BCZA-900-1/2 来说，相比较酸处理前，经过酸处理后的催化剂在 -0.1V 时，其电流密度由原来的 0.2mA/cm^2 增大到了 1.4mA/cm^2。到底是什么原因引起的如此大幅度催化性能的提升？我们推测，这主要来源于在酸处理过程中，可以洗涤除掉由于添加了氯化锌而在活化过程中生成的锌的不同化合物，如氯化锌，氧化锌及硫化锌等，从而产生很多孔结构，使得催化剂的比表面积有了大幅度的提升，而且同时暴露出了更多的催化活性位点。通过 ICP-AES 分析测试，催化剂中的 Zn 离子的含量由酸洗前的质量分数 8.14% 降低到了质量分数 0.04%，这对我们前面所提出的假设是一个有力的支撑。

　　为了更进一步的研究所制备的催化剂的催化动力学机理，我们在 0.1mol/L KOH 饱和氧气电解质溶液中，采用不同的转速得到了一系列的催化剂电流-电势氧还原催化曲线，如图 5.8（a）所示。随着旋转速度的增大，催化剂的测量电流也呈现逐渐增大的趋势，这主要是由于旋转速度的提升有效的缩短了氧还原反应的扩散层。催化剂的一系列氧还原曲线显示出较好的扩散-极限电流平台，意味着这种催化剂的催化活性位点分布比较均匀，从而有利于提高氧还原过程的速度。

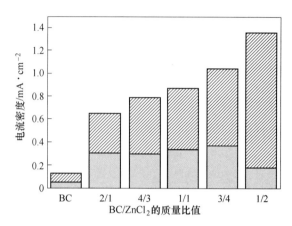

图 5.7　不同活化剂添加量的催化剂在 900℃ 温度下热解后
在 -0.1V（vs. Ag/AgCl）时的电流密度柱状图
（实体表示酸处理前，阴影部分指酸处理后）

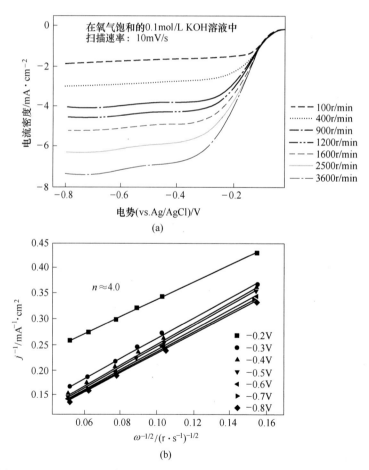

图 5.8　BCZA-900-1/2 在 0.1mol/L KOH 饱和 O_2 电解质溶液中不同转速下
的 ORR 极化曲线（a），扫描速率 10mV/s 和 K-L 曲线（b）

通过 Koutecky-Levich 方程的分析，我们可以从上述的氧还原曲线中得到 K-L 曲线。其电势范围为-0.2~0.8V，如图 5.8（b）所示。在整个扫描电势范围内，曲线的斜率基本保持常数值不变，这意味着氧还原反应在此种催化剂的催化作用下，在不同的电势下都具有相同的转移电子数。对于样品 BCZA-900-1/2 而言，我们通过 K-L 方程对其不同转速下的氧还原数据进行分析，得到其在氧还原过程中的反应的转移电子数约为4。这个结果说明，氧还原反应在我们制备的豆粉衍生掺杂碳基催化剂的催化作用下，趋向于四电子转移机理，而此转移机理使得氧还原过程的最终产物是水，因此是燃料电池中氧还原反应更加有力的反应途径。

5.1.4 小结

在本章的研究工作中，利用大豆这种生物质作为前驱体通过直接焙烧的方式，添加氯化锌活化剂来制取生物质基掺杂碳基催化剂。充分利用大豆生物质中本身所特有的蛋白质含量高的元素组成特点，通过添加氯化锌活化剂实现造孔，提高比表面积，采用热裂解的方法，成功的制备了具有高催化活性的生物质衍生碳基催化剂。主要结论如下：

（1）生物质直接焙烧制取的催化剂展示了一定的催化活性，主要可能来源于生物质本身所具有的组成复杂，焙烧过程一定程度上实现了杂元素在碳格子中的掺杂，但是性能较低。

（2）在制备过程中添加氯化锌活化剂实现了造孔及表面积提升的目的。氯化锌的添加，可能使得生物质内部所含有的纤维素结构在浸泡及焙烧过程中发生膨胀及粉碎，从而造成了大量的不规则的孔结构，引起了催化剂比表面积的提升，当生物质与活化剂的质量比增大至 1:2 时，催化剂的比表面积由活化前的 $300m^2/g$ 提升至 $950m^2/g$，增大了三倍之多，有效的促进了氧还原过程中的物质传输。

（3）活化后的催化剂具有较高的电催化性能，-0.2V 时的电流密度可以达到 1.5mA/cm^2，起始电位约为-0.02V，基本可以与碱性条件下商业铂碳催化剂相当，而其半波电位约为与商业铂碳相比，仅相差 30mV。

（4）用大豆生物质作为前驱体来制取掺杂的碳基催化剂，可以在碱性介质中展示出较优异的催化活性，但是相对比商业铂碳催化剂而言，还是有一定的差距，还需要进一步的探索，提升其催化性能，使生物质衍生掺杂碳基催化剂的制取能够在不远的将来取代铂基催化剂成为燃料电池阴极氧还原催化剂的最佳选择。

5.2 蚕茧衍生掺杂碳基催化剂的制备及性能研究

5.2.1 研究背景

燃料电池是最有前途的能量转换装置，其中的氧化还原反应起到了至关重要的作用。到目前为止，铂及其合金在很长时间内都被认为是效率最高的氧还原催化剂。但是，由于铂基催化剂的资源稀缺，价格居高不下，成为阻碍质子交换膜燃料电池真正商业化的核心问题之一。另外，对中间物的耐受性不够，动力学缓慢，稳定性差等也是铂基催化剂在电催化过程中存在的问题。因此，寻找活性高，价格低廉的非贵金属催化剂来取代铂基催化剂是未来燃料电池发展迫切需要的。目前，探索研究杂原子掺杂的碳基物质成为非金属氧还原催化剂被认为是最有前途的技术。将杂原子掺杂在碳基物质中方法众多，如与含有杂原子的前驱体一起高温碳化，或者将含杂原子的前驱体水热碳化后再进行高温后处理等。但是目前的制备过程程序繁琐，产出率低及合成过程中过度使用化学制品作为碳源及杂原子来源，因此还需要进一步改进提高。

寻找合成杂原子掺杂碳基物质程序简易，价格低产率高的绿色方法替代铂基催化剂成为一种理想的制备方式。生物质衍生碳基物质越来越引起广泛的关注，主要源于生物质的广泛来源及可循环回收利用。如第 4 章所述，生物质本身不仅仅含有大量的碳物质及水，同时也含有其他杂原子，如 N、S、P 等非金属元素及 Fe、Cu 等金属元素。这样，利用生物质作为前驱体进行制备杂原子掺杂的碳基物质是一种很理想的选择[12~20]。Gao 等[21]利用发酵的大米作为初始物质，通过氯化锌的活化，制备了具有较好的耐甲醇及 CO 的良好性能，并具有一定的氧还原催化活性的催化剂。Chen 等[15]将香蒲经过水热处理后，在氨气中进行后处理焙烧，得到一种氮掺杂的纳米级孔碳纳米片，催化剂在碱性介质中展示出与商业铂碳催化剂相媲美的性能，同时具有出众的甲醇耐受性。

蚕通过一种天然的类静电纺丝过程，利用吐出的超细纤维——蚕丝将自己裹成一个茧。蚕丝是一种高蛋白纤维，蛋白质含量高达 80%，其中氮含量 16%，其结构主要是由 18 种不同类型的氨基酸如甘氨酸、丙氨酸、丝氨酸等组成[22,23]。因此，毫无疑问，蚕丝本身含有大量的含氮官能团，我们期望能利用蚕丝所具有的这些优势，制备出性能优良的物质。

在本文中，我们用天然的蚕茧作为碳源及氮源，通过添加 PTFE，设计了一个简易绿色的工艺过程来合成了一种新型的氮掺杂的非贵金属电催化剂。我们发现，经过简单的碳化过程，蚕丝这种天然的超细蛋白纤维就可以直接转化为平均直径约 6μm 的 1D 碳纤维结构。这种新型的电化学催化剂不仅显示出极好的电催化活性，更具备了超越商业铂碳催化剂的优异的稳定性，使催化剂在氧还原催化过程中具有较高的催化性能。

5.2.2　试验方法及装置

5.2.2.1　材料的制备

制备程序如下：首先，取 3g 蚕茧放置在 50mL 聚四氟乙烯内衬的高压反应釜中，加入 30mL 去离子水，然后置于水热箱中在 180℃恒温 12h。水热处理后，得到黄/棕色碳基水凝胶。经 24h 干燥后，得到碳基气凝胶。随后，我们将得到的碳基气凝胶添加一定量的 PTFE，研磨后在 Ar 气氛下以 2℃/min 的升温速率，升至 900℃恒温 2h，之后再用 1mol/L H_2SO_4 溶液在 80℃进行浸渍 8h，离心干燥后，最后在 Ar 气氛中于 900℃下二次焙烧，所得样品命名为 SWF-n/m，其中 n/m 指的是生物质与掺杂 PTFE 的质量比。作为对比，我们同时还按照相同的制备程序，不添加 PTFE 的情况下制备了样品 SW。

5.2.2.2　材料的表征

生物质衍生掺杂碳基催化剂的 XRD 在 TD-3500（丹东，中国）粉末衍射仪上进行，操作电压为 40kV，操作电流为 30mA，使用 Cu-Ka 为 X 射线光源。BET 比表面积及孔径分布是利用 Tristar II 3020 气体吸附分析仪（Misromeritics，美国）通过氮气吸脱附过程测试的，预先在 120℃ 条件下抽真空 12h。SEM 在一台 NOVA NANOSEM 430 microscope（FEI，美国）扫描电镜上进行，操作电压为 15kV。TEM 在 JEM-2100HR microscope（JEOL，日本）透射电镜上进行的，操作电压为 200kV。XPS 在 Axis Ultra（Kratos，英国）X 射线光电子能谱仪上进行，谱图以 C 1s 结合能为 284.5eV 作为标准进行校正。Raman 光谱的测试是在一台 LABRAM Aramis 拉曼光谱仪（HJY，法国）上进行，激光波长为 632nm。红外光谱（FTIR）是在 Tessor 27（Bruker，德国）上测试的。材料的元素含量采用 Vario EL Ⅲ（Elementar，德国）元素分析仪进行测试。

5.2.2.3 电化学性能测试

催化剂的氧还原反应的性能在室温下，通过一台具有三电极电化学池装置的电化学工作站（Ivium，荷兰）完成。工作电极按照如下程序制备：取 5mg 待测催化剂，超声分散在 1mL 质量分数 0.25% 的 Nafion/乙醇溶液中约 0.5h，然后取 20μL 的浆液涂布在玻碳电极（内径 5mm）上，计算得出电极上所负载的待测催化剂约 51mg/cm^2。随后，我们在红外灯下将电极烘干。分别以铂丝作为对电极，Ag/AgCl（3mol/L KCl）做参比电极。催化剂的氧还原稳态极化曲线是在 0.1mol/L KOH 饱和氧气溶液中测试的，在不同的转速下，以 10mV/s 的扫速对催化剂进行了线性伏安扫描。

同时，我们按照同样的制备程序，取 5μL 的 Pt/C（JM，20%，质量分数）催化剂浆液涂布在相同的玻碳电极上，计算得到电极上所负载的催化剂为 25μg/cm^2 Pt。

同时，通过 MSR 速度控制仪（Pine Research Instrument，美国）和 CHI750E 电化学工作站（CH Instrument，美国），我们对催化剂进行了 RRDE 测试（Pt 盘直径为 5mm）。Pt 环电极在 0.5V 极化。

另外，我们对 Ag/AgCl（3mol/L KCl）参比电极进行了校对，校对成相对氢电极（RHE）。二者在碱性介质中电势相差 0.982V。本工作中所有的电位都是相对于标准氢电极。

如前文所述，我们利用 K-L 公式对氧还原反应过程中的电子转移进行了测试和计算，这里不再赘述。

通过催化剂的 RRDE 测试，我们利用下述公式对反应过程中的 H$_2$O$_2$ 产出率进行了计算：

$$H_2O_2 = \frac{200(I_r/N)}{I_d + (I_r/N)} \tag{5.1}$$

式中，I_d、I_r 和 N 分别为盘电流、环电流和校正系数，本测试中其校正系数为 0.37。

在 0.1mol/L KOH 的饱和空气溶液中，我们采用了 0.1V/s 的扫速在 0.18～1.18V 电势范围内，对催化剂进行了连续测试。经过 10000 圈的循环测试之后，我们又对催化剂在 0.1mol/L KOH 的饱和氧气的电解质溶液中，以 10mV/s 的扫速进行了 ORR 稳态极化测试。我们同时对催化剂进行了恒电压长时间放电测试，维持电压在-0.68V，扫速 10mV/s，转速 900r/min，测试时间为 30000s。抗甲醇中毒的测试是在同样也是在 0.1mol/L KOH 的饱和氧气的溶液中进行测试的，转速 900r/min。待测试稳定后，向溶液中加入 2.0mL 3mol/L 的甲醇溶液，搅拌 2min 后继续完成测试。

5.2.3　结果与讨论

5.2.3.1　材料的形貌与结构表征

图 5.9（a）~（c）展示的是天然蚕茧、SW 及 SWF-1/4 的 SEM 扫描电镜图。图中显示出，通过设计的制备工艺，天然的超细纤维蚕丝可以转化成为 SW 样品的均匀的 1D 碳微米纤维结构，直径约 6μm。加入 PTFE 之后，微米纤维的形貌受到一定程度的破坏，并且不是很均匀。图 5.9（d）是 SWF-1/4 样品的 TEM 透射电镜图，可以清楚地看到电镜图所显示出来样品具有很明显的孔结构，这可以在下面的比表面积的测试当中得到认证。

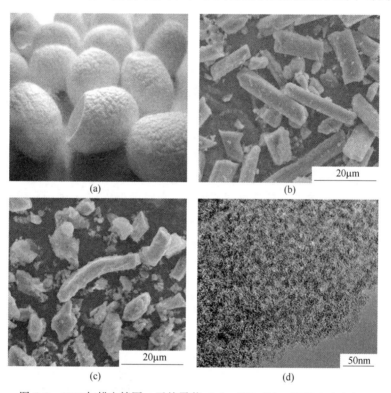

图 5.9　SEM 扫描电镜图：天然蚕茧（a），SW（b），SWF-1/4（c）；
TEM 透射电镜图：SWF-1/4（d）

图 5.10 的 XRD 图谱中，我们可以看出，在 25° 及 44° 有两个较明显的特征峰，两者分别是石墨化碳的 C（002）及 C（101）衍射峰。当加入 PTFE 时，上述衍射峰轻微负移，这可能是由于 F 原子在碳格子中掺杂所引起的，破坏了原本较紧密的碳石墨化结构，使 C（002）晶面的层间距增大。这也可能是在下面的电化学催化测试中催化剂表现出较好催化活性的一个原因。

图 5.11（a）及（b）是样品 SW 及 SWF-1/4 XPS 图谱。测试结果显示样品中 N 含量相差不大，而 SWF-1/4 样品 F 含量高达 7% 以上，而相比较 O 含量则特别低。如图 5.11（c）和（d）所示，284.8eV 显示的较明显的峰是 C ═ C 键，291.8eV 微弱的峰则是半离子状态的 C—F 键。非常显著的 N 1s 特征峰在图 5.12（a）和（b）中展示出来，大约位

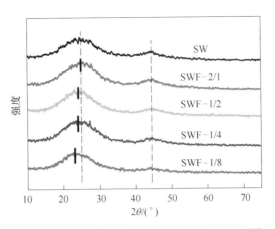

图 5.10 900℃高温下焙烧所得样品的 XRD 图谱

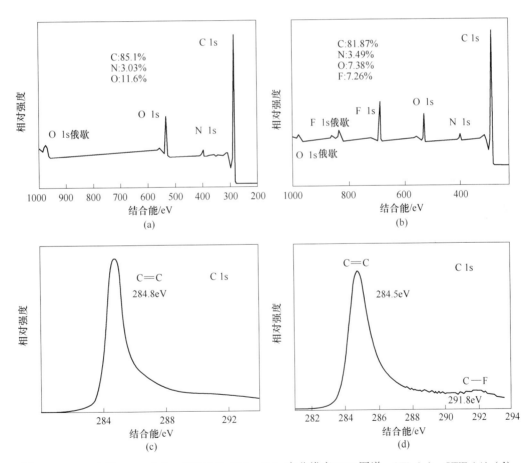

图 5.11 XPS 全谱：SW（a），SWF-1/4（b）；C 1s 高分辨率 XPS 图谱：SW（c），SWF-1/4（d）

于 400eV 附近。图谱再一次很确切的证实了通过热处理生物质前驱体可以得到氮掺杂的碳基物质。如图所示，N 1s 的高分辨率图谱可以用分峰软件通过分析处理分成四个不同的信号峰，398.4eV 对应的是吡啶氮，399.7eV 对应的是吡咯氮，401.0eV 对应的是石墨氮，402.0eV 是氧化氮。在两个样品中其原子数分数分别是 SW 25.2%、24.6%、23.0%和 27.3%，SWF-1/4 27.1%、14.5%、39.6%和 18.8%。前三种氮的存在形态，特别是吡啶氮在碳矩阵的平面含有孤对电子，作为电子给予体，已被很多科研工作者认为是催化剂活性位。另外，从图 5.11（c）我们可以看出，F 1s 的比较明显地特征峰出现在 689.2eV。所以，从 XPS 结果我们可以得到，F 原子掺杂到碳格子中，并具有离子性质，这可能会对我们所制备的催化剂的电化学及光学性质有一定的修饰作用。我们猜测，其 N、F 两种杂原子在碳晶格中的协同效应，是催化剂具有良好催化性能的一个原因。

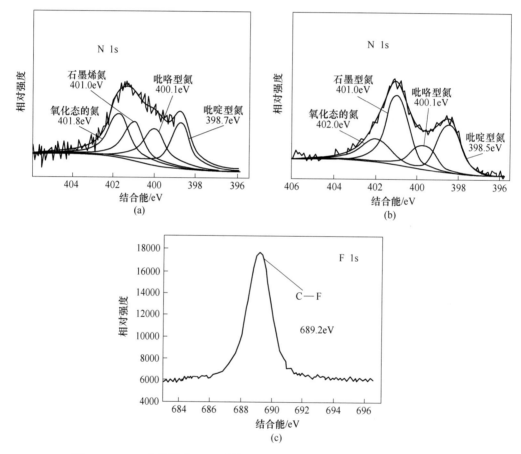

图 5.12 N 1s 高分辨率 XPS 图谱：SW（a），SWF-1/4（b）（分别是样品
不同形态氮的百分含量）；样品 SWF-1/4 的 F 1s 高分辨率图谱（c）

在样品的拉曼图谱中，如图 5.13 所示，1320cm^{-1}和 1580cm^{-1}两个显著峰分别对应的是催化剂的 D 带和 G 带。如我们上章所述，D 带通常源自 SP^{2}杂化引起的晶格变性所导致的，G 带峰则是由于石墨晶格平面的 D$_4$6h 对称群的 E_{2g} 振动模式所引起的。因此，我们通常可以用 D 带和 G 带的强度比（I_D/I_G）来表示掺杂碳基催化剂的缺陷度。如图 5.13 所示，样品 SW、SWF-2/1、SWF-1/2、SWF-1/4 及 SWF-1/8 的 I_D/I_G 值分别为 1.35、1.45、1.47、1.56 及 1.62，可以看出，随着前驱体中添加 PTFE 的量的增加，所制备的

样品 I_D/I_G 比值逐渐增大，样品的缺陷度也随之增大，我们可以推测，缺陷度增大的原因可能来源于添加 PTFE 的量的增加。在高温焙烧过程中，PTFE 的分解使碳基物质基地受到一定侵蚀造成更多缺陷，这可能会也是催化剂在之后的氧还原电化学测试中显示出较好催化活性的一个原因。根据样品拉曼的光谱，我们可以看出，随着 PTFE 的添加，催化剂的 D 带和 G 带宽度，强度及形状都发生了一定的变化，这可能是在热解过程中带来的碳骨架扭曲甚至破坏所造成的。

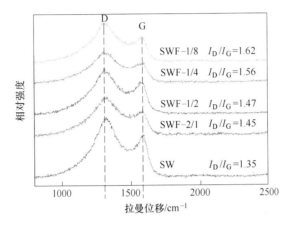

图 5.13　不同样品的拉曼图谱

催化剂表面官能团是通过 FTIR 测试的，如图 5.14（a）所示，生物质原料经过水热处理后含有大量的 C—O—C（900~1100cm⁻¹）、C—O（1000~1300cm⁻¹）、苯基 C=C 或者 N—H（1500~1620cm⁻¹）及—CH₃，—CH₂ 键（1300~1500cm⁻¹，2850~3000cm⁻¹），这主要归功于蚕茧本身所具有的大量的蚕丝蛋白。

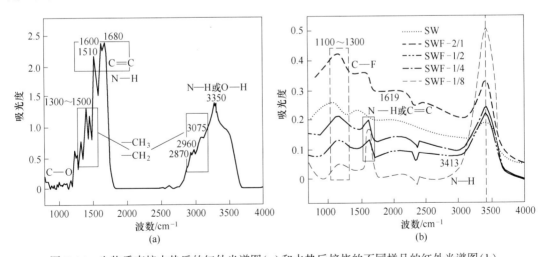

图 5.14　生物质直接水热后的红外光谱图(a)和水热后焙烧的不同样品的红外光谱图(b)

当生物质水热处理后进一步高温焙烧，所测得的红外光谱图有了很大的不同，说明生物质内部的结构在高温焙烧之后发生了改变。焙烧之后，上述振动态的强度都有很大程度的减弱，说明蚕茧降解/水解的物质在焙烧过程中发生了分解。当加入 PTFE 之后呢，在

1100~1300cm^{-1}检测到了 C—F 键，相比较添加之前发生了轻微的正移，可以确认，在焙烧过程中，F 成功的进行了掺杂。

我们对所制备催化剂进行了元素分析测试，以确定催化剂中 C、N、S 的含量。SW 中氮含量约为质量分数 3%，远低于天然蚕丝中的氮含量，可能是因为在水热及高温焙烧过程中含氮物质的分解及挥发造成的。从表 5.3 我们可以看出，聚四氟乙烯的添加对氮含量的影响并不是很显著，当蚕茧与 PTFE 的质量比增加至 1/4 时，对前驱体进行水热处理然后高温下焙烧，所得催化剂氮含量约为质量分数 3.8%，硫含量则相对较低，约质量分数 0.3%，这对催化剂的活性有很大的影响作用。

表 5-3　不同样品元素分析

样　品	N/%	C/%	H/%	S/%
SW	2.7	64.4	3.3	0.6
SWF-2/1	3.6	68.3	2.6	0.3
SWF-1/2	3.3	68.0	2.7	0.5
SWF-1/4	3.8	70.0	2.4	0.3
SWF-1/8	2.0	59.5	2.6	0.9

添加聚四氟乙烯之后，催化剂的氮气吸脱附曲线有了很大的改变。图 5.15（c）中所列出的是添加 PTFE 前后对水热处理得到的生物质进行高温焙烧之后的催化剂的吸脱附曲线，特别是当 SW/PTFE 达到 1:2 之后，曲线是典型的 Ⅳ 型，说明这个过程当中产生了很多的介孔结构。从孔径分布的结果我们也可以看出，加入 PTFE 之后，催化剂产生了大量的孔径约 5~30nm 的介孔结构。这些微孔及介孔结构的产生，可能是由于焙烧过程中生物质本身所固有的非碳物质及含碳物质的分解燃化，及添加的 PTFE 高温下分解破坏了原本的碳骨架所致。根据相关的文献报道，一定量的介孔结构的存在，可以有利于氧还原过程中物质的传输，从而可以达到提高催化剂电催化活性的目的。

5.2.3.2　材料的电化学性能研究

为了研究催化剂的氧还原活性，我们做了旋转圆盘电极测试。图 5.16（a）展示的是水热后的蚕茧样品直接在不同的温度下进行焙烧之后的氧还原曲线图，从图上可以看出，焙烧温度对样品的活性有很大的影响。从 700℃ 开始，增加温度，样品的催化活性显著提高，当温度达到 900℃ 时，活性增大到最大值，继续升温则活性略有下降，活性顺序与之前我们测过的样品的比表面积顺序一致。在后续的试验中，我们选择了 900℃ 作为最优化温度。对比水热后直接焙烧的样品，当添加 PTFE 之后，催化剂的起始电位有了很大的正移，当 SW/PTFE 达到 1/4 时，我们记作 SWF-1/4，在 0.78V 时的电流密度和极限电流密度分别达到了 4.65mA/cm^2 和 5.80mA/cm^2，相比 SW（2.02mA/cm^2 和 3.20mA/cm^2）分别正移了 2.63mA/cm^2 及 2.60mA/cm^2，大约有两倍的增大幅度。如图 5.16（b），其半波电位（0.84V）及起始电位（0.99V）也都赶上了商业铂碳，展示出优异的催化活性。

随后，我们用 Tafel 曲线来描述表征催化剂的氧还原反应动力学特征。一般的，在低电位区，Tafel 斜率约为 120mV/dec 时，表明氧还原反应的速率是有第一个电子转移的速

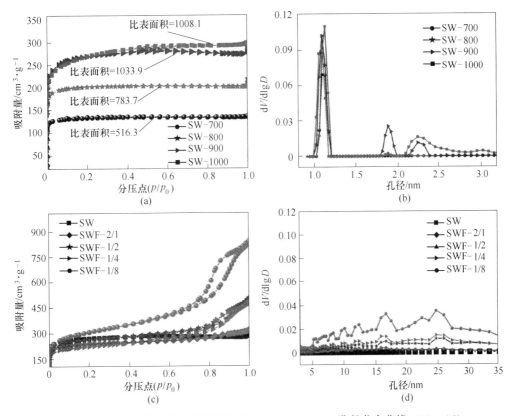

图 5.15 不同样品的氮气吸脱附曲线（a），（c）；DFT孔径分布曲线（b），（d）

率决定的，在高电位区，Tafel 斜率为 60mV/dec 时，氧还原反应速率主要取决于反应过程中的吸附氧的中间体的迁移速率。根据图 5.16（c）所示已制备催化剂的 Tafel 曲线，我们通过计算得曲线的 Tafel 斜率在高电位区约为 76mA/dec，低电位区约为 118mV/dec。这个结果说明，我们所制备出来的 SWF-1/4 催化剂其氧还原反应的过程机理和铂碳催化剂比较类似，可能是直接的四电子转移机理。

我们同样按照前章所述的方法测定了催化剂在不同转速下的氧还原电流-电位曲线，利用 K-L 方程计算了反应过程中的转移电子数（如图 5.16（d）和（e）所示）。通过分析 K-L 曲线计算得 SWF-1/4 在氧还原过程中每个氧分子在 0.48～0.78V 的电位区转移电子数约为 3.9，趋向四电子转移，这与前面的 Tafel 结果相吻合。

最后，我们还发现，催化剂 SWF-1/4 还展示出较优异的抗甲醇中毒的性能。如图 5.17（a）所示，我们按照前章所述的测试程序，在测试池中加入甲醇后，SWF-1/4 电流反应不大，说明甲醇的存在对催化剂的氧还原性能影响较小。而在商业铂碳催化剂的测试池中添加甲醇时，电流密度瞬时发生大幅度的跳跃，且电流密度随之有很大的衰减。如此优异的对甲醇的耐受性，使我们所制备的催化剂成为一种极具前景的直接甲醇燃料电池（DMFC）的催化剂。

耐久性一直是氧还原电化学催化剂的一个重要问题。所以，我们对催化剂的耐久性进行了评估。测试方法如前章所述，在此不做赘述。图 5.17（b）给出的是 SWF-1/4 的耐

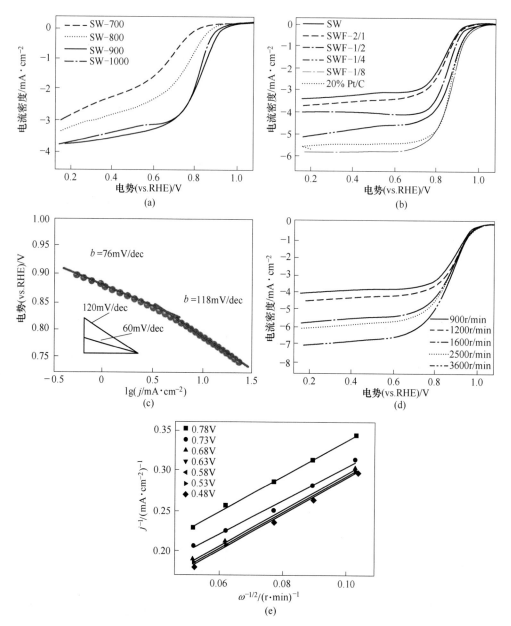

图 5.16   在 0.1mol/L KOH 饱和氧气溶液中水热处理的样品不加 PTFE 直接在不同温度下焙烧的样品的
氧还原线性扫描曲线（a）；添加 PTFE 前后 900℃焙烧的样品的氧还原线性扫描曲线（b）；
样品 SWF-1/4 的塔菲尔曲线（c）；K-L 曲线（d，e）（插图是计算的转移电子数）

久性测试结果。将电位恒定在 0.68V，催化剂可以在碱性条件下持续放电 25000s，氧还原
的活性仅下降 4%，而同样的条件下，商业铂碳催化剂则下降了 15% 之多。上述结果表
明，作为一种新型的生物质衍生自掺杂碳基催化剂，SWF-1/4 具有很好的耐久性。

5.2.4   小结

在本章研究工作中，我们选取了蛋白质含量较高，具有超细纤维结构的蚕丝作为初始

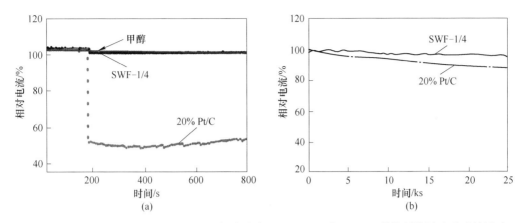

图5.17　0.68V时在0.1mol/L KOH空气溶液中SWF-1/4和商业Pt/C催化剂的甲醇耐受性测试
（箭头表示的是甲醇的加入）（a）；0.68V 0.1mol/L氧气饱和的KOH溶液中
SWF-1/4和商业Pt/C催化剂的长时间稳定性测试（b）

物，通过水热处理及高温焙烧的工艺过程，在焙烧过程中添加PTFE制备了一种新型的生物质衍生的具有高比表面及多级孔结构的微米碳基催化剂。我们对其结构、形貌、组成进行了表征，并对其电化学催化性能进行了评价，具体结果如下：

（1）将蚕茧进行水热处理后，在900℃高温下的Ar气氛中焙烧，随后通过酸处理及二次焙烧的过程制备的催化剂具有较高的比表面积，高达1000cm²/g，同时具有微孔（约1.2nm）及介孔结构（5~30nm），这将有利于氧还原反应过程中的物质传输。

（2）生物质自身固有的蛋白质组分使所催化剂中由于自掺杂具有一定的N含量，其存在形态主要有吡啶、吡咯及石墨型，而这将对氧还原反应起到一定的促进作用。

（3）PTFE的添加实现了催化剂中N、F共掺杂，而且高温条件下热解PTFE可以起到F的掺杂使催化剂原有较为均匀的结构遭到了破坏，破坏了生物质原本的碳骨架，导致大量介孔的生成。随着添加PTFE的量的增加，效果越来越显著。

（4）通过水热处理及高温焙烧制取的生物质衍生的掺杂碳基催化剂具有优良的电化学性能，不仅显示出碱性条件下与商业铂碳催化剂相媲美的电催化活性，更具有优良的抗甲醇渗透性及良好的耐久性。

5.3　小球藻衍生氮掺杂碳纳米管催化剂的制备及性能研究

5.3.1　研究背景

由于复杂的4电子反应过程和氧还原/或氧析出反应（ORR/OER）缓慢的动力学，各类电化学能源转换装置中的氧电极反应常常被较差的ORR/OER催化剂所限制，例如：燃料电池、金属空气电池和电解水装置[24]。目前，贵金属Pt是最有效的ORR电催化剂，贵金属氧化物RuO₂和IrO₂是最有效的OER电催化剂。然而贵金属催化剂却因成本过高、资源稀缺和稳定性差等缺点，严重阻碍了氧电极相关电化学能源转换装置的发展和大规模商业化的进程。为了寻找贵金属催化剂的替代品，科研人员付出了大量的努力和心血，致力于探寻基于地球资源丰富的非贵金属作为新的有效的双功能ORR/OER催化剂。

　　N、S、P 和 B 等杂原子掺杂碳材料已经吸引了人们极大的研究兴趣,因为掺杂碳材料有效的 ORR/OER 活性,良好的稳定性以及低廉的价格。包括理论计算和实验在内,都已经证明,N 掺杂能够有效地调节碳材料的电子特性和电化学活性。迄今为止,关于 N 掺杂碳催化剂的 ORR 或者 OER 活性位本质仍然是一个具有争议的问题。一种观点提出,吡啶 N 是主要的 ORR 活性位,石墨 N 是主要的 OER 活性位。然而,其他学者提出吡啶 N 和石墨 N 不仅是 ORR 活性中心而且也是主要的 OER 活性位。作为一种理想的双功能催化剂,自身应该同时具备充足的 ORR 和 OER 活性位。通常情况下,N 掺杂碳材料往往具有较好的 ORR 活性,但其 OER 活性很差。实际上,大部分 N 掺杂碳材料仅仅具有单一功能的 ORR 活性或者 OER 活性。这是因为 N 掺杂碳材料往往只具有单一类型的 ORR 活性位或者 OER 活性位。先前的研究已经证明,将过渡金属 M(例如:M=Fe、Co 和 Ni)引入掺杂碳材料中能够显著提它们的电催化活性。这是因为过渡金属可以与 N 形成 $M—N_x$ 直接作为 ORR 或者 OER 活性位,或者过渡金属在前驱体热处理过程中,作为辅助催化剂,促进 ORR 或者 OER 活性位的形成。虽然过渡金属在碳基催化剂中所扮演的角色仍存在争议,但是过渡金属的引入确实能够提高碳基催化剂的电催化活性,这一观点已被广泛报道并成为共识。因此,根据这些研究结果,人们提出了两种常见的策略,来制备高性能掺杂碳催化剂用于 ORR 或者 OER。一种解决方案是通过扩大吡啶 N 或者石墨 N 的比例来提升活性位的数目[25]。另外一种策略则是通过引入过渡金属来构筑多种类型的活性位结构[26]。遗憾的是,通过扩大活性位数目的方法往往造成单一吡啶 N 或者石墨 N 百分比的提高,很难实现掺杂碳材料的吡啶 N 和石墨 N 比例同时提高。因此,通过同时提高吡啶 N 和石墨 N 比例的方法,来同时提升 N 掺杂碳催化剂 ORR 和 OER 性能是很难实现的。除此之外,添加过量的过渡金属容易形成过渡金属氧化物,而这些过渡金属氧化物由于自身差的导电性和化学不稳定性,往往限制了有效活性位的形成,从而降低了碳材料的 ORR 或 OER 活性。另外,除了自身固有的催化活性外,构筑大量的多孔、洞结构和大的比表面积也是十分重要的。因为高比表面积和丰富的孔结构在 ORR 和 OER 反应过程中,能够有效地促进中间产物物质传输和电子转移。近年来,人们研究发现过渡金属纳米粒子封装进 N 掺杂碳纳米管(CNTs)中能够部分提高它们的 ORR 和 OER 催化活性[27]。然而,关于在这类材料中,如何区分 $N_x—C$、$M—N_x$ 及过渡金属纳米颗粒对于 ORR 或者 OER 性能贡献的多少,仍旧是一个令人困惑的难题。另外,大多数氮掺杂碳纳米管的制备过程费事且繁琐,碳前驱体也往往选用对环境有危害的化学试剂,而获得的产品不具有大的比表面积且整体含氮量不高。因此,通过合理的设计构筑多种有效 ORR 和 OER 活性位,并自下而上地制备出令人满意的双功能 ORR 和 OER 催化剂,仍然是充满了巨大的挑战。

　　小球藻由于自身富含蛋白质、糖类、脂类及氨基葡萄糖而被认为是理想的氮源和碳源前驱体。除此之外,小球藻本身呈空心微球型,且细胞壁具有多种相互连通的孔道构架,小球藻还拥有多种尺寸,直径从几微米到几十微米。基于上述考虑,我们可以充分利用小球藻丰富的杂元素成分和独特结构,来设计制造高性能掺杂碳催化剂。在此,我们使用简单易行的方法,成功开发出一种由 N 掺杂碳 CNTs 和 CNTs 封装的钴纳米粒子构筑的鸟巢状框架。这种鸟巢状框架材料使用小球藻生物质、三聚氰胺和乙酸钴作为前驱体,随后通过热处理获得。这种材料同时具备优异的 ORR 和 OER 催化活性及稳定性。其电化学性能不仅优于大多数报道的 N 掺杂碳电催化剂,而且还超越了最先进的贵金属催化剂(Pt/C

和 IrO_2/C）。该催化剂优异的 ORR 和 OER 性能，可归因于 ORR 活性位（吡啶 N）密度和 OER 活性位（石墨 N）密度的同时提升。更重要的是，通过钴纳米粒子封装进 CNTs 形成了新的活性中心，这进一步提升了该催化剂的 ORR 和 OER 性能，并且其独特的三维框架结构也促进了物质传输和电子转移。

5.3.2 试验方法及装置

5.3.2.1 材料的制备

掺杂碳催化剂的制备过程如图 5.18 所描述的那样，主要包括用两个步骤。首先，用小球藻浸渍三聚氰胺和乙酸钴溶液，其次在惰性气氛下对浸渍过三聚氰胺和乙酸钴的小球藻进行高温热处理。典型的制备过程如下：25mg（0.2mmol）的三聚氰胺和 12.5mg（0.05mmol）乙酸钴溶于 80mL 去离子水并于 70℃ 下连续不停搅拌 8h，使其充分溶解，形成三聚氰胺和乙酸钴的混合溶液。然后，30mg 小球藻加入上述混合溶液中，使小球藻分散均匀，并连续不断搅拌 2h，直至形成均匀的混合物。接下来，将所得混合物过滤并在 80℃ 下干燥 24h。然后，将干燥后的用三聚氰胺和钴盐浸渍过的小球藻在氩气氛下 900℃ 热处理 1h。所获得的黑色粉末浸入 1mol/L H_2SO_4 溶液中再 80℃ 酸洗 24h。然后，将酸洗后的产物离心分离，接着用去离子水洗涤离心后的产物，并在 80℃ 过夜干燥。最后，将酸洗干燥后的黑色粉末放入管式炉中，并在下 900℃ 进行二次热处理，使样品实现进一步的碳化。我们将制备获得的样品命名为 Co/M-*Chlorella*-900，这里 *Chlorella*、M 和 Co 分别表示前驱体中包含小球藻、三聚氰胺和钴，而 900 代表样品的热处理温度为 900℃。作为对比，我们按照 Co/M-*Chlorella*-900 的制备过程，采用同样的制备程序又制备了 *Chlorella*-900、M-*Chlorella*-900、Co-*Chlorella*-900 和 Co/M-900 四种样品，分别对应前驱体中仅仅含有小球藻，前驱体中仅仅含有小球藻和三聚氰胺，前驱体中仅仅含有小球藻和钴，前驱体中仅仅含有三聚氰胺和钴。为了研究钴的量对催化剂 ORR/OER 性能的影响，我们按照相同的制备方法，又制备了三种不同 Co 添加量的样品，即在前驱体中分别添加了 0.01mmol、0.025mmol 和 0.10mmol 的 $C_4H_6O_4 \cdot Co \cdot 4H_2O$。

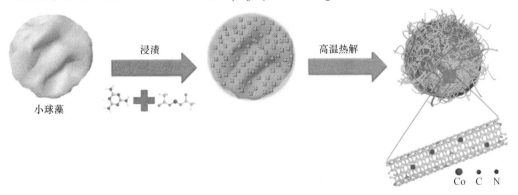

图 5.18 Co/M-*Chlorella*-900 制备过程示意图

5.3.2.2 材料的表征

梅林场发射扫描电子显微镜（SEM，Carl Zeiss）、透射电子显微镜（TEM，JEM-

2100，运行电压 200kV）、X 射线粉末衍射（XRD，TD-3500，通达，中国）、拉曼光谱（LabRAM ARAMIS 拉曼光谱仪，HJY，法国）、X 射线光电子能谱（XPS，Axis Ultra DLD，Kratos，英国）、气体吸附分析仪（Brunauer-Emmett-Teller 法，Tristar Ⅱ 3020）分别被用来表征或检测样品的形貌、结构、表面化学态、比表面积和孔径分布。

5.3.2.3　电化学性能测试

电化学测试采用标准三电极体系，使用瑞士万通电化学工作站（PGSTAT302N，瑞士），在室温下 0.1mol/L KOH 电解液中对所有样品进行电化学性能测试。其中一个玻碳电极（GCE，直径 5mm）、汞/氧化汞电极（Hg/HgO，浸入 1.0mol/L KOH 溶液中）和 Pt 丝分别作为三电极体系中相应的工作电极、参比电极和对电极。本文中汞/氧化汞参比电极的电势均校准为在 0.1mol/L KOH 电解液中的可逆氢电极电势（RHE）。使用 α-Al_2O_3 抛光粉在抛光布上将 GCE 表面抛光成镜面，接着分别使用去离子水，无水乙醇超声清洗干净，后置于红外灯下烘干备用。下一步是催化剂浆膜的配制，取 5.0mg 的催化剂放入 1mL 全氟磺酸/乙醇溶液中（质量分数 0.25% Nafion），超声混合至均匀墨汁状。然后取 8μL 墨浆均匀滴在 GCE 表面，在红外灯下烘干至均匀成膜，制备的工作电极中催化剂的负载量大约为 0.2mg/cm^2。

电化学测试在 Pine 公司的旋转圆盘（RDE）电极系统（pine research instrumentation，美国）上完成。分别通过扫描速率为 10mV/s 的循环伏安法（CV）和扫描速率为 5mV/s 的线性扫描伏安法（LSV），对样品的 ORR 活性进行了评估。其中一系列的 LSV 曲线记录了在 O_2 饱和的 0.1mol/L KOH 电解液中，从 400~2500r/min 不同转速下的测试数据。样品的稳定性测试采用时间-电流（I-t）计时响应法，在 0.85V（vs. RHE）下 0.1mol/L KOH 溶液中完成。此外，我们还对 Co/M-*Chlorella*-900 和 Pt/C 进行了 2000 圈循环前后的加速老化测试。ORR 过程中的电子转移数目根据 Koutecky-Levich（K-L）方程进行了计算。样品的 OER 性能通过在 0.1mol/L KOH 溶液中采用 0.5mV/s 扫描速率的 LSV 测试进行评估。样品的 OER 稳定性测试采用 I-t 计时响应法，在 1.60V（vs. RHE）下 0.1mol/L KOH 溶液中完成。同样的，我们在 O_2 饱和的 0.1mol/L KOH 溶液中，还对 Co/M-*Chlorella*-900 和 IrO_2/C 进行了 2000 圈循环前后的加速老化测试。为了研究催化剂 OER 过程的动力学，基于塔费尔方程我们计算了样品 OER 过程的塔费尔斜率。

5.3.3　结果与讨论

5.3.3.1　材料的形貌与结构表征

样品的形貌和结构采用 SEM 和 TEM 进行了表征。如图 5.19（a）和图 5.20（a）所示，本征小球藻呈褶皱干瘪的微球型颗粒。然而，Co/M-*Chlorella*-900 则显示为空心鸟巢状的形貌/结构（如图 5.19（b）所示）。放大之后（如图 5.19（c）所示），我们发现该鸟巢状框架由大量互相缠绕在一起的、长短不一的 N 掺杂 CNTs 构筑而成，并且这些 CNTs 的长度范围从几百纳米到几十微米。这种鸟巢状的结构有利于 ORR 过程中的电子和反应物的传输。我们发现，Co 在小球藻转化为竹节状 CNTs 并形成鸟巢状框架的过程中，起了至关重要的作用。没有添加钴的样品，依旧保持了小球藻的初始形貌，如图 5.20

(b) 和图 5.20 (c) 所示，*Chlorella*-900 和 M-*Chlorella*-900 呈现为褶皱的、干瘪的空心碳微球。此外，在包含钴和三聚氰胺，却不含有小球藻的 Co/M-900 中（图 5.20 (d) 所示），我们发现只有很少量的 CNTs 存在于热处理后的样品中。这也进一步证明了 Co 对 CNTs 的形成起到了至关重要的作用。和 Co/M-*Chlorella*-900 类似，Co-*Chlorella*-900（图 5.20 (e)）也呈现为一种空心的鸟巢状结构。图 5.20 (f) 显示了 Co-*Chlorella*-900 局部放大后的 SEM 图，我们可以清楚地看到该鸟巢状框架同样由 N 掺杂 CNTs 构成。这种纳米管的一端管口封闭并且具有明显的竹节状关节。除了 CNTs，我们从样品 Co-*Chlorella*-900 和 Co/M-*Chlorella*-900 的 SEM 图上并未观察到其他类型的碳材料。因此，这种方法提供了一种有效的途径，即我们能够以生物质为前驱体制备竹节状 CNTs。

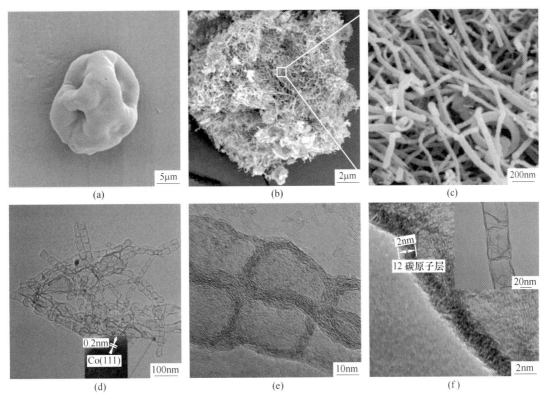

图 5.19 小球藻的 SEM 图 (a)；Co/M-*Chlorella*-900 的 SEM 图 (b)，(c)；Co/M-*Chlorella*-900 的 TEM 图（插图是单个钴纳米粒子封装进氮掺杂碳纳米管的 HRTEM 图）(d)；竹节状碳纳米管的竹节结构 HRTEM 图 (e)；碳纳米管管壁的 HRTEM 图（插图显示的是相对应的整个碳纳米管 TEM 图）(f)

　　Co/M-*Chlorella*-900 的 TEM 图展示在图 5.19 (d) 和 (e)，从图上可以清楚地看到 CNTs 的竹节状结构。图 5.19 (f) 显示出这种有生物质制备的 CNTs 具有很薄的管壁，薄至 2nm，相对应的只有 12 个碳原子层的厚度。如图 5.19 (d) 和图 5.21 (a) 所示，我们在碳纳米管中可以发现一些钴纳米粒子，这些钴纳米粒子封装在 CNTs 的内部。正如图 5.19 (d) 内的插图所示，这颗钴纳米粒子的晶面间距为 0.2nm，对应的是 Co (111) 晶面。高分辨 TEM 图（如图 5.21 (b) 所示）清晰地显示出一颗钴纳米粒子被完整的石墨碳壳所包覆，这层石墨碳壳是由整齐有序的碳层所构成。该石墨碳壳的晶面间距为 0.34nm，对应的是石墨的（002）晶面。我们相信这种由碳包覆的胶囊化的钴纳米粒子，在竹节状 CNTs 的形成过程中扮演了一个催化剂的角色。或者说在小球藻转化为鸟巢状框架的过程中，由碳包覆的胶囊化的钴纳米粒子起到了至关重要的催化作用。由于绝大多数钴氧化物的不稳定性，在酸洗阶段绝大多数钴氧化物被除去，这也是仅仅有少量的稳定的封装进碳基质中的钴纳米粒子，能够保留在 Co/M-Chlorella-900 样品中的原因。根据 SEM 和 TEM 的结果结合类似的文献报道，我们认为保留下来的钴纳米粒子，通过形成包含 Co 的催化活性中心贡献了催化剂的部分 ORR 和 OER 性能[28]。添加的 Co 通过形成一种新类型的活性位直接增强了这种掺杂碳材料的催化性能。

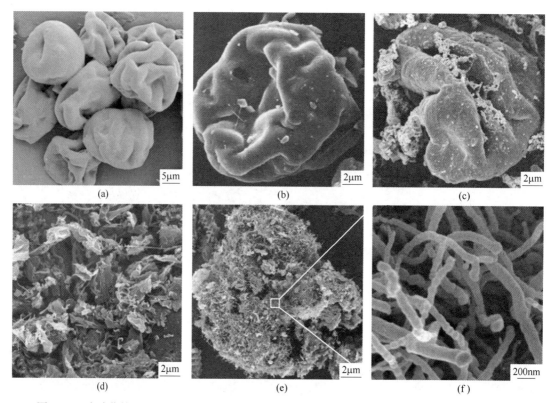

图 5.20　小球藻的 SEM 图（a）；Chlorella-900 的 SEM 图（b）；M-Chlorella-900 的 SEM 图（c）；
　　　　Co/M-900 的 SEM 图（d）；Co-Chlorella-900 的 SEM 图（e），（f）

图 5.22（a）展示了 Chlorella-900、M-Chlorella-900、Co-Chlorella-900、Co/M-900 和 Co/M-Chlorella-900 的 XRD 图谱。Chlorella-900 和 M-Chlorella-900 在 23.8°和 44°分别呈现出两个宽泛的衍射峰，分别对应 C(002) 和 C(100)。然而，Co-Chlorella-900，Co/M-900 和 Co/M-Chlorella-900 在 26°呈现一个非常尖锐的衍射峰，对应石墨碳的（002）晶面。这表明 Co-Chlorella-900、Co/M-900 和 Co/M-Chlorella-900 比 Chlorella-900 和 M-Chlorella-900 具有更高的石墨化程度。此外，Co-Chlorella-900、Co/M-900 和 Co/M-Chlorella-900 分别在 44.3°、51.6°和 75.8°出现了其他三个明显的衍射峰，与标准卡片 JCPDS 文件 15-0806 相吻合，这表明 Co-Chlorella-900，Co/M-900 和 Co/M-Chlorella-900 三个样品中存在金属钴的物相[29]。除零价钴外，三种样品中并未观察到其他氧化物的物相。这意味着，经过酸洗

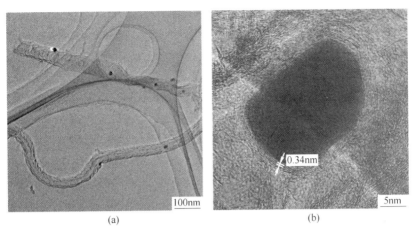

图 5.21 Co/M-*Chlorella*-900 中钴纳米粒子封装进 CNTs 中的 TEM 图（a）和
Co/M-*Chlorella*-900 中钴纳米粒子被石墨碳壳完全包覆的 TEM 图（b）

处理后，Co 主要以封装进 N 掺杂碳的钴纳米粒子保留在样品中，而不稳定的钴氧化物已
被完全除去。这个结果也和 TEM 观测到的结果相一致。综合上述测试结果，表明由钴纳
米粒子和 N 掺杂 CNTs 所引发的协同效应促进了钴和掺杂碳之间的电子转移，进一步提升
了催化剂的 ORR 和 OER 性能。*Chlorella*-900、M-*Chlorella*-900、Co-*Chlorella*-900、Co/M-
900 和 Co/M-*Chlorella*-900 的拉曼光谱展示在图 5.22（b）。每个样品都显示出两个明显的
峰。在大约 1350cm^{-1} 处的 D 峰表明碳材料本身的局部缺陷和无序化程度，在大约
1580cm^{-1} 处的 G 峰则表明碳材料自身的石墨晶面振动声子。D 峰和 G 峰的相对峰强度比
（I_D/I_G）能够反映碳材料的石墨化程度。*Chlorella*-900、M-*Chlorella*-900、Co-*Chlorella*-
900、Co/M-900 和 Co/M-*Chlorella*-900 五种样品 I_D/I_G 值分别为 1.33、1.22、1.15、1.03
和 1.08，表明 Co-*Chlorella*-900 和 Co/M-*Chlorella*-900 比 *Chlorella*-900 和 M-*Chlorella*-900 拥
有更高的石墨化程度。这是因为 Co-*Chlorella*-900 和 Co/M-*Chlorella*-900 都是由竹节状的掺
杂 CNTs 构成，*Chlorella*-900 和 M-*Chlorella*-900 则主要由无定形碳所构成，竹节状的 CNTs
比无定形碳具有更高的石墨化程度，这也和 XRD 的结果相一致。此外，XRD 和拉曼光谱
结果也表明，前驱体中添加 Co，能够显著促进样品的石墨化。

我们使用氮气吸脱附孔隙度测定法对五种样品的比表面积进行了测试，如图 5.23
（a）所示。与其他四种样品相比，Co/M-*Chlorella*-900 拥有最高的 BET 比表面积，达到
728m^2/g，而 *Chlorella*-900、M-*Chlorella*-900、Co-*Chlorella*-900 和 Co/M-900 的比表面积分
别为 157m^2/g、489m^2/g、604m^2/g 和 236m^2/g。Co/M-*Chlorella*-900 大的比表面积应归因
于由 N 掺杂 CNTs 构筑的鸟巢状框架结构。我们还使用 Brunauer-Emmett-Teller 法计算了 5
种样品的孔径分布。图 5.23（b）表明在孔径从 6~250nm 的范围内，*Chlorella*-900、M-
Chlorella-900、Co-*Chlorella*-900 和 Co/M-*Chlorella*-900 中，共存有丰富的介孔和大孔。相比
之下，Co/M-900 只含有介孔。在样品 Co/M-*Chlorella*-900 中，介孔可能主要产生于 N 掺
杂 CNTs，而大孔则主要源于纳米管互相缠绕而成的鸟巢状结构的内部空间和网格空隙。
Co/M-*Chlorella*-900 的大的比表面积，介孔和大孔结构使可利用的活性位的充分暴露，并
且促进了物质传输和电子转移。

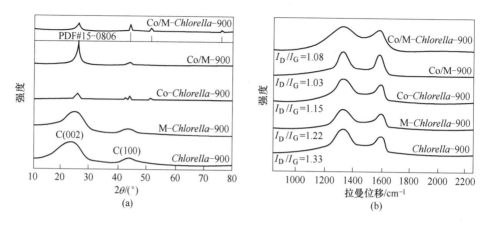

图 5.22　样品 *Chlorella*-900、M-*Chlorella*-900、Co-*Chlorella*-900、Co/M-900、
Co/M-*Chlorella*-900 的 XRD 图谱（a）和样品 *Chlorella*-900、M-*Chlorella*-900、
Co-*Chlorella*-900、Co/M-900、Co/M-*Chlorella*-900 的拉曼光谱（b）

　　Chlorella-900、M-*Chlorella*-900、Co-*Chlorella*-900、Co/M-900 和 Co/M-*Chlorella*-900 的表面化学组成和键结构使用 XPS 进行了检测。图 5.24（a）展示了 5 种样品的 XPS 总谱，从图上可以看出 C、O 和 N 三种元素存在于所有的样品中，而 Co 存在于 Co-*Chlorella*-900、Co/M-900 和 Co/M-*Chlorella*-900 中。图 5.24（b）展示了 5 种样品各种元素的含量，M-*Chlorella*-900、Co/M-900 和 Co/M-*Chlorella*-900 的 N 含量与 *Chlorella*-900 和 Co-*Chlorella*-900 相比，有了明显的提升，这表明通过在前驱体中引入三聚氰胺，使得样品的掺杂 N 含量得到有益补充。近年来的研究，使人们广泛地意识到过渡金属含量和掺杂氮含量能够显著地影响掺杂碳催化剂的 ORR 和 OER 性能[30]。太少的过渡金属和氮，不能够产生足够多的活性位，然而，过多的过渡金属和氮，则会在一定程度上限制活性位的生成。与单一掺杂 Co 的 Co-*Chlorella*-900 或者单一掺杂 N 的 M-*Chlorella*-900 相比，同时掺杂的 Co/M-*Chlorella*-900 具有适中的 Co 和 N 含量，因此共掺杂可能是其 ORR 和 OER 性能有较大提升的主要原因。

　　五种样品的高分辨 N 1s XPS 光谱展示在图 5.24（c）~（g），根据文献资料可将 N 1s XPS 图谱拟合为四个峰，峰位分别在 398.26eV、400.19eV、401.16eV 和 402.14eV，分别对应吡啶 N、吡咯 N、石墨 N 和氧化氮四种氮物种[31]。如图 5.24（h）所示，Co-*Chlorella*-900 含有比 Co/M-900 和 Co/M-*Chlorella*-900 更低的吡啶 N，但是 Co-*Chlorella*-900 的石墨 N 含量却比 Co/M-900 高。Co/M-900 含有最高比例的吡啶 N，但其石墨 N 含量却比 Co-*Chlorella*-900 和 Co/M-*Chlorella*-900 的低。然而 Co/M-*Chlorella*-900 含有最高比例的石墨 N 和第二高比例的吡啶 N。XPS 数据结合相关的电化学测试结果，表明在 N 掺杂 CNTs 中，吡啶 N 位对 ORR 活性起主要作用，而石墨 N 位对 OER 活性起主要作用，这一结果与先前的文献报道相一致。Co-*Chlorella*-900、Co/M-900 和 Co/M-*Chlorella*-900 的高分辨 Co 2p XPS 光谱（如图 5.25 所示），分别在 778.8eV 和 793.9eV 显示出两个明显的峰，对应的是零价 Co 的特征峰，这个结果与 TEM 和 XRD 测试所观察的结果相一致，更进一步证实了催化剂中掺杂的 Co，以零价态的金属钴的形式存在。

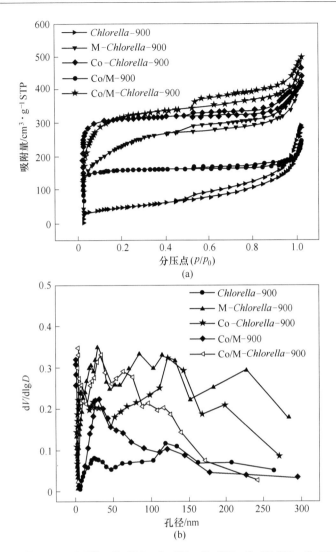

图 5.23 样品 *Chlorella*-900、M-*Chlorella*-900、Co-*Chlorella*-900、Co/M-900、Co/M-*Chlorella*-900 的 N_2 吸脱附等温线（a）和样品 *Chlorella*-900、M-*Chlorella*-900、Co-*Chlorella*-900、Co/M-900、Co/M-*Chlorella*-900 的孔径分布（b）

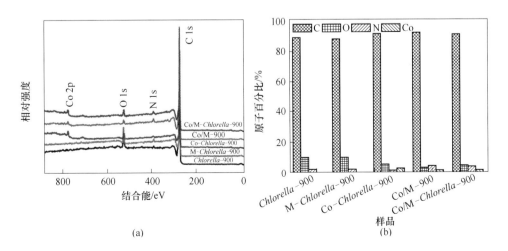

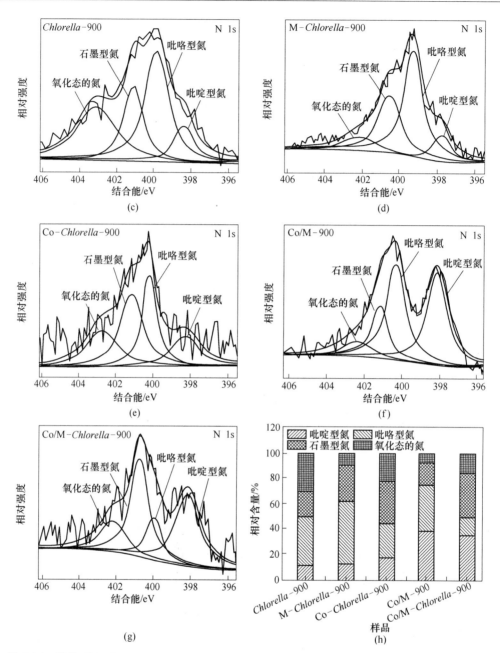

图 5.24　样品 *Chlorella*-900、M-*Chlorella*-900、Co-*Chlorella*-900、Co/M-900 和 Co/M-*Chlorella*-900 的 XPS 总谱（a）；由 XPS 测定的 *Chlorella*-900、M-*Chlorella*-900、Co-*Chlorella*-900、Co/M-900 和 Co/M-*Chlorella*-900 元素含量（b）；*Chlorella*-900、M-*Chlorella*-900、Co-*Chlorella*-900、Co/M-900 和 Co/M-*Chlorella*-900 的高分辨 N 1s XPS 光谱（c）~（g）；*Chlorella*-900、M-*Chlorella*-900、Co-*Chlorella*-900、Co/M-900 和 Co/M-*Chlorella*-900 的氮物种含量（h）

5.3.3.2　材料的电化学性能研究

Co/M-*Chlorella*-900 的 ORR 活性首先在 N_2 饱和（虚线）及 O_2 饱和（实线）的

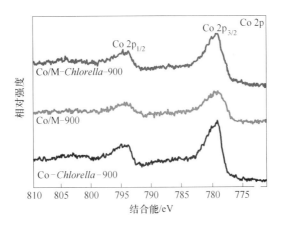

图 5.25　样品 Co-*Chlorella*-900、Co/M-900 和 Co/M-*Chlorella*-900 的高分辨 Co 2p XPS 光谱比较

0.1mol/L KOH 溶液中使用 CV 法进行评估。如图 5.26 所示，所有催化剂在 O_2 饱和溶液中展示出一个轮廓清晰的氧化还原峰。Co/M-*Chlorella*-900 的氧还原峰电势高达 0.84V，分别比 *Chlorella*-900（0.68V）、M-*Chlorella*-900（0.70V）、Co-*Chlorella*-900（0.74V）和 Co/M-900（0.76V）的氧还原峰电势高 160mV、140mV、100mV 和 80mV，这表明 Co/M-*Chlorella*-900 与其他四种催化剂相比，具有显著增强的 ORR 活性。此外，在五种催化剂中，Co/M-*Chlorella*-900 具有最大的氧化还原峰电流密度，这也表明 Co/M-*Chlorella*-900 具有最高的电化学活性和最大的电化学活性面积。我们使用圆盘电极对不同催化剂进行 LSV 测试，进一步研究这些催化剂的 ORR 性能。图 5.26（b）展示了 Co/M-*Chlorella*-900、Co/M-900、Co-*Chlorella*-900、M-*Chlorella*-900、*Chlorella*-900 和质量分数 20% 商业 Pt/C 催化剂在 1600 转速下 O_2 饱和的 0.1mol/L KOH 溶液中的 LSV 曲线。可以看出添加 Co 后，催化剂 Co/M-*Chlorella*-900、Co/M-900 和 Co-*Chlorella*-900 的半波电位与未添加 Co 的催化剂 M-*Chlorella*-900 和 *Chlorella*-900 的半波电位相比，有了一个很大的正位移。Co/M-900 和 Co-*Chlorella*-900 的半波电位分别比商业 Pt/C 低 20mV 和 60mV。然而，Co/M-*Chlorella*-900 的半波电位（0.87V）比商业 Pt/C（0.83V）正移了 40mV。我们将 Co/M-*Chlorella*-900 催化剂的高性能归因于其独特的由 N 掺杂碳 CNTs 所构筑的鸟巢状结构。这种鸟巢状框架，不仅能够提供大的比表面积，还具有和丰富的介孔和微孔，导致了暴露出更多的活性位。除此之外，被 CNTs 封装的钴纳米粒子也扮演了新的活性位的角色。

　　为了更进一步理解发生在 Co/M-*Chlorella*-900 催化剂 ORR 过程中的动力学和反应机理，如图 5.27（a）所示，我们记录了一系列在不同转速下的 LSV 曲线。相应的在不同电极电势下的 K-L 曲线（J^{-1} vs. $\omega^{-1/2}$）见图 5.27（b）。根据 K-L 方程，计算出的 Co/M-*Chlorella*-900 的平均电子转移个数接近 4，这表明 Co/M-*Chlorella*-900 催化剂在 ORR 过程中主要遵从 4 电子转移路径。此外，Co/M-*Chlorella*-900 在 0.8V 的电流密度 I_K 高达 5.06mA/cm^2，是所有样品中电流密度的最高值（见图 5.26（e）），不仅如此，Co/M-*Chlorella*-900 的 I_K 值在 0.8V 电势下，高达 Pt/C 催化剂 I_K 值的 1.28 倍。

　　图 5.26（c）展示了不同催化剂的 OER 测试 LSV 曲线。Co/M-*Chlorella*-900、Co/M-900 和 Co-*Chlorella*-900 的起始电位分别为 1.33V、1.52V 和 1.49V，比 M-*Chlorella*-900 的 1.58V 和 *Chlorella*-900 的 1.59V 的起始电位低了很多。这表明添加 Co 后，催化剂的 OER

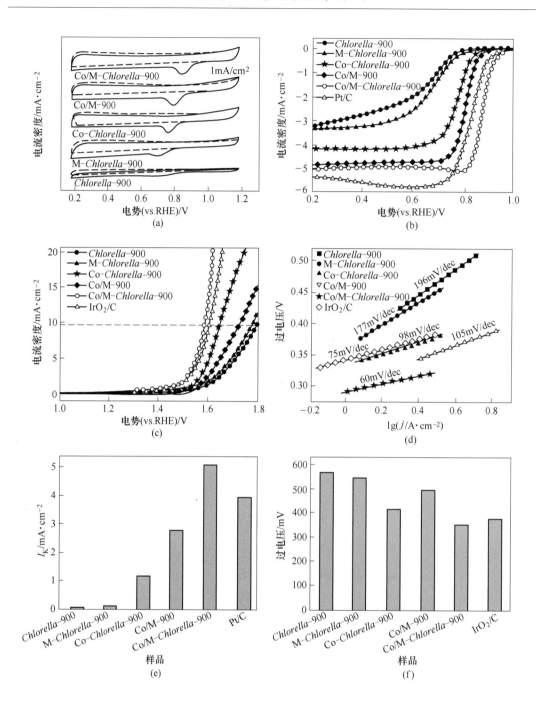

图 5.26　五种催化剂在 N_2 饱和及 O_2 饱和的 0.1mol/L KOH 溶液中的 CV 曲线（a）；
在 1600r/min 转速下 O_2 饱和的 0.1mol/L KOH 溶液中，五种样品和质量分数 20% 商业 Pt/C 的 LSV 曲线（b）；
五种样品和质量分数 20% 商业 IrO_2/C 在 0.1mol/L KOH 溶液中 1600r/min 转速下的 LSV 曲线（c）；
五种催化剂和商业 IrO_2/C 的 OER 塔费尔斜率（d）；不同样品在 0.9V 电势下的 ORR 电流密度
对比（e）；不同样品在 10mA/cm^2 电流密度下的过电位对比（f）

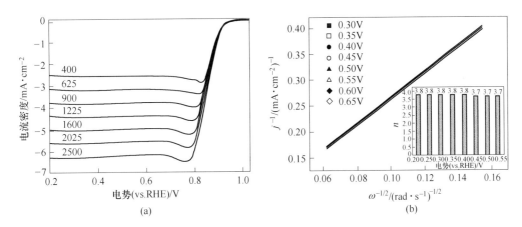

图 5.27　Co/M-*Chlorella*-900 在 O_2 饱和的 0.1mol/L KOH 溶液中不同转速下的 LSV 曲线（a）和

K-L 曲线（b）（插图为电子转移数目）

性能得到了显著提升。如图 5.26（f）所示，在 10mA/cm² 的电流密度下，*Chlorella*-900、
M-*Chlorella*-900、Co-*Chlorella*-900 和 Co/M-900 的过电位分别为 565mV、547mV、418mV
和 494mV，与相同条件下的商业 IrO_2/C 的过电位（375mV）相比，分别高出 190mV、
172mV、43mV 和 119mV。显而易见，*Chlorella*-900、M-*Chlorella*-900、Co-*Chlorella*-900 和
Co/M-900 的 OER 活性比均比商业 IrO_2/C 差。然而，Co/M-*Chlorella*-900 展示出比商业
IrO_2/C 更高的 OER 性能。在 10mA/cm² 的电流密度下，Co/M-*Chlorella*-900 的过电位比商
业 IrO_2/C 的还低 23mV。为了进一步评估催化剂的 OER 动力学和反应机理，我们绘制了
五种催化剂和 IrO_2/C 的塔费尔曲线，并计算出它们相应的塔费尔斜率，见图 5.26（d）。
Co/M-*Chlorella*-900 的塔费尔斜率仅有 60mV/dec，而 *Chlorella*-900、M-*Chlorella*-900、Co-
Chlorella-900、Co/M-900 和 IrO_2/C 的塔费尔斜率分别为 196mV/dec、177mV/dec、98mV/
dec、105mV/dec 和 75mV/dec，可以看出 Co/M-*Chlorella*-900 的塔费尔斜率远小于其他四
种催化剂和 IrO_2/C。这些结果也表明我们制备的 Co/M-*Chlorella*-900 催化剂具有出众的
OER 动力学。简言之，我们所制备的催化剂的 ORR 性能按照 Co/M-*Chlorella*-900 > Pt/C
> Co/M-900 > Co-*Chlorella*-900 > M-*Chlorella*-900 > *Chlorella*-900 的顺序逐步递减。他们
的 OER 性能按照 Co/M-*Chlorella*-900 > IrO_2/C > Co-*Chlorella*-900 > Co/M-900 >
M-*Chlorella*-900 > *Chlorella*-900 的顺序逐步递减。很显然，Co/M-*Chlorella*-900 不仅展现
出极好的 ORR 活性，同时也显示出显著的 OER 活性，并且 Co 掺杂在提升催化剂性能上
起到了重要的作用。值得注意的是，与近年来文献报道的大多数类似的 ORR/OER 双功能
电催化剂相比，Co/M-*Chlorella*-900 的电催化性能表现出显著的优越性。

　　除了卓越的 ORR 和 OER 性能外，Co/M-*Chlorella*-900 还显示出良好的长期稳定性。
如图 5.28（a）所示，经过 2000 圈 ORR 循环后，Co/M-*Chlorella*-900 的起始电位与最初的
相比，只略微衰减了 8mV。然而，相同的测试条件下，商业 Pt/C 催化剂的起始电位则衰
减高达 33mV。此外，我们还进行了计时电流响应测试（见图 5.28（b））。对于我们最优
的 Co/M-*Chlorella*-900 催化剂而言，在 0.85V 电势下，经过 50000s 长时间持续的 ORR 测
试，其电流密度仍能保持在最初值的 96% 左右。而商业 Pt/C 催化剂在相同条件下，经过

50000s 计时电流响应测试，电流密度则衰减高达 14% 左右。这更进一步说明了我们制备的 Co/M-*Chlorella*-900 催化剂表现出极好的 ORR 稳定性。对于 Co/M-*Chlorella*-900 催化剂的 OER 稳定性，我们也通过加速老化测试进行了评估。图 5.28（c）展示了经过 2000 圈的循环测试后，在 10mA/cm² 的电流密度下，Co/M-*Chlorella*-900 的电势衰减只有 12mV。然而，相同测试条件下，商业 IrO₂/C 催化剂的电势则衰减了大约 37mV。为了进一步研究 Co/M-*Chlorella*-900 催化剂的 OER 稳定性，我们还行了持续的计时电流响应测试。如图 5.28（d）所示，在 1.60V 的电势下，经过持续 5000s 的 OER 耐久性测试后，Co/M-*Chlorella*-900 的电流密度和初始值相比，仅衰减了 1%。然而，对于商业 IrO₂/C 催化剂，其电流密度与初始值相比，衰减了近 17%。

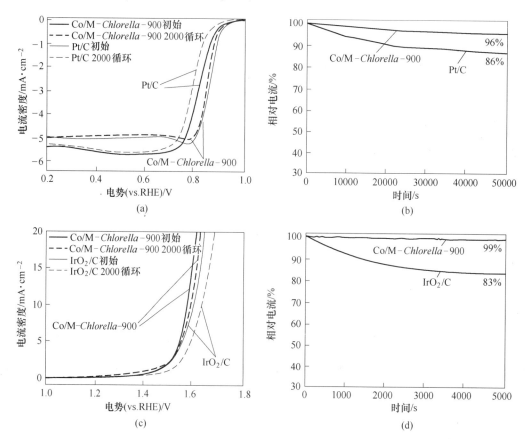

图 5.28 在 O₂ 饱和的 0.1mol/L KOH 溶液中 1600r/min 转速下，Co/M-*Chlorella*-900 和质量分数 20% 商业 Pt/C 循环 2000 圈前后的 LSV 曲线（a）；在 O₂ 饱和的 0.1mol/L KOH 溶液中，Co/M-*Chlorella*-900 和质量分数 20% 商业 Pt/C 在 0.85V 电势下 I-t 计时电流响应（b）；在 O₂ 饱和的 0.1mol/L KOH 溶液中 1600r/min 转速下，Co/M-*Chlorella*-900 和商业 IrO₂/C 循环 2000 圈前后的 LSV 曲线（c）；在 O₂ 饱和的 0.1mol/L KOH 溶液中，Co/M-*Chlorella*-900 和商业 IrO₂/C 在 1.60V 电势下 I-t 计时电流响应（d）

在上述结果和分析的基础上，结合最近有关过渡金属-氮-碳 ORR 或者 OER 催化剂的研究，我们提出了一个合理的假设来解释该双功能催化剂具有卓越催化活性的原因，主要包含以下三点：（1）Co/M-*Chlorella*-900 中的氮掺杂剂，在调控 ORR 和 OER 活性位的过程中起主导作用。N 掺杂碳引起邻近碳原子和掺杂 N 原子间的电荷再分布，同时降低了 ORR 或 OER 的能量势垒，导致催化活性位的形成（主要为吡啶 N 和石墨 N）。（2）吡啶 N 位是主要的 ORR 活性位，石墨 N 位是主要的 OER 活性位。（3）Co 纳米粒子封装进 N 掺杂 CNTs 作为新的活性位进一步提升了催化剂的 ORR 和 OER 活性。

我们还研究了 Co 的添加量对 Co/M-*Chlorella*-900 的形貌和 ORR/OER 活性的影响。如图 5.29 所示，随着 Co 的添加量的升高，组成鸟巢状框架的氮掺杂碳纳米管的产率提升。同时 Co/M-*Chlorella*-900 的 ORR 和 OER 性能，随着 Co 的添加量的升高先上升后下降（图 5.30（a）和（b）所示）。当前驱体中含有 0.05mmol 的 Co 时，Co/M-*Chlorella*-900 显示出最高的 ORR 和 OER 活性。这可能是因为，太少的 Co 不能充分催化产生足够多的活性位，而过多的 Co 又会生成 Co 的氧化物等非活性物种，从而限制了有效活性位的产生。此外，我们还优化了热处理温度，制备了从 800℃ 到 1000℃ 不同温度下的催化剂。如图 5.30（c）和（d）所示，热处理的最优温度是 900℃，在此温度下催化剂显示出最好的 ORR 性能和 OER 性能。

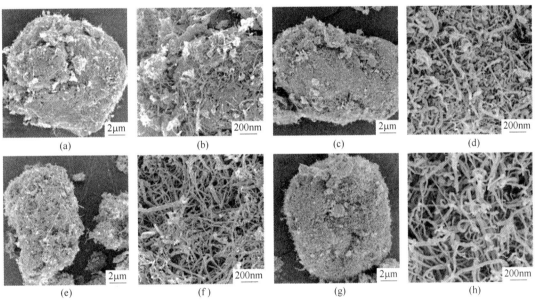

图 5.29　Co/M-*Chlorella*-900（Co 0.01mmol）的 SEM 图（a），（b）；
Co/M-*Chlorella*-900（Co 0.025mmol）的 SEM 图（c），（d）；
Co/M-*Chlorella*-900（Co 0.05mmol）的 SEM 图（e），（f）；
Co/M-*Chlorella*-900（Co 0.10mmol）的 SEM 图（g），（h）

5.3.4　小结

本小节中成功的使用小球藻作为前驱体，制备封装着 Co 纳米粒子的 N 掺杂 CNTs，并且由这些掺杂 CNTs 构筑起鸟巢状框架结构。这种催化剂不仅拥有大的比表面积和高的石墨化程度，还同时具有高含量的吡啶 N 和石墨 N，其中吡啶 N 作为主要的 ORR 活性位，石墨 N 作为主要的 OER 活性位。催化剂 Co/M-*Chlorella*-900 在碱性介质中展现出极好

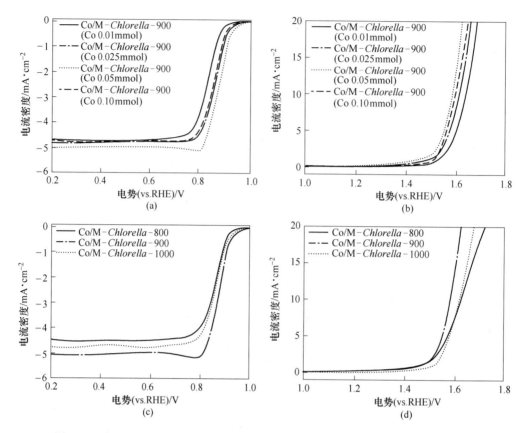

图 5.30　在 1600r/min 转速下 O_2 饱和的 0.1mol/L KOH 溶液中，不同 Co 添加量的
Co/M-*Chlorella*-900 的 LSV 曲线对比（a），（b）；在 1600r/min 转速下 O_2 饱和的 0.1mol/L KOH
溶液中，不同热处理温度下样品的 LSV 曲线对比（c），（d）

的 ORR 和 OER 活性，远超 *Chlorella*-900、M-*Chlorella*-900、Co-*Chlorella*-900 和 Co/M-900，其 ORR 和 OER 性能甚至同时超越了最有效的商业 Pt/C 和 IrO_2/C 催化剂。此外，该催化剂还显示出显著增强的耐久性和高效的选择性。我们将该催化剂卓越的电化学性能归功于高比例的吡啶 N 和石墨 N，封装的 Co 和 N 掺杂碳之间的协同效应，以及独特的三维框架结构。特别是，Co 掺杂不仅是催化形成 CNTs 主级结构和鸟巢框架次级结构的关键因素，而且还通过创造新型的活性中心对催化剂高的 ORR 和 OER 活性做出重要贡献。我们当前的工作提供了一种新的途径，使用资源丰富的、廉价的、环境友好的自然生物质作为前驱体，来设计和发展新型 ORR/OER 双功能掺杂碳催化剂。

5.4　花粉衍生碳耦合 FeSe 纳米颗粒催化剂的制备及性能研究

5.4.1　研究背景

在能源转换和存储应用中，杂原子（诸如：B、N、S、P、O 和 I）掺杂碳材料，因其有吸引力的电催化性能、低廉的成本及环境友好性，被认为是最有希望的非贵金属催化剂，引起研究人员的广泛关注。理论计算和实验结果表明，使用杂原子掺杂碳，通过改变杂原子和相邻碳原子之间的局部电荷密度和不对称自旋密度，能够调节电子结构，提升 ORR/OER 催化活性。在众多的杂原子掺杂碳材料中，N 掺杂碳材料因其优异的 ORR 性能，成为非贵金属 ORR 催化剂研究的热点。近年来，尽管杂原子掺杂碳催化剂用于 ORR 或 OER 取得了显著的成就，但仍存在一些问题，主要包含以下三方面：（1）杂原子掺杂碳催化剂虽然表现出良好的 ORR 活性，但大多数杂原子掺杂碳催化剂 OER 性能较差[32]；（2）大部分制备的杂原子掺杂碳材料，使用有毒化学试剂（例如：离子液体、硫脲、二苯二硫醚/氨、聚苯胺和聚吡咯）或者化石燃料基的试剂（例如：甲烷、乙烯、乙炔、苯酚、沥青）作为前驱体，进而导致潜在的环境问题[33]；（3）一旦杂原子掺杂碳催化剂应用于燃料电池阴极，则会形成较厚的催化层及缺少孔隙，进而限制了氧气的扩散和水的生成，这将导致 PEMFCs 性能变差，尤其是由于阴极产生的水很难被排除，导致 PEMFCs 稳定性变得很差[34]。因此，进一步探索和发展同时拥有 ORR 和 OER 电催化活性及合理孔结构的杂原子掺杂碳材料，并用于 PEMFCs，一直是人们的强烈愿望但同时面临巨大挑战。

过渡金属基催化剂（如：氧化物、硫化物、硒化物、氮化物、碳化物和磷化物），是近年来出现的比较典型的高 OER 活性催化剂。尤其是，过渡金属硒化物，例如，NiSe、CoSe$_2$ 和 FeSe$_2$ 展现出优异的 OER 活性，这是由于过渡金属物种本身所具有的 OER 活性[35]。然而，由于本身差的导电性，过渡金属基催化剂往往需要沉积或负载在导电基底上（例如：泡沫镍、钛片、碳布、碳纸等）。更糟糕的是，这类过渡金属基催化剂的 ORR 活性通常不能令人满意，这可能是因为反应过程中的 OOH*/OH* 中间产物与过渡金属活性位之间，形成了强作用力的化学键，减小了其作为优异电催化剂的应用范围。因此，将具有高 OER 活性的过渡金属硒化物和具有高 ORR 活性及良好导电性的杂原子掺杂碳材料结合起来，是制备和提升 ORR/OER 双功能催化剂的一条有效策略。更重要的是，掺杂的 N 原子能与过渡金属原子通过配位的方式相互作用，这将进一步稳定过渡金属原子/化合物，或者诱导产生协同效应。

除了自身固有的催化活性外，构筑多种尺寸的孔结构和大比表面积，能够进一步促进 ORR/OER 反应过程中，三相界面反应物质的有效传输。众所周知，像酵母粉、海藻等生物质具有丰富的微纳米结构、天然的多孔结构和独特的形貌。花粉粒是一种常见的生物质，且廉价易得。更为重要的是，许多花粉粒具有特殊的多孔结构。当我们去除花粉粒的核并碳化后，将得到一个三维多孔的空心碳骨架。此外，由于富含蛋白质，所得的多孔碳材料含有丰富的杂原子。不仅如此，得益于花粉自身特殊的多孔碳矩阵，所制备的三维多孔碳材料具有丰富的多级孔结构，尤其是大孔结构，这将有效解决阴极催化层过厚而不利于气体扩散和排水的问题。

基于上述设想，我们设计并制备了一种新型的 ORR/OER 双功能催化剂。以花粉粒、硫酸高铁铵和硒粉的混合物为前驱体，通过在惰性气氛下高温热处理和硒化过程，将 FeSe 纳米颗粒锚定在三维多孔碳骨架上，形成 FeSe 纳米颗粒和掺杂碳的复合材料。正如所期望的那样，该复合材料显示出优异的 ORR 和 OER 双功能催化活性。我们所获得的最优催化剂，在碱性介质中，其 ORR 半波电位与 Pt/C 相比，正移了 30mV（0.86V vs. 0.83V），在 10mA/cm^2 电流密度下，其过电位甚至比最好的 IrO$_2$/C 催化剂低 40mV。测试结果表明，吡啶 N 和 Fe-N$_x$ 等活性 N 物种贡献了主要的 ORR 活性，FeSe 纳米粒子是主要的 OER 活性物种。此外，FeSe 纳米粒子与 N 掺杂碳之间的强耦合作用诱导产生协同效应，进一步增强了催化剂的 ORR/OER 活性。此外，通过调控 Fe：Se 比例，能够实现对该催化剂 ORR/OER 性能的调控。

5.4.2　试验方法及装置

5.4.2.1　材料的制备

花粉颗粒（RPGs）的预处理过程根据先前文献报道的进行[36]。具体过程如下：取 5g RPGs 分散于 100mL 无水乙醇中，并于 50℃ 连续搅拌 24h。然后，将混合物过滤，并用去离子水和无水乙醇分别洗涤多次，直至干净。接着将用无水乙醇洗涤过的 RPGs 添加进 100mL 乙醇-甲醛混合溶液中（其中无水乙醇和甲醛的体积比为 1：1），并连续搅拌 15min，实现对 RPGs 的形貌固定。然后，使用大量的去离子水对经甲醛修饰固定的 RPGs 进行洗涤，接着在 80℃ 烘干。接下来，将上述烘干的 RPGs 置于 100mL 12mol/L H_2SO_4 溶液中，并在 80℃ 连续搅拌 2h。在使用浓硫酸对 RPGs 进行脱水处理的过程中，RPGs 的颜色由黄色变为褐色，表明浓硫酸脱水处理的过程实现了 RPGs 的初步碳化。最后将混合溶液进行离心，并用大量去离子水洗涤，直至滤液呈中性，将所得黑褐色的颗粒物放入烘箱，并于 80℃ 过夜烘干。

催化剂的制备过程见图 5.31，典型的制备过程描述如下。首先，0.10g 预碳化的 RPGs 分散在 15mL 0.001mol/L $NH_4Fe(SO_4)_2$ 溶液中并超声处理 1h，接着持续搅拌 6h，直至形成均匀的悬浊液。然后，将该悬浊液在 -45℃ 冷冻干燥 24h。取上述 0.5g 含 Fe 的 RPGs 和 0.0234g 硒粉，分别放置于瓷舟的两端。然后，将瓷舟放入管式炉中，且硒粉置于管式炉通气口上游，在 Ar 气氛中在 800℃ 热处理 3h，所获得的样品命名为 Po-Fe-Se。作为对比，我们按照上述相同的制备过程，另外制备了三种样品，分别是前驱体中只含有 RPGs，只含有 RPGs 和 $NH_4Fe(SO_4)_2$，只含有 RPGs 和硒粉。我们将其分别命名为 Po、Po-Fe 和 Po-Se。为了研究 Fe：Se 比例对催化剂 ORR/OER 活性的影响，我们按照相同的制备过程，制备了前驱体中 Fe：Se 摩尔比分别为 1：0.5、1：2 和 1：4 三种比例的样品。为了进一步研究样品中硒化物在 ORR/OER 中所起的作用，我们将 Po-Fe-Se 放入 1mol/L H_2SO_4 溶液中，在 80℃ 酸洗 12h，并将该样品命名为 Po-Fe-Se-AL。同时，我们还将 RPGs 和 Fe 混合研磨均匀后，按照和 Po-Fe-Se 相同的制备过程制备了 Po+FeSe 催化剂。

5.4.2.2　材料的表征

扫描电子显微镜图片由梅林场发射扫描电子显微镜（Carl Zeiss）获得，透射电子显微镜图片由 JEM-2100 获得。X 射线粉末衍射在通达 TD-3500 完成，拉曼光谱测试在 LA-BRAM 阿拉米斯-拉曼光谱仪上完成。X 光电子能谱测试在高德英特 PHI-5000 Versa Probe Ⅱ 能谱仪上完成。样品的比表面积和孔径分布通过 Brunauer-Emmett-Teller 法在 Tristar Ⅱ 3020 气体吸附分析仪测试。

5.4.2.3　电化学性能测试

电化学测试在室温下 0.1mol/L KOH 电解液中，采用标准三电极体系，使用瑞士万通

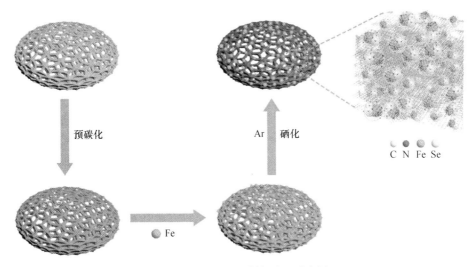

图 5.31　Po-Fe-Se 制备过程示意图

电化学工作站（PGSTAT302N，瑞士），对所有样品的 ORR 和 OER 性能进行测试。三电极体系中相应的工作电极、参比电极和对电极分别是玻碳电极（GCE，直径 5mm）、汞/氧化汞电极（Hg/HgO，浸入 1.0mol/L KOH 溶液中）和 Pt 丝。本文中汞/氧化汞参比电极的电势全部校准为在 0.1mol/L KOH 电解液中的可逆氢电极电势（RHE）。每次测试前，先使用 α-Al$_2$O$_3$ 抛光粉在抛光布上将 GCE 表面抛光成镜面，接着先后使用去离子水，无水乙醇对 GCE 表面进行超声清洗，后置于红外灯下烘干。接下来，取 5.0mg 的催化剂放入 1mL 全氟磺酸/乙醇溶液中（质量分数 0.25% Nafion），超声至混合溶液呈均匀墨汁状。然后取 8μL 墨浆均匀涂在 GCE 表面，在红外灯下烘干，制备的工作电极中催化剂的负载量大约为 0.2mg/cm^2。

使用 Pine 公司的旋转圆盘（RDE）电极系统（pine research instrumentation，美国），在 0.1mol/L KOH 电解液中分别以 10mV/s 和 5mV/s 的扫描速率进行循环伏安法（CV）和线性扫描伏安法（LSV）测试。此外，在 O$_2$ 饱和的 0.1mol/L KOH 电解液中，我们还记录了一系列从 400~2500r/min 不同转速下的 LSV 曲线。我们采用时间-电流（I-t）计时响应法，在 0.85V（vs. RHE）下 0.1mol/L O$_2$ 饱和的 KOH 溶液中，对催化剂的稳定性进行测试。此外，我们还对 Po-Fe-Se 和 Pt/C 进行了 2000 圈循环前后的加速老化测试。ORR 过程中的电子转移数目根据 Koutecky-Levich（K-L）进行了计算。

催化剂的 OER 性能采用 0.5mV/s 扫描速率的 LSV，在 0.1mol/L KOH 溶液中完成测试。同样的，催化剂的 OER 稳定性测试采用 I-t 计时响应法，在 1.60V（vs. RHE）下 0.1mol/L KOH 溶液中完成。此外，我们在 O$_2$ 饱和的 0.1mol/L KOH 溶液中，还对 Po-Fe-Se 和 IrO$_2$/C 进行了 2000 圈循环前后的加速老化测试。为了研究催化剂 OER 过程的动力学，基于塔费尔方程，我们计算了催化剂 OER 过程相应的塔费尔斜率。

5.4.3　结果与讨论

5.4.3.1　材料的形貌与结构表征

样品的形貌和微观结构采用 SEM 和 TEM 进行了表征。图 5.32（a）展示了 RPGs 的

SEM 图，可以看到 RPGs 为赤道长轴在 $10\sim20\mu m$ 的均匀椭球体。进一步放大（如图 5.32（b）所示）可以看到，RPGs 中间有一条深陷的凹槽，同时 RPGs 外层布满条纹状的多孔网格雕纹骨架。高分辨 SEM 图（如图 5.32（c）所示）可以看到，RPGs 外层雕纹骨架呈中间凸起两侧凹陷的褶皱状，并且雕纹骨架表面没有出现其他物质。雕纹网格的孔径在 $200\sim500nm$，且网格线的宽度在 100nm 左右。RPGs 经高温热处理并硒化后，得到 Po-Fe-Se 的 SEM 图见图 5.32（d）。可以看出，Po-Fe-Se 完好的继承了 PRGs 的椭球体形貌，并且经高温热处理后未出现团聚成块的现象，仍保持良好的分散性。

图 5.32　花粉颗粒的 SEM 图（a）~（c）；Po-Fe-Se 的 SEM 图（d）~（f）

　　图 5.32（d）中的插图表明，Po-Fe-Se 为空心的三维多孔碳框架结构，而三维碳骨架则源于 RPGs 外壁雕纹的网格状结构。图 5.32（e）展示了单独一颗椭球体颗粒的 SEM 图，与原始 RPGs 相比，经高温热处理后的 Po-Fe-Se 的三维雕纹骨架网格线变粗。Po-Fe-Se 的空心三维多孔碳框架，使椭球的表面和内部相互连通。这种三维多孔碳框架不仅有利于反应过程中的物质传输和电子转移，而且还有利于 O_2 的扩散和水的排出，能够改善阴极催化层的气体扩散和排水状况，进而提高 PEMFCs 的性能。图 5.32（f）高分辨 SEM 图可以看到，与 RPGs 相比，Po-Fe-Se 的雕纹碳骨架表变得粗糙，且 Po-Fe-Se 的雕纹碳骨架表面均匀地分布着纳米颗粒。

　　样品 Po、Po-Se 和 Po-Fe 的 SEM 图展示在图 5.33，图 5.33（h）显示出在椭球的表面出现了大量的纳米颗粒，且这些纳米颗粒的粒径从几十纳米到几百纳米不等。此外，高分辨 SEM 图（如图 5.33（i）所示）显示，碳骨架表面的纳米粒子团聚为大块的颗粒。样品 Po（如图 5.33（a）所示）和 Po-Se（如图 5.33（d）所示）同样呈现为分散的椭球型。然而进一步放大后，发现 Po（如图 5.33（b）所示）和 Po-Se（如图 5.33（e）所示）的表面光滑，几乎没有任何纳米粒子出现在碳骨架表面。高分辨 SEM 图表明，Po

（如图 5.33（c）所示）和 Po-Se（如图 5.33（f）所示）的三维雕纹网格的孔径在 200nm
左右，且 Po-Se 的网格线碳骨架明显变粗，Po-Se 的网格孔部分被堵住，这可能是由于在
高温热处理的过程中有部分硒蒸汽冷却，重新生成硒粉。这些结果表明，在前驱体中引入
Fe，在高温热处理的过程中形成了 Fe 的硒化物或氧化物的纳米粒子，而这些纳米粒子则
耦合在碳骨架上，构成三维多孔掺杂碳骨架耦合 Fe 硒化物或 Fe 氧化物。

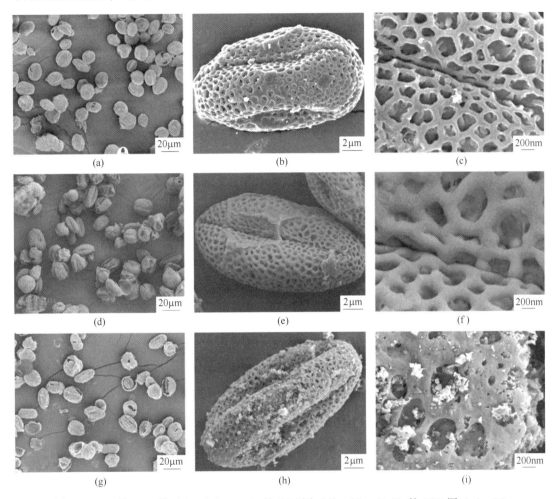

图 5.33 Po 的 SEM 图（a）~（c）；Po-Se 的 SEM 图（d）~（f）；Po-Fe 的 SEM 图（g）~（i）

样品 Po 和 Po-Fe-Se 的 TEM 图展示在图 5.34。如图 5.34（a）所示，可以清楚地看
到，Po 具有相互连通的大孔的片状结构，这些大孔的孔径在 200~500nm 左右，与 SEM
的结果相一致。此外，在 Po-Fe-Se 中（如图 5.34（b）所示）还能清楚地看到一些 Fe 相
的纳米粒子出现在碳片中。进一步放大之后（如图 5.34（c）所示），可以发现，这些金
属纳米粒子的直径在 20~40nm 左右。高分辨 TEM 图片（如图 5.34（d）所示）显示该金
属纳米粒子被封装进石墨碳层中。金属纳米粒子晶格条纹的晶面间距为 0.311nm，对应于
FeSe 晶体的（101）晶面。N 掺杂碳层包覆 FeSe 纳米粒子这样一种核壳结构，能够在
FeSe 纳米粒子核和掺杂碳壳之间产生很强的耦合作用。同时，FeSe 纳米粒子与三维多孔
碳骨架复合的杂化材料，能够充分利用 N 掺杂碳优异的导电性，促进 FeSe 纳米粒子和掺

杂碳之间的电荷转移。因而，能够增强催化剂的 ORR 和 OER 活性及稳定性。

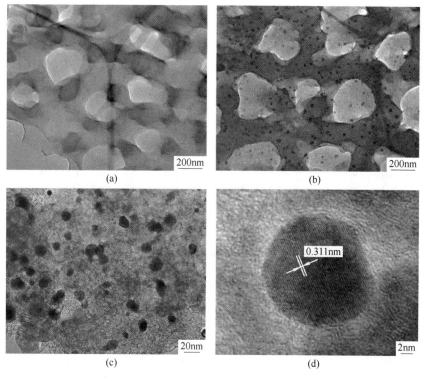

图 5.34   Po 的 TEM 图（a）和 Po-Fe-Se 的 TEM 图（b）~（d）

样品 Po、Po-Se 和 Po-Fe 的 TEM 图展示在图 5.35 中。Po-Fe（如图 5.35（e）和（f）所示）中也能够清楚看到碳片中的金属纳米粒子。相反地，Po（如图 5.35（a）所示）和 Po-Se（如图 5.35（c）所示）中除了无定形碳外，看不到金属纳米粒子存在。高分辨 TEM 图片（如图 5.34（c）所示）显示，在 Po-Fe-Se 薄片的边缘部分，存在大量稠密的介孔，Po-Fe（如图 5.35（f）所示）中也明显存在介孔和大孔结构。然而，Po（如图 5.35（b）所示）和 Po-Se（如图 5.35（d））仅仅存在无定形碳薄片结构，并未发现多孔结构。此外，在 Po-Se 中可以看到一些黑点，这可能是由硒粉颗粒堆叠而成。前驱体中引入的 Fe，在介孔和微孔结构的生成过程起了重要作用，这可能是因为高温碳化过程中，Fe 在 RPGs 生物质的分解/脱氢过程中，起到催化分解的作用。三维多孔微结构不仅十分有利于多种活性位的充分暴露，还有利于加快 O_2 的扩散速度。因此，Po-Fe-Se 很有希望成为一种有效的 ORR/OER 电催化剂应用于金属-空气电池中。

图 5.36（a）展示了样品 Po、Po-Se、Po-Fe 和 Po-Fe-Se 的 XRD 图谱。Po 和 Po-Se 都分别在 23°和 44°出现两个宽泛的衍射峰，分别对应 C(002) 和 C(100)。然而，Po-Fe 和 Po-Fe-Se 的 C(002) 峰强度比 Po 和 Po-Se 强的多。这表明 Po-Fe 和 Po-Fe-Se 比 Po 和 Po-Se 具有更高的石墨化程度。此外，Po-Fe-Se 在 16.0°、28.6°、37.4°、47.3°、48.1°和 57.1°出现了明显的衍射峰，这些衍射峰恰好与 PDF 标准卡片 JCPDS 文件 85-0735 相对应，余下的 32.0°、41.6°、50.0°、55.4°、60.9°、62.6°和 67.3°衍射峰，对应的是 PDF 标准卡片 JCPDS 文件 65-9127。证明在 Po-Fe-Se 存在 FeSe 的物相，这也与 TEM 的结果相

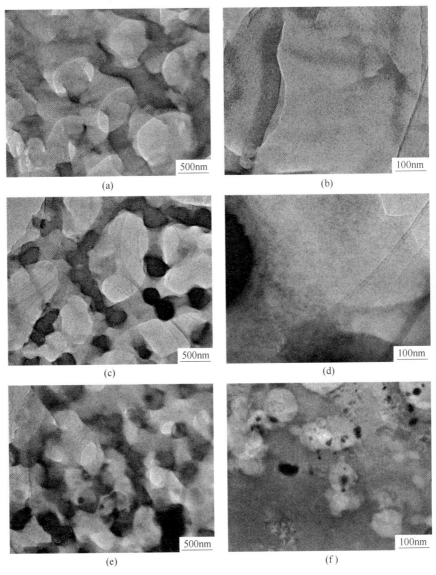

图 5.35　不同样品的 TEM 图

（a），（b）Po；（c），（d）Po-Se；（e），（f）Po-Fe

一致。这些结果表明使用当前的策略成功制备出 FeSe 纳米粒子。Po-Fe 在 30.0°、35.5°、43.4°、53.6°和 62.8°的位置出现了明显的衍射峰，这与 PDF 标准卡片 JCPDS 文件 75-0033 相对应，表明 Po-Fe 中存在 Fe_3O_4 晶相。样品 Po、Po-Se、Po-Fe 和 Po-Fe-Se 的拉曼光谱展示在图 5.36（b）。每个样品都显示出两个明显的峰。在大约 $1350cm^{-1}$ 处的 D 峰反映了碳材料本身的局部缺陷和无序化程度，包括碳材料中的空位和杂原子掺杂剂。在大约 $1580cm^{-1}$ 处的 G 峰则反映碳材料自身的石墨晶面振动声子，表明碳材料自身的石墨结构，包括 C—C 和 C—N。D 峰和 G 峰的相对峰强度比（I_D/I_G）能够反映碳材料的石墨化程度。Po、Po-Se、Po-Fe 和 Po-Fe-Se 的 I_D/I_G 比值分别为 1.20、1.18、1.09 和 1.05。这表明引入 Fe 能够显著提高 Po-Fe 和 Po-Fe-Se 石墨化程度，这也和 XRD 的测试结果相一致。

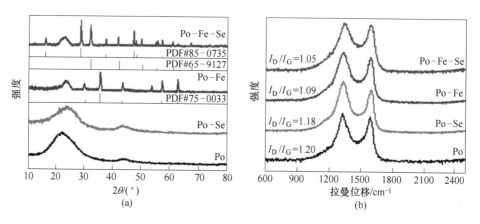

图 5.36　Po、Po-Se、Po-Fe、Po-Fe-Se 的 XRD 图（a）和
Po、Po-Se、Po-Fe、Po-Fe-Se 的拉曼光谱图（b）

　　四种样品的比表面积和多孔结构通过 N_2 吸脱附法进行了测量。如图 5.37（a）所示，Po 和 Po-Se 拥有小的 BET 比表面积，分别为 $348m^2/g$ 和 $317m^2/g$。然而，Po-Fe 和 Po-Fe-Se 拥有大的比表面积，分别高达 $753m^2/g$ 和 $839m^2/g$。这一结果表明 FeSe 纳米粒子锚定的三维多孔生物碳骨架在所有样品中具有最大的比表面积。Po、Po-Se、Po-Fe 和 Po-Fe-Se 的孔径分布见图 5.37（b），可以看到在孔径 10~250nm 范围内，Po-Fe-Se 中存在丰富的介孔和大孔。与之相反的，Po 和 Po-Se 中仅仅存在大孔，这一结果也和 TEM 观测结果相吻合。

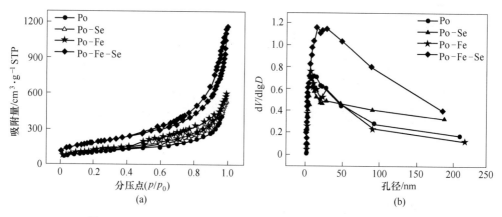

图 5.37　Po、Po-Se、Po-Fe、Po-Fe-Se 的 N_2 吸脱附曲线（a）和
Po、Po-Se、Po-Fe、Po-Fe-Se 的孔径分布（b）

　　通过 XPS 研究了 Po、Po-Se、Po-Fe 和 Po-Fe-Se 的表面化学组成和元素含量。图 5.38（a）的 XPS 总谱显示，4 个样品中均存在 C、O 和 N，而 Po-Fe 和 Po-Fe-Se 中均含有 Fe、Po-Se 和 Po-Fe-Se 中均含有 Se。图 5.38（b）显示在所有样品中，Po-Fe-Se 具有最高的 N 和 Se 含量。更重要的是，所有样品中 Po-Fe-Se 具有最低的 O 含量，这可能是由于在还原气氛下发生的硒化过程造成的，并且 FeSe 的形成进一步降低了 O 含量。人们普遍认为，

N 含量会显著影响掺杂碳催化剂的 ORR 性能，过渡金属硒化物被认为是有效的 OER 催化剂。图 5.38（c）显示了 Po-Fe-Se 的高分辨率 C 1s XPS 谱，在 284.5eV、285.2eV、286.2eV、288.4V 和 290.4eV 可以拟合出五个峰，分别对应于 C—C、C＝N、C—N 和 C—O、O—C＝O 和 π—π* 键。这表明 N 原子掺入到碳基体中。

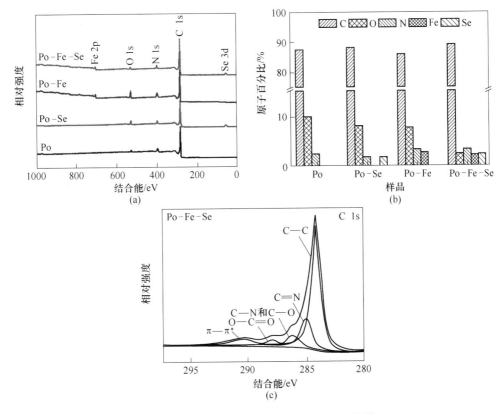

图 5.38　Po、Po-Se、Po-Fe 和 Po-Fe-Se 的 XPS 总谱（a）；
XPS 测试的 Po、Po-Se、Po-Fe 和 Po-Fe-Se 的表面元素含量（b）；
Po-Fe-Se 的高分辨 C 1s XPS 光谱（c）

在这些元素中，N 物种通常被认为是 N 掺杂碳材料中的活性中心。Po-Fe-Se 的高分辨 N 1s 光谱（如图 5.39（d）所示）可分解拟合为 5 个不同的峰，分别为 398.8eV、399.4eV、400.6eV、401.6eV 和 402.9eV，对应吡啶 N、Fe-N、吡咯 N、石墨 N 和氧化态 N 物种。为了便于比较，Po、Po-Se 和 Po-Fe 的 N 1s 光谱对应拟合为四个或五个峰（如图 5.38（a）～（c）所示）。由于样品 Po 和 Po-Se 不含 Fe 前驱体，所以在 Po 和 Po-Se 中都没有发现与 Fe-N 物种（位于约 399eV）相对应的峰。这种不同的 N—键配置应该对 ORR 催化性能产生显著影响。在四个样品中，Po-Fe-Se 具有最高比例的吡啶 N、石墨 N 和 Fe-N 物种。而吡啶 N 和石墨 N 位以及 Fe-N 物种通常被认为是 ORR 活性中心。特别是 Fe-N 官能团，被认为在 ORR 过程中起关键作用。

图 5.40（c）展示了 Po-Fe-Se 的高分辨率 Se 3d 光谱，可以分解成 52.7eV、54.5eV、55.8eV 和 57.7eV 的四个不同的峰，对应于 Se-Fe、Se 3d$_{5/2}$ 和 Se 3d$_{3/2}$ 和 Se-O。然而，Po-Se 的高分辨率 Se 3d 光谱（如图 5.40（d）所示）可以拟合为 55.1eV 和 55.9eV 的两个

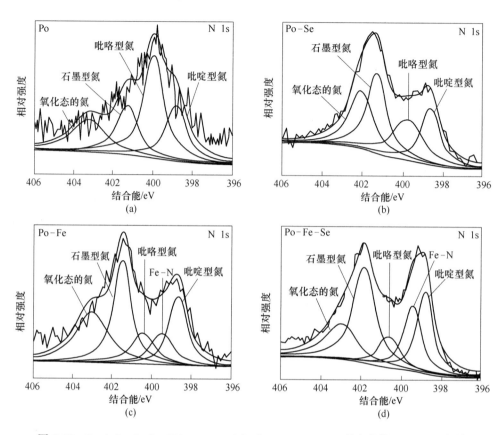

图 5.39　Po（a）、Po-Se（b）、Po-Fe（c）和 Po-Fe-Se（d）的高分辨 N 1s XPS 光谱

峰，分别对应于 Se $3d_{5/2}$ 和 Se $3d_{3/2}$。这可能是由于在 Po-Fe-Se 中形成 FeSe 相，这也与 TEM 和 XRD 测试结果一致。Po-Fe-Se 的高分辨率 Fe 2p 光谱（如图 5.40（a）所示）可以分解拟合成六个不同的峰。在 706.8eV 处的小尖峰可归为 Fe-Se 键，结合能在 709.8eV 和 724.0eV 处的两个峰可归为 Fe $2p_{3/2}$ 和 Fe $2p_{1/2}$，在 719.3eV 和 731.6eV 的两个峰是相应的卫星峰。根据以前的报道，位于 711.9eV 附近的峰被认为是 Fe 和 N 共掺杂材料中 Fe 与 N 结合的证据，这一结果也进一步证实了 Po-Fe-Se 中存在 Fe—N 基团。为了比较，Po-Fe 的高分辨率 Fe 2p 谱（图 5.40（b））可以分解成六个不同的峰。710.5eV 和 712.4eV 处的两个峰归属于 Fe^{2+}、Fe^{3+}（Fe $2p_{3/2}$），724.1eV 和 726.6eV 处的两个峰分别归为 Fe^{2+}、Fe^{3+}（Fe $2p_{1/2}$）。这表明在 Po-Fe 中存在 Fe_3O_4 相，这与 XRD 测试结果一致。在 718.2eV 和 732.1eV 位置上出现的两个峰是相对应的卫星峰。将 Fe 引入到生物质衍生碳中，诱导产生的 Fe-N_x 物种，增强了其 ORR 和 OER 活性。此外，硒化过程中 FeSe 的形成进一步提高了 ORR 和 OER 性能。这些结果表明，同时添加 Fe 和 Se 到 Po-Fe-Se 不仅产生新的活性位点，而且将单一掺杂变成多种掺杂。用三维生物碳骨架耦合 FeSe 纳米粒子成功在单一碳基材料上实现了用于 ORR 的活性 N 物种（Fe-N_x，吡啶 N）和用于 OER 的过渡金属硒化物有效整合，进而成为一种高效的 ORR/OER 双功能催化剂。

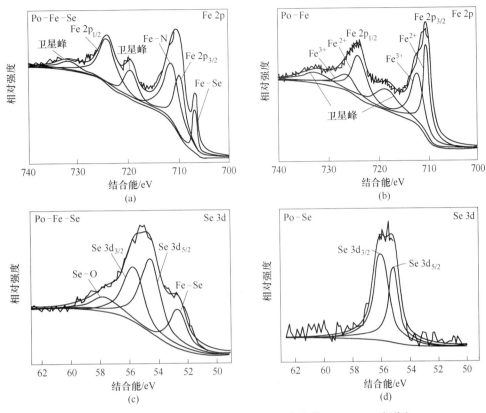

图 5.40 Po-Fe-Se（a）、Po-Fe（b）的高分辨 Fe 2p XPS 光谱和
Po-Fe-Se（c）、Po-Se（d）的高分辨 Se 3d XPS 光谱

5.4.3.2 材料的电化学性能研究

Po-Fe-Se 的 ORR 活性首先通过 CV 在 N_2 饱和及 O_2 饱和的 0.1mol/L KOH 溶液中以 10mV/s 的扫描速率进行评估。如图 5.41（a）所示，所有催化剂的 CV 曲线都表现出明确的氧还原峰。与 Po-Fe（0.75V）、Po-Se（0.72V）和 Po（0.67V）相比，Po-Fe-Se（0.81V）的氧化还原峰值分别正移约 60mV、90mV 和 140mV。此外，Po-Fe-Se 具有四种催化剂中最大的峰电流密度，这意味着它具有最高的电化学活性和最高的活性表面积。我们使用 RDE 通过 LSV 曲线进一步研究催化剂的 ORR 活性。在 O_2 饱和的 0.1mol/L KOH 溶液中，在 1600r/min 的转速下，Po-Fe-Se、Po-Fe、Po-Se、Po 和质量分数 20% 商业 Pt/C 的 LSV 曲线如图 5.41（b）所示。当单独引入 Se 到 RPG 中时，其 ORR 电化学性能在一定程度上得到改善。当单独添加 Fe 到 RPG 中时，ORR 活性显著增强。同时引入 Fe 和 Se 进一步提高了 Po-Fe-Se 的 ORR 活性。Po-Fe、Po-Se 和 Po 的起始电位分别比商业质量分数 20% Pt/C 低 15mV、60mV 和 90mV。Po-Fe、Po-Se 和 Po 的半波电位分别比质量分数 20% 商业 Pt/C 低 18mV、90mV 和 190mV。然而，Po-Fe-Se 的起始电位（0.96V）和半波电位（0.86V）分别超过质量分数 20% 商业 Pt/C（0.83V）26mV 和 30mV。该催化剂的高 ORR 活性可归功于其独特的三维框架，丰富的多孔结构和多种活性位点。一方面，Fe 和 Se 的

同时引入不仅产生了 Fe-N$_x$，吡啶 N 活性中心，而且形成了 N 掺杂和 FeSe 纳米颗粒，FeSe 纳米颗粒和 N 掺杂碳之间的强耦合作用进一步提高了 ORR 性能。另一方面，三维框架提供了大的比表面积和丰富的介孔和大孔，加速了物质和电子传输。

为了进一步了解 Po-Fe-Se 的 ORR 动力学和反应机理，我们在不同的转速下记录了一系列 LSV 曲线，如图 5.41（c）所示。它们相应的 K-L 曲线（j^{-1} vs. $\omega^{-1/2}$）保持相当好的线性关系，表明对于不同电位下 ORR 的一级反应动力学类似，并且表现出相似的电子转移个数（参见图 5.41（c）中的插图）。此外，计算结果显示，在 0.3~0.6V 的电势范围内，Po-Fe-Se 的电子转移数为 4.0，而在相同电位范围内，Pt/C 为 4.0，Po-Fe 为 3.6，Po-Se 为 2.9，Po 为 2.3（如图 5.41（d）所示）。这表明了 Po-Fe-Se 在碱性介质中进行 4 电子路径的 ORR 过程，类似于 Pt/C。此外，Po-Fe-Se 在 0.8V 的动力学电流密度（J_k）为 4.32mA/cm^2，为四个样品中最高值，略高于 Pt/C（4.05mA/cm^2）。同时，该值分别为 Po-Fe（3.10mA/cm^2）、Po-Se（0.92mA/cm^2）和 Po（0.23mA/cm^2）的 1.39 倍、4.70 倍和 18.78 倍。Po-Fe-Se 最高的动力学电流密度进一步证明了 Po-Fe-Se 拥有优良的 ORR 电化学活性。

此外，Po-Fe-Se 也表现出优异的长期稳定性。如图 5.41（e）所示，经过 2000 圈 ORR 循环测试后，与初始起始电位相比，Po-Fe-Se 的 ORR 起始电位仅略微下降 9mV。然而，相同条件下，商业 Pt/C 催化剂的起始电位下降高达 33mV。此外，我们还对 Po-Fe-Se 进行了长时间放电稳定性测试。在 0.85V 下长时间连续 50000s 之后，ORR 电流密度保持在其初始值的约 99%，而商业 Pt/C 的衰减达到 14%，进一步证实了我们的 Po-Fe-Se 催化剂具有出色的稳定性。

Po-Fe-Se 催化剂不仅具有优异的 ORR 性能，而且表现出良好的 OER 性能。如图 5.42（a）所示，Po-Fe-Se 的起始电位（1.45V）明显低于 IrO$_2$/C（1.49V）、Po-Fe（1.50V）、Po-Se（1.54V）、Po（1.56V）和 Pt/C（1.57V）。可以很清楚地看到，由 RPGs 衍生的 Po 催化剂表现出较差的 OER 活性，当引入 Se 时似乎略微提高了其 OER 性能。当引入 Fe 时则大大提高了 OER 性能，而同时添加 Fe 和 Se 进一步提高了催化剂的 OER 活性。图 5.42（b）所示的 Tafel 曲线表明，Po-Fe-Se 的 Tafel 斜率仅为 76mV/dec，远小于 IrO$_2$/C（97mV/dec）、Po-Fe（102mV/dec）、Po-Se（157mV/dec）、Po（178mV/dec）和 Pt/C（174mVdec）。这也从反应动力学上解释了为什么 Po-Fe-Se 具有更高的 OER 电催化活性。值得注意的是，在 10mA/cm^2 的电流密度下，Po-Fe-Se 显示出相当低的过电位，仅为 318mV（如图 5.42（c）所示），远低于 Po-Fe（390mV）、Po-Se（430mV）和 Po（530mV）。不仅如此，在 10mA/cm^2 时 Po-Fe-Se 的过电位甚至比 IrO$_2$/C（358mV）小 40mV，因此 Po-Fe-Se 具有比商业 IrO$_2$/C 更高的 OER 活性。Po-Fe-Se 优异的 OER 性能可能源于 FeSe 纳米颗粒，Fe-N$_x$ 物种，FeSe 纳米晶体与 N 掺杂碳之间的协同效应，石墨 N 物种等活性位，以及独特的三维多孔结构。Fe 引入 N 掺杂碳能够减弱 Fe 原子的电子密度，这可以使 Fe 的电催化活性位点更具亲电性，促进 OH$^-$ 与 FeSe 的吸附，进而使 Po-Fe-Se 展现出显著的 OER 性能。

此外，N 掺杂碳与 FeSe 纳米粒子之间的强耦合效应能够充分利用 N 掺杂碳骨架的优异导电性，促进杂化催化剂中的电荷转移，从而提高 OER 活性和稳定性。图 5.42（d）显示了在 O$_2$ 饱和的 0.1mol/L KOH 电解质（pH = 13）中 Po-Fe-Se、Po-Fe、Po-Se、Po、

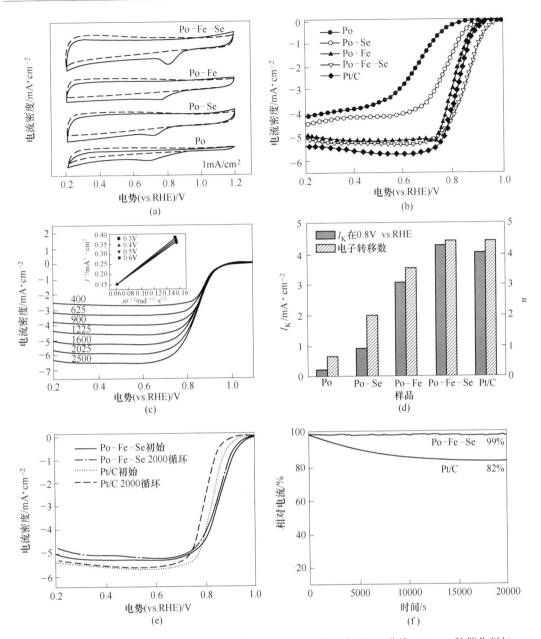

图 5.41　4 种催化剂在 N_2 饱和和 O_2 饱和的 0.1mol KOH 溶液中的 CV 曲线（a）；4 种催化剂与
商业 Pt/C 在 1600r/min 转速下的 LSVs 曲线比较（b）；Po-Fe-Se 在 O_2 饱和的 0.1mol/L KOH 溶液中
不同转速下的 LSVs 曲线（插图为 Po-Fe-Se 的 Koutecky-Levich 曲线）（c）；制备的催化剂和 Pt/C 的电子
转移个数及在 0.8V 时的动力学电流密度（d）；Po-Fe-Se 和质量分数 20% 商业 Pt/C 在 1600r/min 转速下，
循环 2000 圈前后的 LSV 曲线（e）；Po-Fe-Se 和质量分数 20% 商业 Pt/C 在 0.85V 电位下在 O_2 饱和
的 0.1mol/L KOH 溶液中 I-t 计时电流响应（f）

Pt/C 和 IrO_2/C 催化剂的 OER 和 ORR 活性。对应于 10mA/cm^2 的 OER 电流密度的 OER
电位与对应于 -3mA/cm^2 的 ORR 电流密度的 ORR 电位的差值（ΔE）可评估双功能氧电
极催化剂。ΔE 差值越小，作为 ORR/OER 双功能催化剂的活性越好。如图 5.42（d）所示，Po-Fe-Se、IrO_2/C-Pt/C、Po-Fe、Po-Se 和 Po 催化剂的 ΔE 值分别为 0.72V、0.78V、0.81V、0.93V 和 1.17V，表明这些样品作为双功能的氧电极活性遵循 Po-Fe-Se > Po-Fe > Po-Se > Po 的顺序。此外，Po-Fe-Se 催化剂作为目前报道的各种双功能材料中的氧电极活性表现出较好的活性。

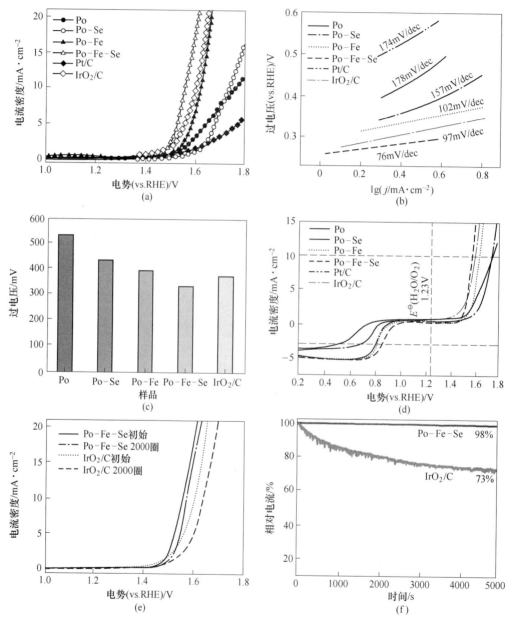

图 5.42　4 种催化剂与 IrO_2/C 在 0.1mol/L KOH 溶液中的 LSVs 曲线比较（a）；4 种催化剂与商业 IrO_2/C 和 Pt/C 的 OER 塔菲尔曲线（b）；10mA/cm^2 时 4 种催化剂与 IrO_2/C 在 0.1mol/L KOH 溶液中的过电位比较（c）；在 0.1mol/L KOH 溶液中各种催化剂的 ORR 和 OER 电位窗口内的氧电极活性（d）；Po-Fe-Se 和商业 IrO_2/C 在 1600r/min 转速下，循环 2000 圈前后的 LSV 曲线（e）；Po-Fe-Se 和商业 IrO_2/C 在 1.60V 电位下在 O_2 饱和的 0.1mol/L KOH 溶液中 I-t 计时电流响应（f）

　　为了进一步研究 Po-Fe-Se 的 OER 稳定性，我们还分别通过加速循环伏安法和计时电流法来评估 Po-Fe-Se 的稳定性。如图 5.42（e）所示，Po-Fe-Se 进行 2000 次循环后，在 $10mA/cm^2$ 的电流密度下，Po-Fe-Se 的电位仅略微下降 14.0mV，而 IrO_2/C 下降约 37mV。在图 5.42（f）中给出了使用计时安培计法的进行 5000s 耐久性测试。在 1.60V 连续运行 5000s 后，Po-Fe-Se 相对于其初始电流密度衰减 2%，而对于 IrO_2/C，衰减几乎为 17%。

　　过渡金属的含量直接影响碳基催化剂的 ORR/OER 活性。鉴于此，我们研究不同了 Fe∶Se 比例（1∶0.5、1∶1、1∶2、1∶4）对催化剂电化学性能的影响，以获得最佳 Fe∶Se 比例。如图 5.43（a）和（b）所示，随着 Fe 含量的增加，Po-Fe-Se 的 ORR 和 OER 性能先增加后降低，当 Fe∶Se 的比例为 1∶2 时达到最高的 ORR 和 OER 活性。太少的 Fe 可能不会产生足够的活性位点，但太多的 Fe 可能会生成非活性的物相，进而降低催化剂的活性。

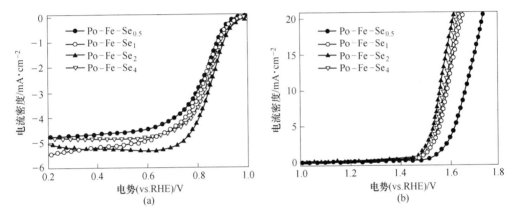

图 5.43　在 O_2 饱和的 0.1mol/L KOH 溶液中，使用不同 Fe/Se 质量比制备的 Po-Fe-Se 催化剂在 1600r/min 转速下的 ORR LSVs 曲线对比（a）；在饱和的 0.1mol/L KOH 溶液中，使用不同 Fe/Se 质量比制备的 Po-Fe-Se 催化剂在 1600r/min 转速下 OER LSVs 对比（b）

　　为什么 Po-Fe-Se 能够同时表现出如此优异的 ORR 和 OER 电化学活性？Po-Fe-Se 碳基非贵金属催化剂真实的活性位是什么？据我们所知，目前仍不明确，人们普遍认为 Fe 物种在提升催化剂的 ORR 和/或 OER 活性方面起着重要作用。为了研究 FeSe 在 ORR/OER 过程中的作用，我们通过酸洗除去 Po-Fe-Se 中的 FeSe 制备了 Po-Fe-Se-AL 催化剂。为了研究 FeSe 纳米颗粒和 N 掺杂碳之间的耦合效应，我们还将 Po 和 Fe 进行物理混合然后硒化来制备 Po+FeSe 催化剂。

　　图 5.44（a）显示了 Po-Fe-Se-AL 和 Po+FeSe 的 XRD 图。Fe-Se-AL 分别在 26° 和 44° 呈现两个宽的 C(002) 和 C(100) 衍射峰。在 Po-Fe-Se-AL 中没有出现明显的 FeSe 相。这表明在 Po-Fe-Se-AL 中 FeSe 已被去除。Po+FeSe 在 28.5°、32.1°、41.6°、50.1°、60.9° 和 67.4° 有明显的峰，与标准的 JCPDS 文件 75-0608 相比，表明在 Po+FeSe 中存在金属 FeSe。此外，Po-Fe-Se-AL 的 SEM 图（如图 5.45（a）和（b）所示）表明在椭圆形颗粒的光滑表面上几乎观察不到纳米颗粒。这进一步验证了 Po-Fe-Se-AL 中的 FeSe 纳米粒子已被去除。然而，Po+FeSe 的 SEM 图（如图 5.45（c）和（d）所示）显示堆积在椭圆形颗粒表面上大量的纳米颗粒，这表明 Fe-Se 纳米粒子彼此堆叠在碳骨架表面上。图 5.44

（b）显示了 Po-Fe-Se-AL 和 Po+FeSe 的电催化 ORR 活性。与 Po-Fe-Se 相比，Po-Fe-Se-AL 的 ORR 活性有一定下降。然而，与 Po+FeSe 相比，Po-Fe-Se-AL 的半波电位正移了 43mV。并且 Po-Fe-Se-AL 具有比 Po+FeSe 更高的极限电流密度。这些结果表明与 N 掺杂的碳耦合的 FeSe 纳米颗粒主要用于增强 Po-Fe-Se 中的 ORR 活性。FeSe 纳米颗粒和 N 掺杂碳的物理混合对 ORR 性能的改善没有贡献。N 掺杂碳材料中的活性 N 物种如 Fe-N$_x$，吡啶 N 可能主要是 ORR 活性位。图 5.44（c）展示了对 Po-Fe-Se-AL 和 Po+FeSe 的 OER 性能的评估。Po-Fe-Se-AL 的 OER 活性与 Po-Fe-Se 相比显著下降。尽管如此，在 10mA/cm^2 的电流密度下，Po+FeSe 显示出更高的 OER 性能，过电位比 Po-Fe-Se-AL 低 39mV。这表明 FeSe 在 OER 活动中起关键作用。此外，FeSe 纳米颗粒与 N 掺杂碳之间的耦合效应进一步增强了 Po-Fe-Se 的 OER 性能。

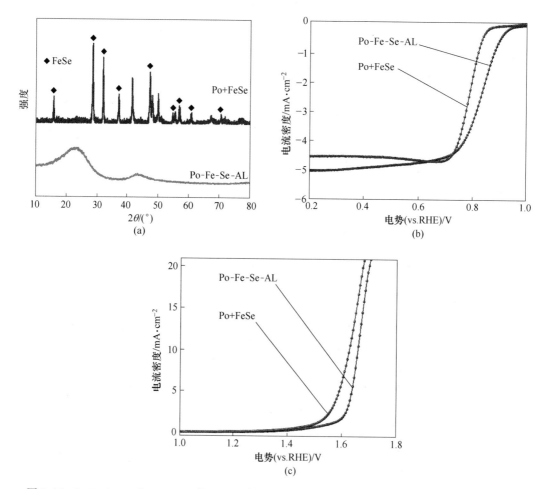

图 5.44　Po-Fe-Se-AL 和 Po+FeSe 的 XRD 比较（a）；在 0.1mol/L KOH 溶液中，Po-Fe-Se-AL 和 Po+FeSe 在 1600r/min 转速下的 ORR LSVs 曲线对比（b）；在 0.1mol/L KOH 溶液中，Po-Fe-Se-AL 和 Po+FeSe 在 1600r/min 转速下的 OER LSVs 曲线对比（c）

　　基于上述结果，结合最近关于 N 掺杂的碳和过渡金属硒化物用于 ORR/OER 电催化的研究，我们提出如下可能的假设，以解释 Po-Fe-Se 具有 ORR 和 OER 高活性的原因。

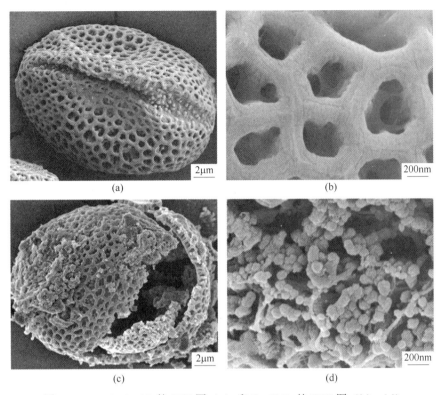

图 5.45　Po-Fe-Se-AL 的 SEM 图（a）和 Po+FeSe 的 SEM 图（b）~（d）

（1）当 Fe 和 Se 前驱体分别掺入到 RPGs 复合材料中时，Fe-N$_x$、吡啶 N 可以作为主要的活性位点，显著提高 Po-Fe 和 Po-Se 的 ORR 性能，同时也显示出一定的 OER 活性。当 Fe 和 Se 同时添加时，FeSe 纳米颗粒的形成对 OER 活性起重要贡献。更重要的是，将多个活性 N 物种与 FeSe 纳米颗粒有效结合成为一个整体，在单一催化剂上实现了高效的 ORR 和 OER 双功能催化。

（2）FeSe 纳米颗粒与 N 掺杂碳之间的强耦合作用进一步提高了 Po-Fe-Se 的 ORR 和 OER 活性。

（3）独特的三维多孔结构保证了反应过程中的高效传质和电子快速传导。

5.4.4　小结

综上所述，通过硒化掺 Fe 的花粉粒生物质，我们成功制备出 FeSe 纳米颗粒锚定三维多孔掺杂碳高性能非贵金属 ORR/OER 双功能催化剂。在碱性介质中，Po-Fe-Se 催化剂表现出优异的 ORR 和 OER 活性，其半波电位（0.86V）超过质量分数 20% 商业 Pt/C（0.83V）30mV，在 10mA/cm^2 时 Po-Fe-Se 的过电位甚至比 IrO$_2$/C（358mV）小 40mV。对比酸洗去除 FeSe 纳米颗粒后的掺杂碳催化剂，结果证实该催化剂中 Fe-N$_x$、吡啶 N 等活性物种作为 ORR 的活性位点，而 FeSe 纳米颗粒作为主要的 OER 活性位点。同时，该催化剂具有互连互通的多孔骨架，具有大的比表面积，易于物质传输和电子转移。此外，对比单纯生物质衍生掺杂碳和 FeSe 纳米颗粒的物理混合，发现 FeSe 纳米颗粒与 N 掺杂碳之间的耦合协同效应显著增强了其 ORR 和 OER 性能。不仅如此，该催化剂表现出显著增强的耐久性，并且其遵循四电子转移过程。这些结果证明了三维分级多孔生物碳骨架作为绿色可持续燃料电池和/或金属空气电池的双功能电催化剂的独特优势。这项工作为设计杂原子掺杂碳基能量转换和存储材料开辟了新的途径。

5.5　规整氮、硫共掺杂碳纳米球催化剂的制备及性能研究

5.5.1　研究背景

质子交换膜燃料电池（proton exchange membrane fuel cells，PEMFCs）具有高能量效率，环境友好等优点，被认为是未来非常有潜力的能源系统。然而，其高昂的成本严重阻碍了 PEMFCs 的大规模商业化应用。造成 PEMFCs 成本一直居高不下的一个重要原因就是在燃料电池的制作过程中，用到了大量的贵金属 Pt 以催化电池中的电极反应。相对比于阳极的氢氧化反应，阴极的氧还原反应动力学过程十分缓慢，因而 PEMFCs 中的 Pt 催化剂大部分是用于阴极以催化氧还原反应。因此，开发新型的非贵金属氧还原催化剂对于降低 PEMFCs 的成本及推进 PEMFCs 的商业化进程有着重要的意义。在已经得到的不同的氧还原催化剂中，碳基催化剂由于其所具有的氧还原催化活性高、来源广泛、价格低廉等特点，得到了科研工作者广泛的关注。虽然在过去的几年中，碳基氧还原催化剂得到了巨大的发展，但这些催化剂距离实际应用仍然还有很大的一段距离，因此，非常有必要进一步开发新型的，高效的碳基氧还原催化剂。

近来，一些课题组发现，在碳催化剂中引入硫后，催化剂的氧还原催化活性可以得到显著的改善[37~39]。Qiao 课题组通过密度泛函（density functional theory，DFT）计算，确证了氮、硫共掺杂时，氮与硫在改善催化剂氧还原催化活性上具有协同效应[40]。Fiechter 课题组[41]通过实验发现，硫的引入可以使碳催化剂产生多孔结构，使催化剂具有更高的比表面积，从而大幅提高碳催化剂的氧还原催化活性。与此同时，另外一些课题组发现通过改变催化剂的结构与形貌也可以显著改善碳催化剂的氧还原催化性能[42~44]。因此，具有特殊形貌的多元素掺杂的碳催化剂就有可能具有优异的氧还原催化性能。

在本小节中，我们以聚丙烯腈、升华硫为前驱体，设计合成了一系列氮与硫共掺杂的碳催化剂。该类催化剂具备规整的纳米球形貌（平均直径为 200nm），以及多孔，高硫含量，高比表积等特点。在这些催化剂中，硫含量最高的催化剂，其含硫量与比表面积可以分别达到 9.5% 与 653m^2/g。电化学测试结果表明，该氮硫共掺杂碳催化剂具有良好的氧还原催化性能，在碱性介质中，该类催化剂的氧还原催化性能可以接近商业 Pt/C 催化剂，同时，该催化剂还具有比商业 Pt/C 催化剂更加优越的甲醇耐受性及稳定性。

5.5.2　试验方法及装置

5.5.2.1　材料的制备

聚丙烯腈纳米球通过无皂聚合制得。具体制备过程如下：将 30mL 丙烯腈及 250mL 去离子水依次加入到 500mL 三口烧瓶中，通入氮气排尽瓶内空气后升温至 60℃，加入 30mL 过硫酸铵的水溶液（含 30mg 过硫酸铵）。之后，反应液于搅拌下氮气气氛中恒温反应 6h。聚合反应完成后，反应液经抽滤、水洗、干燥后得到聚丙烯腈纳米球，命名为 PANS。

取 1g 的 PANS 置于研钵中，加入不同量的升华硫及适量乙醇，研磨均匀后自然干燥，

得到 PANS 与硫均匀混合的前驱体。将得到前驱体置于管式炉中，氩气保护下，900℃下热处理 1h，之后自然冷却至室温，得到最终的碳催化剂，得到的不同催化剂根据硫用量不同，依次命名为 PAC、PAC/S、PAC/3S 及 PAC/5S，其中 PAC 为不加任何硫时所制备的催化剂，制备 PAC/S、PAC/3S 及 PAC/5S 的前驱体中的硫与 PANS 的质量比分别对应 1∶1、3∶1 和 5∶1。

5.5.2.2 材料的表征

实验中的所用红外光谱仪为 Bruker Equinox 55 傅里叶变换红外光谱仪。样品制备方法为溴化钾压片法。热重分析所用的仪器为美国 TA Instruments 的 SDT Q600 型热分析仪，热分析过程中采用氩气作为保护气，氩气流量为 100mL/min，采用的升温速率为 10℃/min。所有样品的比表面及孔径分析均在美国 Micromeritics 的 TriStar II 3020 型气体吸附分析仪上进行，测试所用气体为氮气，测试温度为 77K。催化剂中的残留 Fe 量通过 ICP-AES 进行定量分析，测试仪器为美国 Leeman Labs Inc. 的 Prodigy ICP-AES 系统。XRD 测试使用的仪器为中国通达公司的 TD-3500 型 X 射线粉末衍射仪，测试电位及电流分别为 40kV 及 30mA，所采用的 Cu-Kα 光源，波长 $\lambda = 0.15406nm$。XRD 测试的扫描角度范围为 10°~90°，扫描速率为 1.2°/min；对于小角度扫描，扫描范围为 0.5°~8°，扫描速率为 0.01°/min。XPS 测试使用的仪器为美国 Thermo-VG Scientic 公司的 ESCALAB 250 型 XPS 分析仪，以 Al-Kα 为辐射源对催化剂进行表征。利用 XPSPEAK 4.1 软件对得到的 XPS 数据进行拟合分析。催化剂的 SEM 测试在荷兰 FEI 公司的 Nano 430 扫描电镜上进行，测试中采用的加速电位为 10~40kV。TEM 测试用到的仪器为日本 JEOL 的 JEM-2100F 型透射电镜，测试中采用的加速电位为 200kV。

5.5.2.3 电化学性能测试

精称 5mg 催化剂，超声下分散于 1mL 质量分数为 0.25% 的 Nafion 乙醇溶液中。移取 20μL 催化剂浆料滴于玻碳电极上，红外灯下烤干。在每一次制作工作电极前，玻碳电极均依次经过乙醇超声清洗及 50nm 氧化铝粉打磨抛光处理。将制备好的电极置于 0.1mol/L KOH 或 0.1mol/L HClO₄ 中进行循环伏安（CV）及线性扫描（LSV）测试。碱性介质中，CV 与 LSV 的扫描范围为 0.2~-0.8V（vs. Ag/AgCl），扫描速率为 10mV/s；酸性介质中 CV 与 LSV 的扫描范围为 0.75~-0.25V（vs. Ag/AgCl），扫描速率为 10mV/s。不同的转速下的氧还原 LSV 曲线由测试电极于 900r/min、1200r/min、1600r/min、2000r/min、2500r/min、3000r/min、3600r/min 的转速下应用 LSV 方法测试得到。

催化剂的稳定性及抗甲醇中毒性能由计时安培法获得。碱性条件下选取的测试电位为 -0.3V（vs. Ag/AgCl），酸性条件下选取的测试电位为 0.4V（vs. Ag/AgCl）。

催化剂的转移电子数通过 Koutecky-Levich（K-L）方程[45~47]得到：

$$j^{-1} = j_{\mathrm{L}}^{-1} + j_{\mathrm{K}}^{-1} = B^{-1}\omega^{-1/2} + j_{\mathrm{K}}^{-1} \tag{5.2}$$

$$B = 0.62nFC_0 D_0^{2/3} \nu^{-1/6} \tag{5.3}$$

$$j_{\mathrm{K}} = nF\kappa C_0 \tag{5.4}$$

式中，j、j_{K} 及 j_{L} 分别为测得的电流密度、动力学电流密度及极限电流密度；ω 为电极旋转角速度；F 为法拉第常数，96485C/mol；C_0 为氧气在溶液中的浓度，0.1mol/L KOH 溶液

中的 C_0 值为 $1.2×10^{-3}$；ν 是电解液动力学黏度，0.1mol/L KOH 溶液中的 ν 值为 $0.01\text{cm}^2/\text{s}$；D_0 为氧气在电解液中的扩散系数，0.1mol/L KOH 溶液中的 D_0 值为 $1.9×10^{-3}\text{cm}^2/\text{s}$。

在 Tafel 曲线中，催化剂的动力学电流由下列公式得到[48]：

$$I_k = \left| I_L I (I_L - I)^{-1} \right| \tag{5.5}$$

于碱性介质中环盘电极测试时，在 Pt 环上施加的电位为 0.5V，电极转速为 1600r/min。催化剂的过氧化氢产率及转移电子数由以下方程计算得到[49~51]：

$$\eta = 200 I_r (N I_d + I_r)^{-1} \tag{5.6}$$

$$n = 4 I_d (I_d + I_r N^{-1})^{-1} \tag{5.7}$$

式中，I_r 与 I_d 分别为测量得到的环电流与盘电流；N 为 Pt 环的捕获率，通过测试 $K_3Fe(CN)_6$ 的还原量计算得到。

5.5.3　结果与讨论

5.5.3.1　材料的形貌与结构表征

图 5.46 是 PAC/5S 的 XPS 图谱，可以看到，谱图中存在明显的 C 1s（约 284.5eV），O 1s（约 532.0eV），N 1s（400.5eV）及 S 2p（164.0eV 及 228.1eV）峰，表明催化剂中含有 C、N、O、S 等元素，由 XPS 结果得到的各种元素的组成如表 5.4 所示。从 PAC/5S 的 C 1s 峰的分峰拟合结果可以看到，PAC/5S 的 C 1s 峰可被分为若干小峰，分别对应 C—C（285.0eV），C—S—C（284.5eV），C—N 及 C—O（286.5eV），表明催化剂中的氮与硫均已与碳成键。PAC/5S 的 N 1s 峰的分峰结果显示，PAC/5S 中存在四种形态的氮，分别对应氧化态 N（402.0eV）、石墨 N（401.0eV）、吡咯 N（399.8eV）及吡啶 N（398.2eV）；四种氮的原子相对含量分别为 25.3%、31.6%、18.0%及 25.1%，在所有氮物种中，氧还原催化活性 N 物种——石墨 N、吡咯 N 和吡啶 N 的比例达到原子数分数 74.7%。图 5.46（d）是对 S 2p 峰的拟合分峰结果，163.9eV 及 165.1eV 处的两个峰分别对应于噻吩硫自旋轨道耦合产生的 S $2p_{3/2}$ 与 S $2p_{1/2}$ 峰[52]；而位于 168.0eV 的峰则可归属于氧化态硫。在催化剂中的所有硫中，氧还原催化活性 S 物种噻吩 S 的含量可达到 64.7%。

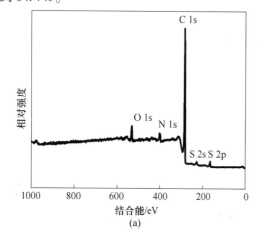
(a)

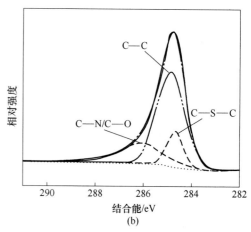
(b)

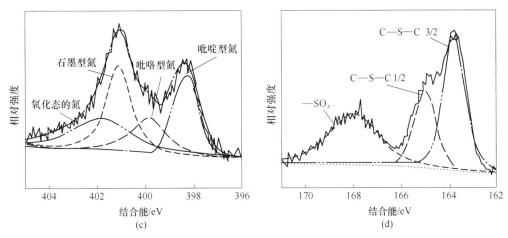

图 5.46 PAC/5S 的 XPS 谱图（a）；高分辨 C 1s 图谱（b）；
高分辨 N 1s 图谱（c）；高分辨 S 2p 图谱（d）

表 5.4 PAC/5S 表面原子组成

氮含量(原子分数)/%				硫含量(原子分数)/%	
氧化态的氮	石墨型的氮	吡咯型的氮	吡啶型的氮	氧化态的硫	噻吩型的硫
25.3	31.6	18.0	25.1	35.3	64.7

　　图 5.47 所示的是得到的催化剂及前驱体的 SEM 图。可以看到，前驱体 PANS 具有规整的球形形貌，平均直径在 400nm 左右（如图 5.47（a）所示）。图 5.47（b）是未加任何硫所制备得到的催化剂 PAC 的形貌，可以看到，PAC 呈现一平整的块状形貌，不具有任何多孔结构及规整形貌。很显然，在高温热处理的过程中，PANS 纳米球发生了严重的团聚。

图 5.47 PANS SEM 照片（a）；PAC SEM 照片（b）；PAC/S SEM 照片（c），（d）；
PAC/3S SEM 照片（e），（f）；PAC/5S SEM 照片（g），（h）

含硫前驱体热处理得到的三种催化剂 PAC/S、PAC/3S、PAC/5S，都具有非常规整的纳米球形形貌，平均直径在 200nm 左右。很显然，硫的加入阻止了高温热处理过程中 PANS 纳米球的团聚。从 PAC/S 放大的 SEM 中可以看到，在 PAC/S 中，碳纳米球之间仍然存在着少量的粘连，而这种碳纳米球间的粘连情况在 PAC/3S 及 PAC/5S 中均未观察到，表明要有效防止 PANS 纳米球的粘连与团聚，得到良好分散的均匀碳纳米球需要有充足量的硫参与。另外，从 PAC/S、PAC/3S 及 PAC/5S 中碳球的直径可以看出，三者的直径都在 200nm 左右，表明热处理后的碳纳米球的半径与硫的用量无关，同时也意味着最终碳球的直径可能只由前驱体 PANS 纳米球的大小决定。对比前驱体 PANS 与最终得到的含硫碳催化剂 PAC/S、PAC/3S 及 PAC/5S 的尺寸大小，我们可以发现，在热处理之后，纳米球的平均直径从 400nm 下降到了 200nm，造成这种尺寸缩小的可能原因是前驱体 PANS 纳米球在热解过程中有部分结构发生了分解，以及在高温热处理过程中形成更稳定的共轭结构所引起的结构收缩。

图 5.48 是 PAC/5S 的 TEM 图，从图中可以看出，PAC/5S 除了具有非常规整的纳米球状形貌外，PAC/5S 的内部还存在着大量的多孔结构。

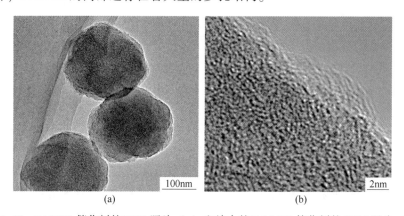

图 5.48　PAC/5S 催化剂的 TEM 照片（a）和放大的 PAC/5S 催化剂的 TEM 照片（b）

图 5.49 是不同催化剂的比表面测试结果。从图 5.49（a）催化剂的氮气吸-脱附曲线可以看出，PAC/S、PAC/3S 和 PAC/5S 的氮气吸脱附曲线均为 I 型吸附等温线，表明这些催化剂中存在着大量的微孔结构。通过 Barrett-Joyner-Halenda（BJH）方法，我们计算得到了的三个催化剂的孔径分布，结果如图 5.49（b）（d）所示，从这些结果中，我们可以看到三个氮硫共掺杂的催化剂中的孔的尺寸主要是由小于 10nm 的孔构成。比表面积结果显示，三种氮硫共掺杂的催化剂——PAC/S、PAC/3S 及 PAC/5S 的比表面积分别为 $276m^2/g$、$411m^2/g$ 及 $653m^2/g$，表明前驱体中添加的硫可使催化剂具有大量的微孔结构的同时大幅提高催化剂的比表面积。

基于以上的表征结果与分析，我们提出了该氮硫掺杂催化剂的一种可能的形成过程，如图 5.50 所示。首先，随着温度的升高，前驱体中的硫开始熔化并与 PANS 纳米球的表面发生硫化反应，正是纳米球表面的这些硫化反应阻止了 PANS 纳米球间的团聚过程；随着温度继续上升，聚丙烯腈分子内的环合反应，脱氢反应，进一步的硫化反应，碳化过程以及石墨化过程相继发生。聚丙烯腈分子内的环合及脱氢形成了更加稳定的共轭结构，致

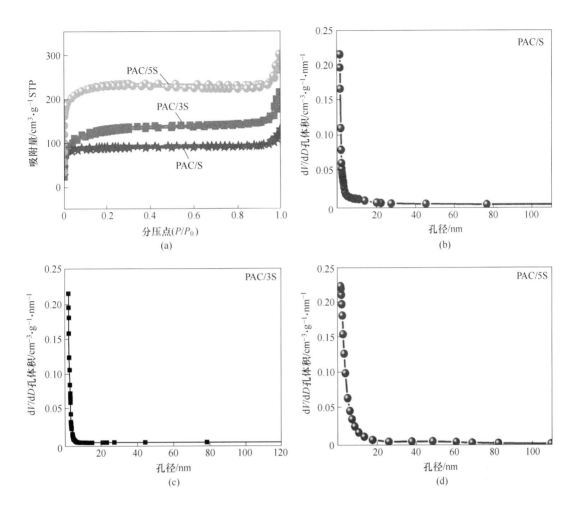

图 5.49 PAC/S、PAC/3S 及 PAC/5S 的 N_2 吸脱附等温线（a）；由 BJH 方法计算得到的 PAC/S 的孔径分布（b）；PAC/3S 的孔径分布（c）；PAC/5S 的孔径分布（d）

使 PANS 纳米球的体积缩小，而与此同时，硫化反应也使得一些硫得以与碳基底形成稳定的共价键，牢固地结合在碳基体中。在更高温度的热处理过程中，低温时形成的中间体有一部分发生了分解，包括一些含硫的结构，从而形成了催化剂中的多孔结构。由于硫化过程对阻止 PANS 的团聚具有重要的作用，因此，在没有足够量的硫参与的情况下，在热处理的过程中，PANS 纳米球就会发生融合，甚至聚集在一起最终形成不规则的碳块。

5.5.3.2 材料的电化学性能研究

图 5.51（a）是在碱性介质中得到的催化剂的 LSV 极化曲线。可以看到，不含任何硫成分的 PAC 的氧还原催化活性非常差，其中部电位大致为 -0.4V（vs. Ag/AgCl）。从 PAC 的 LSV 曲线上还可以看到，在测试电位范围 $-0.2 \sim -0.8$V（vs. Ag/AgCl）内，该 LSV 曲线出现了两个平台，这是 2 电子氧还原过程 LSV 曲线的一个特征，表明在 PAC 上的氧还

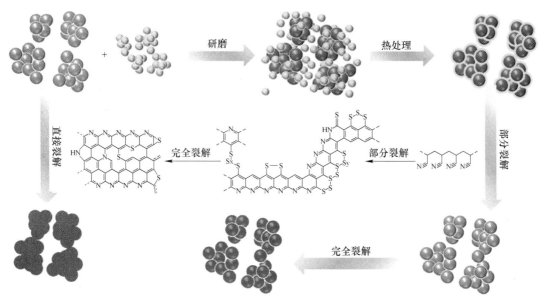

图 5.50　硫、氮共掺杂碳纳米球形成的可能过程

原过程是按照 2 电子机理进行的。对于含硫的三个催化剂，他们的氧还原催化活性都要明显地高于 PAC，表明硫的引入确实是可以促进催化剂的氧还原催化性能的提升。从 PAC/S、PAC/3S 和 PAC/5S 这几个硫含量不同的前驱体所制备的几种催化剂的 LSV 曲线中，我们还可以看到，催化剂的氧还原催化性能随着硫用量的增加而上升，当前驱体中的硫用量为 PANS 的五倍量时，得到的催化剂 PAC/5S 具有最高的氧还原催化活性，其氧还原催化性能甚至能够接近商业 Pt/C 催化剂。

　　图 5.51 （b）是各种催化剂的比表面积、硫含量、氮含量以及 -0.4V （vs. Ag/AgCl）电位下的电流密度。可以看到，随着硫用量的增加，催化剂的含硫量从 PAC/S 中的 4.25% 增加到 PAC/5S 中的 9.53%，表明催化剂中最终的硫含量可以通过简单地改变前驱体中的硫用量来调节。除了硫含量，我们还注意到，催化剂的比表面积及电流密度与硫含量呈现出近似线性相关的关系，这也进一步说明了硫对于调节催化剂的比表面积及氧还原催化活性具有重要的作用。综合此前的催化剂理化性质表征结果及分析，我们认为，硫对催化剂氧还原催化性能的提升作用应该可以归结于以下两个方面：一方面硫的引入使催化剂产生了多孔结构，增大了催化剂的比表面积；另一方面由于氮与硫之间的协同作用，形成了氧还原催化活性中心。

　　为了进一步研究氧在催化剂表面还原的动力学过程，我们记录了碱性介质中，PAC/5S 于不同转速速下的 LSV 曲线 （如图 5.51 （c） 所示），并通过 K-L 方程分析了这些曲线。从图 5.51 （d） 可以看到，在 -0.6 ~ -0.4V （vs. Ag/AgCl） 的电位区间内，不同电位下的 K-L 曲线的斜率几乎都相同，表明在这些电位下，氧还原过程中的转移电子非常相近。由 K-L 方程计算得到该催化剂的转移电子数为 3.82，说明在 PAC/5S 上的氧还原过程几乎是按照四电子过程来进行的。也就是说，在该催化剂上，氧分子能够通过四电子过程接收 4 个电子直接还原成 OH^-，而不生成中间产物 OOH^-。

　　图 5.52 是 PAC/5S 的计时安培法测试结果。从图 5.52 （a） 可以看到，对于商业 Pt/

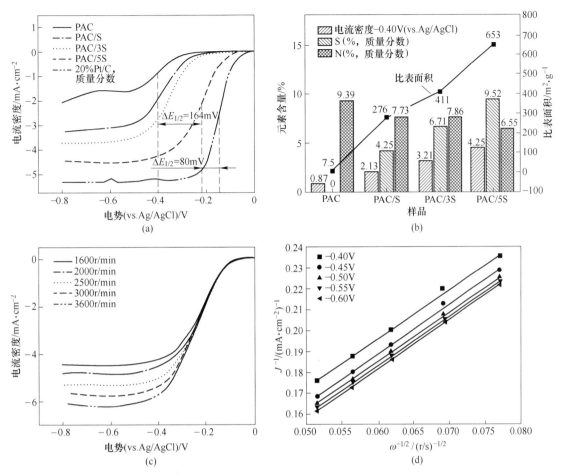

图 5.51　不同硫含量催化剂的氧还原极化曲线（a）；不同催化剂−0.4V（vs. Ag/AgCl）下的氧还原电流
密度、BET 比表面积及氮、硫含量（EA 结果）（b）；PAC/5S 于不同转速下的 LSV 曲线（c）；
PAC/5S 的 K-L 曲线及不同电位下（vs. Ag/AgCl）的转移电子数（d）

C 催化剂，当 3mol/L 甲醇溶液加入时，氧还原电流出现了明显的下降，表明甲醇对商业 Pt/C 催化剂具有明显的毒化作用；而对于催化剂 PAC/5S，甲醇的加入，并没有引起电流的显著变化，表明 PAC/5S 具有良好的抗甲醇中毒的能力。图 5.52（b）显示的是 PAC/5S 与商业 Pt/C 催化剂于−0.3V 下的计时安培曲线，可以看到，在 20000s 持续放电之后，PAC/5S 仍保留着 95% 以上的性能，而商业 Pt/C 催化剂的性能则下降了至少 20% 以上，说明该催化剂具有非常好的稳定性。

5.5.4　小结

　　在本章中，我们以聚丙烯腈，升华硫为前驱体，设计合成了一系列氮与硫共掺杂的碳催化剂。该类催化剂具备规整的纳米球形形貌，纳米球的粒径大约为 200nm 左右，同时具有多孔、高硫含量、高比表积等特点，对含硫量为 9.5% 的催化剂，其比表面积可高达 653m²/g。电化学测试结果表明，该氮硫共掺杂碳催化剂具有良好的氧还原催化性能，在碱性介质中，该类催化剂的氧还原催化活性可以接近商业 Pt/C 催化剂，同时具有比商业

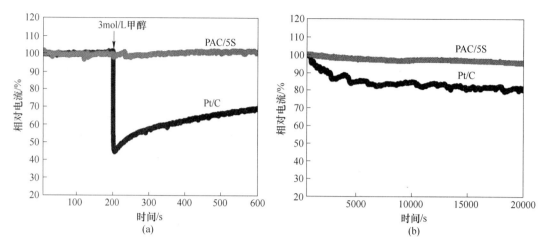

图 5.52　PAC/5S 及商业 Pt/C 催化剂在 -0.3V（vs. Ag/AgCl）电位下，于 0.1mol/L KOH 溶液中对甲醇的计时安培曲线（箭头表示加入 3mol/L 甲醇溶液）（a）；PAC/5S 及商业 Pt/C 催化剂在 0.68V 电位下，1600r/min 下放电 20000s 的计时安培曲线（b）

Pt/C 催化剂更加优越的甲醇耐受性及稳定性。此外，在研究中我们还发现，硫对于催化剂规整球形形貌及多孔结构的形成有着非常重要的作用，通过改变前驱体中的硫用量，可以改变最终得到催化剂中的硫含量，同时还可以调节催化剂的多孔结构及比表面积。这一发现也为之后制备含硫的，具有特殊形貌的碳材料提供了一种可能的，便捷的途径。

5.6　自组装多孔 Fe-N$_x$/C 型氧还原催化剂的制备及性能研究

5.6.1　研究背景

氧还原反应是 PEMFCs、DMFCs、金属-空气电池等新型、高效、绿色环保的能源系统中的一个重要过程。目前为止，金属 Pt 仍然是最为有效，应用得最广的氧还原催化剂。但 Pt 作为一种贵金属，不仅价格昂贵，储量有限，同时还存在着稳定性差、易中毒等缺点。Pt 催化剂的这些不足极大地阻碍了这些新型能源系统的大规模商业化应用。因此，开发高效的非贵金属氧还原催化剂来取代传统 Pt 催化剂，对于新型能源系统的开发应用具有非常重要的意义。为了寻找高效的催化剂，人们相继开发出了大量的催化材料。在已经得到的催化材料中，掺杂碳催化剂由于具有氧还原催化活性高、价格低廉、来源广泛等特点，得到了研究者的广泛关注。在过去的几年中，虽然碳基氧还原催化剂取得了巨大的发展，但要使这些碳基氧还原催化剂真正能够应用于实际，仍然还有很长的路要走。因而，继续开发更加高效的，稳定的碳基氧还原催化剂对于推进新型能源系统的实际应用具有非常重要的意义。

多孔碳材料已经广泛地应用于气体吸附、分离、催化及有机物转换等领域。尤其是介孔碳材料，由于其独特的结构特点，能在提供高比表面积保证大量活性位点暴露的同时，提供大量的通道用于传质，被广泛地应用于能源存储及能源转换领域[40,53,54]。虽然介孔结构能够改善反应过程中的传质，但仍无法满足氧还原快速的电化学过程的需要[53]。2011 年，Qiao 课题组发现，将介孔碳催化剂中的孔尺寸由 12nm 扩大到 150nm，碳催化剂的氧还原催化性能可以得到显著的提高[55]。

　　虽然增大孔的尺寸可以有利于传质过程，最终有利于氧还原反应，但增大孔的尺寸的同时也必将会引起比表面的下降，造成催化剂中暴露的活性位点减少，不利于氧还原催化活性的进一步提升。为了解决高比表面积与传质之间的矛盾，在碳材料中引入多级孔结构是一种可行的，便捷的方法，因为多级孔结构同时可以提供大孔，介孔及微孔结构，大孔与介孔结构有利于改善传质，而大孔与介孔孔壁上的微孔结构则可增大碳催化剂的比表面积，增加暴露的活性位点数。

　　通常，多级孔碳材料（hierarchical porous carbons，HPCs）的制备方法有：模板法、活化法等[56~60]。这些制备方法中都需要有特定的造孔步骤，如：模板的移除（硬模板法）、构造特殊的纳米结构（软模板法）、活化过程（所有包含活化过程的制备方法）等。这些造孔步骤通常就会使得 HPCs 的制备过程变得繁琐而又复杂，大大限制了 HPCs 的研究与应用。因此，开发一种新的，不使用任何模板并且不包含任何活化过程的方法将有助于 HPCs 的研究与应用。

　　据我们所知，到目前为止，文献上关于直接通过非模板法制备含有多孔结构的碳基氧还原催化剂的报道还很少。基于以上几点考虑，在本章中，我们以聚苯乙烯泡沫、三聚氰胺、氯化铁为前驱体，通过无模板自组装法制备了一种高比表面，多孔结构的碳基氧还原催化剂。制得的催化剂具有非常好的氧还原催化性能：碱性介质中，与商业 Pt/C 催化剂相比，该催化剂的中部电位及 −0.2V（vs. Ag/AgCl）时的电流密度分别高出商业 Pt/C 催化剂 20mV 及 1.24mA/cm^2。除了具有优异的氧还原催化性能之外，该催化剂还表现出了非常好的稳定性，甲醇耐受性及很高的催化效率（能接近 100% 地通过 4 电子过程将氧直接还原为水）。通过研究掺杂氮与残留铁跟催化剂氧还原催化活性之间的关系，我们还发现催化剂中残留的铁与掺杂的氮物种一样，对催化剂氧还原催化活性有着非常重要的作用。

5.6.2　试验方法及装置

5.6.2.1　材料的制备

　　交联聚苯乙烯（CPS）通过傅-克烷基化反应制备得到，制备过程如下：首先在 1000mL 圆底烧瓶中依次加入 5.0g 聚苯乙烯（polystyrene，PS）及 400mL 四氯化碳（CCl$_4$），待 PS 完全溶解后加入 12.0g 无水三氯化铝（AlCl$_3$），搅拌下迅速升温至回流温度，之后恒温反应 48h。反应结束后，趁热抽滤得到褐色滤饼。滤饼依次用盐酸-乙醇混合溶液及去离子水冲洗后置于 110℃ 烘箱中干燥得到的浅褐色粉末即为交联聚苯乙烯——CPS。

　　在 500mL 的烧杯中依次加入 1.0g CPS，2.0g 三聚氰胺、1.0g 三氯化铁（FeCl$_3$）及 200mL 去离子水；磁力搅拌下升温至 80℃，恒温加热至水分完全蒸干，即得到 CPS、三聚氰胺、三氯化铁均匀混合的前驱体粉末。将得到的粉末置于管式炉中，氩气保护下以 2℃/min 的速率升温至 550℃，恒温处理 4h 后升温至 900℃，恒温处理 1h 后自然冷却至室温。得到的碳材料用 0.5mol/L H$_2$SO$_4$ 溶液在 80℃ 下处理 8h，抽滤、干燥后，氩气保护下，于 900℃ 下再处理 2h，自然冷却后即得到最终的碳催化剂——Fe-Mel-CPS。

为了研究不同组分对催化剂最终活性的影响，我们用不同的前驱体，通过相同的过程制备了另外的两个催化剂，C-CPS 和 Mel-CPS。其中制备 C-CPS 的前驱体为单纯的、不含任何添加物的 CPS，而 Mel-CPS 的前驱体则是 CPS 与三聚氰胺的混合物。

5.6.2.2　材料的表征

实验中的所用红外光谱仪为 Bruker Equinox 55 傅里叶变换红外光谱仪。样品制备方法为溴化钾压片法。热重分析所用的仪器为美国 TA Instruments 的 SDT Q600 型热分析仪，热分析过程中采用氩气作为保护气，氩气流量为 100mL/min，采用的升温速率为 10℃/min。所有样品的比表面及孔径分析均在美国 Micromeritics 的 TriStar Ⅱ 3020 型气体吸附分析仪上进行，测试所用气体为氮气，测试温度为 77K。催化剂中的残留 Fe 量通过 ICP-AES 进行定量分析，测试仪器为美国 Leeman Labs Inc. 的 Prodigy ICP-AES 系统。XRD 测试使用的仪器为中国通达公司的 TD-3500 型 X 射线粉末衍射仪，测试电位及电流分别为 40kV 及 30mA，所采用的 Cu-Kα 光源，波长 $\lambda = 0.15406nm$。XRD 测试的扫描角度范围为 10°~90°，扫描速率为 1.2°/min；对于小角度扫描，扫描范围为 0.5°~8°，扫描速率为 0.01°/min。XPS 测试使用的仪器为美国 Thermo-VG Scientic 公司的 ESCALAB 250 型 XPS 分析仪，以 Al-Kα 为辐射源对催化剂进行表征。利用 XPSPEAK 4.1 软件对得到的 XPS 数据进行拟合分析。催化剂的 SEM 测试在荷兰 FEI 公司的 Nano 430 扫描电镜上进行，测试中采用的加速电位为 10~40kV。TEM 测试用到的仪器为，日本 JEOL 的 JEM-2100F 型透射电镜，测试中采用的加速电位为 200kV。

5.6.2.3　电化学性能测试

精称 5mg 催化剂，超声下分散于 1mL 质量分数为 0.25% 的 Nafion 乙醇溶液中。移取 20μL 催化剂浆料滴于玻碳电极上，红外灯下烤干。

在每一次制作工作电极前，玻碳电极均依次经过乙醇超声清洗及 50nm 氧化铝粉打磨抛光处理。

将制备好的电极置于 0.1mol/L KOH 或 0.1mol/L HClO₄ 中进行循环伏安（CV）及线性扫描（LSV）测试。碱性介质中，CV 与 LSV 的扫描范围为 0.2~−0.8V（vs. Ag/AgCl），扫描速率为 10mV/s；酸性介质中 CV 与 LSV 的扫描范围为 0.75~−0.25V（vs. Ag/AgCl），扫描速率为 10mV/s。不同的转速下的氧还原 LSV 曲线由测试电极于 900r/min、1200r/min、1600r/min、2000r/min、2500r/min、3000r/min、3600r/min 的转速下应用 LSV 方法测试得到。

催化剂的稳定性及抗甲醇中毒性能由计时安培法获得。碱性条件下选取的测试电位为 −0.3V（vs. Ag/AgCl），酸性条件下选取的测试电位为 0.4V（vs. Ag/AgCl）。

催化剂的转移电子数通过 Koutecky-Levich（K-L）方程[45~47]得到：

$$j^{-1} = j_{\mathrm{L}}^{-1} + j_{\mathrm{K}}^{-1} = B^{-1}\omega^{-1/2} + j_{\mathrm{K}}^{-1} \tag{5.8}$$

$$B = 0.62nFC_0D_0^{2/3}\nu^{-1/6} \tag{5.9}$$

$$j_{\mathrm{K}} = nF\kappa C_0 \tag{5.10}$$

式中，j、j_{K} 及 j_{L} 分别为测得的电流密度、动力学电流密度及极限电流密度；ω 为电极旋转角速度；F 为法拉第常数，96485C/mol；C_0 为氧气在溶液中的浓度，0.1mol/L KOH

溶液中的 C_0 值为 1.2×10^{-3}；ν 是电解液动力学黏度，0.1mol/L KOH 溶液中的 ν 值为 0.01cm^2/s；D_0 为氧气在电解液中的扩散系数，0.1mol/L KOH 溶液中的 D_0 值为 1.9×10^{-3}cm^2/s。

在 Tafel 曲线中，催化剂的动力学电流由下列公式得到[48]：

$$I_k = \left| I_L I (I_L - I)^{-1} \right| \tag{5.11}$$

于碱性介质中环盘电极测试时，在 Pt 环上施加的电位为 0.5V，电极转速为 1600r/min。催化剂的过氧化氢产率及转移电子数由以下方程计算得到[49~51]：

$$\eta = 200 I_r (N I_d + I_r)^{-1} \tag{5.12}$$

$$n = 4 I_d (I_d + I_r N^{-1})^{-1} \tag{5.13}$$

式中，I_r 与 I_d 分别为测量得到的环电流与盘电流；N 为 Pt 环的捕获率，通过测试 K$_3$Fe(CN)$_6$ 的还原量计算得到。

5.6.3 结果与讨论

5.6.3.1 材料的形貌与结构表征

催化剂的制备过程如图 5.53 所示，交联过程中，四氯化碳在无水三氯化铝的催化作用下与 PS 分子链中的苯环发生傅-克烷基化反应，使聚苯乙烯分子链中的两个苯环通过 —CCl$_2$— 连接在一起，随着交联反应的进行，PS 的分子量不断增大，其在四氯化碳中的溶解度不断减少，最终从溶液中析出多孔纳米粒子。由于形成的这些纳米粒子表面还是存在着未被烷基化的苯环，因此，这些纳米粒子之间也可以通过傅-克烷基化反应组装在一起，这些纳米粒子连接在一起就形成了三维的网状结构，而粒子与粒子的堆叠则形成了连通的多孔结构。

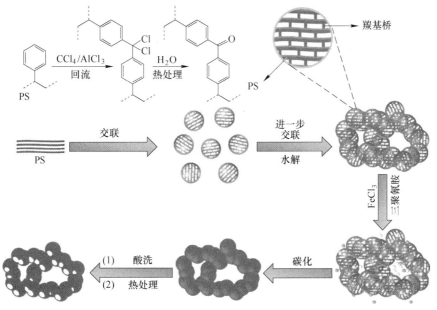

图 5.53　掺杂碳催化剂制备过程示意图

　　在干燥过程中，交联过程中形成的—CCl$_2$—基团被滤饼中残留的水水解成更稳定的羰基。图 5.54 是交联前后的聚苯乙烯的 FTIR 谱图，可以看到，PS 在交联之后，在波数为 1700cm^{-1} 附近出现了明显的羰基吸收峰，表明 PS 在交联及水解过程中确实引入了羰基结构。由于 PS 分子高温下不稳定，在热处理温度（550℃）前即分解成为苯乙烯单体，因此对 PS 的交联是得到最终碳催化剂的关键步骤。

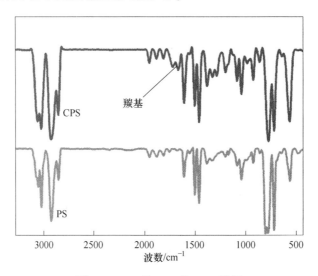

图 5.54　PS 及 CPS 的 FTIR 谱图

　　图 5.55（a）显示的是 CPS 的 SEM 照片，从照片上可以看到，CPS 是由大量的纳米粒子组装而成，这些纳米粒子在堆叠或者组装的过程中形成了大量的多孔结构。从 CPS 得到的三种催化剂的 SEM 图中也可以看到，得到的这三种催化剂中均具有大量的类似的多孔结构；从 Mel-CPS 与 C-CPS 的 SEM 照片可以看出，Mel-CPS 的表面明显地要比 C-CPS 粗糙，这些结构上的差别可能是三聚氰胺及其分解产物，如 H$_2$、NH$_3$、HCN 等，在热处理过程中对碳基体的掺杂与刻蚀作用造成的。从 Fe-Mel-CPS 的 SEM 照片中，可以看到，与 Mel-CPS 和 C-CPS 一样，Fe-Mel-CPS 中也出现了大量的多孔结构，但不同的是，Fe-Mel-CPS 中出现了大量的薄片结构。从 Fe-Mel-CPS 的 TEM 照片可以看到，Fe-Mel-CPS 具有大量的薄壁泡状结构，明显不同于其他两种催化剂，表明这种薄壁泡状结构是在 Fe 的作用形成的[61]。

　　在放大的 Fe-Mel-CPS 的 TEM 照片中，我们还可以看到，Fe-Mel-CPS 还存在着一些颗粒，从 HRTEM 图像中可以测量得到这些晶纹的层间距为 0.204nm，与金属 Fe 及 Fe$_3$C 的晶纹层间距相符，表明观察到的这些颗粒很可能是催化剂制备过程中未被酸洗去除的 Fe 或 Fe$_3$C 纳米粒子。

　　为了确证催化剂中铁的存在形式，我们对 Fe-Mel-CPS 进行了 XRD 测试。如图 5.56 所示，Fe-Mel-CPS 的衍射图中出现了与 Fe、Fe$_3$C 及 Fe$_3$O$_4$ 相对应的衍射峰，表明 Fe-Mel-CPS 中存在的 Fe 物种主要为 Fe、Fe$_3$C 及 Fe$_3$O$_4$。

　　图 5.57 是 Fe-Mel-CPS 的氮气吸脱附等温线，可以看到，Fe-Mel-CPS 的氮气吸脱附等温线在中高压区域存在一个滞回环，属于 IV 型等温线，表明在 Fe-Mel-CPS 中同时存在微

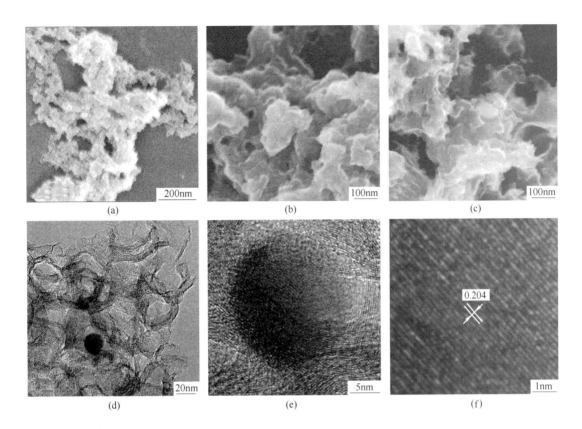

图 5.55　CPS SEM 照片（a）；C-CPS SEM 照片（b）；Fe-Mel-CPS SEM 照片（c）；
Fe-Mel-CPS 的 TEM 照片（d）；Fe-Mel-CPS 的 HRTEM 照片（e），（f）

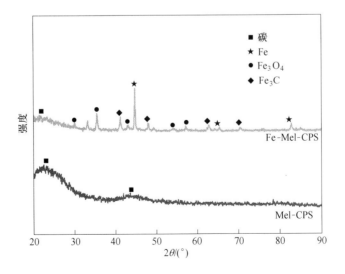

图 5.56　Fe-Mel-CPS 与 Mel-CPS 的 XRD 谱图

孔结构及介孔结构。Fe-Mel-CPS 的 BJH 孔径分布图在介孔区域出现了一高峰，表明 Fe-Mel-CPS 中存在大量的介孔结构。除了 Fe-Mel-CPS，其他两个催化剂，Mel-CPS 及 C-CPS 的表面分析结果也证实了这两种催化剂中存在着类似的多孔结构，表明得到的三种催化剂中的多孔结构是来源于前驱体 CPS。

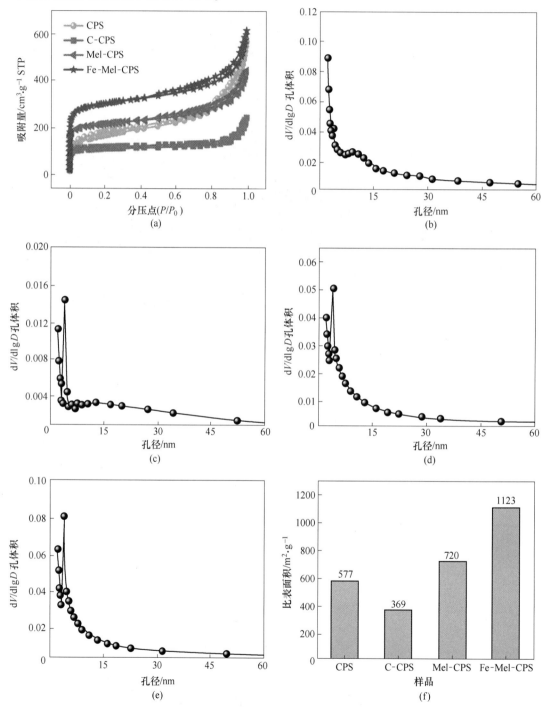

图 5.57　不同催化剂的 N_2 吸脱附等温线（a）；不同催化剂孔径分布及累计孔容：
CPS（b），C-CPS（c），Mel-CPS（d），Fe-Mel-CPS（e）；不同催化剂的比表面积（f）

从四种材料的比表面积来看，Fe-Mel-CPS 的比表面积最高，达到 1123m^2/g，C-CPS 的比表面积最低，为 369m^2/g，甚至小于前驱体 CPS 的比表面积（577m^2/g）。热处理过程中微粒的聚集融合以及部分多孔结构的坍塌应该是造成 C-CPS 比表面积下降的主要原因。Mel-CPS 的比表面积为 720m^2/g，几乎是 C-CPS 的两倍，表明三聚氰胺的加入，可显著地增加最终碳催化剂的比表面积。三聚氰的这种增大比表面积的作用可以归因于热处理过程中三聚氰胺的分解产物，如 NH$_3$、H$_2$、HCN 等，对碳基体的刻蚀作用。在引入 Fe 后，催化剂的比表面积进一步地增大了，达到 1123m^2/g，表明 Fe 的引入可以进一步增大催化剂的比表面积。结合此前得到的 SEM 及 TEM 测试结果，Fe-Mel-CPS 中的薄壁泡状结构应该是造成其高比表面积的原因。

图 5.58（a）显示的是 Mel-CPS 与 Fe-Mel-CPS 的 XPS 测试结果。表 5.5 中所列的是从 XPS 结果中得到两种催化剂的表面原子组成。从表 5.5 可以看出，Mel-CPS 的表面总氮含量为原子数分数 2.57%，高于 Fe-Mel-CPS 中的氮含量原子数分数 1.70%。

表 5.5　从 XPS 结果得到的 Mel-CPS 与 Fe-Mel-CPS 的表面原子组成

项　目	元素含量（原子分数）/%			
	C	O	N	Fe
Fe-Mel-CPS	88.3	8.76	1.70	0.98
Mel-CPS	95.85	1.43	2.57	——

注：氢不在计算范围之内。

图 5.58（b）及（c）显示的是 Mel-CPS 及 Fe-Mel-CPS 中氮的高分辨 XPS 谱图及相对应的拟合分峰结果。表 5.6 中所列的是由拟合分峰结果计算得到的 Mel-CPS 及 Fe-Mel-CPS 两种催化剂中各种氮物种的原子比组成。

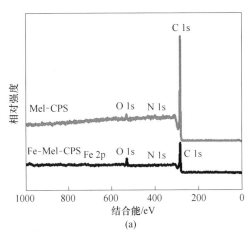

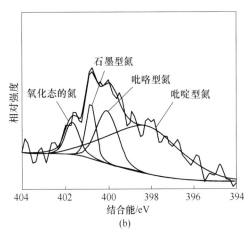

(a)　　　　　　　(b)

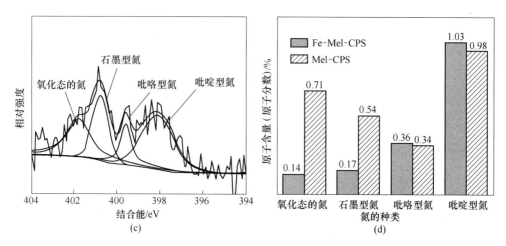

图 5.58 催化剂 Mel-CPS 与 Fe-Mel-CPS 的 XPS 谱图 (a)；Fe-Mel-CPS 的 N 1s XPS
谱图及拟合分峰结果 (b)；Mel-CPS 的 N 1s XPS 谱图及拟合分峰结果 (c)；
Mel-CPS 与 Fe-Mel-CPS 不同氮物种的原子比 (d)

可以看到，引入 Fe 可显著地改变催化剂中氮的组成比例，催化剂中的吡啶氮与吡咯氮原子数分数含量分别从 Mel-CPS 中的 38.2% 和 13.2% 上升到了 Fe-Mel-CPS 中的 60.6% 与 21.2%，与此同时，Fe 的加入减少了没有催化活性的氧化态氮的成分：从 Mel-CPS 中的 27.6% 下降至 Fe-Mel-CPS 中的 8.2%。表明铁的加入可显著改变催化剂中的氮物种的组成比例。

表 5.6   由不同催化剂高分辨 XPS N 1s 谱得到的各种氮物种的原子比
(以各催化剂表面氮原子总量作归一化处理)

项 目	元素含量(原子分数)/%			
	氧化态的氮	石墨型氮	吡咯型氮	吡啶型氮
Fe-Mel-CPS	8.2	10.0	21.2	60.6
Mel-CPS	27.6	21.0	13.2	38.2

注：以各催化剂表面氮原子总量作归一化处理。

通过将各种氮物种的含量乘以表面总氮相对含量，我们得到了各种氮物种在所有表面原子中所占的比例，结果如图 5.58 (d) 所示。从图 5.58 (d) 中可以看到，两种催化剂 Mel-CPS 与 Fe-Mel-CPS 中的氧化态氮及石墨氮含量虽然不同，但两者的吡咯氮与吡啶氮含量几乎是相同的。在随后的讨论中，我们可以看到 Fe-Mel-CPS 表现出的氧还原催化活性要远高于 Mel-CPS。两种催化剂中氮物种的组成不同应该是两者活性产生差异的重要原因。

5.6.3.2 材料的电化学性能研究

图 5.59 (a) 是不同催化剂在氧气饱和的 0.1mol/L KOH 溶液中测试得到的 CV 曲线。可以看到，在测试的三种催化剂中，Fe-Mel-CPS 具有最高的氧还原催化活性，其峰电位及峰电流分别为 -0.13V 及 1.13mA/cm²。有趣的是，未引入任何 Fe 及氮成分的 C-CPS 也

表现出了一定的氧还原催化活性。在引入三聚氰胺作为氮源后，催化剂的氧还原催化活性得到了显著的提高，相对比于 C-CPS，其峰电位正移了 30mV。Fe 的引入进一步提高了催化剂的氧还原催化活性，使催化剂的氧还原峰电位进一步正移了 90mV。CV 结果表明，Fe 的引入可以极大地提高催化剂的氧还原催化性能，其对氧还原催化性能的影响甚至还要高于单独氮掺杂。

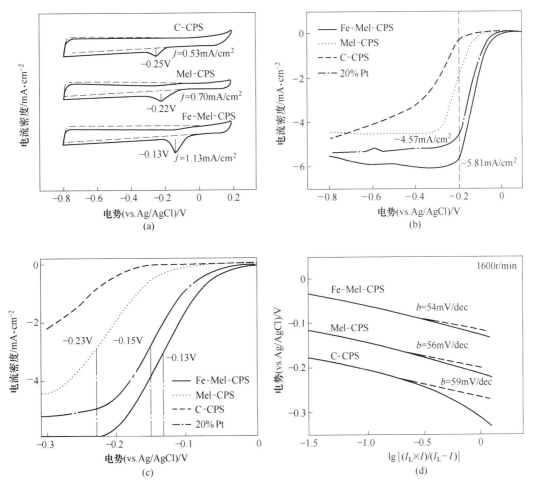

图 5.59 C-CPS、Mel-CPS 及 Fe-Mel-CPS 氧还原电催化性能测试结果：
CVs（a），LSVs（b），LSV 曲线的局部放大图（c）；Tafel 曲线（d）

图 5.59（b）与（c）是三种催化剂在氧气饱和的 0.1mol/L KOH 溶液中测试得到的 1600r/min 转速下的 LSV 曲线。为方便比较，我们在相同测试条件下测试了商业 Pt/C 催化剂的氧还原催化活性。可以看到，Fe-Mel-CPS 的氧还原催化活性要明显优于商业 Pt/C 催化剂，其半波电位比商业 Pt/C 催化剂高出 20mV。据我们所知，该催化剂也是目前为止碱性介质中氧还原催化性能最好的碳基催化剂之一。

图 5.59（d）显示的是从三种催化剂的 1600r/min 转速下 LSV 结果计算得到的 Tafel 曲线。可以看到 Fe-Mel-CPS、Mel-CPS 和 C-CPS 三种催化剂的 Tafel 斜率分别为 54mV/dec、56mV/dec 和 59mV/dec。在三者中，Fe-Mel-CPS 具有最低的 Tafel 斜率，进一步证实

了 Fe-Mel-CPS 在三种催化剂中具有最高的氧还原催化性能，同时也表明在所得到的这几种催化剂中，Fe-Mel-CPS 具有最低的过电位。

为了进一步研究催化剂上氧还原的过程，我们记录了不同催化剂于不同转速下在 0.1mol/L KOH 溶液中测试得到的 LSV 曲线，并用 K-L 方程对这些 LSV 曲线进行了分析。

图 5.60（a）是在 -0.5V 电位下（vs. Ag/AgCl）Mel-CPS 与 Fe-Mel-CPS 两种催化剂的 K-L 曲线。可以看到，Fe-Mel-CPS 的 K-L 曲线斜率要小于 Mel-CPS，表明 Fe-Mel-CPS 具有比 Mel-CPS 更高的电子转移数。通过应用 K-L 方程，我们进一步分析了这些 LSV 曲线，并得到了两种催化剂于不同电位下具体的电子转移数，结果如图 5.60（b）所示。可以看到，Fe-Mel-CPS 与 Mel-CPS 的平均电子转移数分别为 4.0 与 3.2，表明在催化剂 Fe-Mel-CPS 上，氧分子可以通过接收 4 个电子过程直接还原成为 OH^-，而不产生 OOH^- 中间体；而 Mel-CPS 只能通过 2 电子过程催化氧还原过程，说明 Fe-Mel-CPS 具有比 Mel-CPS 更高的氧还原催化效率。

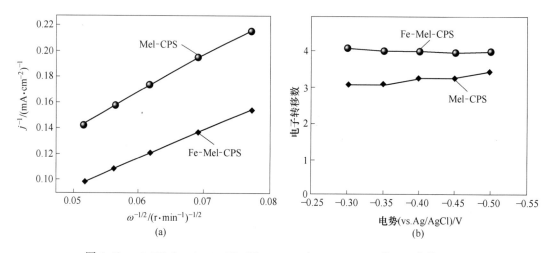

图 5.60　-0.5V（vs. Ag/AgCl）下 Mel-CPS 与 Fe-Mel-CPS 的 K-L 曲线（a）；
Mel-CPS 与 Fe-Mel-CPS 不同电位下的电子转移数（b）

有趣的是，C-CPS 不含有任何 N 及 Fe 成分，也表现出了较高的氧还原催化性能。我们认为，C-CPS 的这种催化性能应该是其特殊的多孔结构与其他在制备前驱体 CPS 时残留的杂质造成的[62]，例如 Al、O 及 Cl 等。

正如很多研究者证实的一样，氮掺杂确实可以显著地提高碳催化剂的氧还原催化性能，因此，含有氮成分的 Mel-CPS 的氧还原催化活性要明显高于不含任何氮组分的催化剂 C-CPS。文献上一般认为石墨氮、吡咯氮、吡啶氮是碳基氧还原催化剂中的活性氮组分。最近，Knights 课题组指出，在这三种活性氮物种中，石墨氮对氧还原的促进作用要大于其他两种活性氮物种[63]。

然而，Mel-CPS 与 Fe-Mel-CPS 的结果却与这一结论有所不同。根据以上的讨论，Fe-Mel-CPS 的氧还原催化性能要远高于 Mel-CPS，但 Mel-CPS 中的石墨氮含量（原子数分数 0.54%，如图 5.58（c）所示）却远高于 Fe-Mel-CPS（原子数分数 0.17%，如图 5.58（b）所示），而与此同时，两种催化剂中的吡啶氮与吡咯氮含量几乎相同，显然，两种催化剂在氧还原催化性能上的差异不能仅仅用两者的石墨氮以及催化剂中的总氮量来解释。

Pumera 课题组最近证实了石墨烯的氧还原催化活性是来源于其制备过程中未被除尽的过渡金属杂质[64]。而且此前的一些研究者也证实，碳材料中的金属杂质可以显著地改变碳催化剂的电化学性质。因此我们推测，Fe-Mel-CPS 中残留的痕量的 Fe 成分可能是造成其高氧还原催化性能的一个重要原因。

为了确证残留的 Fe 在氧还原过程中的作用，我们用盐酸对 Fe-Mel-CPS 进行了第二次酸处理，以进一步除去其中的可溶性 Fe 成分，并用 ICP-AES 对酸处理前后催化剂中的 Fe 进行了定量分析。ICP-AES 结果表明，在二次酸处理之后，催化剂中的 Fe 含量从质量分数 6.7%降到了质量分数 2.2%。对二次酸处理的催化剂进行氧还原测试后，可以看到，在二次酸处理后，伴随着 Fe 含量的降低，催化剂的氧还原催化活性出现了明显的下降（如图 5.61（a）所示），其中部电位下降了 60mV，表明 Fe-Mel-CPS 中残留的 Fe 对氧还原过程有着非常重要的作用。也就是说，残留 Fe 确实是造成 Fe-Mel-CPS 高氧还原催化活性的另一个原因。

图 5.61（b）是催化剂 Fe-Mel-CPS 在 0.1mol/L KOH 溶液中加入 5mmol/L KCN 前后的氧还原的极化曲线。由于 CN$^-$离子具有很强的络合能力，可以络合催化剂中的单质 Fe 及其他 Fe 物种，占据 Fe 上的活性位点。可以看到，在加入 5mmol/L KCN 后，Fe-Mel-CPS 的氧还原催化性能都明显地下降了。由于 CN$^-$离子影响的仅仅是催化剂中的 Fe 上的位点，因此，在 Fe-Mel-CPS 中，Fe 及其他 Fe 物种很有可能是氧还原过程中的活性中心。

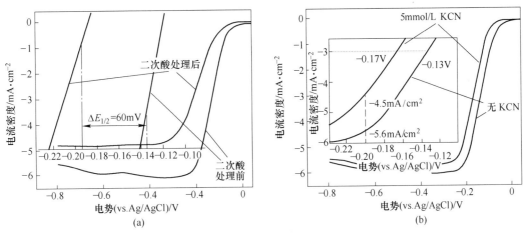

图 5.61　二次酸处理前后 Fe-Mel-CPS 的氧还原催化性能（a）和
加入氰化钾前后 Fe-Mel-CPS 氧还原的极化曲线（b）

为了更进一步地了解催化剂上氧还原的过程，我们测试了不同载量的 Fe-Mel-CPS 于氧气饱和的 0.1mol/L KOH 溶液中不同转速下的 LSV 曲线，并用 K-L 方程对所得到的数据进行了分析。图 5.62（a）是由不同催化剂载量的催化剂于不同转速下的 LSV 曲线计算得到的转移电子数，可以看到，随着催化剂载量的降低，催化剂的转移电子数也逐渐降低。RRDE 的测试结果也证实，随着催化剂载量的降低，氧还原过程中对应的过氧化氢的产率逐渐升高（如图 5.62（b）和（c）所示）。这些结果都说明随着催化剂用量的减少，催化剂催化氧还原的过程会逐渐地靠近于 2 电子过程。

　　此前 Dodelet 等[65,66]的研究也表明过氧化氢的产率与催化剂催化过氧化氢还原的性能密切相关，催化剂催化过氧化氢还原的性能越高，则其氧还原过程中过氧化氢的产率要则越低。从图 5.62（d）也可以看出我们所得到的两种催化剂都具有较好的催化过氧化氢还原的性能，其中，Fe-Mel-CPS 催化过氧化氢还原的性能也要明显地高于 Mel-CPS。这两种催化剂在过氧化氢还原性能上的不同应该也是造成两者氧还原催化性能出现差异的一个重要原因。

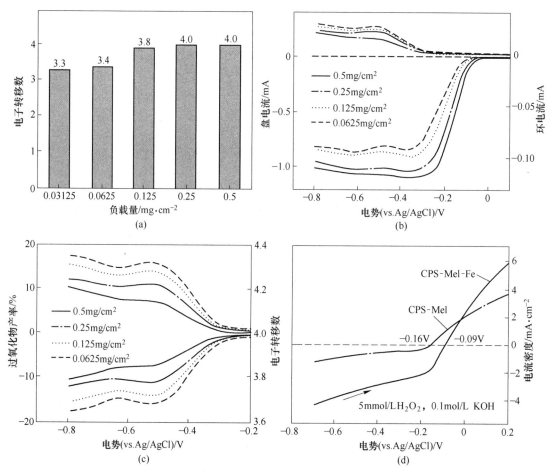

图 5.62　由不同载催化剂于不同转速下的 LSV 曲线及相应的 K-L 曲线得到的不同载量催化剂的转移电子数（a）；不同载量催化剂的 RRDE 测试结果（b）；由 RRDE 结果计算得到的不同载量催化剂的过氧化氢产率及转移电子数（c）；两种催化剂于含有 5mmol/L 过氧化氢的 0.1mol/L KOH 溶液中的极化曲线（d）

　　一般而言，催化剂上的氧还原反应过程可以有两种实现的途径，包括 4 电子过程及 2 电子过程（如图 5.63 所示）。从不同载量的催化剂的测试结果中，我们不难看出，不管催化剂的载量如何，在氧还原的过程之中都或多或少地伴随着过氧化氢的产生，并且过氧化氢的产率与催化剂的载量密切相关。如果催化剂上的氧还原过程是严格地按照 4 电子过程进行，即氧分子通过接收 4 个电子，经过一步反应就直接还原成为最终产物 H₂O，那在氧还原过程中就不应该会产生过氧化氢。基于我们以上的这些实验结果，我们认为，在催化剂 Fe-Mel-CPS 上进行的氧还原反应实际上可能是按照 "2+2" 的过程实现的，即氧气分子在催化剂的作用下先接收 2 个电子生成过氧化氢中间产物，生成的过氧化氢再在催化剂的作用下接收另外 2 个电子，进一步被还原生成水。由于在整个过程中，转移的总电子数仍为 4，因此，从表观上看，该催化剂上的氧还原反应仍是一个 4 电子过程。

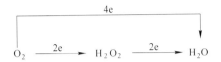

图 5.63　催化剂上氧还原过程的两种途径

　　由于生成的过氧化氢不可能完全被催化剂捕获还原，因此，不管催化剂的载量如何，都会有过氧化氢产生。当催化剂量减少时，未被捕获还原的过氧化氢的数量增加，由此导致的一个必然结果就是过氧化氢产率的增加及转移电子数逐渐降低。由于在整个过程中，过氧化氢的还原是氧还原过程的一个中间过程，因此，催化剂过氧化氢还原性能的提升也将有助于改善催化剂所表现出来的氧还原催化性能，这也与 Dodelet 此前报道的实验结果[65,66]相符合。

　　从图 5.64 中 Fe-Mel-CPS 的计时安培法曲线可以看出，Fe-Mel-CPS 具有非常好的稳定性与甲醇耐受性。如图 5.64（a）所示，当引入甲醇后，商业 Pt/C 催化剂制备的电极的计时安培曲线出现了明显的下降，而 Fe-Mel-CPS 制作的电极的计时安培曲线则没有明显的变化，说明 Fe-Mel-CPS 的甲醇耐受性要远高于商业 Pt/C 催化剂。

　　图 5.64（b）是 Fe-Mel-CPS 与商业 Pt/C 催化剂在 −0.3V 电位下（vs. Ag/AgCl）连续放电 20000s 的计时伏安曲线，可以看到，经过 20000s 放电后，Fe-Mel-CPS 仍然保留着 95% 以上的性能，而相同测试条件下的商业铂碳的性能则下降了将近 20%，说明 Fe-Mel-CPS 具有非常好的稳定性。

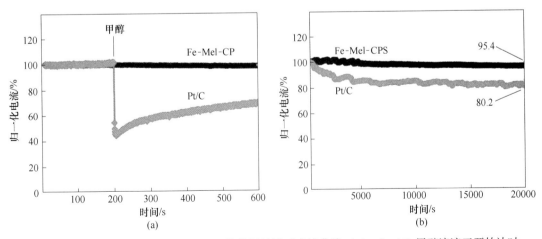

图 5.64　Fe-Mel-CPS 与商业 20% Pt/C 催化剂的计时安培曲线（a），3mol/L 甲醇溶液于开始计时后的 20000s 后注入；Fe-Mel-CPS 与商业 20% Pt/C 催化剂在 O_2 饱和 0.1mol/L KOH 溶液中，转速为 1600r/min 下，电位为 −0.3V（vs. Ag/AgCl）时的计时安培曲线（b）

5.6.4　小结

在本小节中,我们以聚苯乙烯泡沫、三聚氰胺与氯化铁为前驱体,通过无模板自组装法制备了具有多孔结构,高比表面的掺杂碳催化剂。该催化剂具有非常好的氧还原催化性能(其中部电位可比商业 Pt/C 催化剂高出 20mV),甲醇耐受性,稳定性以及催化效率(能够几乎 100% 地按 4 电子过程将氧还原成水)。

通过研究催化剂的组成与氧还原催化性能之间的关系,我们发现,催化剂中残留的痕量铁对于催化剂的氧还原催化活性具有非常重要的作用,其对催化剂的氧还原催化活性的影响程度甚至要高于单独氮掺杂。

通过研究不同催化剂载量与催化剂表现出来的氧还原催化性能之间的关系,我们发现在该催化剂上进行的氧还原反应很有可能是按照"2+2"的过程(表观 4 电子过程)进行的,即氧气分子在催化剂的作用下首先被还原成为过氧化氢,随后,生成的过氧化氢在催化剂的作用下,进一步被还原成 H_2O,虽然在整个还原过程中的电子转移是分为两步完成的,但由于转移的总电子数仍为 4,因此,从表观上看,该催化剂上的氧还原反应仍是一个 4 电子过程。

该催化剂优异的氧还原催化性能、稳定性、甲醇耐受性以及多孔结构也必将使其具有开发成为能够实际应用于新型能源系统的潜力,如 PEMFCs、DMFCs 及金属-空气电池等。除此之外,我们的这一工作也为聚苯乙烯泡沫废弃物的资源化利用提供了一条新的、便捷的途径。

参 考 文 献

[1] Liao S, Holmes K A, Tsaprailis H, et al. High performance PtRuIr catalysts supported on carbon nanotubes for the anodic oxidation of methanol [J]. Journal of the American Chemical Society, 2006, 128 (11): 3504~3505.

[2] Lima F H B, Zhang J, Shao M H, et al. Catalytic activity-d-band center correlation for the O_2 reduction reaction on platinum in alkaline solutions [J]. The Journal of Physical Chemistry C, 2007, 111 (1): 404~410.

[3] Stamenkovic V, Mun B S, Mayrhofer K J J, et al. Changing the activity of electrocatalysts for oxygen reduction by tuning the surface electronic structure [J]. Angewandte Chemie International Edition, 2006, 45 (18): 2897~2901.

[4] Gong K, Du F, Xia Z, et al. Nitrogen-doped carbon nanotube arrays with high electrocatalytic activity for oxygen reduction [J]. Science, 2009, 323 (5915): 760~764.

[5] Yang L, Jiang S, Zhao Y, et al. Boron-doped carbon nanotubes as metal-free electrocatalysts for the oxygen reduction reaction [J]. Angewandte Chemie International Edition, 2011, 50 (31): 7132~7135.

[6] Yao Z, Nie H, Yang Z, et al. Catalyst-free synthesis of iodine-doped graphenevia a facile thermal annealing process and its use for electrocatalytic oxygen reduction in an alkaline medium [J]. Chemical Communications, 2012, 48 (7): 1027~1029.

[7] Dai L. Functionalization of graphene for efficient energy conversion and storage [J]. Accounts of Chemical

Research, 2013, 46 (1): 31~42.

[8] Wang K, Wang H, Ji S, et al. Biomass-derived activated carbon as high-performance non-precious electro-catalyst for oxygen reduction [J]. RSC Advances, 2013, 3 (30): 12039~12042.

[9] Jiang S, Zhu C, Dong S. Cobalt and nitrogen-cofunctionalized graphene as a durable non-precious metal cat-alyst with enhanced ORR activity [J]. Journal of Materials Chemistry A, 2013, 1 (11): 3593~3599.

[10] Mo Z, Peng H, Liang H, et al. Vesicular nitrogen doped carbon material derived from Fe_2O_3 templated polyaniline as improved non-platinum fuel cell cathode catalyst [J]. Electrochimica Acta, 2013, 99: 30~37.

[11] Lee D H, Lee W J, Lee W J, et al. Theory, synthesis, and oxygen reduction catalysis of Fe-porphyrin-like carbon nanotube [J]. Physical Review Letters, 2011, 106 (17): 175502.

[12] Liu X, Zhou Y, Zhou W, et al. Biomass-derived nitrogen self-doped porous carbon as effective metal-free catalysts for oxygen reduction reaction [J]. Nanoscale, 2015.

[13] Gao S, Wei X, Fan H, et al. Nitrogen-doped carbon shell structure derived from natural leaves as a poten-tial catalyst for oxygen reduction reaction [J]. Nano Energy, 2015.

[14] Gao S, Geng K, Liu H, et al. Transforming organic-rich amaranthus waste into nitrogen-doped carbon with superior performance of the oxygen reduction reaction [J]. Energy & Environmental Science, 2015, 8 (1): 221~229.

[15] Chen P, Wang L K, Wang G, et al. Nitrogen-doped nanoporous carbon nanosheets derived from plant bio-mass: an efficient catalyst for oxygen reduction reaction [J]. Energy & Environmental Science, 2014, 7 (12): 4095~4103.

[16] Lu J, Bo X, Wang H, et al. Nitrogen-doped ordered mesoporous carbons synthesized from honey as metal-free catalyst for oxygen reduction reaction [J]. Electrochimica Acta, 2013, 108: 10~16.

[17] Li Y, Zhang H, Liu P, et al. Self-supported bimodal-pore structured nitrogen-doped carbon fiber aerogel as electrocatalyst for oxygen reduction reaction [J]. Electrochemistry Communications, 2015, 51: 6~10.

[18] Song M Y, Park H Y, Yang D S, et al. Seaweed-derived heteroatom-doped highly porous carbon as an electrocatalyst for the oxygen reduction reaction [J]. Chem Sus Chem, 2014, 7 (6): 1755~1763.

[19] Zhu C, Zhai J, Dong S. Bifunctional fluorescent carbon nanodots: green synthesis via soy milk and appli-cation as metal-free electrocatalysts for oxygen reduction [J]. Chemical communications, 2012, 48 (75): 9367~9369.

[20] Liu H, Cao Y, Wang F, et al. Nitrogen-doped hierarchical lamellar porous carbon synthesized from the fish scale as support material for platinum nanoparticle electrocatalyst toward the oxygen reduction reaction [J]. ACS Appl Mater Interfaces, 2014, 6 (2): 819~825.

[21] Gao S, Chen Y, Fan H, et al. Large scale production of biomass-derived N-doped porous carbon spheres for oxygen reduction and supercapacitors [J]. Journal of Materials Chemistry A, 2014, 2 (10): 3317~3324.

[22] Liang Y, Wu D, Fu R. Carbon microfibers with hierarchical porous structure from electrospun fiber-like natural biopolymer [J]. Sci Rep, 2013, 3.

[23] Zhang B, Xiao M, Wang S, et al. Novel hierarchically porous carbon materials obtained from natural bio-polymer as host matrixes for lithium-sulfur battery applications [J]. ACS Appl Mater Interfaces, 2014, 6 (15): 13174~13182.

[24] Kumar A, Ciucci F, Morozovska A N, et al. Measuring oxygen reduction/evolution reactions on the nanoscale [J]. Nature Chemistry, 2011, 3: 707.

[25] Chen S, Duan J, Jaroniec M, et al. Nitrogen and oxygen dual-doped carbon hydrogel film as a substrate-

free electrode for highly efficient oxygen evolution reaction [J]. Advanced Materials, 2014, 26 (18): 2925~2930.

[26] Liu J, Sun X, Song P, et al. High-performance oxygen reduction electrocatalysts based on cheap carbon black, nitrogen, and trace Iron [J]. Advanced Materials, 2013, 25 (47): 6879~6883.

[27] Yang W, Liu X, Yue X, et al. Bamboo-like carbon nanotube/Fe_3C nanoparticle hybrids and their highly efficient catalysis for oxygen reduction [J]. Journal of the American Chemical Society, 2015, 137 (4): 1436~1439.

[28] Xia W, Zou R, An L, et al. A metal-organic framework route to in situ encapsulation of Co@ Co_3O_4 @ C core@ bishell nanoparticles into a highly ordered porous carbon matrix for oxygen reduction [J]. Energy & Environmental Science, 2015, 8 (2): 568~576.

[29] Liu Y, Jiang H, Zhu Y, et al. Transition metals (Fe, Co, and Ni) encapsulated in nitrogen-doped carbon nanotubes as bi-functional catalysts for oxygen electrode reactions [J]. Journal of Materials Chemistry A, 2016, 4 (5): 1694~1701.

[30] Wu G, Johnston C M, Mack N H, et al. Synthesis-structure-performance correlation for polyaniline-Me-C non-precious metal cathode catalysts for oxygen reduction in fuel cells [J]. Journal of Materials Chemistry, 2011, 21 (30): 11392~11405.

[31] Ding W, Wei Z, Chen S, et al. Space-confinement-induced synthesis of pyridinic- and pyrrolic-nitrogen-doped graphene for the catalysis of oxygen reduction [J]. Angewandte Chemie, 2013, 125(45): 11971~11975.

[32] Li S, Cheng C, Zhao X, et al. Active salt/silica-templated 2D mesoporous FeCo-N_x-carbon as bifunctional oxygen electrodes for zinc-air batteries [J]. Angewandte Chemie International Edition, 2018, 57 (7): 1856~1862.

[33] Khalid M, Honorato A M B, Varela H, et al. Multifunctional electrocatalysts derived from conducting polymer and metal organic framework complexes [J]. Nano Energy, 2018, 45: 127~135.

[34] Kwak D H, Han S B, Lee Y W, et al. Fe/N/S-doped mesoporous carbon nanostructures as electrocatalysts for oxygen reduction reaction in acid medium [J]. Applied Catalysis B: Environmental, 2017, 203: 889~898.

[35] Gao R, Zhang H, Yan D. Iron diselenide nanoplatelets: stable and efficient water-electrolysis catalysts [J]. Nano Energy, 2017, 31: 90~95.

[36] Li H, Wang B, He X, et al. Composite of hierarchical interpenetrating 3D hollow carbon skeleton from lotus pollen and hexagonal MnO_2 nanosheets for high-performance supercapacitors [J]. Journal of Materials Chemistry A, 2015, 3 (18): 9754~9762.

[37] Yang Z, Yao Z, Li G F, et al. Sulfur-doped graphene as an efficient metal-free cathode catalyst for oxygen reduction [J]. Acs Nano, 2012, 6 (1): 205~211.

[38] Paraknowitsch J P, Thomas A. Doping carbons beyond nitrogen: an overview of advanced heteroatom doped carbons with boron, sulphur and phosphorus for energy applications [J]. Energy & Environmental Science, 2013, 6 (10): 2839~2855.

[39] Liu Z, Nie H G, Yang Z, et al. Sulfur-nitrogen co-doped three-dimensional carbon foams with hierarchical pore structures as efficient metal-free electrocatalysts for oxygen reduction reactions [J]. Nanoscale, 2013, 5 (8): 3283~3288.

[40] Liang J, Jiao Y, Jaroniec M, et al. Sulfur and nitrogen dual-doped mesoporous graphene electrocatalyst for oxygen reduction with synergistically enhanced performance [J]. Angewandte Chemie International Edition, 2012, 51 (46): 11496~11500.

［41］ Herrmann I, Kramm U I, Radnik J, et al. Influence of sulfur on the pyrolysis of CoTMPP as electrocatalyst for the oxygen reduction reaction ［J］. Journal of the Electrochemical Society, 2009, 156 (10): B1283～B1292.

［42］ Gong K P, Du F, Xia Z H, et al. Nitrogen-doped carbon nanotube arrays with high electrocatalytic activity for oxygen reduction ［J］. Science, 2009, 323 (5915): 760～764.

［43］ Lei Z B, Zhao M Y, Dang L Q, et al. Structural evolution and electrocatalytic application of nitrogen-doped carbon shells synthesized by pyrolysis of near-monodisperse polyaniline nanospheres ［J］. Journal of Materials Chemistry, 2009, 19 (33): 5985～5995.

［44］ Zheng F, Mu G Q, Zhang Z M, et al. Nitrogen-doped hollow macroporous carbon spheres with high electrocatalytic activity for oxygen reduction ［J］. Materials Letters, 2012, 68: 453～456.

［45］ You C H, Zeng X Y, Qiao X C, et al. Fog-like fluffy structured N-doped carbon with superior oxygen reduction reaction performance to commercial Pt/C catalyst ［J］. Nanoscale, 2015, 7 (8): 3780～3785.

［46］ You C H, Liao S J, Qiao X C, et al. Conversion of polystyrene foam to a high-performance doped carbon catalyst with ultrahigh surface area and hierarchical porous structures for oxygen reduction ［J］. Journal of Materials Chemistry A, 2014, 2 (31): 12240～12246.

［47］ You C, Liao S, Li H, et al. Uniform nitrogen and sulfur co-doped carbon nanospheres as catalysts for the oxygen reduction reaction ［J］. Carbon, 2014, 69: 294～301.

［48］ Mao S, Wen Z, Huang T, et al. High-performance bi-functional electrocatalysts of 3D crumpled graphene-cobalt oxide nanohybrids for oxygen reduction and evolution reactions ［J］. Energy & Environmental Science, 2014, 7 (2): 609～616.

［49］ Wang J, Wang G, Miao S, et al. Synthesis of Fe/Fe_3C nanoparticles encapsulated in nitrogen-doped carbon with single-source molecular precursor for the oxygen reduction reaction ［J］. Carbon, 2014, 75: 381～389.

［50］ Zhang R Z, He S J, Lu Y Z, et al. Fe, Co, N-functionalized carbon nanotubes in situ grown on 3D porous N-doped carbon foams as a noble metal-free catalyst for oxygen reduction ［J］. Journal of Materials Chemistry A, 2015, 3 (7): 3559～3567.

［51］ Xiao J, Chen C, Xi J, et al. Core-shell $Co@Co_3O_4$ nanoparticle-embedded bamboo-like nitrogen-doped carbon nanotubes (BNCNTs) as a highly active electrocatalyst for the oxygen reduction reaction ［J］. Nanoscale, 2015, 7 (16): 7056～7064.

［52］ Buckel F, Effenberger F, Yan C, et al. Influence of aromatic groups incorporated in long-chain alkanethiol self-assembled monolayers on gold ［J］. Advanced Materials, 2000, 12 (12): 901～905.

［53］ Liang J, Du X, Gibson C, et al. N-doped graphene natively grown on hierarchical ordered porous carbon for enhanced oxygen reduction ［J］. Advanced Materials, 2013, 25 (43): 6226～6231.

［54］ Wang Y, Cui X, Li Y, et al. A co-pyrolysis route to synthesize nitrogen doped multiwall carbon nanotubes for oxygen reduction reaction ［J］. Carbon, 2014, 68: 232～239.

［55］ Zheng Y, Jiao Y, Chen J, et al. Nanoporous graphitic-C_3N_4@ carbon metal-free electrocatalysts for highly efficient oxygen reduction ［J］. Journal of the American Chemical Society, 2011, 133 (50): 20116～20119.

［56］ Wang D W, Li F, Liu M, et al. 3D aperiodic hierarchical porous graphitic carbon material for high-rate electrochemical capacitive energy storage ［J］. Angewandte Chemie International Edition, 2008, 47 (2): 373～376.

［57］ Evers S, Nazar L F. New approaches for high energy density lithium-sulfur battery cathodes ［J］. Accounts of Chemical Research, 2012, 46 (5): 1135～1143.

[58] Zhong M, Kim E K, McGann J P, et al. Electrochemically active nitrogen-enriched nanocarbons with well-defined morphology synthesized by pyrolysis of self-assembled block copolymer [J]. Journal of the American Chemical Society, 2012, 134 (36): 14846~14857.

[59] Tan Z, Sun Z H, Wang H H, et al. Fabrication of porous Sn-C composites with high initial coulomb efficiency and good cyclic performance for lithium ion batteries [J]. Journal of Materials Chemistry A, 2013, 1 (33): 9462~9468.

[60] Sun Z H, Wang L F, Liu P P, et al. Magnetically motive porous sphere composite and its excellent properties for the removal of pollutants in water by adsorption and desorption cycles [J]. Advanced Materials, 2006, 18 (15): 1968~1971.

[61] Sun L, Tian C, Li M, et al. From coconut shell to porous graphene-like nanosheets for high-power supercapacitors [J]. Journal of Materials Chemistry A, 2013, 1 (21): 6462~6470.

[62] Wang D W, Su D S. Heterogeneous nanocarbon materials for oxygen reduction reaction [J]. Energy & Environmental Science, 2014, 7 (2): 576~591.

[63] Geng D S, Chen Y, Chen Y G, et al. High oxygen-reduction activity and durability of nitrogen-doped graphene [J]. Energy & Environmental Science, 2011, 4 (3): 760~764.

[64] Wang L, Ambrosi A, Pumera M. "Metal-free" catalytic oxygen reduction reaction on heteroatom- doped graphene is caused by trace metal impurities [J]. Angew Chem Int Ed Engl, 2013, 52 (51): 13818~13821.

[65] Bonakdarpour A, Lefevre M, Yang R, et al. Impact of loading in RRDE experiments on Fe-N-C catalysts: two-or four-electron oxygen reduction [J]. Electrochemical and Solid-State Letters, 2008, 11 (6): B105~B108.

[66] Jaouen F, Dodelet J-P. O_2 reduction mechanism on non-noble metal catalysts for PEM fuel cells. Part I: experimental rates of O_2 electroreduction, H_2O_2 electroreduction, and H_2O_2 disproportionation [J]. The Journal of Physical Chemistry C, 2009, 113 (34): 15422~15432.